MOTORES
DE COMBUSTÃO INTERNA

Blucher

Franco Brunetti

MOTORES
DE COMBUSTÃO INTERNA

Volume 1

2ª edição

Motores de Combustão Interna – Volume 1
© 2018 Franco Brunetti
1ª edição – 2012
2ª edição – 2018
1ª reimpressão – 2019
Editora Edgard Blücher

Blucher

Rua Pedroso Alvarenga, 1245, 4º andar
04531-934 – São Paulo – SP – Brasil
Tel.: 55 11 3078-5366
contato@blucher.com.br
www.blucher.com.br

Segundo o Novo Acordo Ortográfico, conforme 5. ed. do *Vocabulário Ortográfico da Língua Portuguesa*, Academia Brasileira de Letras, março de 2009.

É proibida a reprodução total ou parcial por quaisquer meios sem autorização escrita da editora.

Todos os direitos reservados pela Editora Edgard Blücher Ltda.

Dados Internacionais de Catalogação na Publicação (CIP)
Angélica Ilacqua CRB-8/7057

Brunetti, Franco
  Motores de combustão interna : volume 1 / Franco Brunetti. – 2. ed. – São Paulo : Blucher, 2018.
  554 p. : il.

  Bibliografia
  ISBN 978-85-212-1293-5

  1. Motores de combustão interna 2. Automóveis – motores I. Título

18-0242   CDD 629.287

Índice para catálogo sistemático:
1. Motores de combustão interna

Agradecimentos

Agradeço a todos aqueles que se empenharam para a elaboração deste livro, em especial ao Prof. Eng. Fernando Luiz Windlin, que incentivou o projeto e não mediu esforços na coordenação dos trabalhos, abdicando horas de convívio familiar. A sua esposa e seus filhos, minha gratidão e respeito.

Ana Maria Brunetti

Apresentação

O Instituto Mauá de Tecnologia sente-se honrado por incentivar esta merecida homenagem ao saudoso Prof. Eng. Franco Brunetti. Dos 47 renomados profissionais que atuaram neste projeto, muitos foram seus alunos, alguns desfrutaram do privilégio de serem seus colegas de trabalho e todos guardam pelo Mestre uma imensa admiração.

Sob a incansável coordenação do Prof. Eng. Fernando Luiz Windlin, os dois volumes desta obra reúnem, sem perder a docilidade acadêmica das aulas do Prof. Brunetti, o que de mais atual existe na área de motores de combustão interna.

O leitor, maior beneficiário deste trabalho, tem em suas mãos o mais amplo tratado sobre o tema já publicado no Brasil. Rico em ilustrações, com uma moderna diagramação e um grande número de exercícios, o material tem sua leitura recomendada para os estudantes de cursos de Engenharia, mas também encontra aplicação em cursos técnicos e na atualização profissional daqueles que atuam na área.

Prof. Dr. José Carlos de Souza Jr.
Reitor do Centro Universitário do Instituto Mauá de Tecnologia

Prefácio

No final de 2009, a área de engenharia sofreu a perda do Prof. Franco Brunetti, reconhecido como um dos mais importantes professores de engenharia do Brasil.

O Prof. Brunetti, nas quatro décadas de magistério em diversas universidades, participou da formação de grande parte dos engenheiros que hoje atuam na indústria nacional e dos professores que continuam seu trabalho.

Seu nome sempre estará associado às disciplinas de Mecânica dos Fluidos, para a qual deixou um livro que revolucionou a maneira de ministrar essa matéria, e Motores de Combustão Interna, sua grande paixão.

Franco Brunetti nasceu em Bolonha, na Itália, e aos 12 anos de idade se mudou para o Brasil. Graduou-se em Engenharia Mecânica pela Escola Politécnica da Universidade de São Paulo (EPUSP), na turma de 1967. Sua realização era a lousa de uma sala de aula, e durante toda a vida uniu a experimentação com a didática.

Professor impecável e amigo para todas as horas, deixou muitas saudades e estará sempre presente pela cultura que transmitiu, pelas amizades que conquistou e pelo exemplo que legou.

Como gratidão pelos diversos anos de trabalho conjunto, resolvemos transformar suas apostilas em um livro, de forma a perpetuar seu nome. Nos capítulos que compõem esta obra, mantivemos a marca singela do Educador, com algumas atualizações decorrentes de avanços tecnológicos.

Vale ressaltar o companheirismo do Prof. Oswaldo Garcia que sempre apoiou o Prof. Brunetti nas apostilas anteriormente editadas.

Não podemos deixar de agradecer à esposa e às filhas, que permitiram este trabalho.

Nossos agradecimentos ao Instituto Mauá de Tecnologia pelo apoio e confiança incondicionais.

A todos os que contribuíram para a atualização, por simples amizade e/ou pelo tributo ao grande Mestre Brunetti, e que são citados em cada capítulo, minha eterna gratidão.

Fernando Luiz Windlin
Coordenador desta edição

Prefácio da 2ª edição

Finalmente consegui roubar do dia a dia o tempo necessário para realizar uma revisão e uma ampliação da 1ª edição desta publicação.

Muitas das imperfeições foram corrigidas e acrescentei assuntos importantes como: sobrealimentação, combustíveis e emissões.

Todos os assuntos tratados devem ser compreendidos como uma exposição didática apenas de conceitos fundamentais.

Cada assunto poderia ser desenvolvido em muitos livros e não apenas em algumas páginas, como foi feito. Entende-se que o objetivo da obra é o de criar uma base e despertar o interesse do leitor que futuramente, caso queira se desenvolver nesse ramo da tecnologia, deverá ler obras mais especializadas de cada um dos assuntos.

A grande dificuldade numa publicação deste tipo é exatamente esta: conseguir extrair de um imenso universo de conhecimentos o que é básico e atual, de maneira compreensível para o leitor iniciante. Este objetivo eu acho que foi atingido e creio que seja o grande valor deste trabalho.

Eu e o Prof. Oswaldo Garcia agradecemos os subsídios de alunos e colegas que apontaram os erros da 1ª edição e sugeriram modificações, e espero que continuem com essa contribuição.

Agradecemos principalmente a Ana Maria, Claudia e Ângela, cujo trabalho de digitação, revisão e composição foram fundamentais para esta nova edição.

São Paulo, fevereiro de 1992

Prof. Eng. Franco Brunetti

Prefácio da 1ª edição

Após muitos anos lecionando Motores de Combustão Interna na Faculdade de Engenharia Mecânica, consegui organizar, neste livro, os conhecimentos básicos da disciplina, ministrados durante as aulas.

Com muita honra, vejo o meu nome ao lado do meu grande Mestre no assunto, o Prof. Oswaldo Garcia, que muito contribuiu com seus conhecimentos e com publicações anteriores para a realização desta obra.

Se bem que reconheça que não esteja completa e que muita coisa ainda possa ser melhorada, creio que este primeiro passo será de muita utilidade, para os estudantes e amantes do assunto.

Aproveito para agradecer à minha esposa, Ana Maria, e à minha filha, Claudia, que, com paciência e perseverança, executaram a datilografia e as revisões necessárias.

São Paulo, março de 1989

Prof. Eng. Franco Brunetti

Conteúdo

1 | INTRODUÇÃO AO ESTUDO DOS MOTORES DE COMBUSTÃO INTERNA 21

- **1.1 Introdução** 21
- **1.2 Motores alternativos** 23
  - 1.2.1 Nomenclatura 23
  - 1.2.2 Nomenclatura cinemática 26
  - 1.2.3 Classificação dos motores alternativos quanto à ignição 28
  - 1.2.4 Classificação dos motores alternativos quanto ao número de tempos do ciclo de operação 30
  - 1.2.5 Diferenças fundamentais entre os motores de 2T e 4T 35
  - 1.2.6 Diferenças fundamentais entre os motores ciclos Otto e Diesel 36
- **1.3 Outras classificações** 36
  - 1.3.1 Quanto ao sistema de alimentação de combustível 36
  - 1.3.2 Quanto à disposição dos órgãos internos 39
  - 1.3.3 Quanto ao sistema de arrefecimento 40
  - 1.3.4 Quanto às válvulas 41
  - 1.3.5 Quanto à alimentação de ar 42
  - 1.3.6 Quanto à relação entre diâmetro e curso do pistão 45
  - 1.3.7 Quanto à rotação 46
  - 1.3.8 Quanto à fase do combustível 46
  - 1.3.9 Quanto à potência específica 46
- **1.4 Motores rotativos** 48
  - 1.4.1 Turbina a gás 48
  - 1.4.2 Motor Wankel 52
- **1.5 Histórico** 56
- **1.6 Aplicações** 58
- **Exercícios** 61
- **Referências bibliográficas** 70
- **Figuras** 70

2 | CICLOS 71

2.1 Introdução 71
2.2 Ciclos reais traçados com um indicador de pressões 72
    2.2.1 Funcionamento dos indicadores de pressão 72
    2.2.2 Diagrama da variação da pressão de um motor Otto a 4T 79
    2.2.3 Diagramas de variação da pressão de um motor de ignição espontânea (Diesel), a 4T 85
    2.2.4 Diagramas da variação da pressão para um motor a 2T de ignição por faísca 89
2.3 Ciclos padrão a ar 90
    2.3.1 Introdução 90
    2.3.2 Ciclo Otto (padrão ar do ciclo do motor de ignição por faísca, a quatro tempos) 90
    2.3.3 Conceitos definidos a partir dos ciclos padrão ar 100
    2.3.4 Ciclo Diesel (padrão ar do ciclo do motor de ignição espontânea ou Diesel) 107
    2.3.5 Ciclo Misto ou de Sabathé 110
    2.3.6 Ciclo Brayton (representativo do ciclo simples da turbina a gás) 115
    2.3.7 Comparação dos ciclos 117
2.4 Diagramas e rotinas computacionais para misturas combustível–ar 119
    2.4.1 Introdução 119
    2.4.2 Propriedades de misturas de combustíveis e gases de combustão 119
    2.4.3 Solução dos ciclos por meio de rotinas computacionais para misturas combustível–ar 130
2.5 Comparação dos ciclos reais com os ciclos teóricos 136
    2.5.1 Admissão e escape 137
    2.5.2 Perdas de calor 138
    2.5.3 Perda por tempo finito de combustão 138
    2.5.4 Perdas pelo tempo finito de abertura da válvula de escapamento 138
Exercícios 139
Referências bibliográficas 150
Figuras 151

3 | PROPRIEDADES E CURVAS CARACTERÍSTICAS DOS MOTORES 153

3.1 Momento de força, conjugado no eixo ou torque – T 153
3.2 Freio dinamométrico ou dinamômetro 154
    3.2.1 Freio de Prony 154
    3.2.2 Dinamômetros hidráulicos 157
    3.2.3 Dinamômetros elétricos 161
3.3 Propriedades do motor 175
    3.3.1 Potência efetiva – Ne 175
    3.3.2 Potência indicada – Ni 176
    3.3.3 Relações entre as potências 177
    3.3.4 Controle ou variação da potência do motor 183

3.3.5 Consumo específico – C_e 185
3.3.6 Relações envolvendo pressão média – p_m 188
3.4 Determinação da potência de atrito   192
3.4.1 Acionando o motor de combustão desligado, por meio de um motor elétrico   192
3.4.2 Teste de Morse   192
3.4.3 Reta de Willan   194
3.5 Curvas características dos motores   196
3.6 Redução da potência do motor a condições atmosféricas padrão   200
3.6.1 Cálculos do fator de redução – K   201
3.6.2 Comparativo entre fatores de redução   203
3.6.3 Banco de teste de veículos   204
Exercícios   205
Referências bibliográficas   215
Figuras   216

4 | RELACIONAMENTO MOTOR–VEÍCULO   217

4.1 Introdução   217
4.2 Previsão do comportamento de um motor instalado num dado veículo   217
4.2.1 Força de arrasto – F_{arr} 218
4.2.2 Força de resistência ao rolamento – F_{rol} 223
4.2.3 Força de rampa – F_{ram} 228
4.3 Força total resistente ao avanço de um veículo – F_{res} 229
4.3.1 Raio de rolamento – $r_{rolamento}$ 229
4.3.2 Relacionamento motor–veículo   230
4.4 Relacionamento entre ensaios em bancos de provas e aplicações do motor em veículos   234
Exercícios   234
Referências bibliográficas   243
Figuras   244

5 | AERODINÂMICA VEICULAR   245

5.1 Introdução   245
5.2 Força de arrasto – F_{arr} 251
5.2.1 Força de arrasto de superfície (*skin friction*) – F_{arr-s} 251
5.2.2 Força de arrasto de pressão ou de forma – F_{arr-p} 255
5.3 Força de sustentação e momento de arfagem (*Pitching*) – F_s 267
5.4 Força lateral – F_L 269
5.5 História da aerodinâmica veicular   272
5.5.1 A era das linhas de corrente   272
5.5.2 Estudos paramétricos   285
5.5.3 Corpos de um volume único   288

5.5.4 O corpo do veículo do tipo "Pantoon" 291
5.5.5 Os veículos comerciais 292
5.5.6 Motocicletas 296

Exercícios 297

Referências bibliográficas 303

6 | COMBUSTÍVEIS 307

6.1 Um pouco de história 307
6.2 Combustíveis derivados do petróleo 308
    6.2.1 Petróleos 308
    6.2.2 Produção de derivados 313
6.3 Gasolina (*gasoline, gas, petrol, benzin, benzina, essence*) 318
    6.3.1 Octanagem ou Número de Octano 319
    6.3.2 Volatilidade 332
    6.3.3 Composição dos gases de escapamento e relação Ar–Combustível – λ 338
    6.3.4 Poder calorífico – PC 341
    6.3.5 Massa específica 342
    6.3.6 Tonalidade térmica de um combustível – TT 343
    6.3.7 Corrosão ao cobre 344
    6.3.8 Teor de enxofre 345
    6.3.9 Estabilidade à oxidação 345
    6.3.10 Outros parâmetros 348
6.4 Óleo Diesel (*gazole, Dieselöl, Dieselolie, gasóleo, gasolio, Mazot*) 350
    6.4.1 Qualidade de ignição: cetanagem ou número de cetano – NC 352
    6.4.2 Volatilidade 363
    6.4.3 Massa específica – ρ 365
    6.4.4 Viscosidade – υ 366
    6.4.5 Lubricidade 367
    6.4.6 Teor de enxofre 368
    6.4.7 Corrosão ao cobre 368
    6.4.8 Pontos de turbidez, de entupimento e de fluidez 368
    6.4.9 Combustão 370
    6.4.10 Estabilidade química 374
    6.4.11 Condutividade elétrica 374
6.5 Compostos Oxigenados 375
    6.5.1 Breve histórico 375
    6.5.2 Álcoois 378
    6.5.3 Éteres 378
    6.5.4 Principais propriedades 379
    6.5.5 Efeitos no desempenho dos motores 385
6.6 Óleos vegetais, gorduras animais, biodiesel e H-Bio 388
    6.6.1 Óleos vegetais 389
    6.6.2 Gorduras animais 391
    6.6.3 Biodiesel 391
    6.6.4 H-Bio 394
    6.6.5 Farnesano 395

Exercícios 397
Referências bibliográficas 402
Figuras 403

7 | A COMBUSTÃO NOS MOTORES ALTERNATIVOS 405

7.1 A combustão nos motores de ignição por faísca – MIF 405
    7.1.1 Combustão normal 405
    7.1.2 Detonação no motor de ignição por faísca 411
    7.1.3 Fatores que influem na detonação no motor Otto 414

7.2 Câmara de combustão 416

7.3 A combustão nos motores Diesel 419

7.4 Fatores que influenciam na autoignição no ciclo Diesel 421
    7.4.1 Qualidade do combustível 421
    7.4.2 Temperatura e pressão 421
    7.4.3 Turbulência 422

7.5 Tipos básicos de câmaras para motores Diesel 422
    7.5.1 Câmaras de injeção direta ou abertas 422
    7.5.2 Câmaras de injeção indireta ou divididas 423
    7.5.3 Comparação entre as câmaras divididas e abertas 424

7.6 A combustão por autoignição controlada CAI/HCCI 425

Exercícios 431

Referências bibliográficas 439

Figuras 440

8 | MISTURA E INJEÇÃO EM CICLO OTTO 441

Parte I – FORMAÇÃO DA MISTURA COMBUSTÍVEL–AR NOS MOTORES DO CICLO OTTO 441

8.1 Introdução 441

8.2 Definições 442
    8.2.1 Relação combustível–ar – F 442
    8.2.2 Relação combustível–ar estequiométrica – F_e 443
    8.2.3 Fração relativa combustível–ar – F_r 444

8.3 Tipo de mistura em relação ao comportamento do motor 444
    8.3.1 Limite pobre 444
    8.3.2 Mistura econômica 445
    8.3.3 Mistura de máxima potência 445
    8.3.4 Limite rico 445

8.4 Curva característica do motor em relação à mistura 445
    8.4.1 Carburador elementar 446
    8.4.2 Sistema de injeção 447
    8.4.3 Curva característica 447

8.5 Carburador 453

8.6 Injeção mecânica para motores Otto 454

8.7 Injeção eletrônica para motores Otto 455
    8.7.1 Classificação dos sistemas de injeção eletrônica 461
    8.7.2 Sistema analógico de injeção eletrônica 462

8.7.3 Sistema digital de injeção eletrônica   465
8.7.4 Métodos numéricos aplicados ao estudo de formação de mistura   468

Exercícios   470

Referências bibliográficas   479

Figuras   480

Parte II – INJEÇÃO DIRETA DE COMBUSTÍVEL EM CICLO OTTO (GDI – *GASOLINE DIRECT INJECTION***)   481**

8.8   Introdução   481

8.9   Requisitos de combustão e formação de mistura   483

8.9.1 Mecanismo de atomização do spray   483
8.9.2 Atomização do combustível   484
8.9.3 Orientação da combustão   489
8.9.4 Combustão homogênea e estratificada   491

8.10   Sistema de injeção direta de combustível   492

8.11   Controle da combustão   494

8.11.1 Mapa característico de combustão   494
8.11.2 Injeção em dois estágios   497
8.11.3 Partida a frio   498

8.12   Emissões de poluentes   500

8.12.1 Formação de poluentes   500
8.12.2 Pós-tratamento de poluentes   503

8.13   Conclusões   505

Exercícios   507

Referências bibliográficas   508

9 | SISTEMA DE IGNIÇÃO E SENSORES APLICADOS AOS MOTORES   509

Parte I – SISTEMAS DE IGNIÇÃO   509

9.1   Visão geral   509

9.2   Os componentes de um sistema de ignição convencional   510

9.3   Princípio de funcionamento   511

9.4   Cálculo do tempo de ignição   521

9.5   Avanço ou atraso no tempo de ignição   524

9.6   As evoluções tecnológicas no sistema de ignição   528

9.6.1 Ignição transistorizada com platinado   530
9.6.2 Ignição transistorizada sem platinado   531
9.6.3 Ignição eletrônica mapeada   532

Exercícios   534

Parte II – SENSORES APLICADOS AOS MOTORES   536
9.7   Sensores de rotação e fase do motor   536
9.8   Sensor de pressão e temperatura do coletor de admissão   538
9.9   Sensor de posição da borboleta   540
9.10   Caudal de ar   541
9.11   Concentração de oxigênio (sonda λ)   542
9.12   Sensor de temperatura   544
9.13   Sensor de detonação – *Knock*   544
9.14   Outros   545
Exercícios   546
Referências bibliográficas   547
Figuras   547

1

Introdução ao estudo dos motores de combustão interna

Atualização:
Fernando Luiz Windlin
Clayton Barcelos Zabeu
Ednildo Andrade Torres
Ricardo Simões de Abreu
José Roberto Coquetto
Sérgio Lopes dos Santos
Sergio Moreira Monteiro

1.1 Introdução

As máquinas térmicas são dispositivos que permitem transformar calor em trabalho. O calor pode ser obtido de diferentes fontes: combustão, energia elétrica, energia atômica etc. Este texto preocupa-se apenas com o caso em que o calor é obtido pela queima do combustível, isto é, energia química em trabalho mecânico.

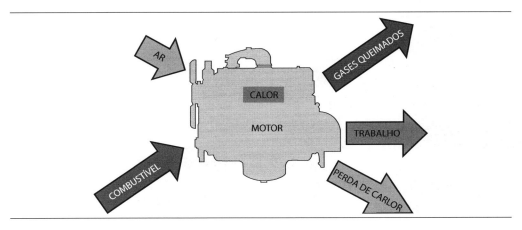

Figura 1.1 – Fluxos de massa e energia em um motor de combustão interna – MCI [A].

A obtenção de trabalho é ocasionada por uma sequência de processos realizados numa substância que será denominada "fluido ativo – FA". No caso da Figura 1.1, o FA é formado pela mistura ar e combustível na entrada do volume de controle e produtos da combustão na saída.

Quanto ao comportamento do fluido ativo (FA), as máquinas térmicas serão classificadas em:

- Motores de combustão externa – MCE: quando a combustão se processa externamente ao FA, que será apenas o veículo da energia térmica a ser transformada em trabalho, como, por exemplo, uma máquina a vapor, cujo ciclo é apresentado na Figura 1.2.

- Motores de combustão interna – MCI: quando o FA participa diretamente da combustão.

Ao longo do texto serão focados os motores de combustão interna – MCI. Quanto à forma de se obter trabalho mecânico, os MCI são classificados em:

- Motores alternativos: quando o trabalho é obtido pelo movimento de vaivém de um pistão, transformado em rotação contínua por um sistema biela–manivela.

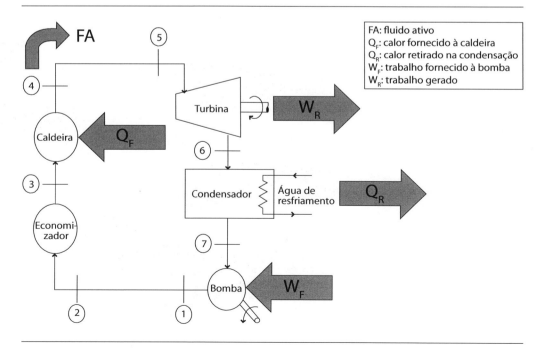

Figura 1.2 – Ciclo Rankine representativo de um motor de combustão externa – MCE.

- Motores rotativos: quando o trabalho é obtido diretamente por um movimento de rotação. São exemplos: turbina a gás e o motor Wankel.
- Motores de impulso: quando o trabalho é obtido pela força de reação dos gases expelidos em alta velocidade pelo motor. Neste caso são exemplos: motor a jato e foguetes.

1.2 Motores alternativos

1.2.1 Nomenclatura

De forma a unificar a nomenclatura tratada neste texto, a Figura 1.3 mostra os principais elementos de um motor alternativo de combustão interna, enquanto na Figura 1.4 destaca-se o pistão nas posições extremas dentro do cilindro, denominadas respectivamente de ponto morto superior (PMS) e ponto morto inferior (PMI).

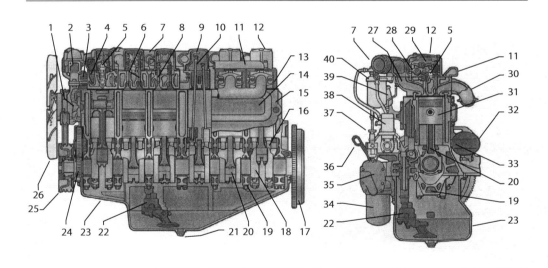

Figura 1.3 – Vista dos componentes de um motor de combustão interna – MCI [C].

Os componentes apresentados na Figura 1.3 pertencem a um motor ciclo Diesel e são:

1. Bomba d'água	5. Injetor de combustível	9. Linha de combustível
2. Válvula termostática	6. Válvula de escapamento	10. Haste de válvula
3. Compressor de ar	7. Coletor de admissão	11. Duto de água
4. Duto de admissão	8. Válvula de admissão	12. Tampa de válvula

continua

continuação

13. Cabeçote	23. Cárter	32. Motor de partida
14. Tampa lateral	24. Engrenagem do virabrequim	33. Dreno de água
15. Bloco	25. Amortecedor vibracional	34. Filtro de óleo
16. Eixo comando de válvulas	26. Ventilador	35. Radiador de óleo
17. Volante	27. Duto de admissão	36. Vareta de nível de óleo
18. Virabrequim	28. Balancim da válvula de admissão	37. Bomba manual de combustível
19. Capa de mancal	29. Balancim da válvula de escapamento	38. Bomba injetora de combustível
20. Biela	30. Coletor de escapamento	39. Respiro do cárter
21. Bujão do cárter	31. Pistão	40. Filtro de combustível
22. Bomba de óleo		

Quanto ao item 18, virabrequim, não existe uma padronização de nomenclatura, podendo ser chamado de girabrequim, eixo de manivelas e eixo de cambotas, entre outros. A função de cada componente será discutida nos capítulos subsequentes.

Quanto à posição do pistão no interior do cilindro, adota-se:

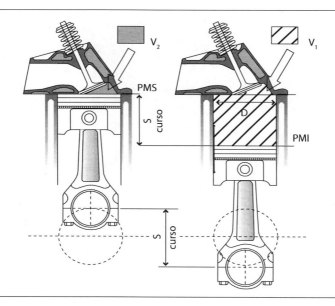

Figura 1.4 – Nomenclatura referente às posições do pistão.

Em que:

PMS: Ponto Morto Superior – é a posição na qual o pistão está o mais próximo possível do cabeçote.

PMI: Ponto Morto Inferior – é a posição na qual o pistão está o mais afastado possível do cabeçote.

S: Curso do pistão – é a distância percorrida pelo pistão quando se desloca de um ponto morto para outro (do PMS ao PMI) ou vice-versa.

V_1: Volume total – é o volume compreendido entre a cabeça do pistão e o cabeçote, quando o pistão está no PMI.

V_2: Volume morto ou volume da câmara de combustão – é o volume compreendido entre a cabeça do pistão e o cabeçote, quando o pistão está no PMS (também indicado com V_m).

V_{du}: Cilindrada unitária – também conhecida como volume deslocado útil ou deslocamento volumétrico, é o volume deslocado pelo pistão de um ponto morto a outro (veja Equação 1.1).

z: Número de cilindros do motor.

D: Diâmetro dos cilindros do motor.

V_d: Volume deslocado do motor, deslocamento volumétrico do motor ou cilindrada total (veja Equação 1.2).

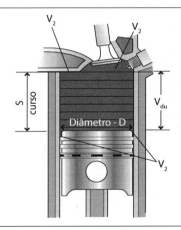

Figura 1.5 – Nomenclatura referente às posições do pistão [C].

Das Figuras 1.4 e 1.5, pode-se deduzir:

$$V_{du} = V_1 - V_2 = \frac{\pi \cdot D^2}{4} S \qquad \text{Eq. 1.1}$$

Para um motor de z cilindros (multicilindro), a cilindrada ou deslocamento volumétrico do motor V_d será:

$$V_d = V_{du} \cdot z = \frac{\pi \cdot D^2}{4} S \cdot z \qquad \text{Eq. 1.2}$$

r_V: Relação volumétrica ou taxa de compressão – é a relação entre o volume total (V_1) e o volume morto (V_2), e representa em quantas vezes V_1 é reduzido (veja Equação 1.3).

$$r_V = \frac{V_1}{V_2} \qquad \text{Eq. 1.3}$$

Da Equação 1.1:

$$V_{du} + V_2 = V_1$$

$$r_V = \frac{V_1}{V_2} = \frac{V_{du} + V_2}{V_2} = \frac{V_{du}}{V_2} + 1 \qquad \text{Eq. 1.4}$$

A Figura 1.6 apresenta uma relação construtiva típica entre o número z de cilindros de um motor e a cilindrada total deste. Cabe ressaltar que os incrementos da eletrônica nos motores têm sistematicamente alterado essa relação por causa dos recursos de controle disponíveis (exemplo: *knock sensor*).

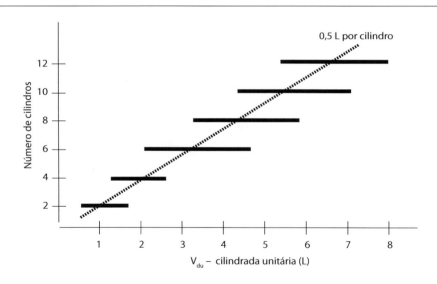

Figura 1.6 – Relação típica entre número de cilindros e volume deslocado [A].

1.2.2 Nomenclatura cinemática

Neste tópico serão descritas algumas características referentes à cinemática dos motores e, para tanto, será utilizada a Figura 1.7.

Introdução ao estudo dos motores de combustão interna

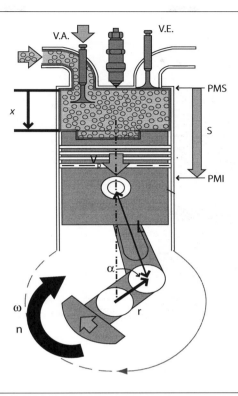

Figura 1.7 – Nomenclatura cinemática [C].

Sendo:
V.E.: válvula de escapamento.
V.A.: válvula de admissão.
r: raio da manivela.
n: frequência da árvore de manivelas.
ω: velocidade angular da árvore de manivelas.
V_p: velocidade média do pistão.

$$S = 2 \cdot r \qquad \text{Eq. 1.5}$$

$$\omega = 2\pi \cdot n \qquad \text{Eq. 1.6}$$

$$V_p = 2 \cdot S \cdot n \qquad \text{Eq. 1.7}$$

α = ângulo formado entre a manivela e um eixo vertical de referência.
α = 0°, quando o pistão está no PMS.

α = 180°, quando o pistão está no PMI.

L: comprimento da biela.

x: distância para o pistão atingir o PMS.

$$x = r(1 - \cos\alpha) + L\left(1 - \sqrt{1 - \left(\frac{r}{L}\right)^2 \cdot \mathrm{sen}^2\alpha}\right)$$

Eq. 1.8

$$V_d = V_2 + x\,\frac{\pi}{4}\,Dp^2$$

Eq. 1.9

1.2.3 Classificação dos motores alternativos quanto à ignição

A combustão é um processo químico exotérmico de oxidação de um combustível. Para que o combustível reaja com o oxigênio do ar, necessita-se de algum agente que provoque o início da reação. Denomina-se ignição o processo que provoca o início da combustão.

Quanto à ignição, os motores alternativos são divididos em dois tipos fundamentais:

MIF – MOTORES DE IGNIÇÃO POR FAÍSCA OU OTTO

Nesses motores, a mistura combustível-ar é admitida, previamente dosada ou formada no interior dos cilindros quando há injeção direta de combustível (GDI) *gasoline direct injection*, e inflamada por uma faísca que ocorre entre os eletrodos de uma vela.

MIE – MOTORES DE IGNIÇÃO ESPONTÂNEA OU DIESEL

Nesses motores, o pistão comprime somente ar, até que este atinja uma temperatura suficientemente elevada. Quando o pistão aproxima-se do PMS, injeta-se o combustível que reage espontaneamente com o oxigênio presente no ar quente, sem a necessidade de uma faísca. A temperatura do ar necessária para que aconteça a reação

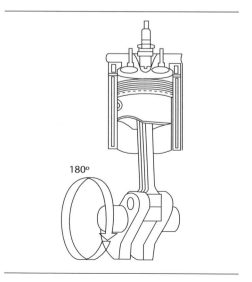

Figura 1.8 – MIF – Motor de ignição por faísca [C].

espontânea do combustível denomina-se "temperatura de autoignição (TAI)". A Figura 1.9 apresenta uma câmara de combustão típica de um MIE, enquanto a Tabela 1.1 apresenta alguns valores típicos da TAI.

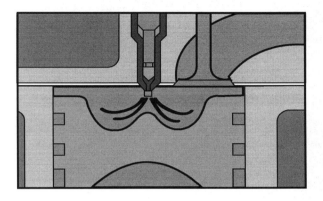

Figura 1.9 – MIE – Motor de ignição espontânea [C].

Tabela 1.1 – TAI – valores típicos.

Temperatura de Autoignição – TAI (°C)			
Diesel	Etanol Hidratado	Metanol	Gasolina E22
250	420	478	400

As diferentes formas de funcionamento dos dois tipos de motores criam características distintas que, de certa forma, direcionam as suas aplicações, como será visto ao longo do texto.

A Tabela 1.2 apresenta os valores praticados de taxa de compressão para os diferentes combustíveis. Novamente cabe ressaltar que a massiva presença da eletrônica nos motores tem sistematicamente alterado essa relação.

Tabela 1.2 – r_v – Valores típicos.

Relação ou Taxa de compressão – r_v		
MIF		MIE
Etanol Hidratado	Gasolina E22	Diesel
10,0:1 até 14,0:1	8,5:1 até 13,0:1	15,0:1 até 24,0:1

1.2.4 Classificação dos motores alternativos quanto ao número de tempos do ciclo de operação

Ciclo de operação, ou simplesmente ciclo, é a sequência de processos sofridos pelo FA, processos estes que se repetem periodicamente para a obtenção de trabalho útil. Entende-se por tempo o curso do pistão, e não se deve confundir tempo com processo, pois, ao longo de um tempo, poderão acontecer diversos processos, como será verificado a seguir. Quanto ao número de tempos, os motores alternativos, sejam do tipo MIF ou MIE, são divididos em dois grupos:

MOTORES ALTERNATIVOS A QUATRO TEMPOS (4T)

Neste caso, o pistão percorre quatro cursos, correspondendo a duas voltas da manivela do motor, para que seja completado um ciclo. Os quatro tempos, representados na Figura 1.10, são descritos a seguir.

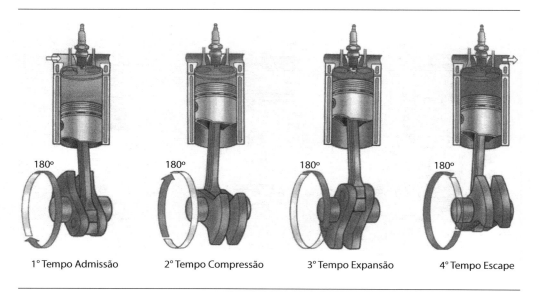

Figura 1.10 – Os quatro tempos do motor alternativo [C].

Tempo de Admissão

O pistão desloca-se do PMS ao PMI. Nesse movimento, o pistão dá origem a uma sucção (depressão) que causa um fluxo de gases através da válvula de admissão – V.A., que se encontra aberta. O cilindro é preenchido com mistura combustível–ar ou somente ar nos motores de injeção direta de combustível – *GDI* – se for de ignição por faísca, ou por ar (apenas ar), nos MIE.

Tempo de Compressão

Fecha-se a válvula de admissão e o pistão se desloca do PMI ao PMS, comprimindo a mistura ou apenas ar, dependendo, respectivamente, de o motor ser um MIF ou MIE. Nesse segundo caso, a compressão deverá ser suficientemente elevada para que seja ultrapassada a TAI do combustível.

Tempo de Expansão

No MIF, nas proximidades do PMS, ocorre a faísca que provoca a ignição da mistura, enquanto no MIE é injetado o combustível no ar quente, iniciando-se uma combustão espontânea. A combustão provoca um grande aumento da pressão, o que permite "empurrar" o pistão para o PMI, de tal forma que o FA sofre um processo de expansão. Esse é o processo que realiza o trabalho positivo (útil) do motor.

Tempo de Escape

Com a válvula de escapamento aberta, o pistão desloca-se do PMI ao PMS, "empurrando" os gases queimados para fora do cilindro, para reiniciar o ciclo pelo tempo de admissão.

A Figura 1.11 apresenta para um motor de quatro cilindros os tempos ocorrendo simultaneamente.

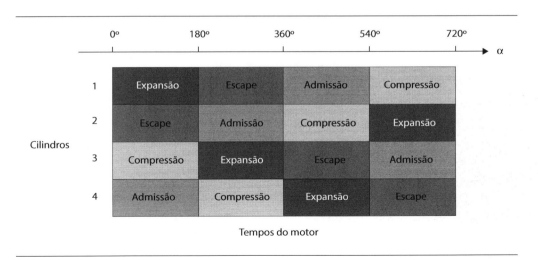

Figura 1.11 – MIF 4T @ z: 4 cilindros [C].

Cabe ressaltar que, durante o ciclo, o pistão percorreu o curso quatro vezes e o eixo do motor realizou duas voltas (num motor de 4T).

MOTORES ALTERNATIVOS A DOIS TEMPOS (2T) DE IGNIÇÃO POR FAÍSCA

Nesses motores o ciclo completa-se com apenas dois cursos do pistão, correspondendo a uma única volta do eixo do motor. Os processos indicados no motor a 4T são aqui realizados da mesma maneira, entretanto, alguns deles se sobrepõem num mesmo curso, conforme pode ser observado na Figura 1.12.

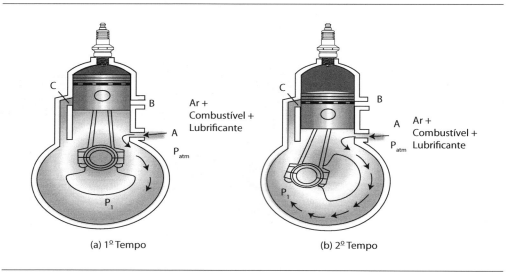

Figura 1.12 – Motor a 2T de ignição por faísca [C].

1° Tempo – Figura 1.12 (a):

Suponha que o pistão esteja no PMS e a mistura comprimida. Ao saltar a faísca, inicia-se a combustão, e o pistão é impelido para o PMI. Durante o deslocamento do PMS ao PMI, o pistão comprime o conteúdo do cárter (parte inferior) e, num certo ponto do curso, descobre-se a passagem de escapamento, também denominada janela de escape (B), pela qual os gases queimados, ainda com pressão elevada, escapam naturalmente para o ambiente. Na sequência, o pistão descobre a janela de admissão (C) que coloca o cárter em comunicação com o cilindro, forçando o seu preenchimento com mistura nova.

Observa-se que, num instante desse processo, as passagens (B) e (C) estão abertas simultaneamente, podendo haver fluxo de mistura nova junto com os gases de escapamento. Entretanto, um adequado projeto das janelas de admissão e escapamento em conjunto com o formato do topo do pistão pode minimizar esse fenômeno (chamado de "curto-circuito" entre admissão e escapamento).

2º Tempo – Figura 1.12 (b):

O pistão desloca-se do PMI ao PMS. Ao longo do seu deslocamento, fecha a janela de admissão (C) e, a seguir, fecha a janela de escapamento (B) e abre a passagem (A), de forma que, em virtude da sucção (depressão) criada no cárter durante o deslocamento ascendente (do pistão), o cárter é preenchido com mistura nova. Observa-se que, ao mesmo tempo, a parte superior do pistão comprime a mistura anteriormente admitida. Ao se aproximar do PMS, ocorre a faísca, e a pressão gerada pela combustão impele o pistão para o PMI reiniciando a expansão, já descrita no 1º tempo.

Nesse motor tem-se um tempo de trabalho positivo a cada dois cursos do pistão ou em cada volta da manivela, e não a cada duas voltas, como acontece no motor a 4T. Essa diferenciação de número de voltas para um tempo de trabalho positivo dará origem ao fator de tempos (designado pela letra x).

À primeira vista, o motor a 2T deveria produzir o dobro da potência do motor a 4T para uma mesma rotação. Entretanto, isso não acontece, por conta da precariedade dos diversos processos, em decorrência da superposição de acontecimentos. Outra desvantagem desse motor refere-se à lubrificação, pois na configuração usual de motores 2T pequenos, em decorrência do uso do cárter para a admissão da mistura combustível–ar, não é possível utilizá-lo como reservatório do lubrificante, e a lubrificação ocorre misturando-se lubrificante em uma pequena porcentagem com o combustível (normalmente 1:20 – 1 litro de lubrificante para 20 litros de gasolina). A lubrificação é realizada por aspersão pela própria mistura admitida no cárter. O processo é precário, reduzindo a durabilidade, bem como fazendo com que o lubrificante queime junto com o combustível, dificultando a combustão e comprometendo os gases emitidos. A favor do motor 2T tem-se a ausência do sistema de válvulas, o que o torna simples, pequeno, leve e de baixo custo, para uma mesma potência de um motor a 4T. A Figura 1.12 apresenta simultaneamente os dois tempos deste MIF – 2T, enquanto a Figura 1.13, apresenta as pressões e temperaturas típicas destes.

Uma vez que nos motores de 4T têm-se duas voltas do virabrequim para o trabalho positivo e nos de 2T apenas uma volta, faz-se necessário definir fator de tempos, designado pela letra x e estabelecer essa relação, ou seja, x será 1 para motores 2T (1 volta para 1 trabalho positivo) enquanto x assumirá o valor numérico 2 para os motores de 4T. A Figura 1.14 mostra a concepção de um motor ciclo Diesel a 2T. No caso do motor Diesel, em lugar de se utilizar o cárter para a admissão, aplica-se uma máquina auxiliar, acionada pelo eixo do motor. A bomba de lavagem (elemento que provoca a exaustão dos gases de escape) é um compressor volumétrico (*blower*), que introduz pelas janelas de admissão uma grande quantidade de ar. O fluxo de ar empurra para fora, através de uma ou mais válvulas de escapamento, os gases de combustão, e uma parte deste é retida quando as válvulas fecham. O pistão comprime fortemente o ar retido e, quando se aproxima do PMS, injeta-se o combustível que, ao queimar espontaneamente, gera a pressão necessária à produção de trabalho positivo.

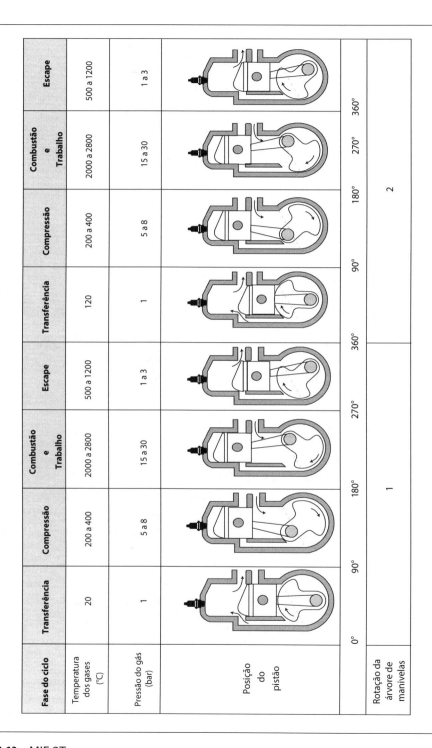

Figura 1.13 – MIF 2T.

Após a expansão o pistão passa pelas janelas de admissão quando, novamente, o *blower* faz a lavagem dos gases de escape e proporciona a admissão. Nota-se que os processos descritos utilizam apenas dois cursos e, consequentemente, uma volta da manivela ($x = 1$). A mesma solução pode utilizar janelas de escapamento no cilindro, em lugar do uso de válvulas, simplificando o motor mecanicamente.

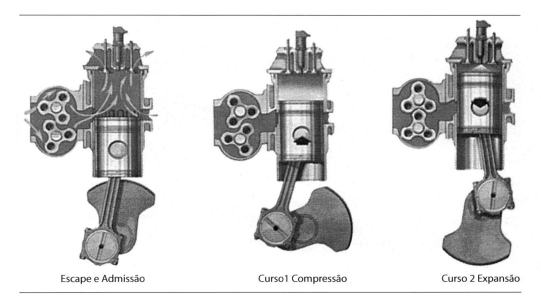

| Escape e Admissão | Curso1 Compressão | Curso 2 Expansão |

Figura 1.14 – Motor Diesel a 2T – concepção com válvulas de escapamento.

1.2.5 Diferenças fundamentais entre os motores de 2T e 4T

A Tabela 1.3 apresenta de forma resumida as principais diferenças entre os motores de 2T e 4T.

Tabela 1.3 – Motores 2T e 4T.

Diferenças	4T	2T
Tempos x Ciclo Útil	2 voltas manivela	1 volta manivela
Fator de tempos	$x = 2$	$x = 1$
Sistema mecânico	Mais complexo	Mais simples Ausência de: Válvulas Eixo comando
Alimentação	Boa	Ruim Perda de mistura no escape Presença de lubrificante
Lubrificação	Boa	Ruim Presença de combustível

1.2.6 Diferenças fundamentais entre os motores ciclos Otto e Diesel

Do ponto de vista mecânico, não existem grandes diferenças entre os dois tipos de motores, a não ser a maior robustez do motor Diesel (decorrente da taxa de compressão necessária). Dessa forma, as principais diferenças são resumidas a seguir.

INTRODUÇÃO DO COMBUSTÍVEL

Nos motores Otto a mistura é introduzida, em geral, já homogeneizada e dosada. A exceção se faz para os motores de ignição por centelha de injeção direta de combustível (*GDI*), nos quais somente ar é admitido e a injeção de combustível é realizada diretamente no interior do cilindro. Nos motores ciclo Diesel – MIE admite-se apenas ar, e o combustível é injetado finamente pulverizado ao final do curso de compressão, pelo qual, em pouquíssimo tempo, deverá se espalhar e encontrar o oxigênio do ar. Esse fato faz com que nos MIE seja necessário um sistema de injeção de alta pressão. Por outro lado, torna-se difícil obter rotações elevadas nesses motores, pois, ao aumentar o ritmo do pistão, torna-se improvável a combustão completa do combustível, introduzido na última hora.

IGNIÇÃO

Nos MIF a ignição é provocada por uma faísca, havendo a necessidade de um sistema elétrico para produzi-la. Nos motores ciclo Diesel a combustão ocorre por autoignição, pelo contato do combustível com o ar quente – TAI.

TAXA DE COMPRESSÃO

Nos MIF a taxa de compressão será relativamente baixa para não provocar autoignição, já que o instante apropriado da combustão será comandado pela faísca. Nos MIE a taxa de compressão deve ser suficientemente elevada, para ultrapassar a temperatura de autoignição do combustível – TAI (veja Tabelas 1.1 e 1.2).

1.3 Outras classificações

1.3.1 Quanto ao sistema de alimentação de combustível

Os motores ciclo Otto são alimentados por combustível por meio de um carburador ou de um sistema de injeção de combustível. O carburador ainda é utilizado em aplicações de baixa potência nas quais as limitações de emissão de poluentes são menos restritivas do que em aplicações automotivas. A injeção de combustível, além de mais precisa, permite melhores resultados no controle de emissões, podendo ocorrer no coletor de admissão ou diretamente na câmara de combustão (*GDI – Gasoline Direct Injection*). A Figura 1.15 apresenta esquematicamente um carburador.

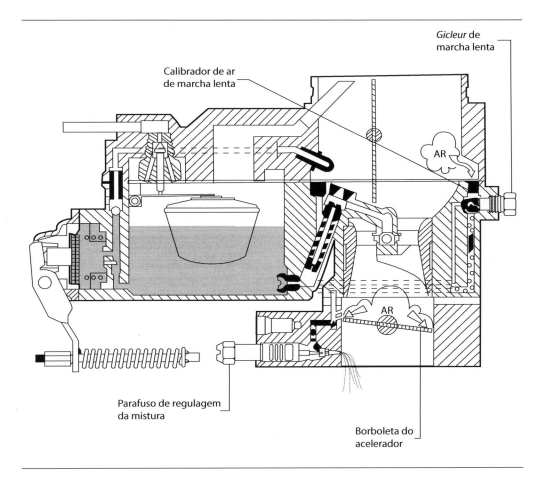

Figura 1.15 – Alimentação de combustível – MIF – Carburador [D].

A Figura 1.16, apresenta as diferenças entre os sistemas de injeção de combustível *PFI – Port Fuel Injection* e *GDI – Gasoline Direct Injection*.

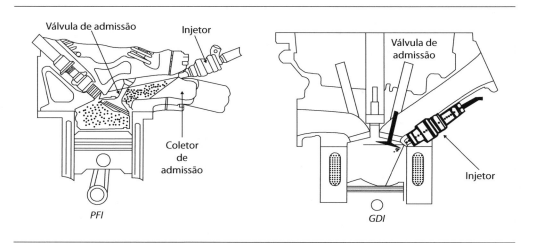

Figura 1.16 – Alimentação de combustível – *PFI* & *GDI* – ciclo Otto.

A Figura 1.17 apresenta o esquema de um sistema de injeção de combustível aplicado aos MIE, em que o combustível é injetado durante a compressão no interior da câmara de combustão, atualmente com pressões no entorno de 2.000 bar. Em capítulos posteriores estes temas serão detalhados.

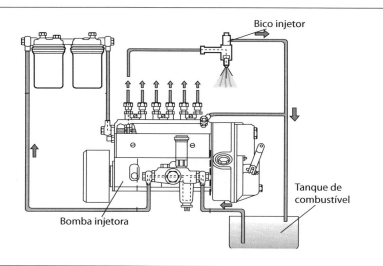

Figura 1.17 – Alimentação de combustível – ciclo Diesel [A].

1.3.2 Quanto à disposição dos órgãos internos

Esta classificação está relacionada com a dimensão possível do conjunto. A Figura 1.18 (a) mostra esquematicamente três disposições típicas: cilindros em linha, em V e opostos ou *boxer*. A Figura 1.18 (b) mostra dois exemplos de motores aeronáuticos: um *boxer* e outro radial – este com cilindros dispostos radialmente em torno do virabrequim.

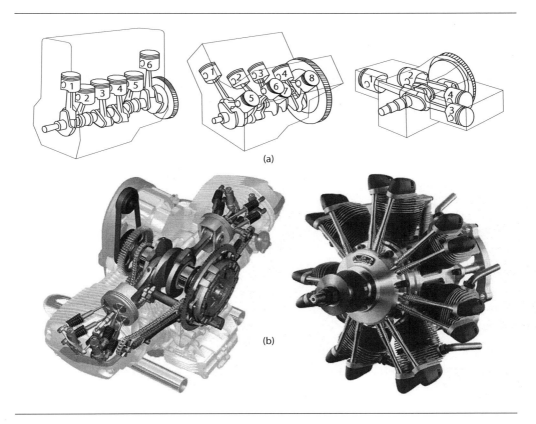

Figura 1.18 – Disposição dos cilindros [C].

A Figura 1.19, apresenta esquematicamente motores ciclo Diesel nas versões em linha e em V.

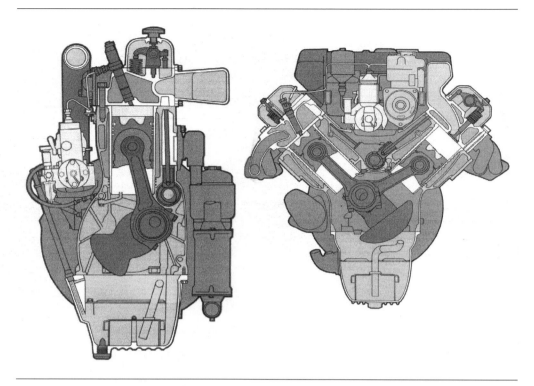

Figura 1.19 – Disposição dos cilindros – em linha e em V.

1.3.3 Quanto ao sistema de arrefecimento

O trabalho gerado da combustão resulta uma parcela significativa de atrito e calor. Para a manutenção da vida dos componentes faz-se necessário o arrefecimento de algumas áreas e componentes. O arrefecimento pode ser realizado com ar (geralmente em motores pequenos) ou com água. A seguir, são apresentadas as vantagens e desvantagens de cada sistema:

Sistema de arrefecimento a ar:

- Vantagem: mais simples.
- Desvantagem: menos eficiente e menos homogênea.

Sistema de arrefecimento a água:

- Vantagem: mais eficiente, reduzindo o ruído do motor.
- Desvantagem: complexidade.

A Figura 1.20 apresenta esquematicamente estes sistemas. Em um capítulo posterior, serão revistos e dimensionados esses sistemas de arrefecimento, assim como apresentados em maior detalhes.

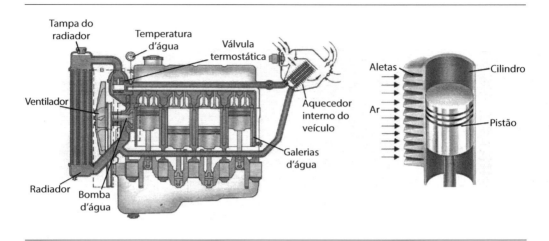

Figura 1.20 – Sistemas de arrefecimento – água e ar [C].

1.3.4 Quanto às válvulas

A abertura e o fechamento das válvulas são usualmente realizados pelo eixo comando de válvulas, assim acaba gerando uma classificação relativa à posição deste no sistema. A Figura 1.21 mostra um sistema típico no qual o trem que movimenta as válvulas é formado por: tucho, hastes e balancins. Esse sistema, além de complexo, permite folgas que acabam por comprometer o desempenho dos motores. A Figura 1.22 apresenta o eixo comando agindo diretamente sobre as válvulas.

Além dessa classificação quanto à posição do eixo comando, os motores também podem apresentar mais que uma válvula na admissão e/ou escapamento. Num capítulo posterior, serão

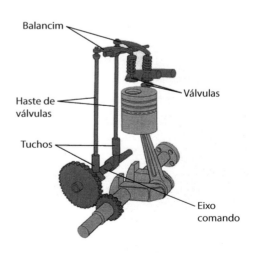

Figura 1.21 – Sistemas de acionamento das válvulas [C].

revistos e dimensionados esses sistemas de admissão de ar, assim como apresentados detalhes.

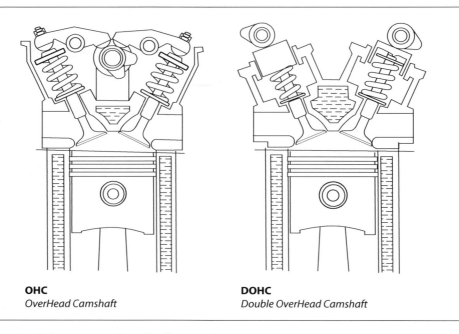

OHC
OverHead Camshaft

DOHC
Double OverHead Camshaft

Figura 1.22 – Acionamento das válvulas no cabeçote.

1.3.5 Quanto à alimentação de ar

O desempenho de um motor de combustão interna está fortemente associado à quantidade de ar admitido e retido no interior dos cilindros, pois, quanto mais ar é admitido, maior também será a quantidade de combustível a ser adicionado e posteriormente oxidado.

O fluxo de ar para o interior dos cilindros no tempo de admissão se dá em função da geração de um gradiente de pressão entre o coletor de admissão e o cilindro. No caso em que esse gradiente é ocasionado unicamente pelo deslocamento do pistão do PMS para o PMI, o que gera uma depressão no interior do cilindro, e não havendo nenhum dispositivo que eleve a pressão no coletor de admissão acima da pressão atmosférica, tem-se o motor denominado naturalmente aspirado. Nesses motores, o gradiente de pressão no processo de admissão é limitado pela pressão de admissão, que será no máximo a pressão atmosférica. Com a finalidade de aumentar esse gradiente e, consequentemente, a massa de ar admitida pelo motor, surgiram os motores sobrealimentados. Nesses motores, existem dispositivos que elevam a pressão no coletor de admissão acima da pressão atmosférica.

Um desses dispositivos é o turbocompressor, que utiliza os gases de escapamento para gerar trabalho numa turbina e transferi-lo para o compressor, que por sua vez se encarrega de aumentar a pressão no coletor de admissão. Outra forma de sobrealimentação é a mecânica, na qual o compressor é acionado mecanicamente pelo motor e comprime o ar no coletor de admissão e no interior da câmara de combustão durante a admissão. As Figuras 1.23 e 1.24 apresentam o sistema denominado turbocompressor enquanto a Figura 1.25 apresenta um compressor mecânico tipo *roots*.

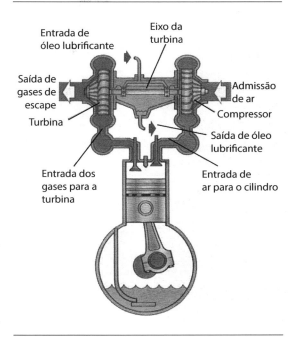

Figura 1.23 – Motor com turbocompressor [F].

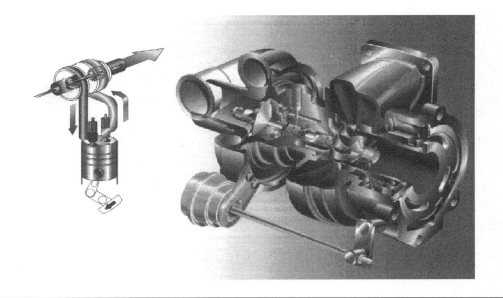

Figura 1.24 – Turbocompressor [F].

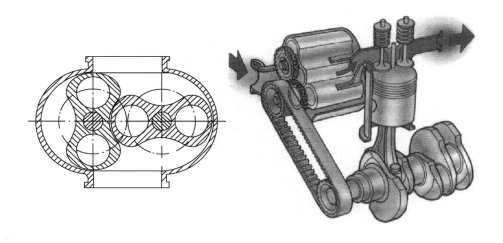

Figura 1.25 – Compressor mecânico [C].

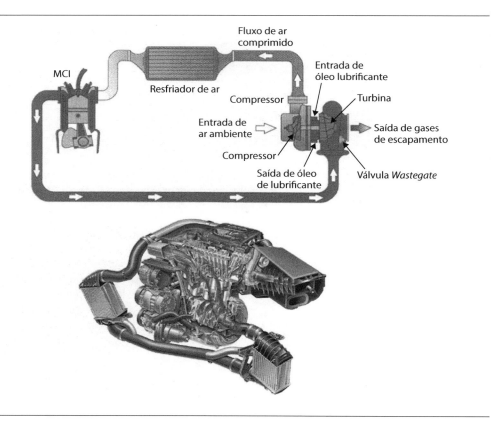

Figura 1.26 – Turbocompressor associado a resfriador [F].

O processo de compressão do ar acarreta o aumento da temperatura deste. Esse aumento ocasiona a redução da massa específica do ar em comparação a uma condição de mais baixa temperatura. A fim de se minimizar esse efeito de redução da massa específica (densidade) do ar gerado pelo aumento de temperatura na compressão, foram concebidos resfriadores que reduzem a temperatura após a saída do compressor. A Figura 1.26 apresenta um motor com o sistema turbocompressor associado a um resfriador de ar (ar–ar), aumentando ainda mais a massa introduzida no interior dos cilindros.

A Figura 1.27 mostra uma das vantagens da utilização da sobrealimentação somada ao resfriamento do ar. A redução no tamanho dos motores para a mesma potência é conhecida como *downsizing* e muito utilizada neste início de século na Europa (veja a Seção 1.3.9).

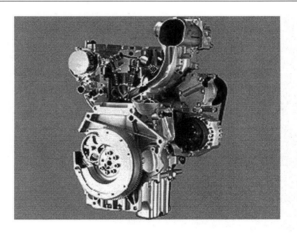

Figura 1.27 – *Downsizing – z = 2 @ 0,9L @ turbocharged* [I].

1.3.6 Quanto à relação entre diâmetro e curso do pistão

Outra forma de classificar os MCI é por meio da relação diâmetro–curso do pistão. Com essa classificação tem-se:
- Motor quadrado: quando o diâmetro do pistão é igual ao curso (D = s). Esses motores apresentam bom desempenho em todas as rotações.
- Motor subquadrado: quando o diâmetro é menor que o curso (D < s). Esses motores apresentam torque e potência em baixas rotações.

- Motor superquadrado: quando o diâmetro é maior que o curso (D > s), caracterizando motores de veículos esportivos com torque e potência em altas rotações.

O expediente de usar o mesmo bloco em motores de diversas cilindradas é bastante comum no mercado brasileiro. A Tabela 1.4 apresenta uma compilação histórica de motores nacionais.

Tabela 1.4 – Diâmetro e curso de diferentes motores.

Motor	V_d (cm³)	D (mm)	S (mm)	Potência@Rotação (kW@rpm)	Torque@Rotação (Nm@rpm)	Classificação
VW 1.6	1.596	81,0	77,4	66@5.600	132@2.600	Superquadrado
VW 2.0	1.984	82,5	92,8	92@5.800	191@3.000	Subquadrado
Fiat 1.6	1.590	86,4	67,4	62@5.700	129@3.250	Superquadrado
GM 2.5	2.471	101,6	76,2	60@4.400	168@2.500	Superquadrado
Ford 1.8	1.781	81,0	86,4	68@5.200	152@2.800	Subquadrado
GM 2.0	1.988	86,0	86,0	81@5.600	170@3.000	Quadrado
VW 1.8	1.781	81,0	86,4	71@5.200	153@3.400	Subquadrado
Fiat 1.5	1.498	86,4	63,9	60@5.200	125@3.500	Superquadrado
Ford 1.6	1.555	77,0	83,5	54@5.200	123@2.400	Subquadrado
GM 1.8	1.796	84,8	79,5	95@5.600	148@3.000	Superquadrado

1.3.7 Quanto à rotação

Quanto à rotação, os MCI são classificados em:
- Rápidos: n > 1.500 rpm.
- Médios: 600 < n < 1.500 rpm.
- Lentos: n < 600 rpm.

1.3.8 Quanto à fase do combustível

Esta classificação divide os motores entre aqueles que utilizam combustíveis líquidos e os gasosos.

1.3.9 Quanto à potência específica

As exigências impostas às emissões de poluentes têm tornado antieconômica a aplicação de motores ciclo Diesel em automóveis de passeio na Europa. Com isso, o mercado está retomando a utilização de motores ciclo Otto, mas com maior potência específica (Equação 1.10).

$$Ne_{específica} = \frac{Ne}{V_d}.\qquad\text{Eq. 1.10}$$

Onde:

Ne$_{específica}$: potência efetiva específica.

Ne: potência efetiva.

V$_d$: cilindrada total – $V_d = V_{du} \cdot z$.

Observa-se nesses motores:

- Aumento da potência e torque sem aumentar a cilindrada total – V_d, via de regra obtido por meio de sobrealimentação.
- Redução da cilindrada total – V_d, mantendo a mesma potência.
- Redução do número de cilindros – z.

Seja qual for o caso, o objetivo principal está na redução do consumo de combustível e emissão de gases poluentes, graças a:

- Redução das perdas por bombeamento em decorrência do menor volume varrido pelos pistões a cada revolução do motor e da maior pressão no interior da câmara de combustão.
- Redução da transferência de calor devida à redução de área de superfície interna e, consequentemente, maior aproveitamento da energia térmica na realização de trabalho de expansão.
- Redução das perdas por atrito devida à menor dimensão das partes móveis.

Este último ponto é fundamental, pois a redução é mais eficiente quando a energia específica não representa um aumento na rotação do motor, mas o aumento do torque em toda a faixa de rotações (por meio da melhoria de enchimento dos cilindros, também chamada de eficiência volumétrica, cuja conceituação será apresentada no Capítulo 3 – "Propriedades e curvas características dos motores"). As estratégias adotadas de otimização, para melhorar o enchimento dos cilindros são:

- Quatro válvulas por cilindro.
- Eixo comando de válvulas variável na admissão e/ou escapamento.
- Sobrealimentação.

A utilização do *downsizing* não pode ser apresentada como uma nova estratégia, pois os motores vêm sofrendo redução em seus deslocamentos volumétricos progressivamente desde o início da indústria automotiva, passo a passo, dependendo da disponibilidade de tecnologias. A redução do consumo de combustível proporcionada pelo *downsizing* é mais expressiva em cargas parciais por causa da redução das perdas por bombeamento causadas pela borboleta de aceleração. Um exemplo de tipo de utilização do veículo no qual o *downsizing* pode trazer reduções de consumo é o ciclo urbano, no qual é predominante a utilização de regimes de cargas parciais (borboleta parcialmente aberta). E para que se atinjam valores de potência e torque comparáveis aos motores de maior cilindrada, é necessário que se empreguem formas de sobrealimentação, sendo a turbocompressão a mais usual.

A Tabela 1.5, a seguir, mostra que a tendência dos motores automotivos é um constante aumento da carga específica. Pode-se notar que a potência específica dos motores sobrealimentados ciclo Diesel é comparável à de motores naturalmente aspirados ciclo Otto, mas com um torque específico que está no entorno de 1,5 vezes maior.

Tabela 1.5 – Incremento de potência e torque específicos.

Ciclo	Alimentação	Atual Potência específica (kW/L)	Atual Torque específico (Nm/L)	Futura Potência específica (kW/L)	Futura Torque específico (Nm/L)
Diesel	Sobrealimentado	65	150	80	200
Otto	Naturalmente aspirados	65	100	65	100
	Sobrealimentado	110	200	130	250

O tema *downsizing* deverá ser aprofundado em outras fontes específicas ou revistas atualizadas.

1.4 Motores rotativos

Nesses motores, o trabalho é obtido diretamente de um movimento de rotação, não existindo, portanto, o movimento alternativo ou de "vaivém".

1.4.1 Turbinas a gás

A turbina a gás é um motor rotativo de combustão interna, uma vez que utiliza os gases produzidos por uma combustão para o seu acionamento. O ciclo termodinâmico que representa a turbina a gás simples é o ciclo Brayton. Existem diversas possibilidades de modificação para melhorar o rendimento desse ciclo, entretanto, não serão estudadas neste texto, e o leitor deverá recorrer à literatura especializada.

A configuração mais simples de uma turbina a gás é obtida pelo agrupamento de três subsistemas:

- Um compressor que comprime ar em uma câmara de combustão.
- Uma câmara de combustão onde o combustível queima com o oxigênio do ar.
- Uma turbina, propriamente dita, que gira, acionada pelos gases de combustão.

O compressor é acionado pela turbina, à qual é ligado por um eixo, e parte do trabalho desta é utilizado para essa finalidade. O trabalho da turbina, descontado do trabalho do compressor, é a energia útil do sistema. A Figura 1.28 mostra esquematicamente uma turbina a gás.

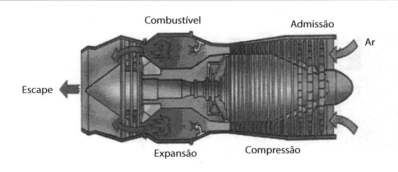

Figura 1.28 – Exemplo de uma turbina a gás [G].

A aplicação desse equipamento pode ser realizada de duas formas distintas.

Forma 1: utilizando diretamente o trabalho do eixo, por exemplo, acionando geradores elétricos, hélices de avião (turbo-hélice), navios, helicópteros, bombas hidráulicas e outros. A Figura 1.29 mostra uma turbina a gás que aciona um gerador elétrico de 109 MW, enquanto a Figura 1.30 mostra um turbo-hélice.

Forma 2: aproveitando a energia do jato dos gases de escape, acelerados por um bocal, nesse caso, o motor é impelido pela força de reação dos gases e, na realidade, é um motor de impulso, e não um motor rotativo (é o caso, por

Figura 1.29 – Sistema de turbina a gás para acionamento de gerador elétrico [H].

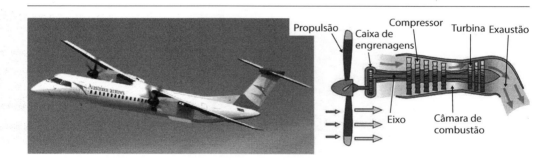

Figura 1.30 – Turbo-hélice [G].

exemplo, do turbo jato ou suas variantes, usados na aviação). Nessa aplicação, o sistema de turbina a gás, constituído de compressor, câmara de combustão e turbina, é utilizado como "gerador de gases", sendo que o elemento fundamental é o compressor, responsável pela introdução de um grande fluxo de ar. A turbina tem a função de acionamento do compressor. A Figura 1.28 mostra os componentes de um turbo jato, enquanto a Figura 1.31 mostra esquematicamente uma turbina Rolls-Royce.

Na comparação da turbina a gás com os motores alternativos, pode-se ressaltar que, nestas, os processos acontecem continuamente, enquanto nos alternativos, os processos são intermitentes. Isso causa uma diferença

Figura 1.31 – Turbina a gás – componentes internos [G].

fundamental, já que no sistema de turbina a gás as regiões frias e quentes são separadas. Assim, a câmara de combustão e a turbina estão continuamente sujeitas ao contato com os gases quentes, sendo necessário controlar a temperatura destes.

Nos motores alternativos, os processos quentes e frios acontecem no mesmo espaço, dando origem a uma temperatura média relativamente baixa, uma vez que os materiais assumirão a média das temperaturas ao longo do ciclo. A Figura 1.32 mostra, simultaneamente, os tempos ocorrendo em um motor rotativo e em outro alternativo.

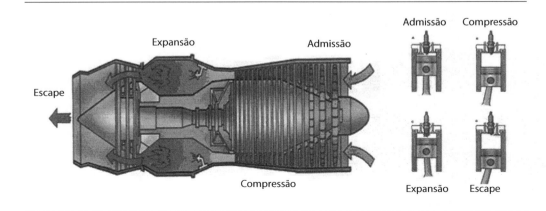

Figura 1.32 – Turbina a gás x motor alternativo [G].

1.4.2 Motor Wankel

O motor Wankel é constituído fundamentalmente de um rotor, aproximadamente triangular e de um estator, cujo formato geométrico é gerado pela posição dos três vértices do rotor durante o seu movimento. Apesar de ser considerado um motor rotativo, o rotor sofre movimentos de translação associados à rotação. A Figura 1.33 indica o movimento do rotor, guiado pela engrenagem central, evidenciando que o rotor não gira em torno de seu eixo, o que provoca deslocamentos laterais.

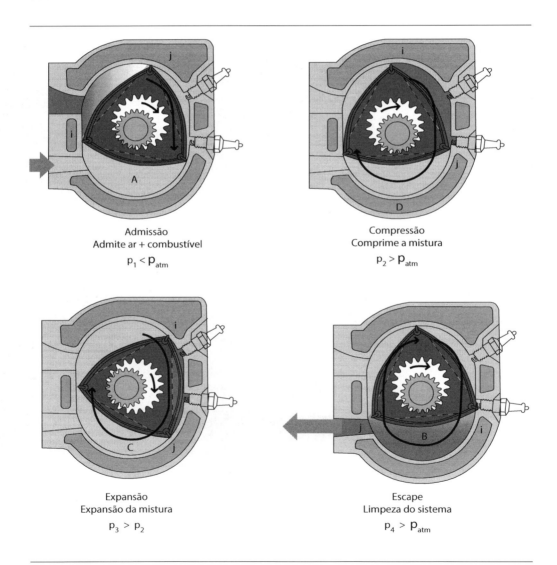

Admissão
Admite ar + combustível
$p_1 < p_{atm}$

Compressão
Comprime a mistura
$p_2 > p_{atm}$

Expansão
Expansão da mistura
$p_3 > p_2$

Escape
Limpeza do sistema
$p_4 > p_{atm}$

Figura 1.33 – Sequência das posições do rotor do motor Wankel, ao longo de sua rotação [C].

Para compreender o funcionamento do sistema o leitor deve acompanhar apenas uma das faces do rotor (veja na Figura 1.33 a face i – j) e verificará que esta realiza todos os processos observados no motor alternativo de pistão. De forma não fasada, esses processos acontecerão nas outras duas faces.

Nota-se que, em razão da relação das engrenagens, uma das faces completará uma volta somente após três voltas do eixo do motor, portanto, para cada face do rotor, será realizado trabalho positivo somente a cada três voltas do eixo. Entretanto, como a cada volta do rotor as três faces realizam trabalho positivo, conclui-se que se realiza trabalho positivo a cada volta do eixo do motor, o que é equivalente a um motor alternativo – MIF a 2T. A ausência de válvulas e a simplicidade do motor tornam seu uso interessante, nas mesmas aplicações do motor alternativo. As desvantagens básicas que apresenta são:

- Necessidade de lubrificante misturado com o combustível, como no motor a 2T.
- Desgaste prematuro das lâminas de vedação dos vértices do rotor (Figura 1.34).
- Grande diferença de temperaturas entre o lado quente e o lado frio, provocando deformação da pista do estator sobre a qual gira o rotor.

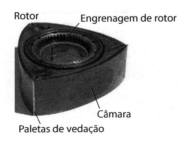

Figura 1.34 – Rotor Wankel [3].

Para a produção de maiores potências, podem-se utilizar dois ou mais rotores em série sobre o mesmo eixo, com posições defasadas, o que auxilia no balanceamento, conforme apresentado na Figura 1.35. A Figura 1.36, mostra fotografias dos principais componentes de um motor Wankel.

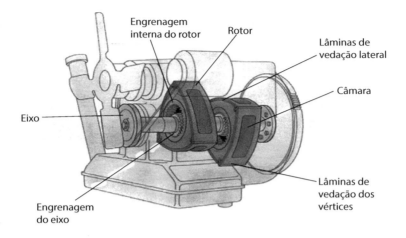

Figura 1.35 – Motor Wankel com dois rotores.

Figura 1.36 – Fotografias de um motor Wankel.

Para correlação da cilindrada dos rotativos Wankel com os convencionais alternativos, desenvolveu-se a Equação 1.11.

$$V_d = B \cdot e \cdot R \cdot \frac{4K}{K-1} \cdot \text{sen}\left(\frac{180°}{K}\right) \qquad \text{Eq. 1.11}$$

Onde:

B – largura do rotor.

e – excentricidade do rotor.

R – raio da circunferência circunscrita pelo rotor.

K – número de câmaras.

$$z = K - 1 \qquad \text{Eq. 1.12}$$

Sendo z o número de cilindros de um motor alternativo equivalente. A Figura 1.37 apresenta o motor Mazda 1991 RX7, com quatro rotores em série, que venceu as 24 Horas de Le Mans. A Figura 1.38 motra o carro Mazda RX8 equipado com um motor Wankel de dois rotores.

Figura 1.37 – Motor Mazda 1991 RX7.

Motor: Wankel;
z = 2 rotores;
Ignição faísca;
V_{du} = 1,3 L;
$Ne_{máx}$ = 250 cv;
Motor Renesis
eleito motor do ano 2003.

Figura 1.38 – Carro: Mazda RX8.

1.5 Histórico

Cabe, nessa introdução, um pequeno aceno histórico para que o leitor tenha uma ideia sobre os pioneiros dos motores, alguns dos quais a eles ligaram seus nomes. O MIF 4T é baseado nos princípios de funcionamento apresentados por Beau de Rochas em 1862, entretanto, o aperfeiçoamento e a aplicação prática desses motores deve-se a Nikolaus August Otto em 1876. Por causa disso, esse motor é normalmente denominado "motor Otto".

Figura 1.39 – Nikolaus August Otto [D].

O princípio de funcionamento do motor a 2T de ignição por faísca deve-se a Dugald Clerck em 1878. Já o motor de ignição espontânea foi desenvolvido inicialmente por Rudolf Christian Karl Diesel em 1892, daí ser comumente chamado de "motor Diesel".

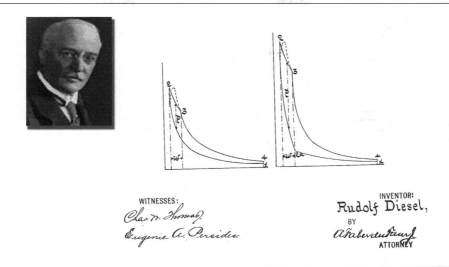

Figura 1.40 – Rudolf Diesel e seus manuscritos [E].

A turbina a gás, na sua forma mais simples é a execução prática do ciclo Brayton (1873), mas o seu desenvolvimento procedeu-se realmente nos últimos 80 anos, principalmente durante a II Guerra Mundial, quando houve necessidade de grandes potências com motores leves, isto é, grandes potências específicas (Equação 1.10).

Os motores rotativos tiveram seu estudo iniciado antes de 1920, mas a sua execução foi retardada até 1960, quando Wankel e Froede puderam construir um motor economicamente competitivo e de fácil execução. A produção inicial do motor, que leva o nome do seu idealizador, deve-se à fábrica alemã NSU, em 1963.

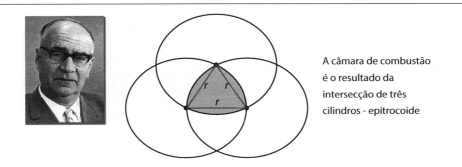

Figura 1.41 – Dr. Felix Wankel e a epitrocoide [D].

1.6 Aplicações

As aplicações de um dado tipo de motor em certa área são função de suas características gerais. Entre estas, podem-se destacar: peso, volume, ruído, confiabilidade, facilidade de manutenção, consumo de combustível, vida útil, vibrações, potência máxima, custo de operação e emissões.

A importância de cada uma dessas características, em cada aplicação particular, em geral, não deixa dúvidas sobre a opção do tipo de motor a ser utilizado. Em certos casos, porém, existe uma superposição de características desejáveis, que permitiria adotar duas ou mais soluções. Nesse caso, o *know-how* do fabricante é que decide, já que ninguém se aventuraria em novas soluções, quando já se tem alguma satisfatória. Assim, dentro das possíveis superposições que possam existir, bem como dos possíveis casos particulares que o leitor possa ter observado, apresenta-se, a seguir, uma indicação geral das principais aplicações dos diversos tipos de MCI.

Os motores Otto a 4T (MIF – 4T) caracterizam-se por uma baixa relação peso–potência e volume–potência, desde que a potência máxima seja relativamente baixa (400 kW ou cerca de 540 cv).

Outras características próprias desses motores são a suavidade de funcionamento em toda a faixa de uso, o baixo custo inicial e sistemas de controle de emissões relativamente simples e baratos. Essas características tornam esse motor adequado à aplicação em automóveis, apesar de ser utilizado em pequenos veículos de transporte, embarcações esportivas, aplicações estacionárias e pequenos aviões, sempre para potências relativamente baixas.

Figura 1.42 – Aplicações típicas de motores a 4T ciclo Otto.

Figura 1.43 – Aplicações aeronáuticas de motores a 4T.

Os MIF – 2T limitam-se a pequenas potências. O seu custo inicial para uma mesma potência é menor que o dos MIF – 4T, entretanto, por conta do elevado consumo específico e dos problemas de lubrificação que reduzem sua vida útil, não são usados para potências elevadas, nas quais seu uso torna-se antieconômico. Além disso, em geral, são ruidosos, instáveis em certas faixas de funcionamento e extremamente poluentes. Por causa dessas características, o seu uso limita-se a pequenas motocicletas, pequenos barcos, motosserras, cortadores de grama, geradores, pequenas aplicações estacionárias etc.

Os motores ciclo Diesel têm eficiência térmica elevada (esta definição será explicada no Capítulo 3 – Propriedades e curvas

Figura 1.44 – Aplicações náuticas – MIF 2T [I].

características dos motores), baixo custo de operação, vida longa, mas custo inicial elevado e pouca suavidade de funcionamento. Em certas aplicações sua potência ultrapassa 20.000 kW (30.000 cv), sendo que, acima de 3.000 kW (4.000 cv), em geral, são a 2T já que não apresentam as mesmas desvantagens do MIF – 2T. O seu emprego realiza-se em caminhões, ônibus, propulsão marítima, locomotivas, máquinas agrícolas e de terraplanagem, instalações estacionárias, automóveis dentro de certas restrições e raramente em aviação.

Figura 1.45 – Aplicações típicas de motores a 4T, ciclo Diesel.

A Figura 1.46 mostra a aplicação marítima de um motor ciclo Diesel 2T. Como descrito anteriormente, nesses casos, a bomba de lavagem é um compressor volumétrico (*blower*), que introduz pelas janelas de admissão uma grande quantidade de ar.

As turbinas a gás apresentam como principal característica uma baixa relação peso–potência, principalmente para elevadas potências. Por causa dessa característica têm sua maior aplicação em aviação, mas seu uso estende-se a instalações estacionárias e propulsão marítima e ferroviária.

O motor Wankel é uma alternativa ao motor Otto a 4T na aplicação em veículos de passeio.

É importante ressaltar novamente que, em certos casos, pode haver uma migração de certo tipo de motor de um campo mais indicado para outro, entretanto serão casos esporádicos e particulares provocados por alguma razão peculiar.

Figura 1.46 – MIE 2T – Aplicação marítima.

EXERCÍCIOS

1) Um motor alternativo tem quatro cilindros com diâmetro de 8,2 cm e curso de 7,8 cm, e uma taxa de compressão 8,5. Pede-se:

   a) A cilindrada ou deslocamento volumétrico do motor;

   b) O volume total de um cilindro;

   c) O volume morto.

   Respostas:

   a) 1.648 cm^3; b) 467 cm^3; c) 55 cm^3.

2) Um motor de seis cilindros tem uma cilindrada de 5,2 L. O diâmetro dos cilindros é 10,2 cm e o volume morto é 54,2 cm^3. Pede-se:

   a) O curso;

   b) A taxa de compressão;

   c) O volume total de um cilindro.

   Respostas:

   a) 10,6 cm; b) 17:1; c) 920,8 cm^3.

3) Um motor de quatro cilindros tem taxa de compressão 8,0:1. O diâmetro dos cilindros é 7,8 cm e o curso é 8,2 cm. Deseja-se aumentar a taxa de compressão para 12,0:1. De que espessura deve ser "rebaixado" o cabeçote, (sem se preocupar com possíveis interferências)?

Resposta:

4,3 mm.

4) Um motor de seis cilindros tem uma cilindrada de 4,8 L. O diâmetro dos cilindros é 10,0 cm. Deseja-se alterar a cilindrada para 5.400 cm^3, sem se alterar o virabrequim. Qual deverá ser o novo diâmetro dos cilindros?

Resposta:

10,6 cm.

5) Em um motor troca-se a junta do cabeçote original por outra alternativa. A original tem 5,0 mm de espessura e, ao apertar os parafusos com o torque correto, reduz-se para 4,0 mm. A junta alternativa após o aperto fica com 3,0 mm de espessura. Sendo o motor de cilindrada 1,6 L, de quatro cilindros, com curso 9,0 cm, qual a nova taxa de compressão se a original era 8,5?

Resposta:

9,2:1.

6) Um motor a 4T, quatro cilindros, com cilindrada total de 2,0 L, funciona a 3.200 rpm. A relação de compressão é 9,4:1 e a relação curso–diâmetro é 0,9. Pede-se:

a) o volume morto;

b) o diâmetro do cilindro;

c) a velocidade média do pistão em m/s (a velocidade média do pistão é obtida por: $v_p = 2.s.n$).

Respostas:

a) 59,5 cm³; b) 89 mm; c) 8,53 m/s.

7) O motor da Ferrari F1 – 2.000 possui dez cilindros montados em V, 40 válvulas, cilindrada total de 2.997 cm³ e potência de 574 kW (770 HP) [1]. Os cilindros têm diâmetro de 96 mm, motor a 4T, raio do virabrequim de 4,5 cm; volume da câmara de combustão de 78,5 cm³ e rotação de 14.500 rpm. Pede-se, determinar:

a) O curso (mm);

b) A cilindrada unitária (m³);

c) A taxa de compressão;

d) A velocidade média do pistão (m/s);

e) A velocidade angular da árvore comando de válvulas (rad/s);

f) Se na rotação dada, a combustão se realiza para $\Delta\alpha = 25°$, qual o tempo de duração da combustão (s)?;

g) O número de vezes que a válvula de escape abre em 1 minuto.

[A]

Respostas:

a) 90 mm; b) 299,7 cm³; c) 4,8:1; d) 43,5 m/s; e) 758,8 s⁻¹; f) 4,8.10⁻⁶s; g) 7.250 vezes.

8) Um motor a 4T tem quatro cilindros, diâmetro de 8,6 cm, curso de 8,6 cm e taxa de compressão 9:1. A rotação é de 5.400 rpm. Pede-se:

a) A cilindrada unitária (cm³);

b) A cilindrada do motor (cm³);

c) O volume morto (cm³);
d) O volume total (cm³);
e) O raio da manivela (cm);
f) A nova taxa de compressão ao trocar a junta por outra com 1 mm a menos de espessura;
g) O número de cursos de um pistão, por segundo;
h) O número de vezes que a válvula de admissão abre em 1 minuto.

Respostas:

a) 499,3 cm³; b) 1.997,2 cm³; c) 62,4 cm³; d) 561,7 cm³; e) 4,3 cm; f) 8,31:1; g) 565,5 cursos/s; h) 2.700 aberturas/min.

9) Por que os motores Otto 2T têm seu campo de aplicação limitado a baixas potências?

10) Para um motor rotativo Wankel, são conhecidas as seguintes dimensões:
Excentricidade do rotor = 11 mm;
Raio da circunferência circunscrita pelo rotor = 84 mm;
Largura do rotor = 52 mm;
Número de câmaras = 3;
Determinar:
a) O número de cilindros do motor alternativo correspondente;
b) A cilindrada total do motor alternativo correspondente (m³).

Respostas:

a) 2 e b) $2,4 \cdot 10^{-4}$ m³.

11) Um motor a 4T, quatro cilindros, com cilindrada total de 2,4 L, funciona a 3.200 rpm. A relação de compressão é 9,4 e a relação curso–diâmetro é 1,06. Pede-se:
a) O volume morto;
b) O diâmetro do cilindro;
c) A velocidade média do pistão em m/s.

Respostas:

a) 71,43 cm³; b) 8,97 cm; c) 10,1 m/s.

12) Cite duas vantagens e duas desvantagens do motor a 2T de ignição por faísca em relação a um motor a 4T de ignição por faísca.

13) Um motor a gasolina de quatro cilindros, de cilindrada 2 L, tem um raio do virabrequim de 4,5 cm e uma taxa de compressão 10. Deseja-se transformar o motor para álcool e se alterar a taxa de compressão para 12. Não havendo nenhum problema geométrico, resolve-se fazer isso trocando os pistões por outros "mais altos". Quanto deverá ser o aumento da altura dos pistões, em mm, supondo a sua cabeça plana nos dois casos?

Resposta:

0,18 mm.

14) Um motor de oito cilindros de 5 L de cilindrada tem taxa de compressão 9:1. Qual o volume total de um cilindro em cm^3?

Resposta:

703,13 cm^3.

15) Cite três diferenças fundamentais entre o funcionamento do motor Otto e o do motor Diesel.

16) Um motor a álcool de taxa de compressão 12 deve ser transformado para o uso de gasolina com taxa de compressão 9. A transformação será realizada colocando-se uma nova junta entre o bloco e o cabeçote. O motor tem quatro cilindros, uma cilindrada de 1.800 cm^3 e o diâmetro dos cilindros 80 mm. Qual a variação da espessura da junta necessária, sabendo-se que depois do aperto reduz-se 10%?

Resposta:

0,31 cm.

17) Em um motor Diesel de injeção direta (câmara aberta), de seis cilindros, cilindrada 11 L e curso 17 cm, supõe-se que, quando o pistão estiver no PMS, a folga entre o mesmo e o cabeçote seja nula. Qual o volume da cavidade na cabeça do pistão para se obter uma taxa de compressão 17:1?

Resposta:

0,115 dm^3.

18) Em um motor coloca-se o pistão no PMS e pelo orifício da vela introduz-se glicerina líquida no cilindro até preencher o espaço entre a cabeça do pistão e o cabeçote. O volume de glicerina introduzido foi 50 cm^3. Em seguida repete-se a operação com o pistão no PMI e verifica-se que o volume de glicerina é 450 cm^3. Sendo o motor de quatro cilindros:
   a) Qual a cilindrada do motor?
   b) Qual a taxa de compressão?

   Respostas:

   a) 1,6 L e b) 9:1.

19) Em um motor troca-se a junta do cabeçote original por outra alternativa. A original tem 5 mm de espessura e, ao apertar os parafusos com o torque correto, reduz-se para 3 mm. A junta alternativa, após o aperto fica com 4 mm de espessura. Sendo o motor de cilindrada 1.600 cm^3, de quatro cilindros, com curso 8 cm, qual a nova taxa de compressão, se a original era 8,5?

   Resposta:

   6,86:1.

20) Um motor de seis cilindros tem uma cilindrada de 4.200 cm^3. O diâmetro dos cilindros é 10 cm. Deseja-se alterar a cilindrada para 4.800 cm^3 sem alterar o virabrequim. Qual deverá ser o novo diâmetro dos cilindros?

   Resposta:

   10,69 cm.

21) Um motor de um cilindro tem uma cilindrada de 500 cm^3 e diâmetro do cilindro de 8 cm. O comprimento da biela é 15 cm. Quando o ângulo de manivela é 30° e a rotação do motor está a 3.600 rpm, a força de pressão é 11.780 N (1.200 kgf). As massas com movimento alternativo valem 0,8 kg. Qual o torque instantâneo no eixo do motor (despreze a inércia das partes rotativas)?

22) Um motor de oito cilindros de 5 L de cilindrada tem taxa de compressão 9. Qual o volume total de um cilindro em cm^3?

   Resposta:

   703,1 cm^3.

23) Por que no motor Diesel não se pode atingir as mesmas rotações que podem ser atingidas no motor Otto?

24) Pesquise em livros, ou na Internet, novas informações, do seu interesse sobre algum dos aspectos mencionados neste capítulo.

25) Pesquise no site http://auto.howstuffworks.com/engine.htm, dados relativos aos sistemas de resfriamento de motores, não abordados neste capítulo.

26) Pesquise no site http://www.mtz-worldwide.com dados relativos a *downsinzing* de motores, não abordados neste capítulo.

27) A imagem abaixo representa que tipo de motor?

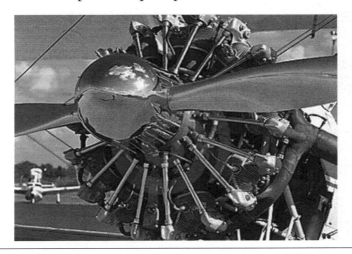

28) De forma sucinta, defina o que difere nos MIF:
   a) *GDI*;
   b) *PFI*.

29) Defina a figura abaixo:

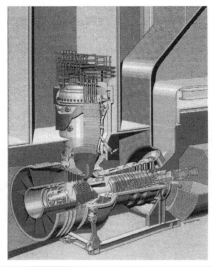

[H]

30) Pesquise em livros, ou na Internet, informações sobre ciclo Atkinson sua história e suas aplicações.

31) Pesquise em livros, ou na Internet, informações sobre os motores Napier sua história e suas aplicações.

32) *Downsinzing* de motores e veículos híbridos são tecnologias parceiras na atualidade. Utilize os recursos disponíveis para interpretar a figura abaixo [D].

33) Defina a figura abaixo [2].

[I]

34) Pesquise em livros, revistas especializadas ou na Internet, informações sobre a figura abaixo. Identifique cada um dos itens presentes na figura [2].

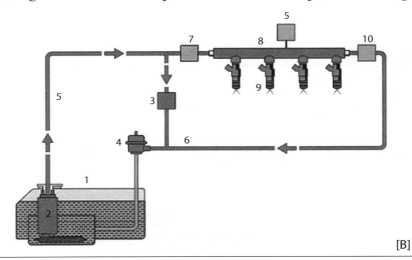

[B]

Referências bibliográficas

1. BRUNETTI, F. *Motores de combustão interna*. Apostila, 1992.
2. DOMSCHKE, A. G. *Landi:* Motores de combustão interna de embolo. São Paulo: Dpto. de Livros e Publicações do Grêmio Politécnico da USP, 1963.
3. GIACOSA, D. *Motori endotermici*. Ulrico Hoelpi Editores SPA, 1968.
4. JÓVAJ, M. S. et al. *Motores de automóvel*. Editorial Mir, 1982.
5. OBERT, E. F. *Motores de combustão interna*. Globo, 1971.
6. TAYLOR, C. F. *Análise dos motores de combustão interna*. São Paulo: Blucher, 1988.
7. HEYWOOD, J. B. *Internal combustion engine fundamentals*. M.G.H. International Editions, 1988.
8. VAN WYLEN, G. J.; SONNTAG, R. E. Fundamentos da Termodinâmica Clássica – São Paulo: Blucher, 1976.
9. ROLLS ROYCE. *The jet engine*. 1969.
10. WATSON, N.; JANOTA, N. S. Turbocharging *The internal combustion engine*. The Macmillan Press Ltd., 1982.
11. AUTOMOTIVE gasoline direct-injection engines. ISBN 0-7680-0882-4.

Figuras

Agradecimentos às empresas e publicações:

A. Mahle – Metal Leve – Manual Técnico, 1996.
B. Bosch – Velas de Ignição, Instruções de Funcionamento e Manutenção.
C. Magneti Marelli – Doutor em Motores, 1990.
D. Automotive Engineering International – Várias edições.
E. Engenharia Automotiva – *Revista SAE* – ano 2, número 9, 2001.
F. Honeywell – Garrett.
G. Rolls-Royce, *The jet engine*. 1969.
H. ABB – Asea Brown Boveri.
I. ATZonline Newsletter International. Extreme downsizing by the two-cylinder gasoline engine from Fiat – MTZ worldwide. Fev. 2011.

2

Ciclos

Atualização:
Fernando Luiz Windlin
Clayton Barcelos Zabeu
Ednildo Andrade Torres

2.1 Introdução

Durante o funcionamento de um motor, o fluido ativo (FA) é submetido a uma série de processos físicos e químicos, que se repetem periodicamente, dando origem ao chamado ciclo do motor. Esse ciclo pode ser visualizado num diagrama p – V (pressão x volume), traçado por meio de um aparelho chamado "Indicador de Pressões". A fim de facilitar o entendimento dos fenômenos envolvidos é usual que simplificações dos processos sejam feitas. Essas simplificações são extremamente interessantes do ponto de vista didático ou mesmo para se ter previsões qualitativas, ou mesmo quantitativas, sobre o comportamento do motor, uma vez que o modelamento completo de todos os processos envolvidos seria muito complexo.

Tais ciclos simplificados são introduzidos, dentro de hipóteses que os afastam mais ou menos da realidade, mas que possibilitam aplicações numéricas baseadas na teoria da Termodinâmica.

Neste capítulo serão apresentados os ciclos ideais e reais e as hipóteses simplificadoras utilizadas para o estudo dos ciclos teóricos, bem como uma comparação entre os ciclos teóricos e os reais, que indicará os maiores desvios entre eles.

O leitor verificará que, apesar do grande número de hipóteses simplificadoras, os ciclos ideais conduzirão a uma série de conhecimentos de grande utilidade na compreensão de fenômenos que serão apresentados ao longo do texto.

2.2 Ciclos reais traçados com um indicador de pressões

2.2.1 Funcionamento dos indicadores de pressão

Os ciclos reais dos motores podem ser descritos num diagrama p – V (pressão x volume), traçado por aparelhos denominados "Indicadores de Pressão". De forma a facilitar o entendimento, inicialmente será descrito o funcionamento de um "Indicador Mecânico de Pressões", por meio de um exemplar mostrado na Figura 2.1.

Fundamentalmente esse aparelho constitui-se de um pequeno cilindro que é ligado ao cilindro do motor, do qual faz continuamente a tomada da pressão. No cilindro menor, um pequeno êmbolo assume movimentos de translação proporcionais à pressão existente no cilindro do motor, graças à mola calibrada. Os movimentos do êmbolo do aparelho são transmitidos ao traçador, cuja ponta risca um gráfico sobre o tambor, que possui um movimento sincronizado com o pistão do motor ou o seu eixo. O tipo de gráfico traçado depende do movimento do tambor que pode sofrer um movimento de vaivém em torno de seu eixo ou uma rotação contínua.

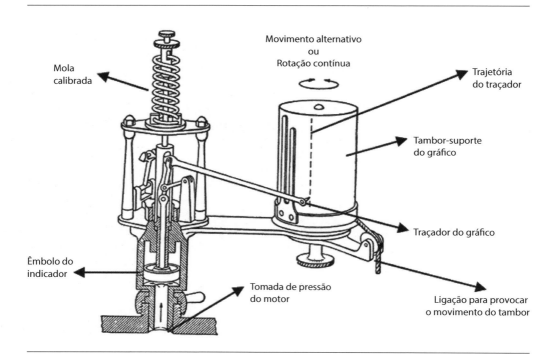

Figura 2.1 – Esquema de um indicador mecânico de pressões [G].

No primeiro caso, a amplitude do movimento será proporcional ao curso do pistão, de modo que a sincronização garante que em cada instante haverá uma correspondência entre a posição do riscador e a posição do pistão do motor ao longo de seu curso. Nesse caso combinam-se os movimentos verticais do riscador, proporcionais à pressão, com o traçado horizontal provocado pelo movimento do tambor, proporcional ao percurso do pistão do motor. Como a área deste é uma constante, os traços horizontais serão proporcionais ao volume contido entre o pistão e o cabeçote, isto é, proporcionais ao volume do fluido ativo (FA). Nesse caso, em ordenadas o traçado é proporcional à pressão e as abscissas são proporcionais ao volume do FA. O gráfico resultante denomina-se "diagrama p – V do motor", obviamente referente a um único cilindro. Um exemplo do gráfico gerado pode ser visto na Figura 2.2, de um diagrama p – V em um cilindro de uma máquina a vapor.

No segundo caso, quando o tambor gira continuamente, a sincronização realiza-se com o eixo do motor de forma que cada pressão terá correspondência com o ângulo percorrido pela manivela (virabrequim), em relação à posição de PMS. Nesse caso o gráfico traçado denomina-se "diagrama p – α do motor", onde α é o ângulo descrito pela manivela (Figura 2.3).

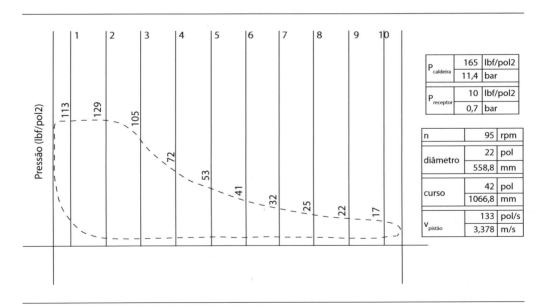

Figura 2.2 – Exemplo de um diagrama p – V de indicador mecânico de pressões [1].

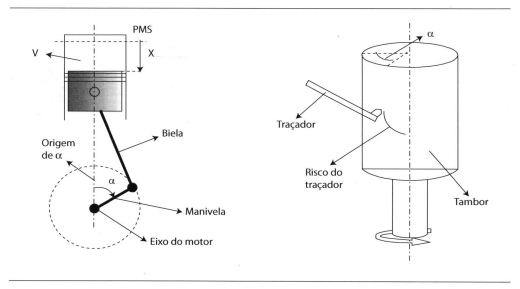

Figura 2.3 – Esquema do traçador do diagrama p – α do motor.

Evidentemente, a cada ângulo α corresponde uma posição do pistão, indicada por x, de tal forma que, para cada α, é possível calcular o volume do FA e, a partir do diagrama p – α, é possível construir o diagrama p – V.

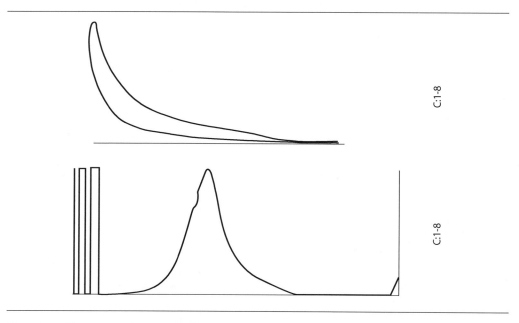

Figura 2.4 – Diagramas de pressão [G].

A Figura 2.4, apresenta os diagramas reais de pressão do motor do navio Piaçaguera, ciclo Diesel, de oito cilindros, a rotação de 290 rpm, com pressão de pico em torno de 51 bar. Adiante, será visto o aspecto desses diagramas para cada tipo de motor.

O indicador mecânico apresenta algumas limitações que tornam seu uso satisfatório apenas para grandes motores de baixa rotação:

a) O volume de gases armazenado no cilindro menor do aparelho altera a taxa de compressão do motor.

b) Transmissão de vibrações do motor para o traçador.

c) Não ocorre o registro dos efeitos instantâneos, podendo deixar de indicar variações importantes da pressão, em razão da inércia do sistema mecânico.

De qualquer forma, o funcionamento do aparelho mostra didaticamente como seriam obtidos os diagramas reais dos ciclos dos motores. Nikolaus Otto em 1876, fazia uso de um indicador mecânico de pressões para avaliar a eficiência do seu invento. Esse diagrama pode ser visto na Figura 2.5.

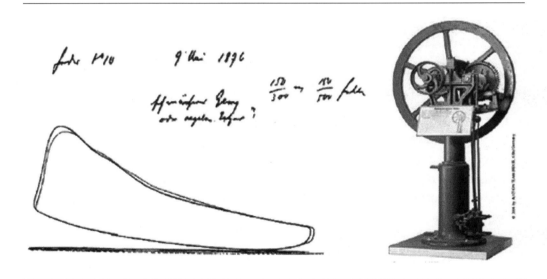

Figura 2.5 – Diagrama de pressão – Otto 1876 [G].

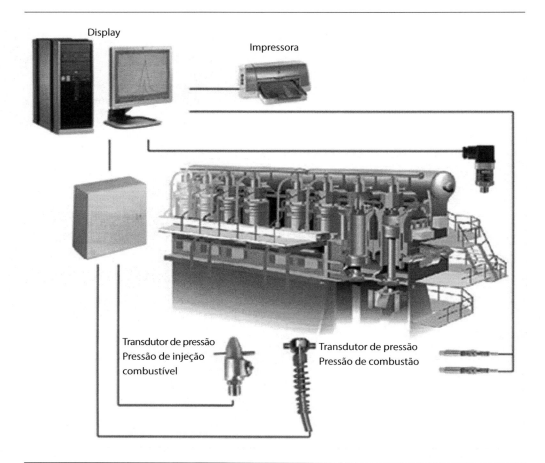

Figura 2.6 – Indicador de pressão – aplicação marítima.

Os grandes motores marítimos ou estacionários de baixa rotação podem ser, inclusive, equipados permanentemente com esse aparelho mecânico (Figura 2.6), de forma que periodicamente pode-se fazer uma observação do comportamento do ciclo do motor, para um possível diagnóstico preventivo. Hoje os motores marítimos fazem uso da eletrônica para monitoramento da pressão de combustão, como apresentado na Figura 2.7.

As limitações do indicador mecânico são superadas utilizando-se um "Indicador Eletrônico de Pressões". Para mais detalhes sobre essa instrumentação, o leitor deverá consultar os diversos fabricantes, entretanto apresenta-se na Figura 2.7 um esquema do conjunto.

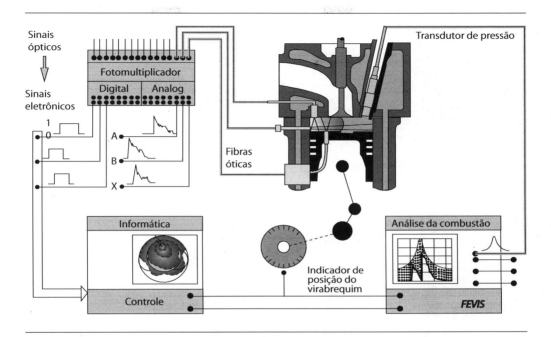

Figura 2.7 – Esquema de um indicador eletrônico de pressões [B].

O elemento sensor compõe-se de um diafragma metálico cuja deformação é função da pressão do FA no cilindro do motor. A deformação do diafragma é transmitida a algum elemento que gera um sinal elétrico. Na Figura 2.7, por exemplo, indicou-se a utilização de transdutores piezoelétricos. Nestes o elemento ativo é constituído de cristais de quartzo que emitem um sinal elétrico proporcional à pressão à qual são submetidos. A Figura 2.8, mostra a composição interna de um transdutor piezoelétrico.

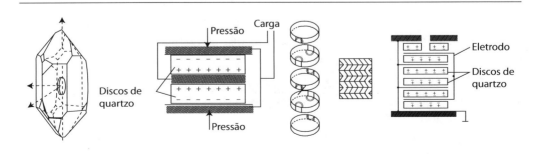

Figura 2.8 – Composição de um transdutor piezoelétrico [C].

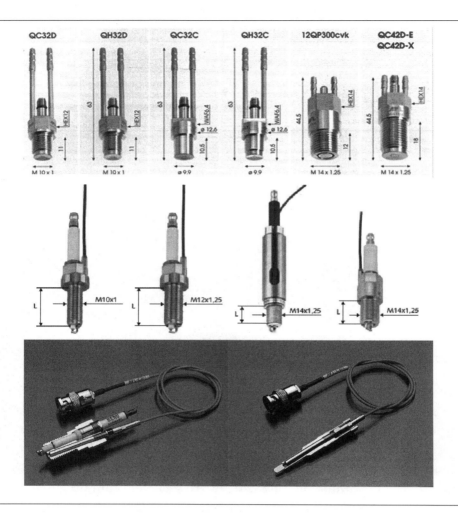

Figura 2.9 – Transdutor piezoelétrico – montagens [C].

O sinal de carga elétrica gerado é amplificado e convertido em um sinal de tensão elétrica, posteriormente transmitido a um osciloscópio ou aquisitor de dados de alta frequência, no qual a amplitude vertical representa a pressão instantânea, enquanto a amplitude horizontal é sincronizada com a posição da manivela, por meio de um sensor de posição angular. Dessa forma, pode ser observado diretamente o diagrama p − α do motor ou ainda, por alguma transformação interna do aparelho, o diagrama p − V. Esses dados são observados diretamente ou compatibilizados para a aquisição por um computador. A Figura 2.9 apresenta algumas versões comercializadas desses sensores piezoelétricos, enquanto a 2.10 apresenta detalhes de montagem.

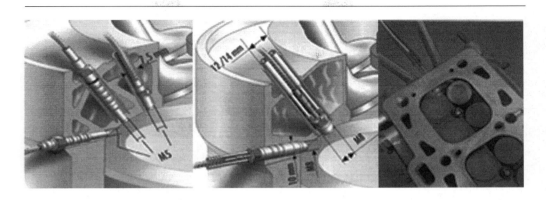

Figura 2.10 – Transdutor piezoelétrico – instalação na câmara de combustão [C].

A Figura 2.11 apresenta o transdutor de posição angular α que opera com um emissor e sensor, permitindo medições diretas de até 1° e eletronicamente desmembrar esse valor em até 0,1°.

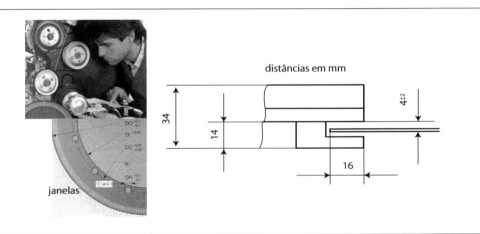

Figura 2.11 – Transdutor-posição angular [C].

A seguir serão apresentados os diagramas que são traçados em alguns casos por um indicador de pressões. A apresentação será apenas qualitativa para que o leitor tenha uma ideia dos processos que acontecem nos motores.

2.2.2 Diagrama da variação da pressão de um motor Otto a 4T

O aspecto qualitativo de um diagrama p – V real de um motor ciclo Otto (ignição por faísca) está representado na Figura 2.12.

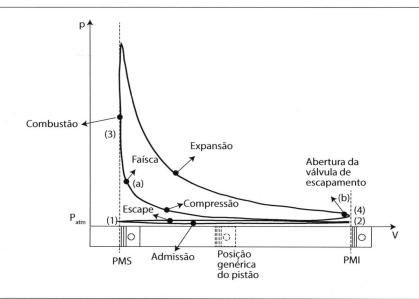

Figura 2.12 – Diagrama p– V – MIF – NA a 4T.

Esse diagrama representa o ciclo desse tipo de motor naturalmente aspirado (NA) operando a plena carga e para que certos detalhes fossem visíveis, não foi traçado em escala, mas apenas esquematizado. O diagrama representa o que seria observado no tambor do Indicador Mecânico de Pressões se ele tivesse um movimento de rotação (vai – vem).

Abaixo do eixo das abscissas (eixo dos volumes), foi representado o cilindro com o pistão nas posições de PMS e PMI, além de uma posição genérica intermediária do curso. A seguir é descrito o significado de cada trecho do ciclo.

(1)-(2) – Admissão: o pistão desloca-se do PMS ao PMI com a válvula de admissão aberta, de tal forma que o cilindro está em contato com o ambiente. A pressão em seu interior mantém-se um pouco menor que a pressão atmosférica, dependendo da perda de carga no sistema de admissão, causada pelo escoamento da mistura combustível–ar (ou apenas ar no caso de injeção direta de combustível) succionada pelo movimento do pistão.

(2)-(3) – Compressão: fecha-se a válvula de admissão e a mistura confinada no cilindro é comprimida pelo pistão que se desloca do PMI ao PMS. A curva (2)-(3) indica uma diminuição do volume do FA e um consequente aumento da pressão. Nota-se que, antes de se atingir o PMS, ocorre o salto da faísca e a pressão tem um crescimento mais rápido do que aquele que teria somente por causa da redução do volume provocada pelo pistão.

(3)-(4) – Expansão: tendo saltado a faísca no ponto (a), a pressão aumenta rapidamente em virtude da combustão da mistura. O pistão, empurrado pela força da pressão dos gases, desloca-se do PMS ao PMI e com esse movimento o FA sofre um processo de expansão, isto é, um aumento de volume com consequente redução da pressão. Esse é o tempo do motor que produz um trabalho positivo – tempo útil.

(4)-(1) – Escape: no ponto (b), um pouco antes do PMI (por razões que serão explicadas posteriormente), abre-se a válvula de escapamento e os gases, por conta da alta pressão, escapam rapidamente até alcançar uma pressão próxima da atmosférica. O pistão desloca-se do PMI para o PMS expelindo os gases queimados contidos no cilindro, e a pressão mantém-se ligeiramente maior que a atmosférica. Alcançado o PMS, reinicia-se o ciclo pela descrição do tempo de admissão.

Note que, de posse desse diagrama, podem-se fazer análises do funcionamento do motor, por exemplo, que as áreas contidas entre os processos e o eixo dos volumes correspondem ao trabalho realizado. A Figura 2.13 representa qualitativamente o diagrama p – α de um MIF – 4T, traçado por um indicador mecânico de pressões, no qual o tambor gira continuamente.

Observe que cada ângulo α de rotação da manivela corresponde a certo volume do FA contido entre a cabeça do pistão e o cabeçote. Dessa forma, de posse do diagrama da Figura 2.12, será possível obter o da Figura 2.13 ou vice-versa. É evidente que, por causa dessa correspondência entre os dois diagramas, a análise feita por um deles poderia ser, do mesmo modo, feita pelo outro. Este último, entretanto, presta-se melhor para a análise da combustão e a determinação das forças transmitidas pela pressão em cada elemento do motor, como será visto em outros capítulos.

Os indicadores utilizados na indústria fazem medições conforme apresentado na Figura 2.13, e por meio de equações matemáticas, convertem para o exemplo dado na Figura 2.12. A Figura 2.14 mostra um diagrama real p – α de um motor ciclo Otto a plena carga, e a Figura 2.15 traz o diagrama p – V correspondente. Todas as considerações realizadas sobre a Figura 2.12 são válidas para esse levantamento real.

Voltando ao Item 1.2.2, – "Nomenclatura cinemática", tem-se:

$$x = r \cdot (1-\cos\alpha) + L \cdot \left(1 - \sqrt{1 - \left(\frac{r}{L}\right)^2 \cdot \operatorname{sen}^2\alpha}\right) \qquad \text{Eq. 1.8}$$

$$V = V_2 + x \cdot \frac{\pi}{4} \cdot Dp^2 \qquad \text{Eq. 1.9}$$

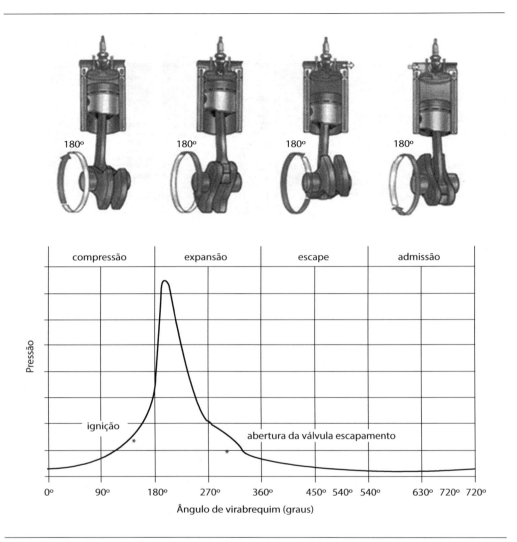

Figura 2.13 – Diagrama p – α – MIF – 4T [D].

Ciclos

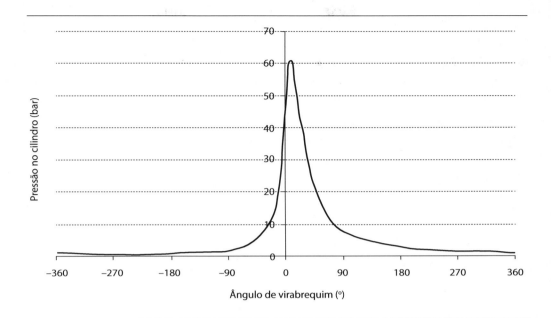

Figura 2.14 – Diagrama p – α – motor Otto a 4T a plena carga.

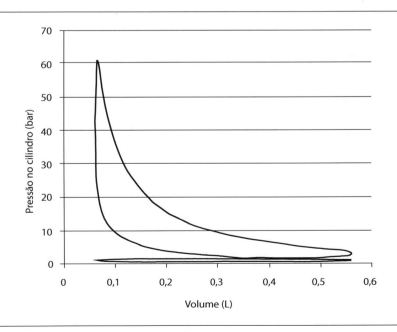

Figura 2.15 – Diagrama p – V – real MIF – 4T @ plena carga.

Com as Equações 1.8 e 1.9, pode-se simular o diagrama p − V, conforme apresentado na Figura 2.12. Assim, cabe ressaltar que o diagrama medido em banco de testes é o diagrama p − α, sendo a pressão determinada por meio de transdutores piezoelétricos (Figura 2.9) e, o ângulo por intermédio de transdutores de posição angular (Figura 2.11).

A Figura 2.16 mostra diagramas p − α − reais − MIF − 4T − a plena carga de um motor ciclo Otto com cinco curvas superpostas. Nesse caso, o ângulo da faísca responsável pela ignição da mistura é variado, permitindo ao leitor observar a importância deste na pressão desenvolvida no interior do cilindro.

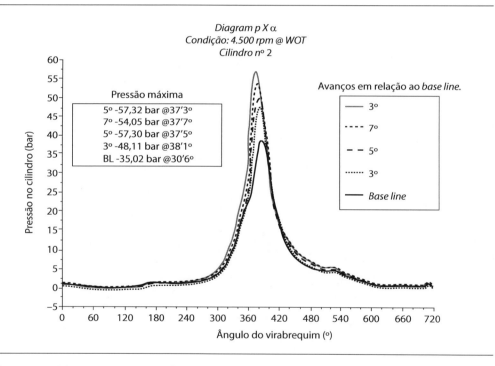

Figura 2.16 − Diagrama p − α − real − MIF − 4T Z = 4 − plena carga.

A Figura 2.17 apresenta no diagrama real p − α de um motor ciclo Otto a plena carga com algumas anomalias (essas anomalias serão tratadas no capítulo de Combustão).

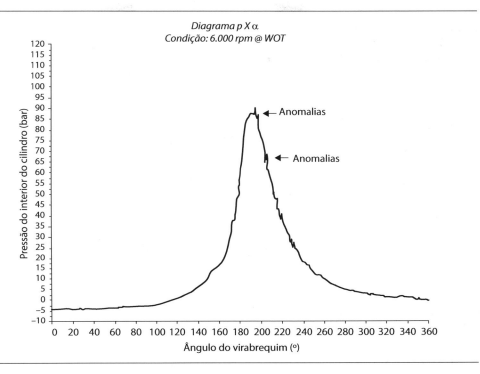

Figura 2.17 – Diagrama p – α – real de motor Otto a 4T, a plena carga.

2.2.3 Diagramas de variação da pressão de um motor de ignição espontânea (Diesel), a 4T

A Figura 2.18(A) mostra o esboço de um diagrama p – V de um motor ciclo Diesel a 4T, NA, traçado com um indicador de pressões cujo tambor tem um movimento de vaivém sincronizado com o movimento do pistão; enquanto a Figura 2.18(B) mostra o diagrama p – α correspondente. Para efeito didático o diagrama foi traçado com alguns trechos acentuados em relação à realidade para que se possam ressaltar suas características.

A) Esboço do diagrama da variação da pressão do FA em função da variação de seu volume.

B) Esboço do diagrama correspondente da variação da pressão do FA em função da posição da manivela.

Pela Figura 2.18, cabe ressaltar:

(1)-(2) – Admissão: a única diferença em relação à admissão do motor Otto é o fato de que o fluido admitido é apenas ar e não mistura combustível–ar. Evidentemente esse fato não é observável no ciclo indicado.

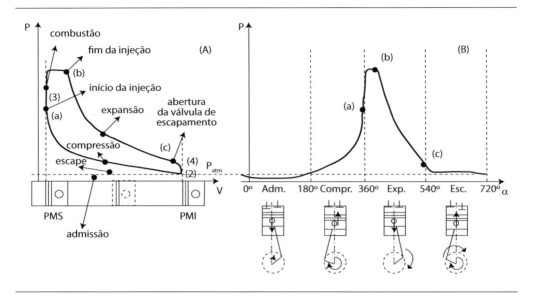

Figura 2.18 – Diagramas de pressão no cilindro – MIE – 4T.

(2)-(3) – Compressão: realiza-se da mesma forma que no motor ciclo Otto, entretanto atinge-se uma pressão final mais elevada em decorrência da maior taxa de compressão necessária para se ultrapassar a TAI do combustível. No ponto (a) desse processo, inicia-se a injeção de combustível, antes mesmo do fim da compressão, por razões que serão explicadas nos próximos capítulos.

(3)-(4) – Combustão e Expansão: o combustível é injetado de forma controlada, desde (a) até (b), por razões que serão vistas posteriormente. Em consequência dessa injeção controlada e da expansão simultânea, a pressão, que pela combustão deveria aumentar e pela expansão diminuir, mantém-se aproximadamente constante, formando um patamar no diagrama. Essa isobárica, prevista pela teoria, não é muito visível nos diagramas indicados, já que o ângulo durante o qual se mantém a injeção do combustível é relativamente pequeno. Poderá, eventualmente, ser mais visível em motores grandes de baixa rotação.

(4)-(1) Escape: processa-se exatamente da mesma forma que nos MIF.

A Figura 2.18(B) mostra a variação da pressão com a posição da manivela. Os eventos nesse diagrama são perfeitamente explicados pelo diagrama p – V da Figura 2.18(A), e a sua descrição é a mesma que se referiu ao diagrama da Figura 2.13.

A Figura 2.19 apresenta um diagrama real p – α de um MIE a plena carga. Todas as considerações realizadas sobre a Figura 2.18(A) são válidas nesse levantamento real.

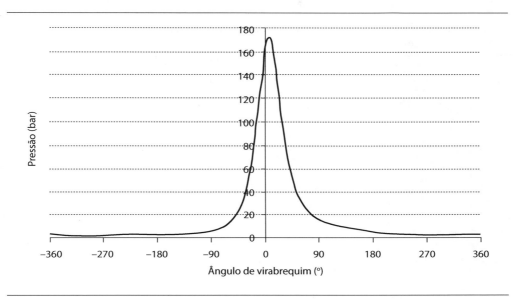

Figura 2.19 – Diagrama p – α real MIE – 4T a plena carga.

Novamente, com as Equações 1.8 e 1.9, pode-se simular o diagrama p – V, conforme apresentado na Figura 2.20.

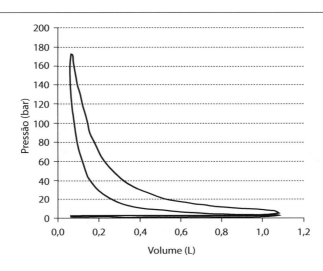

Figura 2.20 – Diagrama p – V real – MIE – 4T – plena carga.

A Figura 2.21 compara os diagramas p – V de ciclos Otto e Diesel, apresentando a diferença de pressão de pico entre ambos.

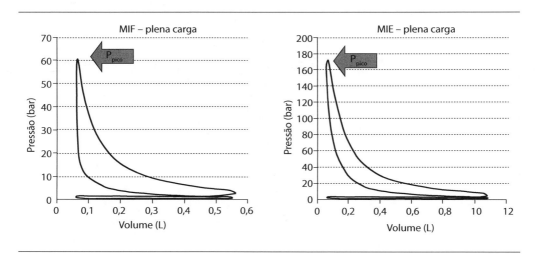

Figura 2.21 – Diagrama p – V – real – 4T – plena carga – MIF e MIE.

A Figura 2.22 mostra a evolução da pressão no interior do cilindro de um motor para as diferentes cargas – α e rotações – n.

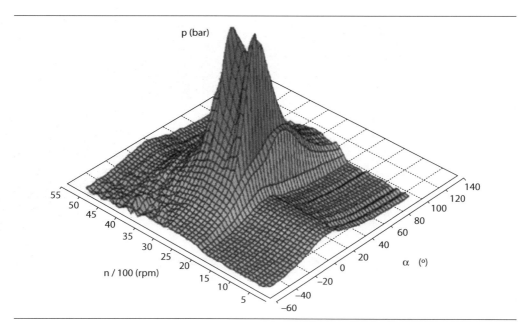

Figura 2.22 – Diagrama p – α – n – real – MIF [C].

2.2.4 Diagramas da variação da pressão para um motor a 2T de ignição por faísca

Nesse motor é difícil associar os processos e eventos aos cursos do pistão, já que alguns deles acontecem concomitantemente.

As Figura 2.23(a) e (b) mostram, sem escala para efeito didático, os diagramas $p - V$ e $p - \alpha$ de um motor a 2T de ignição por faísca.

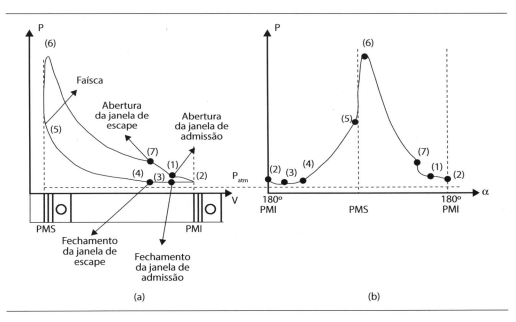

(a) (b)

Figura 2.23 – Diagramas $p - V$ e $p - \alpha$ de um motor de ignição por faísca a 2T [1].

- (1) Descobre a janela de admissão do cárter para o cilindro e a mistura, comprimida pela parte inferior do pistão é empurrada para a parte superior.
- (2) O pistão alcança o PMI.
- (3) Fecha a janela de admissão do cárter para o cilindro.
- (4) Fecha a janela de escape.
- (4)–(5) Realiza a compressão e salta a faísca. Ao mesmo tempo abre-se a janela de admissão para o cárter e nele se admite a mistura nova.
- (5)-(6) Combustão da mistura ar–combustível.
- (6)–(7) Realiza a expansão e o trabalho positivo do motor. Fecha-se a janela de admissão para o cárter.
- (7) Descobre a janela de escape e, em (1), abre-se novamente a passagem de admissão do cárter para o cilindro.

Os diagramas não foram traçados em escala, para facilitar a representação dos eventos.

2.3 Ciclos padrão ar
2.3.1 Introdução

O estudo dos ciclos reais torna-se difícil em razão da complexidade do FA, cuja composição varia durante os processos, e da complexidade dos próprios processos.

Para facilitar o estudo e para poder tirar conclusões qualitativas e, às vezes, até quantitativas, associa-se a cada ciclo real um ciclo padrão, dentro de algumas hipóteses simplificadoras que, de alguma forma, tenham semelhança com o ciclo real correspondente e permita uma aplicação da Termodinâmica. Uma dessas hipóteses considera que o FA seja ar puro, derivando daí o nome de ciclos a ar.

As hipóteses são as seguintes:

1 – O fluido ativo é ar.

2 – O ar é um gás perfeito, ideal.

3 – Não há admissão nem escape (não há necessidade de se trocarem os gases queimados por mistura nova). Essa hipótese permite a utilização da Primeira Lei da Termodinâmica para sistemas, em lugar da Primeira Lei para Volume de Controle.

4 – Os processos de compressão e expansão são isoentrópicos – ou seja, adiabáticos e reversíveis.

5 – A combustão é substituída por um fornecimento de calor ao FA a partir de uma fonte quente. Esse fornecimento de calor poderá se dar em um processo isocórico, ou em um processo isobárico, ou em uma combinação destes, dependendo do ciclo.

6 – Para voltar às condições iniciais, será retirado calor por uma fonte fria, num processo isocórico.

7 – Todos os processos são considerados reversíveis.

2.3.2 Ciclo Otto (padrão ar do ciclo do motor de ignição por faísca, a quatro tempos)

Esse ciclo pretende representar o ciclo real do motor Otto, adotadas as hipóteses apresentadas anteriormente.

Se à Figura 2.12 forem associadas as hipóteses apresentadas, obtém-se o diagrama p – V da Figura 2.24(a) ao lado do qual está representado também o diagrama T – S, na Figura 2.24(b).

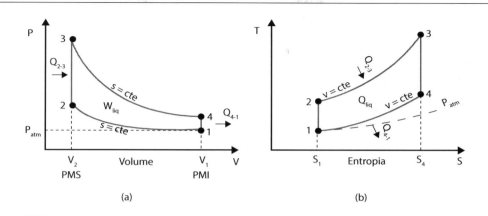

Figura 2.24 – Diagramas p – V e T – S do ciclo Otto.

Nos diagramas da Figura 2.24, os eixos das abscissas trazem propriedades Termodinâmicas extensivas – volume e entropia – propriedades estas que dependem da massa do fluido ativo (sistema) e, portanto, do tamanho do motor.

As propriedades termodinâmicas podem ser classificadas em dois tipos:

a) propriedades extensivas → são as que dependem da quantidade de matéria do sistema. Ex.: m: massa; V: volume; U: energia interna; H: entalpia e S: entropia.

b) propriedades intensivas → são as que não dependem da quantidade de matéria do sistema. Ex.: p: pressão; T: temperatura.

Para verificar se uma propriedade é extensiva ou intensiva, deve-se imaginar o seguinte teste: divide-se o sistema ao meio e verifica-se se a propriedade fica com a metade do valor ou se não se altera (Figura 2.25 (a) e (b)).

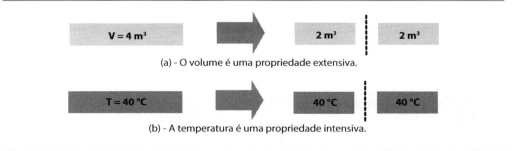

Figura 2.25 – Diferença entre propriedade extensiva e intensiva.

As propriedades extensivas, quando divididas pela massa do sistema, são denominadas propriedades específicas e se transformam em propriedades intensivas (obviamente fica excluída a própria massa). A Figura 2.26 mostra o exemplo do volume específico.

$$v = \frac{V}{m}$$ Eq. 2.1

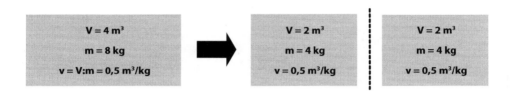

Figura 2.26 – O volume específico é o mesmo, independentemente da extensão do sistema.

As propriedades específicas são indicadas pela letra minúscula correspondente à maiúscula da extensiva da qual são derivadas. Alguns exemplos:

Volume específico: $v = \frac{V}{m}$; Eq. 2.1

Energia interna específica: $u = \frac{U}{m}$; Eq. 2.2

Entropia específica: $s = \frac{S}{m}$; Eq. 2.3

O calor e o trabalho, apesar de não serem propriedades do sistema, seguem a mesma nomenclatura, isto é, se forem especificados por unidade de massa serão representados por letra minúscula.

Calor por unidade de massa: $q = \frac{Q}{m}$; Eq. 2.4

Trabalho por unidade de massa: $w = \frac{W}{m}$; Eq. 2.5

Convertendo as grandezas extensivas da Figura 2.24 para as respectivas específicas (onde cabível), obtêm-se os diagramas da Figura 2.27.

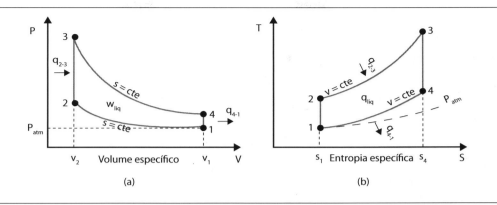

Figura 2.27 – Diagramas p – v e T – v do ciclo Otto, correspondente à Figura 2.25.

Voltando à Figura 2.24, o ciclo, ao se eliminar a admissão e o escape pela hipótese 3, compõe-se de quatro processos:

- 1 – 2: Compressão isoentrópica: no diagrama p – V é uma curva cuja expressão é $p \cdot V^k$ = cte (onde k é a razão entre os calores específicos Cp e Cv do fluido ativo), enquanto que no T – S é uma vertical. Lembrar que, sendo por hipótese todos os processos reversíveis, no diagrama p – V as áreas contidas entre o processo e o eixo dos volumes, são proporcionais ao trabalho realizado, enquanto, no diagrama T – S, são proporcionais ao calor trocado. Por causa disso, no p – V a área 1–2–V_2–V_1 corresponde ao trabalho de compressão (W_{compr}) que, pela Termodinâmica, por ser realizado sobre o sistema constituído pelo fluido ativo, é um trabalho negativo. No T – S, a área contida abaixo da curva que representa o processo 1–2 é nula, já que, sendo o processo considerado isoentrópico, será adiabático e, portanto, não haverá calor trocado.

- 2 – 3: Fornecimento do calor Q_{2-3} em um processo considerado isocórico que simula o calor liberado na combustão, admitindo-se que seja totalmente fornecido quando o pistão se encontra no PMS. No T – S a área 2–3–S_3–S_2 é proporcional ao calor fornecido ao sistema e, portanto, positivo.

- 3 – 4: Expansão Isoentrópica. A área 3–4–V_1–V_2 é o trabalho positivo de expansão (W_{exp}).

- 4 – 1: Retirada do calor do sistema Q_{4-1}. Simula o calor rejeitado nos gases ao "abrir a válvula de escape", imaginando-se uma queda brusca da pressão. No diagrama T – S a área 4–1–S_4–S_1 é proporcional ao calor rejeitado.

No ciclo Otto e nos próximos que serão apresentados, seja o calor, seja o trabalho, serão utilizados em módulo, com o sinal explicitado, já que, em todos os casos, o calor e o trabalho serão positivos ou negativos.

Pelo que foi descrito, o trabalho útil do ciclo, neste texto será denominado de trabalho do ciclo e indicado por W_c e será representado pela área 1-2-3-4 interna do ciclo. Isto é:

Trabalho do ciclo:

$$W_c = W_{exp} - W_{compr} = \text{Área } 1\text{-}2\text{-}3\text{-}4 \text{ no diagrama } p - V; \qquad \text{Eq. 2.6}$$

O calor útil será representado por Q_u e dado por:

$$Q_u = Q_{2\text{-}3} - Q_{4\text{-}1} = \text{Área } 1-2-3-4 \text{ no diagrama } T-S; \qquad \text{Eq. 2.7}$$

Como, por hipótese, não há admissão nem escape, a Primeira Lei da Termodinâmica refere-se a um sistema e não a um volume de controle e, portanto, para um processo, desprezando variações de energia cinética e potencial, será dada por:

$$Q - W = U_{final} - U_{inicial} \qquad \text{Eq. 2.8}$$

E como para um ciclo:

$$U_{final} - U_{inicial} \to Q_u = W_c \to W_c = Q_{2\text{-}3} - Q_{4\text{-}1} \qquad \text{Eq. 2.9}$$

Esse resultado está de acordo com a Segunda Lei da Termodinâmica. O enunciado dessa Lei para motores térmicos, segundo Kelvin-Planck diz o seguinte:

"É impossível construir um motor térmico cíclico que transforme em trabalho todo o calor recebido de uma fonte quente." Simbolicamente, a Figura 2.28 representa o significado desse enunciado.

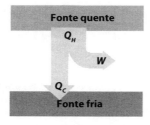

Figura 2.28 – Configuração esquemática de um motor térmico, do ponto de vista da Segunda Lei da Termodinâmica.

Pela Segunda Lei verifica-se a impossibilidade de se aproveitar todo o calor fornecido pela fonte quente e esse fato leva à definição da eficiência térmica (η_T) de um motor térmico cíclico, usando a nomenclatura da Figura 2.28.

$$\eta_t = \frac{W}{Q_h} = \frac{Q_h - Q_c}{Q_h} = 1 - \frac{Q_c}{Q_h} \qquad \text{Eq. 2.10}$$

Empregando-se a nomenclatura das Equações 2.6 a 2.9, tem-se:

$$\eta_t = \frac{W_c}{Q_{2\text{-}3}} = \frac{Q_{2\text{-}3} - Q_{4\text{-}1}}{Q_{2\text{-}3}} = 1 - \frac{Q_{4\text{-}1}}{Q_{2\text{-}3}} \qquad \text{Eq. 2.11}$$

Note-se que, com a definição da eficiência térmica, como $Q_{4\text{-}1}$ não pode ser zero, a Segunda Lei poderia ser enunciada como: não é possível se construir um motor térmico cíclico cujo rendimento (ou eficiência) seja 1% ou 100%.

Nesse ponto, é interessante indagar qual poderia ser a máxima eficiência térmica de um motor térmico cíclico. Na Termodinâmica se encontra a resposta a essa pergunta na eficiência térmica do ciclo de Carnot, ciclo este constituído somente de processos reversíveis, dois adiabáticos e dois isotérmicos. No caso do Ciclo de Carnot, obtém-se que:

$$\eta_{t\,Carnot} = 1 - \frac{Q_c}{Q_h} = 1 - \frac{T_c}{T_h} \qquad \text{Eq. 2.12}$$

onde T_c e T_h são as temperaturas absolutas respectivamente da fonte fria (c: *cold*) e da fonte quente (h: *hot*).

O que se pode verificar é que a eficiência do ciclo de Carnot é maior que a eficiência de qualquer outro ciclo que trabalhe entre as temperaturas das mesmas fontes.

Para que o leitor tenha uma ideia, suponha a temperatura da fonte quente de um MCI seja a temperatura máxima de combustão, que é da ordem de 2273 K, e que a temperatura da fonte fria, onde se rejeita o calor do ciclo, seja a temperatura máxima de escape, da ordem de 973 K. Nessas condições, se o ciclo fosse de Carnot, a eficiência térmica seria:

$$\eta_{t\,Carnot} = 1 - \frac{Q_c}{Q_h} = 1 - \frac{T_c}{T_h} = 1 - \frac{973}{2273} = 0{,}572 = 57{,}2\%$$

Diante desse resultado, é de se esperar que os MCI devam ter eficiência térmica abaixo desse valor.

Na realidade, como a temperatura de combustão é variável ao longo do processo, a comparação deveria ser feita para uma fonte que tivesse a média dessa temperatura. O mesmo deveria ser feito com a temperatura de escape, entretanto, o exemplo anterior deseja mostrar que não é correto se comparar a eficiência de um motor térmico com 100%, para verificar o estado da arte, já que o limite superior da transformação de calor em trabalho útil, em um processo cíclico é determinado pela eficiência do ciclo de Carnot que trabalhe entre as mesmas fontes.

Pela hipótese 2, considera-se o FA como sendo um gás perfeito, e para simplificar o modelo matemático considera-se que o gás perfeito tenha calores específicos a volume (c_v) e a pressão (c_p) constantes com o variar da temperatura.

Por exemplo, tratando-se de ar:

✓ c_v ar = 717 J/kg · K = 0,171 kcal/kgK;

✓ c_p ar = 1004 J/kg · K = 0,240 kcal/kgK.

Na realidade, a definição do calor específico a volume constante é:

$$c_v = \left(\frac{du}{dT}\right)_{V=cte} \qquad \text{Eq. 2.13}$$

ou supondo que seja função somente da temperatura:

$$c_v = \left(\frac{du}{dT}\right)_{V=cte} \text{ resultando que } \Delta u = \int C_v \cdot dT \qquad \text{Eq. 2.14}$$

Essa integral somente poderia ser executada se fosse conhecido $c_v = f(T)$, mas ao supor c_v = cte resulta uma expressão simples e interessante para o cálculo da variação da energia interna específica do sistema, obviamente perdendo na precisão. Dessa forma:

$$\Delta u = C_v \cdot \Delta T \text{ ou } \Delta U = m \cdot c_v \cdot \Delta T \qquad \text{Eq. 2.15}$$

O mesmo comentário pode ser feito para o calor específico e a pressão constante, resultando:

$$\Delta h = C_p \cdot \Delta T \text{ ou } \Delta H = m \cdot c_p \cdot \Delta T \qquad \text{Eq. 2.16}$$

Além desse detalhe referente aos calores específicos de um gás perfeito, lembrar também a equação de estado nas suas diversas formas:

$$p \cdot V = m \cdot R \cdot T \text{ ou } p \cdot v = R \cdot T \text{ ou } \frac{p}{\rho} = R \cdot T \qquad \text{Eq. 2.17}$$

Onde:

$$\rho = \frac{m}{V} = \frac{1}{v} \quad \text{massa específica e v o volume específico.} \qquad \text{Eq. 2.18}$$

Na equação de estado seja a pressão, seja a temperatura devem estar em escalas absolutas, e R é uma constante do gás, por exemplo:

✓ $R_{ar} = 287$ J/kg K $= 29,3$ kgfm/kg K;

Outras relações para gás perfeito são:

$$k \text{ ou } \gamma = \frac{C_p}{C_v} \text{ constante adiabática.} \qquad \text{Eq. 2.19}$$

por exemplo $k_{ar} = 1,4$. Outras considerações importantes:

$$R = C_p - C_v \qquad \text{Eq. 2.20}$$

$$C_v = \frac{R}{k-1} \qquad \text{Eq. 2.21}$$

$$C_p = \frac{k \cdot R}{k-1} \qquad \text{Eq. 2.22}$$

Ou ainda:

$$Cp = a + bT + cT^2 + dT^3 \left(\frac{kJ}{kg}\right)$$

com T em K

Pela hipótese os processos de compressão e de expansão são considerados isoentrópicos e, nesse caso, são válidas as seguintes expressões para o processo de um gás perfeito:

$$\frac{p_2}{p_1} = \left(\frac{v_1}{v_2}\right)^k \qquad \text{Eq. 2.23}$$

$$\frac{T_2}{T_1} = \left(\frac{V_1}{V_2}\right)^{k-1} \qquad \text{Eq. 2.24}$$

$$\frac{T_2}{T_1} = \left(\frac{p_2}{p_1}\right)^{\frac{k-1}{k}} \qquad \text{Eq. 2.25}$$

Lembrar que no caso do FA ser ar, como foi admitido pela hipótese 1, $k_{ar} = 1,4$, mas no caso de se admitir outro gás, esse valor será adotado adequadamente. Por outro lado, desejando admitir outro processo que não seja isoentrópico, pode-se utilizar um processo politrópico no qual k = n qualquer, com $-\infty < n < +\infty$, dependendo da hipótese adotada.

Voltando ao ciclo Otto representado pela Figura 2.24, consideradas as hipóteses dos ciclos-padrão a ar, pode-se obter uma expressão interessante para a eficiência térmica.

Para qualquer motor térmico, a expressão da eficiência térmica é a da Equação 2.11, isto é:

$$\eta_t = \frac{W_c}{Q_{2-3}} = \frac{Q_{2-3} - Q_{4-1}}{Q_{2-3}} = 1 - \frac{Q_{4-1}}{Q_{2-3}}$$

Pela Primeira Lei:

$$Q_{2-3} - W_{2-3} = U_3 - U_2 \qquad \text{Eq. 2.26}$$

Mas, como $W_{2-3} = 0$ (processo isocórico) e $Q_{2-3} = Q_1$ (fornecido pela fonte quente), então:

$$Q_{2-3} = U_3 - U_2 = m \cdot c_v \cdot (T_3 - T_2) \qquad \text{Eq. 2.27}$$

Analogamente, em módulo:

$$Q_{4-1} = U_4 - U_1 = m \cdot c_v \cdot (T_4 - T_1) \qquad \text{Eq. 2.28}$$

Logo:

$$\eta_t = \frac{W_c}{Q_{2-3}} = \frac{Q_{2-3} - Q_{4-1}}{Q_{2-3}} = 1 - \frac{Q_{4-1}}{Q_{2-3}} = 1 - \frac{m \cdot c_v \cdot (T_4 - T_1)}{m \cdot c_v \cdot (T_3 - T_2)} \qquad \text{Eq. 2.29}$$

Ou, colocando T_1 em evidência no numerador e T_2 em evidência no denominador:

$$\eta_t = 1 - \frac{m \cdot c_v \cdot (T_4 - T_1)}{m \cdot c_v \cdot (T_3 - T_2)} = 1 - \frac{T_1}{T_2}\left(\frac{\frac{T_4}{T_1}}{\frac{T_3}{T_2}}\right) \qquad \text{Eq. 2.30}$$

Mas, como os processos (1)-(2) e (3)-(4) são isoentrópicos, pela Eq. 2.23:

$$\frac{T_2}{T_1} = \left(\frac{V_1}{V_2}\right)^{k-1} \quad \text{e} \quad \frac{T_3}{T_4} = \left(\frac{V_4}{V_3}\right)^{k-1}$$

Como: $V_4 = V_1$ e $V_2 = V_3$, tem-se:

$$\frac{T_2}{T_1} = \frac{T_3}{T_4} \quad \text{ou} \quad \frac{T_4}{T_1} = \frac{T_3}{T_2}$$

Resulta: $\eta_t = 1 - \dfrac{T_1}{T_2}$ Eq. 2.31

Mas, como: $\dfrac{T_1}{T_2} = \left(\dfrac{v_2}{v_1}\right)^{k-1}$ então $\eta_t = 1 - \left(\dfrac{v_2}{v_1}\right)^{k-1}$ Eq. 2.32

Como $\dfrac{v_1}{v_2} = r_v$ (taxa de compressão)

Finalmente tem-se: $\eta_t = 1 - \dfrac{1}{r_v^{k-1}}$ ou ainda: Eq. 2.33

$$\eta_t = 1 - \dfrac{1}{\left(\dfrac{p_2}{p_1}\right)^{K-1}}$$

sendo $\dfrac{p_2}{p_1}$ a relação de pressões

Pela Equação 2.31 observa-se que fixado o FA e, portanto, o valor de k, a eficiência térmica do ciclo Otto cresce ao aumentar a taxa de compressão e que, quanto maior o valor de k, maiores são os valores de eficiência do ciclo.

A Figura 2.29 mostra a variação qualitativa da eficiência térmica (η_t) do ciclo Otto, com a taxa de compressão (r_v), para fluidos ativos com diferentes valores de k.

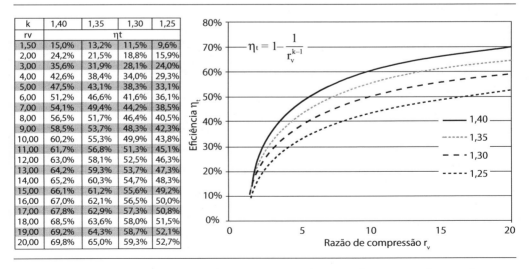

Figura 2.29 – Variação qualitativa da eficiência térmica de um ciclo Otto, em função da taxa de compressão, para um dado valor de k.

Observa-se da Figura 2.29 que o aumento da taxa de compressão é interessante até certo valor, pois, daí para a frente, a grandes aumentos de r_v correspondem aumentos desprezíveis da eficiência térmica. Esse resultado, obtido a partir do ciclo teórico Otto, qualitativamente corresponde à observação da realidade. Nos motores Otto reais, uma das formas para se conseguir o aumento da eficiência térmica é por meio do aumento da taxa de compressão. Será visto que, em razão da presença do combustível durante a compressão, a máxima taxa de compressão a ser utilizada depende da resistência do combustível à autoignição, já que o instante para que aconteça a combustão é comandado pelo salto da faísca. Será visto também que taxas de compressão excessivamente elevadas para certo combustível podem ocasionar um fenômeno perigoso denominado detonação e conhecido popularmente como "batida de pino" (veja o Capítulo 7 – "Combustão").

Outro ponto a ser lembrado é que, para os gases reais, o valor da razão $k = C_p / C_v$ decai com o aumento de temperatura. Assim, em um ciclo teórico a ar com k reduzido, os valores de eficiência térmica são menores dos que os previstos para k constante. Existem atualmente programas de simulação numérica que levam essa variação em consideração e, portanto, fornecem valores mais próximos da realidade.

2.3.3 Conceitos definidos a partir dos ciclos padrão ar

Serão aqui introduzidos alguns conceitos baseados na observação dos ciclos padrões a ar e para facilitar a explicação será utilizado o ciclo Otto padrão a ar. Entretanto deve ficar claro que esses conceitos são válidos para os outros ciclos que serão vistos a seguir e, posteriormente, serão extrapolados para os motores reais com algumas adaptações.

2.3.3.1 TRABALHO DO CICLO – W_c

Como já visto que o trabalho do ciclo é proporcional à área contida no ciclo no diagrama p – V, isto é:

$$W_c = W_{exp} - W_{compr} \qquad \text{Eq. 2.34}$$

Como a expansão e a compressão são processos supostos isoentrópicos, tem-se pela Primeira Lei da Termodinâmica que, sendo nulo o calor, o trabalho coincide com a variação da energia interna e, portanto:

$$W_{exp} = U_3 - U_4 \quad \text{e} \quad W_{compr} = U_2 - U_1$$

$$W_c = (U_3 - U_4) - (U_2 - U_1) = mc_v\left[(T_3 - T_4) - (T_2 - T_1)\right] \qquad \text{Eq. 2.35}$$

Observe que, no caso do ciclo real, não é tão simples se determinar matematicamente o trabalho do ciclo, já que os pontos iniciais e finais dos processos não são tão evidentes. Entretanto, uma vez determinado o ciclo real no diagrama p – V com um indicador de pressões, é possível se determinar o trabalho pela área do ciclo por meio da equação $W = \int p \cdot dV$.

2.3.3.2 PRESSÃO MÉDIA DO CICLO – p_{mc}

Esse conceito introduzido por intermédio dos ciclos padrão será estendido posteriormente para os ciclos reais quando será chamada de pressão média indicada.

Por definição a pressão média do ciclo é uma pressão que, se fosse aplicada constantemente na cabeça do pistão, ao longo de um curso, realizaria o mesmo trabalho do ciclo.

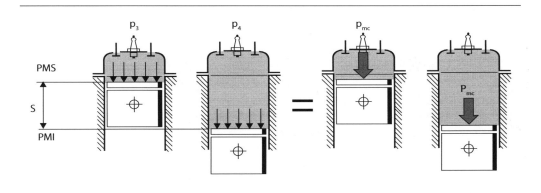

Figura 2.30 – Visualização da definição da pressão média do ciclo.

Matematicamente tem-se:

$$W_c = \oint p dV = \int_{PMS}^{PMI} p_{mc} dV = p_{mc}(V_2 - V_1)$$

Como:

$V_2 - V_1 = V_{du}$ (cilindrada unitária);

Então,

$$W_c = p_{mc} V_{du} \quad \text{ou} \quad p_{mc} = \frac{W_c}{V_{du}}$$ Eq. 2.36

Como a pressão é uma propriedade intensiva, é indiferente efetuar o cálculo utilizando o trabalho de um cilindro com a cilindrada unitária (V_{du}) ou efetuá-lo utilizando o trabalho de todo o motor com a cilindrada do motor (V_d).

A pressão média do ciclo é o trabalho por unidade de cilindrada, passando a independer dessa variável que, de certa forma, representa o tamanho do motor. Por independer do tamanho, a pressão média do ciclo – p_{mc} – funciona como um "número adimensional", apesar de não o ser, e deveria coincidir para todos os motores de uma série semelhante, independentemente da cilindrada. Torna-se, portanto, um elemento importante para a comparação do desempenho do ciclo para motores semelhantes, de modo independente do tamanho (cilindrada).

Geometricamente a p_{mc} no diagrama p – V é a altura de um retângulo de base $V_1 - V_2$ cuja área seja igual à área do ciclo (já que essa área coincide com W_c). Vide Figura 2.31.

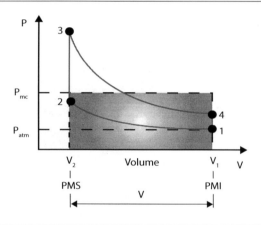

Figura 2.31 – Pressão média do ciclo obtida geometricamente no diagrama p – V.

2.3.3.3 POTÊNCIA DO CICLO – N_C

A potência do ciclo é o trabalho do ciclo (W_c) por unidade de tempo. Pode ser determinada multiplicando-se o trabalho do ciclo pelo número de vezes que é realizado na unidade de tempo, isto é, a frequência de realização do ciclo. No caso dos motores, a frequência relaciona-se com a rotação do eixo (n). No caso dos motores a quatro tempos o ciclo é realizado somente a cada duas rotações, enquanto que nos motores a dois tempos o ciclo é completado a cada rotação. Para poder usar uma única expressão para os motores a 2T e motores a 4T, a potência será calculada por:

$$N_c = W_c \cdot \frac{n}{x} \qquad \text{Eq. 2.37}$$

Sendo x o fator de tempos e x = 1 para motores 2T e x = 2 para motores de 4T. Pela Equação 2.36:

$$N_c = \frac{p_{mc} \cdot V_d \cdot n}{x} \qquad \text{Eq. 2.38}$$

A expressão mostra que, para motores semelhantes, a potência é função da cilindrada, isto é, do tamanho (cilindrada total) e da rotação.

2.3.3.4 FRAÇÃO RESIDUAL DE GASES – f

No final do processo de escape, mas dentro do cilindro, permanece certa massa de gases, produtos da combustão, massa esta que fará parte da massa total da mistura no próximo ciclo. Essa massa remanescente de gases queimados é denominada massa residual.

Fração residual de gases queimados é a relação entre a massa dos gases residuais e a massa total da mistura existente no cilindro, quando termina a admissão.

$$f = \frac{m_{res}}{m_{tot}} = \frac{m_{res}}{m_{ar} + m_{comb} + m_{res}} \qquad \text{Eq. 2.39}$$

onde:

m_{res}: massa residual;

m_{ar}: massa de ar;

m_{com}: massa de combustível;

m_{tot}: massa total.

Admitidas algumas hipóteses simplificadoras, é possível se estimar o valor da fração residual a partir dos ciclos padrões. Novamente, para essa finalidade será utilizado o exemplo do ciclo Otto, entretanto é interessante relembrar que a ideia é válida para qualquer ciclo padrão.

Seja o ponto (4) de um ciclo, no fim da expansão. A válvula de escapamento abre e os gases saem de tal forma que a pressão no cilindro cai para um valor próximo à pressão do ambiente. A partir dessa situação, o pistão se desloca do PMI ao PMS empurrando os gases para fora, mantida aproximadamente a pressão do ambiente. Admite-se que, quando a válvula de escapamento abre, os gases são recolhidos em um recipiente imaginário de volume variável até alcançar a pressão ambiente, e se admite que essa expansão seja isoentrópica (Figura 2.32(a)). Esse processo seria semelhante à expansão total desses gases dentro do próprio cilindro se fosse possível imaginar que o pistão pudesse se deslocar até uma posição além do PMI, até que os gases alcançassem isoentropicamente o mesmo estado alcançado pelo processo descrito anteriormente (Figura 2.32 (b)).

Em seguida o pistão desloca-se dessa posição imaginária até o PMS, com a válvula de escapamento aberta, mantendo a pressão e a temperatura constantes e, portanto, mantendo o mesmo estado (Figura 2.32 (c)).

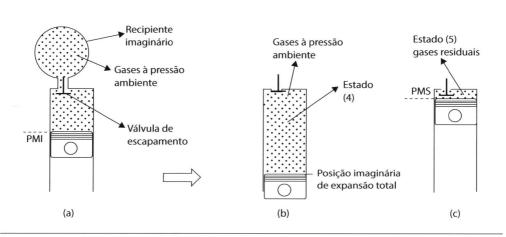

Figura 2.32 – (a) Enchimento no processo isentrópico de um recipiente imaginário. (b) Expansão isoentrópica dentro do próprio cilindro. (c) Saída dos gases mantendo o estado invariável.

A Figura 2.33 mostra como ficaria o ciclo, imaginando os processos descritos pelas Figura 2.32(b) e (c).

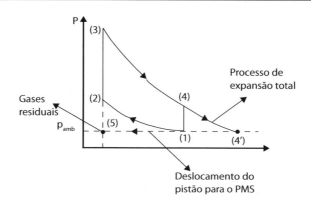

Figura 2.33 – Representação dos processos descritos no diagrama p – V de um ciclo.

Ciclos

Pela definição da fração residual de gases e pelas Figuras 2.32 e 2.33 tem-se:

$$f = \frac{m_{res}}{m_{tot}} = \frac{m_5}{m_{4'}} \quad \text{mas como} \quad v = \frac{V}{m} \quad e \quad m = \frac{V}{v}$$

$$\text{então}: \quad f = \frac{V_5/v_5}{V_{4'}/v_{4'}}$$

Entretanto, como o volume específico é uma propriedade de estado e de (4') a (5) o estado se mantém, então $v_5 = v_{4'}$. Observa-se no gráfico o que varia é V, já que a massa contida no cilindro varia quando o pistão se dirige para o PMS.

$$\text{Logo}: \quad f = \frac{V_5}{V_{4'}} \quad \text{ou} \quad f = \frac{V_2}{V_{4'}} = \frac{V_2/m_{tot}}{V_{4'}/m_{tot}} = \frac{v_2}{v_{4'}} \qquad \text{Eq. 2.40}$$

EXEMPLO 1:

Um ciclo Otto padrão ar tem uma relação de compressão $r_v = 8$. No início da compressão a temperatura é 27 °C e a pressão é 100 kPa. O calor é fornecido ao ciclo à razão de 3 MJ/kg. Dados k = 1,4 e R = 287 J/kg.K e imaginando que o ciclo represente um motor a 4T de cilindrada 1.600 cm³, a 3.600 rpm, determinar:

a) A eficiêcia térmica do ciclo;

b) As propriedades p, T e v em cada ponto;

c) A pressão média do ciclo;

d) A potência do ciclo;

e) A fração residual de gases.

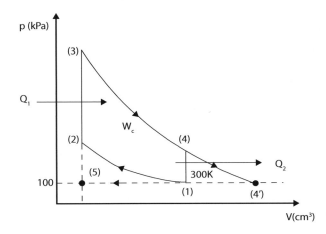

Solução:

a) $\eta_t = 1 - \dfrac{1}{r_v^{k-1}} = 1 - \dfrac{1}{8^{1,4-1}} = 0,565$ ou $56,5\%$

b) Ponto (1)

$p_1 v_1 = RT_1 \Rightarrow v_1 = \dfrac{RT_1}{p_1} = \dfrac{287 \cdot 300}{100 \cdot 10^3} = 0,861 \dfrac{m^3}{kg}$

Ponto (2)

Como (1) – (2) é isoentrópica $\dfrac{p_2}{p_1} = \left(\dfrac{v_1}{v_2}\right)^k \Rightarrow p_2 = p_1 r_v^k = 100 \cdot 8^{1,4} = 1.838 \text{ kPa}$

$v_2 = \dfrac{v_1}{r_v} = \dfrac{0,861}{8} = 0,108 \dfrac{m^3}{kg}$

$T_2 = \dfrac{p_2 v_2}{R} = \dfrac{1.838 \cdot 10^3 \cdot 0,108}{287} = 692 \text{ K}$

Ponto (3)

Pela Primeira Lei $Q_{2,3} - W_{2,3} = U_3 - U_2$

Como o processo é isocórico, $W_{2,3} = 0$ e como é gás perfeito, $\Delta U = mC_v \Delta T$

Logo: $Q_1 = mC_v(T_3 - T_2)$ ou $q_1 = C_v(T_3 - T_2) \Rightarrow T_3 = \dfrac{q_1}{c_v} + T_2$

$C_v = \dfrac{R}{k-1} = \dfrac{287}{1,4-1} = 717 \dfrac{J}{kg.K} \Rightarrow T_3 = \dfrac{3 \cdot 10^6}{717} + 692 = 4.876 \text{ K}$

$p_3 = \dfrac{RT_3}{v_3} = \dfrac{287 \cdot 4.876}{0,108} \cdot 10^{-3} = 12.957 \text{ kPa} \cong 13 \text{ MPa}$

Observe-se que os valores obtidos são muito elevados comparativamente aos valores conhecidos para os ciclos reais. Cabe lembrar, entretanto, que a solução de ciclos teóricos tem como objetivo um estudo qualitativo e o estabelecimento de conceitos úteis no estudo de motores.

Ponto (4)

Como o processo (3)-(4) é isoentrópico por definição:

$p_4 = p_3 \left(\dfrac{v_3}{v_4}\right)^k = \dfrac{p_3}{r_v^k} = \dfrac{12.957}{8^{1,4}} = 705 \text{ kPa}$

$T_4 = \dfrac{p_4 v_4}{R} = \dfrac{705 \cdot 10^3 \cdot 0,861}{287} = 2.115 \text{ K}$

Ponto (4')

Desse ponto necessita-se somente o valor de $v_{4'}$ e sabe-se que de (4) a (4') o processo é isoentrópico e que a pressão $p_{4'}$ é 100 kPa, logo:

$$v_{4'} = v_4 \left(\frac{p_4}{p_{4'}}\right)^{\frac{1}{k}} = 0,861 \left(\frac{705}{100}\right)^{\frac{1}{1,4}} = 3,47 \frac{m^3}{kg}$$

c) $p_{mc} = \dfrac{W_c}{V_d} \rightarrow W_c = m w_c$

$w_c = q_1 \eta_t = 3 \cdot 0,565 = 1,7$ MJ

Para determinar a massa de ar que trabalha no ciclo, basta dividir qualquer volume pelo respectivo volume específico, já que ao admitir-se que não haja admissão nem escape, a massa será sempre a mesma ao longo de todo o ciclo. O volume conhecido é a cilindrada que corresponde a $V_1 - V_2$, independentemente de corresponder a um cilindro ou a todo o motor. Nesse caso:

$$m = \frac{V_1 - V_2}{v_1 - v_2} = \frac{V_d}{v_1 - v_2} = \frac{1.600 \cdot 10^{-6}}{0,861 - 0,108} = 2,12 \cdot 10^{-3} \text{ kg}$$

$$W_c = 2,12 \cdot 10^{-3} \cdot 1,7 \cdot 10^6 = 3.604 J = 3,604 \text{ kJ}$$

$$p_{mc} = \frac{3.604}{1.600 \cdot 10^{-6}} \cdot 10^{-3} = 2.252 \text{ kPa}$$

d) $N_c = W_c \dfrac{n}{x} = 3,604 \cdot \dfrac{3.600}{2 \cdot 60} = 108 kW = 108 \cdot \dfrac{1}{0,736} = 147$ CV

e) $f = \dfrac{m_{res}}{m_{tot}} = \dfrac{v_2}{v_{4'}} = \dfrac{0,108}{3,47} = 0,0311 = 3,11\%$

2.3.4 Ciclo Diesel (padrão ar do ciclo do motor de ignição espontânea ou Diesel)

O ciclo ar simula o ciclo real apresentado na Figura 2.18, a única diferença entre o ciclo Diesel e o Otto refere-se ao processo de fornecimento de calor ao fluido ativo que será considerado isobárico em lugar de isocórico.

Na prática o patamar de pressão indicado na Figura 2.18 só é observado em motores muito lentos, sendo os diagramas reais dos ciclos dos motores Otto e Diesel semelhantes quanto ao formato.

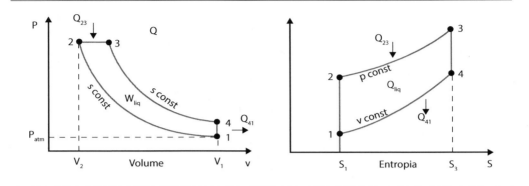

Figura 2.34 – Diagramas P – V e T – S do ciclo Diesel.

Os conceitos antes apresentados sobre as áreas nos gráficos continuam válidos, de forma que a área 1–2–3–4 no p – V é o W_c (ou trabalho líquido W_{liq}) e a área 1–2–3–4 no T – S é o $Q_u = Q_{23} - Q_{41} = W_c$.

A seguir mostra-se a dedução de uma expressão para a eficiência térmica para esse ciclo.

$$\eta_t = \frac{W_c}{Q_{23}} = \frac{Q_{23} - Q_{41}}{Q_{23}} = 1 - \frac{Q_{41}}{Q_{23}}$$

Pela Primeira Lei:

$$Q_{23} - W_{23} = U_3 - U_2$$

Como a adição de calor é feita a pressão constante (processo isobárico):

$$W_{23} = \int_2^3 p \cdot dV = p \cdot (V_3 - V_2)$$

Resultando em:

$$Q_{23} - p \cdot (V_3 - V_2) = U_3 - U_2 \Rightarrow Q_{23} = (U_3 + p \cdot V_3) - (U_2 + p \cdot V_2)$$

Da definição de entalpia:

$$U + p \cdot V = H \, (\text{entalpia})$$

E como se admite gás perfeito:

$$\Delta H = m \cdot C_p \cdot \Delta T$$

Resultando em:

$$Q_{23} = m \cdot C_p \cdot (T_3 - T_2)$$ Eq. 2.40

e

$$Q_{41} = m \cdot C_p \cdot (T_4 - T_1)$$ Eq. 2.41

Realizando-se as substituições algébricas, chega-se a:

$$\eta_t = 1 - \frac{m \cdot C_v \cdot (T_4 - T_1)}{m \cdot C_p \cdot (T_3 - T_2)} = 1 - \frac{1}{k} \frac{(T_4 - T_1)}{(T_3 - T_2)} = 1 - \frac{1}{k} \frac{T_1}{T_2} \left(\frac{\frac{T_4}{T_1} - 1}{\frac{T_3}{T_2} - 1} \right)$$

Nos processos de compressão e expansão isoentrópicos, tem-se:

$$\frac{T_2}{T_1} = \left(\frac{v_1}{v_2} \right)^{k-1} \quad e \quad \frac{T_4}{T_3} = \left(\frac{v_3}{v_4} \right)^{k-1}$$, e agrupando termo a termo tem-se:

$$\frac{T_2}{T_1} \frac{T_4}{T_3} = \left(\frac{v_1 v_3}{v_2 v_4} \right)^{k-1}$$, mas $v_4 = v_1$ e $\frac{v_3}{v_2} = \frac{T_3}{T_2}$

Reagrupando os termos da equação acima:

$$\frac{T_4}{T_1} = \frac{T_3}{T_2} \left(\frac{v_3}{v_2} \right)^{k-1} = \frac{v_3}{v_2} \left(\frac{v_3}{v_2} \right)^{k-1} = \left(\frac{v_3}{v_2} \right)^{k} = \left(\frac{T_3}{T_2} \right)^{k}$$

A expressão que traz a eficiência do ciclo padrão ar com adição de calor a pressão constante fica:

$$\eta_t = 1 - \frac{1}{k} \left(\frac{v_2}{v_1} \right)^{k-1} \cdot \left[\frac{\left(\frac{T_3}{T_2} \right)^k - 1}{\frac{T_3}{T_2} - 1} \right] \quad \text{ou} \quad \eta_t = 1 - \frac{1}{r_v^{k-1}} \cdot \left[\frac{\left(\frac{T_3}{T_2} \right)^k - 1}{k \left(\frac{T_3}{T_2} - 1 \right)} \right]$$ Eq. 2.42

O termo entre colchetes da Equação 2.42 é sempre maior que a unidade. Comparando as Equações 2.13 e 2.23, para uma mesma taxa de compressão, a eficiência térmica do ciclo Otto é sempre maior que o do ciclo Diesel. Isso significa que a combustão a volume constante é mais eficiente que a combustão a pressão constante.

Entretanto, se o ciclo Diesel padrão ar pretende representar teoricamente o ciclo dos motores Diesel, ele corresponderá sempre a uma taxa de compressão mais elevada que a dos ciclos Otto, compensando a presença do termo entre colchetes da Equação 2.42. A Figura 2.35 mostra mais claramente essa afirmação, incluindo o ciclo Misto ou Sabathé que será discutido na Seção 2.3.5.

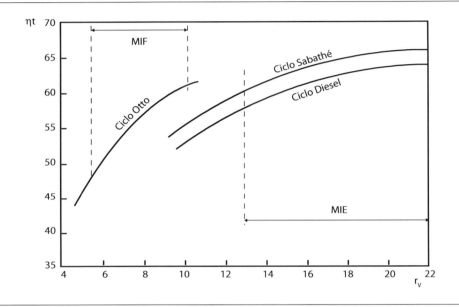

Figura 2.35 – Verificação qualitativa da compensação do rendimento (ou eficiência) térmico(a) devida à maior taxa de compressão [G].

2.3.5 Ciclo Misto ou de Sabathé

Na prática, nem o MIF funciona com combustão isocórica, nem o motor de ignição espontânea funciona com combustão isobárica. Nos dois ciclos indicados, pode-se observar uma subida rápida da pressão no início da combustão (que poderia ser representada por uma isocórica) e, em seguida, um pequeno patamar (que poderia ser representado por uma isobárica).

O ciclo Misto (ou Sabathé) leva em conta essas características e, dosando-se o calor fornecido isocoricamente (Q'_1) e o calor fornecido isobaricamente (Q''_1), pode-se chegar a resultados teóricos mais próximos das condições reais observadas na prática. A Figura 2.36 mostra os diagramas p – V e T – s de um ciclo Misto.

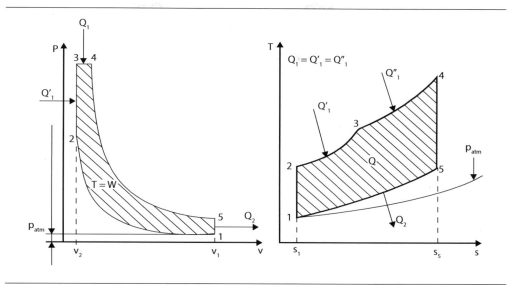

Figura 2.36 – Diagramas P – v e T – s do ciclo Misto.

Neste caso, o calor é fornecido em duas etapas.

Por uma dedução semelhante às anteriores, a expressão da eficiência térmica do ciclo Misto ficará:

$$\eta_t = 1 - \frac{1}{r_v^{k-1}} \frac{\frac{p_3}{p_2}\left(\frac{v_4}{v_2}\right)^k - 1}{\left(\frac{p_3}{p_2} - 1\right) + k\frac{p_3}{p_2}\left(\frac{v_4}{v_2} - 1\right)} \qquad \text{Eq. 2.41}$$

Se no ciclo Misto for adotado $p_4 = p_3$, ele se transformará em um ciclo Otto e a Equação 2.41 coincidirá com a eficiência térmica desse ciclo. Se $p_2 = p_3$ obtém-se um ciclo Diesel e a Equação 2.41 coincidirá com a eficiência térmica desse ciclo, já que nesse caso o calor será fornecido apenas isobaricamente.

EXEMPLO 2:

O ciclo real de um motor Diesel a 4T, de cilindrada 7.000 cm³, a 2.400 rpm é aproximado ao ciclo teórico representado na figura a seguir, na qual o retângulo desenhado tem a mesma área do ciclo. A taxa de compressão é 17 e a eficiência térmica é 0,597 quando 26,3% do calor é fornecido isocoricamente. Adota-se que o fluido ativo tenha k = 1,35 e R = 240 J/kg.K. Determinar:

a) Os valores de p, T e v nos principais pontos do ciclo;
b) A potência do ciclo;
c) O trabalho de expansão;
d) O engenheiro achou a temperatura de escape muito elevada e quer reduzi-la para 720 °C, mantido o mesmo consumo de combustível. Como fazer isto?
e) No caso do item d), qual a nova eficiência térmica?

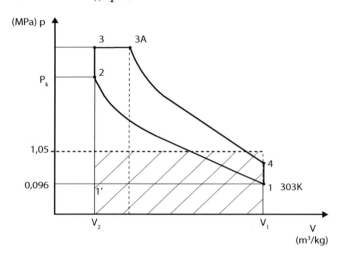

Solução:

a) Ponto (1)

$$p_1 \cdot v_1 = R \cdot T_1 \Rightarrow v_1 = \frac{RT_1}{p_1} = \frac{240 \cdot 303}{0,096 \cdot 10^6} = 0,757 \frac{m^3}{kg}$$

Ponto (2)

$$v_2 = \frac{v_1}{r_v} = \frac{0,757}{17} = 0,0445 \frac{m^3}{kg}$$

$$\frac{p_2}{p_1} = \left(\frac{v_1}{v_2}\right)^k = r_v^k \rightarrow p_2 = 0,096 \cdot 17^{1,35} = 4,4 \text{ MPa}$$

$$T_2 = \frac{p_2 v_2}{R} = \frac{4,4 \cdot 10^6 \cdot 0,0445}{240} = 816 \text{ K}$$

Ponto (3)

$$p_{mc} = \frac{W_c}{V_d} \rightarrow W_c = p_{mc} \cdot V_d = 1,05 \cdot 10^6 \cdot 7.000 \cdot 10^{-6} = 7.350 \text{ J} = 7,35 \text{ kJ}$$

$$Q_1 = \frac{W_c}{\eta_t} = \frac{7,35}{0,597} = 12,31 \text{ kJ}$$

$$Q_1' = 0,263 \, Q_1 = 0,263 \cdot 12,31 = 3,24 \text{ kJ}$$

$$Q_1'' = Q_1 - Q_1' = 12,31 - 3,24 = 9,07 \text{ kJ}$$

Processo isocórico: $Q_1' = mC_v(T_3 - T_2) \Rightarrow T_3 = \frac{Q_1'}{mC_v} + T_2$

Como já foi visto no exemplo resolvido para ciclo Otto: $m = \frac{V_d}{v_1 - v_2}$,

portanto: $m = \frac{7.000 \cdot 10^{-6}}{0,757 - 0,0445} = 9,82 \cdot 10^{-3} \text{ kg}$

Pela equação 2.8: $C_v = \frac{R}{k-1} = \frac{240}{1,35-1} = 686 \frac{\text{kJ}}{\text{kg.K}}$

Logo: $T_3 = \frac{3,24 \cdot 10^3}{9,82 \cdot 10^{-3} \cdot 686} + 816 = 1.297 \text{ K}$

$$p_3 = \frac{RT_3}{v_3} = \frac{240 \cdot 1.297}{0,0445} \cdot 10^{-6} = 7 \text{ MPa}$$

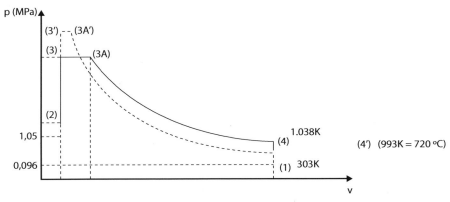

Ponto (3A)

Pela Equação 2.21, processo isobárico de gás perfeito: $Q_1'' = mC_p(T_{3A} - T_3)$

Logo: $T_{3A} = \frac{Q_1''}{mC_p} + T_3$

$C_p = kC_v = 1,35 \cdot 686 = 926 \frac{\text{J}}{\text{kg.K}}$

Então: $T_{3A} = \dfrac{9,07 \cdot 10^3}{9,82 \cdot 10^{-3} \cdot 926} + 1297 = 2294 \text{ K}$

$v_{3A} = \dfrac{RT_{3A}}{p_{3A}} = \dfrac{240 \cdot 2294}{7 \cdot 10^6} = 0,0786 \ \dfrac{m^3}{kg}$

Ponto (4)

$\dfrac{p_4}{p_{3A}} = \left(\dfrac{v_{3A}}{v_4}\right)^k \Rightarrow p_4 = 7 \cdot \left(\dfrac{0,0786}{0,757}\right)^{1,35} = 0,329 \text{ MPa}$

$T_4 = \dfrac{p_4 v_4}{R} = \dfrac{0,329 \cdot 10^6 \cdot 0,757}{240} = 1.038 K = 765 °C$

b) $N_c = \dfrac{p_{mc} V_d n}{x} = \dfrac{1,05 \cdot 10^6 \cdot 7.000 \cdot 10^{-6} \cdot 2.400}{2 \cdot 60} \cdot 10^{-3} =$

$= 147 kW \cdot \dfrac{1}{0,736} = 200 \text{ CV}$

c) $W_{exp} = W_{3,3A} + W_{3A,4}$

$W_{3,3A} = \int_{3}^{3A} p dV = p(V_{3A} - V_3) = pm(v_{3A} - v_3)$

$W_{3,3A} = 7 \cdot 10^6 \cdot 9,82 \cdot 10^{-3} \cdot (0,0786 - 0,0445) = 2.344 J = 2,344 \text{ kJ}$

O trabalho de (3A) a (4) em módulo é obtido pela Primeira Lei, lembrando que nesse processo, por hipótese, o calor é nulo.

Portanto: $W_{3A,4} = U_{3A} - U_4 = mc_v(T_{3A} - T_4) =$

$= 9,82 \cdot 10^{-3} \cdot 686 \cdot (2.294 - 1.038) = 8.461 \text{ J}$

$W_{exp} = 2.344 + 8.461 = 10.805 J \cong 10,8 \text{ kJ}$

d) Se todo o calor fosse fornecido isocoricamente, isto é, se o ciclo fosse Otto e não Misto:

$Q_1 = mC_v(T_{3'} - T_2) \Rightarrow T_{3'} = \dfrac{Q_1}{mC_v} + T_2 = \dfrac{12,31 \cdot 10^3}{9,82 \cdot 10^{-3} \cdot 686} + 816 = 2.643 \text{ K}$

$T_{4'} = T_{3'} \left(\dfrac{v_3}{v_4}\right)^{k-1} = 2.643 \cdot \left(\dfrac{0.0445}{0,757}\right)^{1,35-1} = 980 K = 707 \ °C$

Logo, a solução seria possível fornecendo quase todo o calor isocoricamente e apenas uma pequena parcela isobaricamente.

O novo ponto (3A') pode ser obtido por tentativas a partir da temperatura de escape desejada de 993 K.

e) $Q'_2 = mC_v(T_{4'} - T_1) = 9{,}82 \cdot 10^{-3} \cdot 686 \cdot (993 - 303) = 4.648 \text{ J} \cong 4{,}65 \text{ kJ}$

$\eta_t = 1 - \dfrac{Q'_2}{Q_1} = 1 - \dfrac{4{,}65}{12{,}31} = 0{,}622$ ou $62{,}2\%$

2.3.6 Ciclo Brayton (representativo do ciclo simples da turbina a gás)

O ciclo simples da turbina a gás é realizado utilizando-se três dispositivos. O compressor (CP) cuja função é comprimir o ar para a câmara de combustão (CC), onde um combustível é queimado continuamente com parte do ar admitido. Os produtos são expandidos continuamente através da turbina (TB) produzindo trabalho útil. A turbina e o compressor estão montados em um eixo comum, de tal forma que o trabalho necessário para a compressão do ar é obtido por uma parte do trabalho produzido pela turbina (Figura 2.37).

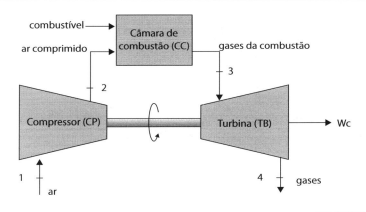

Figura 2.37 – Representação esquemática da turbina a gás simples.

Para efeito da construção do ciclo padrão ar representativo desses processos, supõe-se que a compressão e a expansão sejam isoentrópicas, que a combustão seja isobárica e, para fechar o ciclo, admite-se a existência de mais um processo (4)-(1), considerado isobárico, onde existiria a troca de calor em um trocador (TC) necessária para retornar ao estado inicial (Figura 2.38).

No dispositivo real o processo (4)-(1) não existe e é considerado apenas para o estudo termodinâmico do ciclo, entretanto, em um dispositivo mais complexo é possível se imaginar os gases de escape passando por um trocador de calor para aproveitar parte de sua energia.

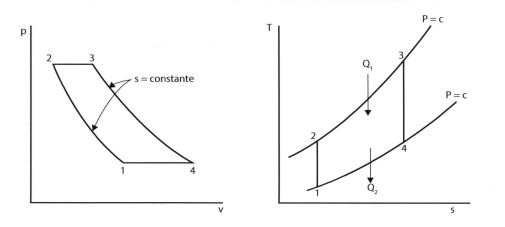

Figura 2.38 – O ciclo Brayton – Diagrama p – V e T – S.

A determinação da eficiência térmica se faz de forma semelhante à dos outros ciclos, utilizando-se a Primeira Lei e o fato de que os processos são isoentrópicos e isobáricos.

$$\eta_t = \frac{W_c}{Q_1} = \frac{Q_1 - Q_2}{Q_1} = 1 - \frac{Q_2}{Q_1}$$

Nas isobáricas de gás perfeito foi verificado que: $Q = m \cdot C_p \cdot \Delta T$

Logo, em módulo: $Q_2 = mC_p(T_4 - T_1)$ e $Q_1 = mC_p(T_3 - T_2)$

$$\eta_t = 1 - \frac{mC_p(T_4 - T_1)}{mC_p(T_3 - T_2)} = 1 - \frac{T_1}{T_2} \cdot \frac{\frac{T_4}{T_1} - 1}{\frac{T_3}{T_2} - 1}$$

mas nas isoentrópicas $\begin{cases} \dfrac{T_3}{T_4} = \left(\dfrac{p_3}{p_4}\right)^{\frac{k-1}{k}} \\ \dfrac{T_2}{T_1} = \left(\dfrac{p_2}{p_1}\right)^{\frac{k-1}{k}} \end{cases}$ e $\begin{cases} p_3 = p_2 \\ p_4 = p_1 \end{cases}$

Logo: $\dfrac{T_3}{T_4} = \dfrac{T_2}{T_1}$ ou $\dfrac{T_3}{T_2} = \dfrac{T_4}{T_1}$ consequentemente $\eta_t = 1 - \dfrac{T_1}{T_2}$

Portanto: $\eta_t = 1 - \left(\dfrac{p_1}{p_2}\right)^{\frac{k-1}{k}}$ ou $\eta_t = 1 - \dfrac{1}{r_p^{\frac{k-1}{k}}}$ Eq. 2.44

Onde r_p pode ser denominado relação de pressões ou taxa de pressões.

Pela Equação 2.44 poderia se afirmar que a eficiência térmica do ciclo Brayton seria muito elevado, bastando aumentar p_2. Entretanto isso não acontece, pois, o aumento do p_2 implica grandes perdas no compressor e uma temperatura muito elevada dos gases que passam pela turbina, incompatível com os materiais utilizados atualmente.

2.3.7 Comparação dos ciclos

Fixando-se algumas características, é possível estabelecer uma comparação do desempenho ou da eficiência dos ciclos apresentados anteriormente e, dessa forma, se obter conclusões sobre a conveniência da utilização de um ou de outro nas diversas aplicações. A comparação pode ser feita de forma puramente geométrica, pela comparação dos diagramas p – V e T – S cujas áreas, como já foi lembrado, representam o trabalho e o calor, respectivamente.

Essas comparações são de grande utilidade também como treinamento para que o leitor acostume a raciocinar com os ciclos, seus processos e suas áreas, de tal forma que possa, daqui para a frente, interpretar os ciclos e suas aplicações com rapidez e facilidade. A seguir serão comparados apenas os ciclos Otto e o Diesel dentro de hipóteses prefixadas.

a) Mesma taxa de compressão (r_v) e mesmo calor fornecido (Q_1).

Procede-se da seguinte forma:

- Traçar um ciclo Otto qualquer no p-V e no T-S.
- Superpôr no p –V o ciclo Diesel dentro das hipóteses impostas.
- Se o p –V não for suficiente para a localização de todos os pontos do ciclo Diesel, recorrer ao T – S.

No caso em questão o resultado está representado na Figura 2.39.

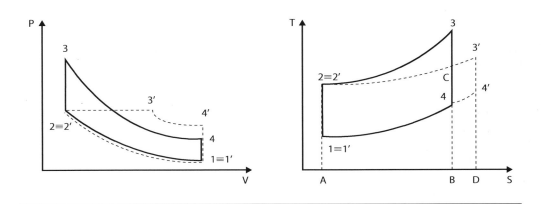

Figura 2.39 – Comparação de ciclos Otto e Diesel para a mesma r_v e o mesmo Q_1.

Traçado o ciclo Otto 1-2-3-4, superpõe-se o ciclo Diesel 1'-2'-3'-4', supondo o mesmo volume total 1 ≡ 1'.

Por hipótese a taxa de compressão é a mesma, logo 2 ≡ 2'.

No ciclo Diesel de 2' deve-se traçar a isobárica até 3', mas no p – V se sabe que 3' estará à esquerda ou à direita da linha 3-4. Deve-se então passar para o T-S e utilizar a segunda hipótese.

Para tanto, deve-se lembrar que a isobárica 2'-3' tem menor inclinação que a isocórica 2-3. Dessa forma, para se ter o mesmo calor fornecido, a área A23B deverá ser igual à área A2'3'B, de onde se conclui que o ponto 3' deverá estar à direita de 3-4, para que a área C3'BD compense a área 23C. Conclui-se que, no p – V, na isocórica os pontos deverão estar na ordem 4'-4-1.

Conclusão, com essas hipóteses, o ciclo Otto levaria vantagem na eficiência térmica, pois para um mesmo calor fornecido, ele perde menos calor (Q_2) que o ciclo Diesel, bastando observar que a área 1'4'D é maior que a área A14B.

b) Mesma pressão máxima e mesmo calor fornecido (Q_1).

Seguindo-se o mesmo raciocínio do exemplo anterior traça-se a Figura 2.40.

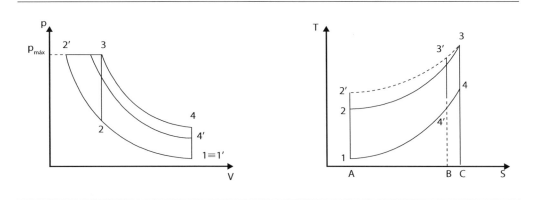

Figura 2.40 – Comparação de ciclos Otto e Diesel para a mesma $p_{máx}$ e o mesmo Q_1.

Novamente subsiste a dúvida da localização do ponto 3'. Como, por hipótese, deve-se traçar pelo ponto 3 uma isobárica (menos inclinada que a isocórica) e fazer com que à área A23C seja igual à área A2'3'B, isto é, a área 22'3'D deverá ser igual à área BD3C já que se impôs que o calor fornecido seja o mesmo.

Com isso, sobre a isocórica final, os pontos estarão na ordem 14'4, como mostra a Figura 2.39.

Conclusão, nesse caso a eficiência térmica do Diesel é maior que o do Otto, bastando verificar as áreas representativas do calor rejeitado (Q_2), isto é, a área A1'4'B é menor que a área A14C.

A partir desses exemplos o leitor poderá comparar os ciclos Otto e Diesel para outros casos, como, por exemplo: mesma pressão e mesma temperatura máxima, mesmo trabalho realizado e mesma pressão máxima etc.

2.4 Diagramas e rotinas computacionais para misturas combustível–ar

2.4.1 Introdução

O afastamento dos resultados numéricos obtidos com os ciclos padrão a ar em relação aos observados nos ciclos reais não se deve somente à idealização dos processos dos ciclos, mas também ao fato de se considerar o FA como ar e este como gás perfeito.

Uma melhor aproximação aos valores reais pode ser conseguida desde que se considere a presença do combustível e de gases residuais na mistura nova, o estado de dissociação nas reações de combustão em equilíbrio químico e a variação dos calores específicos com a temperatura.

Evidentemente, ao se considerarem todos esses fatores, o cálculo analítico pelas leis da termodinâmica torna-se complicado, entretanto, existe a possibilidade da construção de diagramas e, mais recentemente, da utilização de rotinas computacionais que permitem a determinação das propriedades citadas anteriormente. Tais rotinas possibilitam a determinação das propriedades termodinâmicas das misturas combustível–ar e das propriedades dos produtos de combustão.

2.4.2 Propriedades de misturas de combustíveis e gases de combustão

O FA do motor pode ser constituído de ar, combustível, gases residuais e umidade. Evidentemente o tipo de combustível influi nas propriedades termodinâmicas da mistura. Rotinas computacionais foram desenvolvidas de forma a possibilitar a obtenção das propriedades termodinâmicas dos gases que compõem o FA. Essas rotinas são baseadas em levantamentos experimentais das equações a seguir.

Parte-se da hipótese de que os gases contidos na câmara de combustão de um motor podem ser divididos em: mistura (ar, combustível e gases residuais) e gases queimados. Inicialmente deve-se identificar e quantificar esses componentes.

Para temperaturas abaixo de 1.000 K, a dissociação nos produtos de combustão pode ser desprezada, de forma que a quantificação dos componentes dos gases queimados é feita de forma simplificada, como também para a carga fresca (onde se admite não ocorrer dissociação).

Para temperaturas acima de 1.000 K, região de temperatura onde considerável quantidade de dissociação química ocorre nos produtos de combustão, a ocorrência da dissociação tem dois aspectos muito importantes: redução da massa molecular média e aumento do calor específico médio dos gases queimados. Assim, a determinação da temperatura da mistura de gases oxidados seria imprecisa caso se utilizassem as relações obtidas para a reação de combustão sem dissociação, como feita para baixas temperaturas.

Se a hipótese de equilíbrio químico local for considerada, a quantificação de espécies químicas quando há dissociação pode ser obtida pela resolução de um sistema de equações não lineares, equações estas que representam as constantes de equilíbrio para cada reação entre os produtos da combustão. Entretanto, tais cálculos demandam muito tempo de processamento e requerem algoritmos de resolução muito robustos para garantir a convergência.

Uma forma simplificada para a determinação das propriedades termodinâmicas dos produtos de combustão de hidrocarbonetos e oxigênio do ar foi desenvolvida por Martin [17]. Essas relações trazem resultados bastante razoáveis uma vez que foram ajustadas a uma forma funcional adequada a partir da resolução das equações de equilíbrio químico de produtos de um modelo simples de combustão de carbono com oxigênio do ar. Não faz parte do escopo deste texto entrar em mais detalhes, mas sugere-se a leitura do trabalho original para maiores esclarecimentos.

Para quantificação dos componentes envolvidos nos processos de um MCI, parte-se da hipótese que a composição molar mínima do combustível possa ser expressa por $CH_yO_zN_w$, com y representando a relação H/C, z a relação O/C e w a relação N/C do combustível, a equação química de sua combustão com o oxigênio do ar pode ser escrita como [7, 19]:

$$CH_yO_zN_w + \frac{1}{\varphi} \cdot \left(1 + \frac{y}{4} - \frac{z}{2}\right)(O_2 + \psi N_2) \rightarrow$$
$$n'_{CO_2}CO_2 + n'_{H_2O}H_2O + n'_{CO}CO + n'_{H_2}H_2 + n'_{O_2}O_2 + n'_{N_2}N_2$$

Eq. 2.42

onde ψ é a relação entre as frações molares do nitrogênio e do oxigênio na atmosfera (valor típico = 3,76) e n'_i é o número de moles da espécie *i* produzido pela combustão de um mol de $CH_yO_zN_w$, com uma razão de equivalência combustível–ar φ. A razão de equivalência φ expressa a relação entre a razão massa de combustível/massa de ar presente na mistura fresca e a razão estequiométrica combustível–ar, como mostra a Equação 2.43.

Obs.: na Equação 2.42, foi desprezado o S (enxofre) na composição do combustível.

$$\varphi = \frac{\text{razão combustível - ar}_{real}}{\text{razão combustível - ar estequiométrica}} \qquad \text{Eq. 2.43}$$

Colocando-se φ no primeiro membro da Equação 2.42 em função de cada mol de O_2 proveniente do ar, pode-se escrever:

$$\varphi\varepsilon\, C + 2\varphi\cdot\left(1-\varepsilon+\frac{z\varepsilon}{2}\right)H_2 + \left(\frac{\varphi z\varepsilon}{2}\right)O_2 + \left(\psi+\frac{\varphi\varepsilon w}{2}\right)N_2 + O_2 \rightarrow$$
$$n_{CO_2}CO_2 + n_{H_2O}H_2O + n_{CO}CO + n_{H_2}H_2 + n_{O_2}O_2 + n_{N_2}N_2 \qquad \text{Eq. 2.44}$$

com ε dado por:

$$\varepsilon = \frac{1}{1+\dfrac{y}{4}-\dfrac{z}{2}} \qquad \text{Eq. 2.45}$$

e os valores n_i agora representando o número de moles de cada espécie por mol de O_2.

Dependendo da razão de equivalência φ, têm-se três restrições quanto aos produtos a considerar:

1. misturas pobres ou estequiométricas ($\varphi \leq 1$) → excesso de oxigênio, portanto, quantidades de CO e H_2 nos produtos desprezíveis.

   Assim, um balanço de espécies químicas na Equação 2.44 resulta nas seguintes quantidades dos produtos da reação:

CO_2	$\varphi\varepsilon$
H_2O	$2\varphi\cdot\left(1-\varepsilon+\dfrac{z\varepsilon}{2}\right)$
CO	0
H_2	0
O_2	$(1-\varphi)$
N_2	$\left(\psi+\dfrac{\varphi\varepsilon w}{2}\right)$
total	$\varphi\cdot\left(1-\varepsilon+z\varepsilon+\dfrac{w\varepsilon}{2}\right)+1+\psi$

   Eq. 2.46

2. misturas ricas ($\varphi > 1$) → escassez de oxigênio, portanto, quantidade de O_2 nos produtos desprezível;
3. misturas ricas → pode-se considerar que a reação:

$$CO_2 + H_2 \Leftrightarrow CO + H_2O \qquad \text{Eq. 2.47}$$

esteja em equilíbrio com a seguinte constante:

$$K(T) = \frac{n_{H_2O} \cdot n_{CO}}{n_{CO_2} \cdot n_{H_2}} \qquad \text{Eq. 2.48}$$

Em tese, essa constante de equilíbrio é função da temperatura. Entretanto, como uma simplificação usual em produtos de combustão em motores, utiliza-se K com um valor fixo e igual a 3,5, correspondendo a uma temperatura de 1.740 K [7].

Chamando de c a quantidade de CO oriunda da transformação de CO_2 segundo a Equação 2.47, um balanço de espécies químicas na Equação 2.44 com as restrições para mistura rica resulta nas seguintes quantidades dos produtos da reação de combustão:

CO_2	$\varphi\varepsilon - c$
H_2O	$2 \cdot (1 - \varepsilon\varphi) + z\varepsilon\varphi + c$
CO	c
H_2	$2 \cdot (\varphi - 1) - c$
O_2	0
N_2	$\left(\psi + \dfrac{\varphi\varepsilon w}{2}\right)$

Eq. 2.49

$$\text{total} \quad \varphi \cdot \left(2 - \varepsilon + z\varepsilon + \frac{w\varepsilon}{2}\right) + \psi$$

Substituindo-se as quantidades de CO_2, H_2O, CO e H_2 acima na Equação 2.48, lembrando que foi adotado $n_{CO} = c$, vem:

$$(1-K) \cdot c^2 + \{2 \cdot (1-\varepsilon\varphi) + K[2 \cdot (\varphi-1) + \varepsilon\varphi] + z\varepsilon\varphi\} \cdot c + 2K\varepsilon\varphi \cdot (1-\varphi) = 0 \qquad \text{Eq. 2.50}$$

onde se pode colocar:

$$\alpha = (1-K)$$
$$\beta = \{2 \cdot (1-\varepsilon\varphi) + K[2 \cdot (\varphi-1) + \varepsilon\varphi] + z\varepsilon\varphi\} \qquad \text{Eq. 2.51}$$
$$\gamma = 2K\varepsilon\varphi \cdot (1-\varphi)$$

e resolver a quantidade c de moles de CO.

Tabela 2.1 – Composição dos gases queimados abaixo de 1.740 K.

Espécie	$\dfrac{n_i \text{ moles}}{\text{mol de } O_2 \text{ do ar}}$	
	$\varphi \leq 1$	$\varphi > 1$
CO_2	$\varphi\varepsilon$	$\varphi\varepsilon - c$
H_2O	$2\varphi \cdot \left(1 - \varepsilon + \dfrac{z\varepsilon}{2}\right)$	$2 \cdot (1 - \varepsilon\varphi) + z\varepsilon\varphi + c$
CO	0	c
H_2	0	$2 \cdot (\varphi - 1) - c$
O_2	$(1 - \varphi)$	0
N_2	$\left(\psi + \dfrac{\varphi\varepsilon w}{2}\right)$	$\left(\psi + \dfrac{\varphi\varepsilon w}{2}\right)$
Total	$\varphi \cdot \left(1 - \varepsilon + z\varepsilon + \dfrac{w\varepsilon}{2}\right) + 1 + \psi$	$\varphi \cdot \left(2 - \varepsilon + z\varepsilon + \dfrac{w\varepsilon}{2}\right) + \psi$

A Tabela 2.1 resume a quantidade molar de cada espécie química presente nos gases queimados por mol de O_2 do oxidante (ar).

Chamando de cx o número de átomos de carbono presentes em uma molécula do combustível, vê-se que a quantidade de moles de combustível por mol de O_2 do ar é $\dfrac{\varepsilon\varphi}{cx}$.

Como sempre há uma fração de gases queimados presente na mistura (provinda de recirculação de gases queimados *EGR* ou de gases residuais), há que se considerar essa fração na composição dos gases não queimados para a completa identificação das espécies da mistura fresca. Sendo resfrk essa fração (em base molar) de gases queimados residuais presentes na mistura não queimada, pode-se escrever a composição da mistura não queimada como sendo:

$$(1 - \text{resfrk}) \cdot \left(\dfrac{\varepsilon\varphi}{cx}\text{molécula de combustível} + O_2 + \psi N_2\right)$$
$$+ \text{resfrk} \cdot (n_{CO_2}CO_2 + n_{H_2O}H_2O + n_{CO}CO + n_{H_2}H_2 + n_{O_2}O_2 + n_{N_2}N_2)$$

Eq. 2.52

onde os valores n_i estão relacionados na Tabela 2.1. Agrupando as quantidades molares de O_2 e N_2, os componentes da mistura combustível–ar–gases residuais podem ser quantificados como mostra a Tabela 2.2.

Sabendo-se que a massa total dos produtos (que é igual à dos reagentes) por mol de O_2 do ar é dada por:

$$\varepsilon\varphi\left(mol_C + y\cdot mol_H + z\cdot mol_O + w\cdot mol_N\right) + \left(mol_{O_2} + \psi\cdot mol_{N_2}\right) =$$
$$= \varepsilon\varphi\left(12 + y\cdot 1 + z\cdot 16 + w\cdot 14\right) + \left(32 + \psi\cdot 28\right)$$

Eq. 2.53

conclui-se que a massa molecular média dos gases queimados MW_b é:

$$MW_b = \frac{\varepsilon\varphi\left(12 + y\cdot 1 + z\cdot 16 + w\cdot 14\right) + \left(32 + \psi\cdot 28\right)}{n_{b\,total}}$$

Eq. 2.54

com $n_{b\,total}$ sendo o número total de moles dos produtos da combustão por mol de O_2, explicitado na última linha da Tabela 2.1.

Tabela 2.2 – Composição dos gases não queimados.

Espécie	$\dfrac{n_i \text{ moles}}{mol \text{ de } O_2 \text{ do ar}}$	
	$\varphi \leq 1$	$\varphi > 1$
CO_2	$resfrk \cdot \varphi\varepsilon$	$resfrk \cdot (\varphi\varepsilon - c)$
H_2O	$resfrk \cdot 2\varphi \cdot \left(1 - \varepsilon + \dfrac{z\varepsilon}{2}\right)$	$resfrk \cdot \left(2\cdot(1-\varepsilon\varphi) + z\varepsilon\varphi + c\right)$
CO_2	0	$resfrk \cdot c$
H_2	0	$resfrk \cdot \left(2\cdot(\varphi-1) - c\right)$
O_2	$(1 - resfrk \cdot \varphi)$	$(1 - resfrk)$
N_2	$\left(\psi + resfrk \cdot \dfrac{\varphi\varepsilon w}{2}\right)$	$\left(\psi + resfrk \cdot \dfrac{\varphi\varepsilon w}{2}\right)$
combustível	$(1 - resfrk) \cdot \left(\dfrac{\varphi\varepsilon}{cx}\right)$	$(1 - resfrk) \cdot \left(\dfrac{\varphi\varepsilon}{cx}\right)$
Total	$\varphi\cdot resfrk\cdot\left[1 + \varepsilon\cdot\left(z - 1 - \dfrac{1}{cx} + \dfrac{w}{2}\right)\right] + \dfrac{\varepsilon\varphi}{cx} + 1 + \psi$	$\varphi\cdot resfrk\cdot\left[1 + \varepsilon\cdot\left(z - 1 - \dfrac{1}{cx} + \dfrac{w}{2}\right)\right] + \dfrac{\varepsilon\varphi}{cx} + 1 + \psi + resfrk\cdot(\varphi - 1)$

Também se pode determinar a massa molecular média dos gases que compõem a carga fresca (inicial ou nova) MW_u, a partir da Equação 2.52, resultando em:

$$MW_u = \frac{\epsilon\varphi\,(12 + y\cdot 1 + z\cdot 16 + w\cdot 14) + (32 + \psi\cdot 28)}{n_{u\,total}}$$ Eq. 2.55

com $n_{u\,total}$ sendo o número total de moles presentes nos gases da mistura fresca por mol de O_2 (contando com gases residuais) discriminado na última linha da Tabela 2.2. Notar que as massas moleculares médias MW_b e MW_u calculadas pelas Equações 2.54 e 2.55 são expressas em *gmol*.

Conhecendo-se a massa molecular média dos gases da mistura, bem como a dos gases queimados, é possível que suas massas específicas sejam determinadas a partir de suas temperaturas e pressões, usando o modelo de gás ideal dado por:

$$\rho = \frac{p}{RT} = \frac{p\cdot MW}{R\cdot T}$$

Uma observação pode ser feita aqui: como a massa molar média dos gases queimados a baixas temperaturas e a dos não queimados são muito próximas, a fração de gases residuais em base molar *resfrk* se confunde com a fração em base mássica.

A partir das quantidades molares de cada espécie química, expressas nas Tabelas 2.1 e 2.2, e do número total de moles, as frações molares X_i de cada substância podem ser determinadas:

$$X_i = \frac{n_i}{n_{total}}$$ Eq. 2.56

De posse das frações molares de cada substância, é possível determinar a entalpia e calor específicos da mistura de gases em cada caso, a partir das entalpias específicas dos componentes.

Hires et al.[18], no apêndice A de seu trabalho, apresentam curvas de entalpia específica molar em função da temperatura $\tilde{h}(T)$ para várias substâncias. As curvas são fornecidas pela expressão:

$$\tilde{h}_i(T) = af_{i,1}\cdot ST + \frac{af_{i,2}\cdot ST^2}{2} + \frac{af_{i,3}\cdot ST^3}{3} + \frac{af_{i,4}\cdot ST^4}{4} - \frac{af_{i,5}}{ST} + af_{i,6}$$ Eq. 2.57

onde $ST = \dfrac{T(K)}{1.000}$ e os coeficientes af_i são dados de forma que a entalpia molar da substância *i* seja expressa em kcal/mol. O estado de referência adotado para essas curvas é O_2, N_2 e H_2 gasosos e C grafite sólida a 0 K.

Da definição de calor específico a pressão constante, vem:

$$\tilde{C}_p = \left.\frac{\partial \tilde{h}}{\partial T}\right|_{p=cte}$$ Eq. 2.58

Como para um gás perfeito a entalpia é função unicamente da temperatura, tem-se:

$$\tilde{C}_p = \frac{d\tilde{h}}{dT}$$ Eq. 2.59

Assim, o calor específico molar a pressão constante pode ser obtido a partir da derivação da Equação 2.57 em relação à temperatura, resultando em:

$$\tilde{C}_{p,i}(T) = af_{i,1} + af_{i,2} \cdot ST + af_{i,3} \cdot ST^2 + af_{i,4} \cdot ST^3 + \frac{af_{i,5}}{ST^2}$$ Eq. 2.60

que fornece o calor específico em $\frac{cal}{mol \cdot K}$.

Os coeficientes são mostrados na Tabela 2.3, onde *a* e *b* se referem às faixas de temperatura para as quais os ajustes dos coeficientes foram feitos, a saber:

faixa *a*: $600K \leq T \leq 6.000K$ – faixa *b*: $100K \leq T < 600K$.

Tabela 2.3 – Coeficientes para cálculo de entalpia e calor específico.

Espécie	Faixa de temperatura	af_1	af_2	af_3	af_4	af_5	af_6
CO_2	a	11,94033	2,088581	–0,47029	0,037363	–0,589447	–97.1418
	b	4,737305	16,65283	–11,23249	2,828001	0,00676702	–93,75793
H_2O	a	6,139094	4,60783	–0,9356009	0,06669498	0,0335801	–56,62588
	b	7,809672	–0,2023519	3,418708	–1,179013	0,00143629	–57,08004
CO	a	7,099556	1,275957	–0,2877457	0,022356	–0,1598696	–27,73464
	b	6,97393	–0,8238319	2,942042	–1,176239	0,0004132409	–27,19597
H_2	a	5,555680	1,787191	–0,2881342	0,01951547	0,1611828	0,76498
	b	6,991878	0,1617044	–0,2182071	0,2968197	–0,01625234	–0,118189
O_2	a	7,865847	0,6883719	–0,031944	–0,00268708	–0,2013873	–0,893455
	b	6,295715	2,388387	–0,0314788	–0,3267433	0,00435925	0,103637
N_2	a	6,807771	1,453404	–0,328985	0,02561035	–0,1189462	–0,331835
	b	7,092199	–1,295825	3,20688	–1,202212	–0,0003457938	–0,013967

Então, a entalpia específica dos gases, em base molar, pode ser computada por meio de média ponderada das entalpias específicas molares de cada substância componente, utilizando-se suas frações molares dos gases da mistura fresca e dos gases queimados como pesos.

$$\tilde{h}_u(T) = \sum_i \left(X_{u,i} \cdot \tilde{h}_i(T) \right)$$ Eq. 2.61

$$\tilde{h}_b(T) = \sum_j \left(X_{b,j} \cdot \tilde{h}_j(T) \right)$$ Eq. 2.62

Onde *i* designa cada um dos componentes presentes no volume de controle contendo a mistura fresca VC$_u$ e *j* os componentes presentes no volume de controle contendo a mistura de gases queimados VC$_b$.

Essa diferenciação é feita em virtude de haver combustível na forma de vapor somente na mistura fresca e não nos gases queimados. Portanto há que se determinarem também os coeficientes af mantendo-se a convenção de entalpia zero para O$_2$, N$_2$ e H$_2$ gasosos e C grafite sólida a 0 K [7], fornece esses coeficientes para alguns combustíveis (metano, butano e isooctano) e explica a forma por meio da qual foram obtidos. Para os demais combustíveis apresentados na Tabela 2.4, os coeficientes foram obtidos por meio da integração das expressões de $\tilde{C}_p$ para cada gás fornecidas por Van Wylen, aliada à determinação da entalpia de formação referida a 0 K. Encontram-se na Tabela 2.4 os valores dos poderes caloríficos inferiores dos respectivos combustíveis, expressos em *MJ/kg*.

Tabela 2.4 – Coeficientes para cálculo de entalpia e calor específico de combustíveis gasosos.

Espécie	af$_1$	af$_2$	af$_3$	af$_4$	af$_5$	af$_6$	PCi MJ/kg
CH$_4$	−0,29149	26,327	−10,610	1,5656	0,16573	−14,031	50,00
C$_2$H$_6$	1,648	41,24	−15,3	1,74	0	−15,8507	47,49
C$_3$H$_8$	−1,4867	74,339	−39,0649	8,05426	0,0121948	−18,4611	46,40
C$_4$H$_{10}$	0,945	88,73	−43,8	8,36	0	−22,8735	45,74
C$_8$H$_{18}$	−0,55313	181,62	−97,787	20,402	−0,03095	−40,519	44,392
H$_2$	5,555680	1,787191	−0,2881342	0,01951547	0,1611828	0,76498	120,00
Indolene	−16,99	206,805	−149,478	44,514	0,3268	−55,047	43,079

Todo o equacionamento acima pode ser incorporado em rotinas computacionais, com o equacionamento mostrado anteriormente, que fornecem como resultado as propriedades termodinâmicas dos gases da mistura fresca e dos gases queimados.

Exemplos desses resultados podem ser vistos nos diagramas a seguir, gerados a partir do equacionamento mostrado.

A Figura 2.41 mostra a evolução da razão entre calores específicos em função da temperatura para o ar e para vários combustíveis na forma de vapor. Note-se que o valor de k para os combustíveis é bem menor do que o do ar, indicando que a eficiência do ciclo contendo mistura ar e combustível será menor do que a eficiência do ciclo operando somente com ar.

Outro ponto que pode ser observado por meio da Figura 2.41 é que os valores de k caem com o aumento da temperatura. Isso também contribui para a redução da eficiência do ciclo quando comparado com a condição de ciclo a ar com calores específicos constantes.

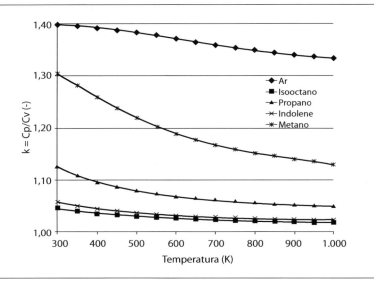

Figura 2.41 – Razão entre calores específicos em função da temperatura para o ar e vários combustíveis na fase gasosa.

A Figura 2.42 traz a comparação entre os valores de k do ar e dos gases oriundos da combustão em condição estequiométrica ($\varphi = 1$). Note-se que as curvas de k dos gases queimados em função da temperatura são praticamente coincidentes, independentemente do combustível queimado. E que os valores de k para os produtos de combustão (principalmente CO_2 e H_2O) são maiores do que os valores de k dos combustíveis antes da oxidação.

A Figura 2.43 mostra o decaimento do valor da razão entre calores específicos k de misturas ar–isooctano em função da razão de equivalência. Note-se que, à medida que as misturas se tornam mais ricas (maiores razões de equivalência), menores são seus valores de k para uma dada temperatura. E também se percebe que maiores teores de gases residuais na mistura fresca (x_b) acarretam uma recuperação no valor de k.

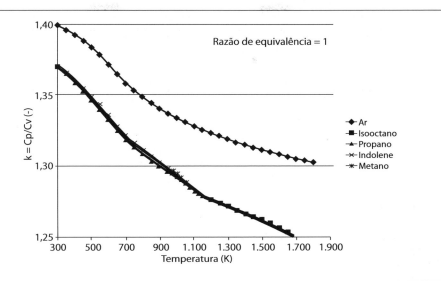

Figura 2.42 – Razão entre calores específicos em função da temperatura para o ar e os produtos de combustão de vários combustíveis.

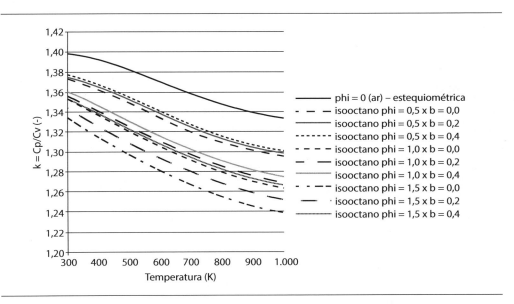

Figura 2.43 – Razão entre calores específicos em função da temperatura para o ar e as misturas ar–isooctano em diversas razões de equivalência e frações de gases residuais.

A Figura 2.44 mostra o efeito da dissociação química dos produtos de combustão de isooctano a 30 bar de pressão para diferentes temperaturas. Nota-se que, à medida que a temperatura dos gases aumenta, a massa molecular média dos produtos de combustão decresce, em função da dissociação molecular. E a queda é ainda mais pronunciada na região de mistura rica ($\phi > 1$).

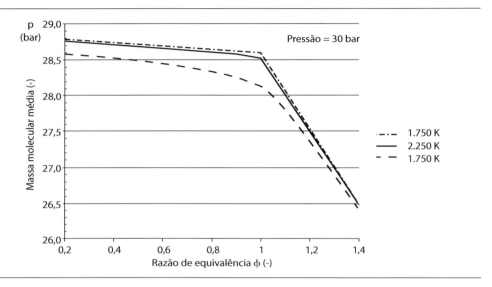

Figura 2.44 – Massa molecular média dos produtos de combustão de isooctano a 30 bar em função da razão de equivalência para três temperaturas.

2.4.3 Solução dos ciclos por meio de rotinas computacionais para misturas combustível–ar

Os ciclos ainda seguirão os processos simplificados, indicados neste capítulo, no entanto, o FA não será mais o ar, mas sim uma mistura combustível–ar ou os produtos de combustão dessa mistura, dependendo do processo considerado. Essa modificação já permitirá uma maior aproximação dos valores obtidos aos valores reais.

2.4.3.1 SOLUÇÃO DO CICLO OTTO

a) Processo de compressão 1-2:

Como o processo de compressão é isoentrópico por hipótese, deve-se construir a curva $p - V$ a partir da equação $p \cdot V^k =$ cte, para cada $\Delta\alpha$, utilizando-se agora os valores de k calculados para cada temperatura e razão equivalência φ ao longo do curso de compressão. Planilhas eletrônicas ou rotinas computacionais podem ser empregadas para tal.

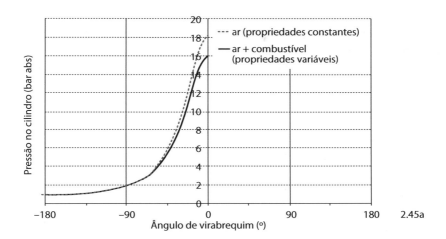

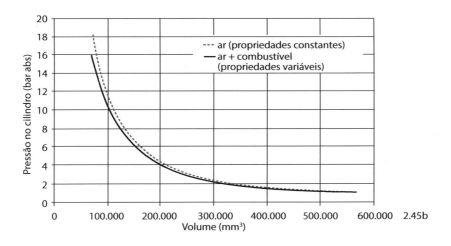

Figura 2.45 – Comparação entre as curvas de pressão no cilindro para um ciclo padrão de ar e ar–isooctano – tempo de compressão.

A Figura 2.45a mostra uma comparação entre a curva de pressão, no tempo de compressão, para um ciclo padrão ar, com calores específicos constantes, e para um ciclo ar–isooctano, com $\varphi = 1$, com k variando com a temperatura de acordo com o equacionamento mostrado em anteriormente. Razão de compressão 8:1, pressão inicial $p_1 = 1$ bar, temperatura inicial $T_1 = 300$ K, deslocamento unitário de 0,5 L.

Nota-se a redução da pressão ao longo de todo o curso de compressão da mistura ar + combustível em relação à curva do ciclo de ar padrão no PMS, há uma diferença de aproximadamente 2 bar nesse exemplo. Seguindo-se tal rotina de cálculo, chega-se aos valores de pressão e de temperatura do ponto 2 final da compressão, e a partir desses valores, pode-se também determinar os valores de k, C_p e C_v.

b) Processo de adição de calor 2-3:

Conhecendo-se a quantidade de calor a ser adicionada, e sabendo-se que a adição de calor será feita a volume constante, pode-se estimar a temperatura final de combustão por meio da Equação 2.27, empregando-se o valor de calor específico a volume constante médio na faixa de temperatura obtido no ponto 2.

A Figura 2.46 mostra a subida de pressão para os casos comparados, supondo-se uma adição de calor de 2.000 kJ/kg de mistura. Nota-se, novamente, uma maior elevação de pressão no ciclo padrão ar com propriedades constantes do que no ciclo com ar e combustível – no final da combustão a diferença chega em torno de 24 bar nesse exemplo.

c) Processo de expansão 3-4:

Similarmente ao que foi feito para o tempo de compressão, ao se admitir o processo isoentrópico, pode-se construir a curva p · V a partir da equação $p \cdot V^k = cte$, utilizando-se agora os valores de k calculados para cada temperatura e razão equivalência φ ao longo do curso de expansão. Planilhas eletrônicas ou rotinas computacionais podem ser empregadas para tal.

A Figura 2.47 mostra a evolução de pressão no tempo de expansão para os casos comparados. Nota-se que a pressão de expansão no ciclo padrão ar é maior do que a pressão do ciclo ar + combustível com propriedades variáveis em grande parte do curso, o que ocasionará um maior trabalho positivo daquele primeiro, em relação a este último.

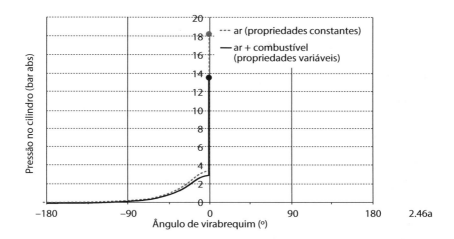

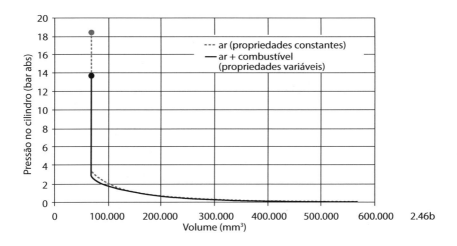

Figura 2.46 – Comparação entre as curvas de pressão no cilindro para um ciclo padrão de ar e ar–isooctano – tempo de combustão.

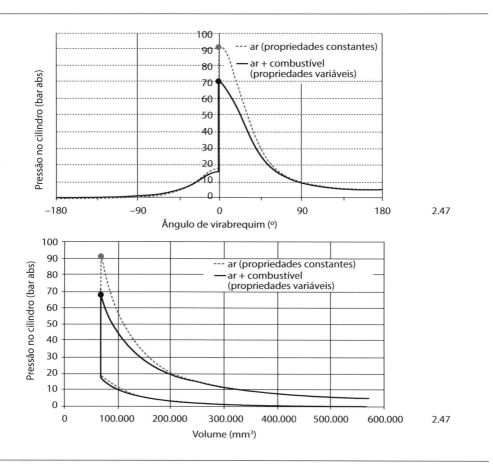

Figura 2.47 – Comparação entre as curvas de pressão no cilindro para um ciclo padrão de ar e ar–isooctano – tempo de expansão.

d) Processo de escape 4-1:

Conhecendo-se a temperatura de final de expansão (calculada no item anterior), e sabendo que se deve retirar calor a volume constante até que a temperatura seja igual a de início de ciclo, é possível que se calcule quantidade de calor a ser retirada por meio da Equação 2.27, empregando-se o valor de calor específico a volume constante médio na faixa de temperatura obtido no ponto 5.

A Figura 2.48 mostra o fechamento dos ciclos pela queda de pressão a volume constante. É possível notar nitidamente que o ciclo ar + combustível com propriedades variáveis apresenta menor área delimitada pelo diagrama p – V numericamente igual ao trabalho líquido do que o ciclo padrão ar com propriedades constantes. Isso reforça a informação dada no começo deste capítulo de que o cálculo dos processos termodinâmicos com FA formado pela mistura ar e combustível, com propriedades variáveis e dissociação química, fornece resultados mais próximos aos valores reais.

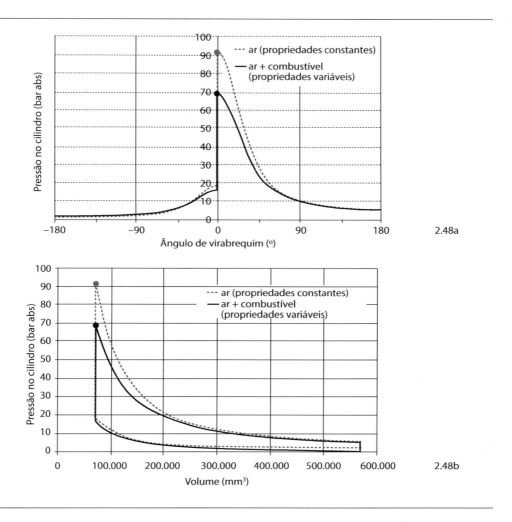

Figura 2.48 – Comparação entre as curvas de pressão no cilindro para um ciclo padrão de ar e ar–isooctano – tempo de escapamento.

A Figura 2.49 ressalta essa diferença de trabalho realizado – para o exemplo empregado, o trabalho realizado no ciclo padrão ar foi de 1.126 kJ/kg ar (representado uma eficiência térmica de 56,3%), e o trabalho realizado no ciclo ar–isooctano foi de 930 kJ/kg de mistura (representando uma eficiência de 46,5%).

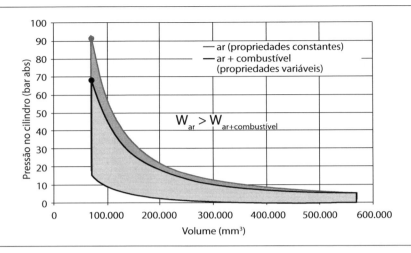

Figura 2.49 – Comparação entre os diagramas p – V para ciclo padrão de ar e ar–isooctano.

2.4.3.2 SOLUÇÃO DO CICLO DIESEL E CICLO MISTO

A solução é semelhante à do ciclo Otto, lembrando que a combustão é considerada a pressão constante no caso do ciclo Diesel, enquanto no ciclo Misto a adição de calor é realizada parcialmente a volume constante e, parcialmente, a pressão constante.

Nesses dois casos, há somente que definir quais serão as durações, em ângulo de virabrequim, das etapas de adição de calor, e empregando-se as rotinas computacionais para cálculo de propriedades termodinâmicas, como realizado no caso do ciclo Otto.

2.5 Comparação dos ciclos reais com os ciclos teóricos

Apesar da melhoria dos valores obtidos com os diagramas para misturas e produtos de combustão, os diagramas teóricos ainda apresentam certo afastamento dos valores reais.

É evidente que esse afastamento prende-se aos processos ideais adotados e nem tanto mais ao comportamento próprio do FA, já que os diagramas apresentados anteriormente permitem uma boa aproximação ao comportamento real.

A comparação feita a seguir destina-se ao ciclo Otto padrão a ar e ao ciclo do motor de ignição por faísca, mas, evidentemente, os conceitos introduzidos poderiam ser adaptados à comparação de qualquer um dos ciclos reais com o respectivo correspondente.

A Figura 2.50 mostra a superposição de um ciclo Otto com o real correspondente, isto é, mesma r_v, mesmo V_1 e mesmo calor adicionado ao ciclo. As letras A, B, C, D indicadas no diagrama representam os fenômenos descritos a seguir.

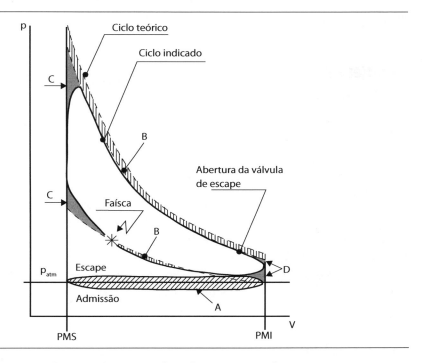

Figura 2.50 – Superposição de um ciclo Otto padrão de ar com o real.

2.5.1 Admissão e escape

Esses processos não comparecem no ciclo teórico, e a área compreendida entre os dois se constitui num trabalho negativo utilizado para a troca do fluido no cilindro. Esse trabalho de "bombeamento" é normalmente englobado no trabalho perdido por causa dos atritos. Será tanto maior quanto maiores forem as perdas de carga nas tubulações de admissão e escape. Nos motores com controle de carga via restrição de fluxo (borboleta de acelerador), essa área será tanto maior quanto mais fechada estiver a borboleta aceleradora, já que a perda de carga assim causada fará cair a curva de admissão para uma posição bastante mais abaixo do que a de pressão atmosférica.

Se os dutos de admissão e escapamento forem bem desenhados, o motor com plena aceleração deverá apresentar essa área praticamente desprezível.

2.5.2 Perdas de calor

No ciclo teórico os processos de compressão e expansão são considerados isoentrópicos, enquanto no ciclo real as perdas de calor são sensíveis. Na compressão a diferença entre a isoentrópica e o processo real não é tão grande, mas na expansão, quando o gradiente de temperatura entre o cilindro e o meio é muito grande, a troca de calor será muito grande e, portanto, os dois processos irão se afastar sensivelmente.

2.5.3 Perda por tempo finito de combustão

No ciclo teórico, a combustão é considerada instantânea, já que o processo é considerado isocórico. Na prática, a combustão leva um tempo não desprezível em relação à velocidade do pistão.

Por causa disso, a faísca deve ser dada antes do PMS, e a expansão se inicia antes de a combustão alcançar a máxima pressão possível. É evidente que, ao adiantar a faísca até certo ponto, perde-se área na parte inferior do ciclo, mas ganha-se na parte superior e, ao atrasar, acontece o contrário, de modo que a posição da faísca deve ser estudada, de maneira a se obter o menor saldo possível na perda de áreas e, portanto, de trabalho. O instante ideal de ignição é aquele que faz com que o balanço de trabalho negativo na compressão e o trabalho positivo na expansão seja o máximo. Costumeiramente se denomina tal instante de ignição como MBT, do inglês *maximum brake torque* – ou seja, o avanço de ignição que acarreta o maior torque possível para a condição de operação.

2.5.4 Perdas pelo tempo finito de abertura da válvula de escapamento

No ciclo teórico, o escape foi substituído por uma expansão isocórica, na qual se cedia calor para um reservatório frio. No ciclo real, na válvula de escapamento, o tempo para o processo de saída dos gases sob pressão é finito, por isso, deve-se abrir a válvula com certa antecedência.

Quanto mais adiantada a abertura em relação ao PMI, mais se perde área na parte superior, mas menos área será perdida na parte inferior e vice-versa. Logo, o instante da abertura da válvula de escape visa otimizar a área nessa região. É o resultado do balanço entre o trabalho "perdido" no final do curso de expansão e o trabalho necessário para se expulsar os gases queimados no tempo de escapamento.

Estima-se que o trabalho do ciclo real seja da ordem de 80% do trabalho realizado no ciclo padrão a ar correspondente, evidentemente, com os diagramas para misturas, a aproximação é muito melhor. Essa "perda" de trabalho poderia assim ser distribuída: cerca de 60% devidos às perdas de calor, cerca de

30% devidos ao tempo finito de combustão e cerca de 10% devidos à abertura da válvula de escape.

Evidentemente esses valores são médios, podendo ser fortemente alterados em certos casos particulares.

EXERCÍCIOS

1) A figura representa um ciclo Diesel padrão ar representativo de um motor de ignição espontânea a quatro tempos. São dados:

   Cilindrada do motor V = 5.000 cm³

   Poder calorífico do combustível PCi = 10.000 kcal/kg

   c_v = 0,171 kcal/kgK; c_p = 0,239 kcal/kgK; k = 1,4; R = 29,3 kgm/kgK

   Pede-se:

   a) Completar as pressões, temperaturas e volumes no ciclo;
   b) A taxa de compressão;
   c) A massa de ar que trabalha no ciclo;
   d) O calor fornecido ao ciclo (kcal);
   e) Uma estimativa da relação combustível/ar;
   f) O trabalho do ciclo (kgm);
   g) A eficiência térmica;
   h) A pressão média do ciclo (kgf/cm²);
   i) A rotação do motor que permitiria obter uma potência do ciclo de 146 CV;
   j) A fração residual de gases.

   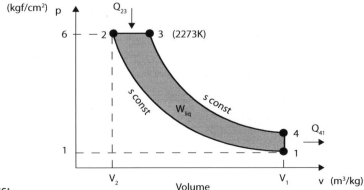

   Respostas:

   b) 18,6; c) 6 · 10⁻³ kg; d) 1,874 kcal; e) 0,031; f) 497,5 kgm; g) 0,62;
   h) 9,95 kgf/cm²; i) 2.641 rpm; j) 0,023.

2) O ciclo indicado é a aproximação de um ciclo Otto, no qual os processos foram associados a segmentos de reta.

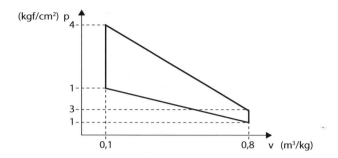

Pede-se:

a) A potência indicada em CV, se o ciclo está associado a um motor a 4T a 4.000 rpm de 1.500 cm³ de cilindrada;

b) O consumo de combustível (kg/h) se a eficiência térmica é 43% e o PCi = 10.000 kcal/kg.

Respostas:

a) 96,7 CV; b) 14,2 kg/h.

3) O ciclo de um cilindro de um motor Otto a 4T é representado na figura. A cilindrada do motor é 1.500 cm³ e o calor fornecido por ciclo, por unidade de massa de ar é 356 kcal/kg. Sendo η_t = 56%; k = 1,4 e R = 29,3 kgm/kgK, pede-se:

a) A máxima temperatura do ciclo;

b) A potência do motor a 5.600 rpm, representado no ciclo (CV);

c) O consumo do motor em kg/h de um combustível de PCi = 9.800 kcal/kg.

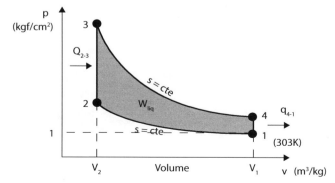

Respostas:

a) 2.771 K; b) 102 CV; c) 11,8 kg/h.

4) Em um motor Diesel a 4T de quatro cilindros de 9,5 cm de diâmetro e 10 cm de curso, é ligado um transdutor de pressões em um cilindro, a 2.800 rpm. A figura real do diagrama p – V é adaptada à figura teórica dada e, para que os valores reais possam ser reproduzidos aproximadamente, adotou-se k = 1,3 e c_p = 0,22 kcal/kgK. Pede-se:

a) O trabalho de compressão e expansão para o cilindro;
b) A potência do ciclo;
c) A eficiência térmica do ciclo;
d) A potência no eixo do motor, supondo a eficiência mecânica 0,8;
e) O consumo de combustível do motor em L/h se a densidade é 0,84 kg/L e a relação combustível–ar 0,06;
f) A eficiência do ciclo se o combustível queimasse todo no PMS;
g) Nesse caso, qual a pressão máxima atingida?
h) Qual o esboço da figura que se obteria no p – V se fosse desligada a injeção de combustível?

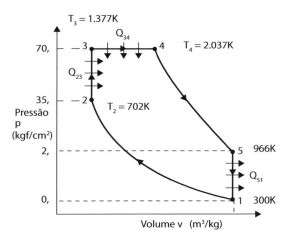

Respostas:

a) 22,6 kgm; 75,3 kgm; b) 16,4 CV; c) 0,585; d) 52,5 CV; e) 19,4 L/h;

f) 0,678; g) 117 kgf/cm².

5) Deseja-se estimar as propriedades de um motor a quatro tempos por meio do estudo de um ciclo Misto padrão. Para conseguir uma melhor aproximação aos dados reais, estimou-se que as propriedades do fluido ativo fossem R = 29,3 kgm/kgK e c_v = 0,2 kcal/kgK. O motor tem os seguintes dados: número de cilindros = 4 e volume total V_t = 3.663 cm³.

Conhecem-se do ciclo: $T_{máx} = 3.000$ K; $T_1 = 313$ K; $p_1 = 0,9$ kgf/cm²; $W_{comp} = 145$ kgm.

Conhecem-se ainda: $F = 0,053$ e $PCi = 10.400$ kcal/kg.

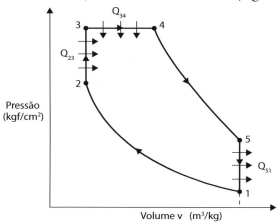

Pede-se:

a) Determinar as pressões, temperaturas e os volumes específicos;

b) A taxa de compressão;

c) O trabalho de expansão;

d) A área do ciclo se for utilizada a escala 100 mm = 1 m³/kg e 1 mm = 1 kgf/cm²;

e) A eficiência térmica;

f) A potência do ciclo à rotação de 2.800 rpm;

g) O consumo horário de combustível à rotação de 2.800 rpm;

h) A fração residual de gases.

Respostas:

b) 14,6; c) 730 kgm; d) 17 cm³; e) 0,688%; f) 182 CV; g) 16 kg/h; h) 2,6%.

6) No projeto de um motor tenta-se prever um ciclo ideal padrão ar para poder tirar conclusões numéricas sobre seu desempenho. O motor deverá ter seis cilindros, cumprir aproximadamente um ciclo Diesel conforme esquema, ser de combustão espontânea, 4T e ter um volume total em cada cilindro de 701,7 cm³. São estimados: $p_{máx} = 60$ atm; $p_1 = 1$ atm; $t_1 = 60$ °C

Propriedades do ar: $k = 1,4$; $R = 29,3$ kgf.m/kgK

n = 3.000 rpm; F = 0,05 kg comb/ kg ar; PCi = 10.000 kcal/kg;

Pede-se:

a) Completar as propriedades do ciclo (p, T e V);

b) Relação de compressão;

c) Cilindrada;

d) Fluxo de calor fornecido;

e) Temperatura máxima do ciclo;

f) Fração residual de gases;

g) Trabalho do ciclo;

h) Pressão média do ciclo;

i) Potência do ciclo.

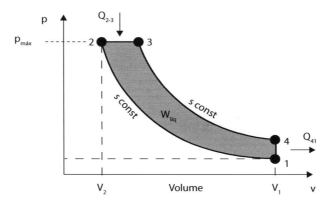

Respostas:

b) 18,7; c) 3.992 cm³; d) 54 kcal/s; e) 2.938 K; f) 1,95%; g) 561 kgm;

h) 14 kgf/cm²; i) 187 CV.

7) Em uma indústria fabricante de motores Diesel estacionários fez-se o levantamento do diagrama p – V de um dos motores à rotação de 1.800 rpm. O motor é 4T e sua taxa de compressão é 16. No diagrama p – V lançou-se o volume total do motor, a pressão máxima, sendo dados no início da compressão: p_1 = 0,9 kgf/cm²; T_1 = 310 K; a relação combustível/ar F = 0,0542; R = 29,3 kgf.m/kgK; o poder calorífico inferior do combustível: PCi = 10^4 kcal/kg e sua massa específica ρc = 750 kg/m³.

Deseja-se fazer uma previsão das propriedades do motor por meio do ciclo padrão correspondente.

Pede-se:

a) Ajustar o valor de k (constante adiabática);

b) Pressões, temperaturas e volumes, estimados para os principais pontos do ciclo;

c) A fração residual de gases "f";

d) Potência em CV;
e) Eficiência térmica;
f) Consumo de combustível em litros/hora.

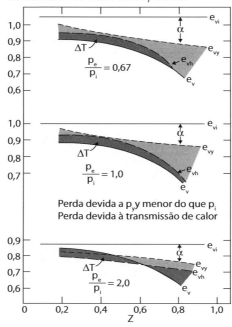

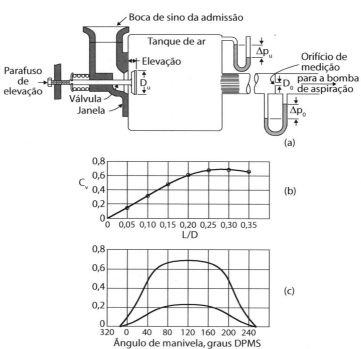

Ciclos

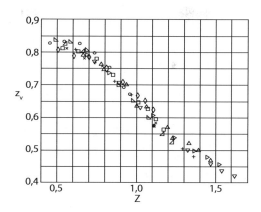

Respostas:

a) 1,45; c) 0,55%; d) 293 CV; e) 60,7%; f) 40,7 L/h.

8) A figura mostra um ciclo Misto representativo de um MIF – 4T. São dados: W_{comp} = 200 kgm; R = 29,3 kgm/kgK; k = 1,4; T_3 = 1.500K; calor fornecido isocoricamente = calor fornecido isobaricamente; PCi = 10.000 kcal/kg.

Pede-se:

a) p, T e V;
b) Massa de ar contida no motor (despreza-se a presença de combustível);
c) r_v;
d) Q_{5-1} (kcal);
e) η_t;
f) W_c (kgm);
g) A relação comb/ar F;
h) p_m (kgf/cm^2);
i) N @ n = 3.800 rpm;
j) F.

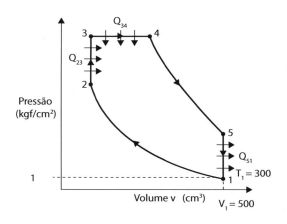

Respostas:

b) 5,68 × 10^{-3} kg; c) 11; d) 0,55 kcal; e) 0,61; f) 363 kgm; g) 0,024; h) 8 kgf/cm^2; i) 153 CV; j) 4%.

9) Resolver um ciclo misto de pressão limitada com o combustível injetado na forma líquida no ponto 2, final do curso de compressão.

Dados: $r_v = 16$; $p_1 = 14{,}7$ psia; $T_1 = 600$ K; PCi = 19.180 BTU/lb; $p_3 = 1.030$ psia; calor latente de vaporização do combustível $E_{lv} = 145$ BTU/lb;

$F_R = 0{,}8$; $F_e = 0{,}06775$

Pede-se:
a) As propriedades nos principais pontos do ciclo;
b) Verificar a fração residual de gases;
c) O trabalho do ciclo;
d) A eficiência térmica;
e) A pressão média do ciclo.

Respostas:

b) 0,018; c) 520 BTU; d) 0,51; e) 200 psi.

10) Um ciclo Otto tem uma taxa de compressão 9. O calor é fornecido queimando-se $1{,}3 \times 10^{-4}$ kg de combustível de PCi = 10.000 kcal/kg por ciclo. Se esse ciclo for utilizado por um motor a 4T a 5.000 rpm, qual a potência do ciclo em CV? Dado: $k = 1{,}4$.

11) Para um motor Otto de quatro cilindros a 4T, considera-se a compressão isoentrópica e o fluido ativo apenas ar ($k = 1{,}4$; $R = 29{,}3$ kgm/kg.K). A cilindrada é 2 L e a taxa de compressão é 8. Reduzindo-se o volume morto de 20%, qual a variação porcentual teórico da eficiência térmica?

12) Num motor Otto, o material da válvula de escape não pode ultrapassar 700 °C. Assimilando-se o ciclo real desse motor a um ciclo Otto padrão a ar de taxa de compressão 8, e temperatura no início da compressão for de 50 °C, qual a máxima temperatura de combustão?

13) Um motor Diesel a 4T é representado por um ciclo Diesel padrão a ar de taxa de compressão 18.

Quando fecha a válvula de admissão a pressão é 0,9 kgf/cm² e a temperatura é 50 °C. O motor tem uma cilindrada de 12 L e a 2.800 rpm o ciclo produz uma potência de 240 CV. Sendo a temperatura de escape 1.000 °C, qual o consumo em kg/h de um combustível de PCi = 10.000 kcal/kg?

14) Um motor a 2T tem taxa de compressão 7, diâmetro do cilindro D = 7 cm e curso s = 6,5 cm. O início da passagem de escape fica no meio do curso. Supondo que a expansão seja isoentrópica (k = 1,4; R = 29,3 kgm/kg. K), qual a pressão no início do escape, sabendo-se que a pressão no PMS é 50 kgf/cm²?

15) Um ciclo Otto tem uma taxa de compressão 8 e representa um motor Otto a 4T de cilindrada 1,5 L à rotação de 6.000 rpm. Ao fechar a válvula de admissão, a pressão é 0,9 kgf/cm² e a temperatura é 42 °C. Supõem-se as hipóteses dos ciclos padrões a ar, com o gás tendo k = 1,35 e R = 28 kgm/kg.K. No motor, verifica-se um consumo de 20 kg/h de combustível de PCi = 9.600 kcal/kg.
   a) Qual a potência do ciclo? (CV)
   b) Qual a temperatura de escape?

16) Um motor de quatro cilindros a 4T deve ser projetado para produzir uma potência do ciclo de 120 CV a 5.600 rpm. O motor deve ter o curso igual ao diâmetro do cilindro e estima-se que tenha um ciclo teórico como o indicado na figura a seguir, na qual o retângulo tem a mesma área do ciclo. Qual deverá ser o diâmetro dos cilindros em mm?

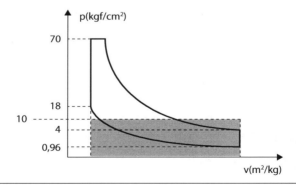

17) Em um motor Otto a 4T de quatro cilindros o ciclo padrão a ar tem uma temperatura no início da compressão de 30 °C e uma pressão de 0,96 kgf/cm² e no final da expansão de 700 °C. A taxa de compressão é 10 e utiliza um combustível de PCi = 9.600 kcal/kg. A cilindrada de um cilindro é 500 cm³. Qual será o consumo de combustível em kg/h na rotação de 5.600 rpm? (k = 1,35; c_p = 0,22 kcal/kg.K)

18) Um ciclo Otto tem uma cilindrada 2 L e taxa de compressão 12. Admitindo válidas as hipóteses dos ciclos padrão a ar, sendo a pressão máxima do ciclo 60 kgf/cm², qual será a pressão na metade do curso de expansão?

19) Um ciclo Otto padrão a ar (k = 1,4; R = 29,3 kgm/kg.K) representa um motor a 4T de taxa de compressão 8. A potência do ciclo é 50 CV a 2.800 rpm. Qual a massa de combustível consumida por ciclo, se o mesmo tem PCi = 10.000 kcal/kg?

20) Em um cilindro de um motor supõe-se a compressão isoentrópica de ar (k = 1,4; R = 29,3 kgm/kg.K). A cilindrada do motor é 2 L e a taxa de compressão é 10. Se a pressão no PMI, no início da compressão é 0,9 kgf/cm², qual será a pressão no PMS?

21) Em um motor de seis cilindros a 4T foi levantado o diagrama p – V a 2.200 rpm, instalando-se um transdutor de pressões num dos cilindros. Medida a área do diagrama, verificou-se que o trabalho realizado é 150 kgf.m. Ao acionar o motor com o dinamômetro elétrico, na mesma rotação, obteve-se uma potência de 33 CV. Qual a potência efetiva do motor?

22) Em um motor a 4T de quatro cilindros, ao se medir a área do ciclo no diagrama p – V, levantado com um indicador de pressões, obteve-se um trabalho indicado de 62,5 kgm a 3.600 rpm. O consumo de combustível foi de 24 kg/h e o combustível tem um PCi = 9.600 kcal/kg. Qual a perda de calor nos gases de escape, sabendo-se que é 60% do total do calor perdido para a fonte fria?

23) Por que no ciclo Diesel, padrão ar que procura representar o ciclo real do motor Diesel, o fornecimento do calor da fonte quente é imaginado isobárico?

24) Um motor Diesel a 4T de seis cilindros de 12 cm de diâmetro e 10 cm de curso é representado por um ciclo Diesel padrão a ar (k = 1,4; R = 29,3 kgm/kg.K). Ao aplicar uma pressão constante de 10 kgf/cm² no pistão, ao longo de um curso, obtém-se o mesmo trabalho do ciclo. A eficiência térmica do ciclo é 60%. O ciclo começa com v_1 = 0,9 kg/m³ e p_1 = 0,9 kgf/cm² e tem uma taxa de compressão 16. Qual a máxima temperatura do ciclo?

25) Um ciclo Misto padrão a ar representa um motor de potência do ciclo 120 CV a 2.800 rpm. A massa de fluido ativo é 4,1 · 10⁻³ kg. A eficiência térmica do ciclo é 60%, quando o calor fornecido isocoricamente é igual

ao calor fornecido isobaricamente. Sabe-se que o combustível tem PCi = 10.000 kcal/kg e que a temperatura final de compressão é 700 K. Dados: k = 1,4; R = 29,3 kgm/kg. K, pede-se:

a) O consumo de combustível em kg/h;

b) A máxima temperatura do ciclo.

26) No ciclo Diesel representativo de um motor a 4T da figura, a potência do ciclo é 200 CV a 2.800 rpm e a eficiência térmica é 60%. O retângulo indicado tem a mesma área do ciclo. Sendo k = 1,4 e C_p = 0,24 kcal/kgK, pede-se:

a) Qual a taxa de compressão;

b) Qual a cilindrada;

c) Qual a temperatura máxima.

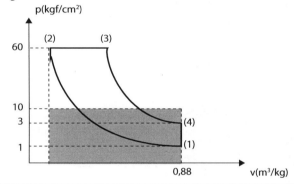

27) O ciclo Otto da figura representa um motor a 4T de quatro cilindros de diâmetro 8 cm e curso 9 cm. São dados: k 1,35 e R = 24,35 kgm/kgK.

O projetista achou a temperatura máxima muito alta e atrasa a faísca de modo que ela salte quando o pistão tenha descido 2 cm em relação ao PMS.

a) Mantida a mesma quantidade de combustível queimado, qual a nova temperatura máxima, supondo a combustão instantânea?

b) Qual a nova eficiência térmica?

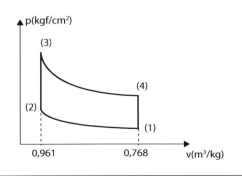
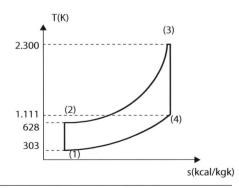

28) Um motor de quatro cilindros tem uma cilindrada de 2 L e diâmetro dos cilindros 8,5 cm. A taxa de compressão é 10. A junta do cabeçote, depois de apertada, tem uma espessura de 3 mm. Troca-se a junta por outra que, depois de apertada fica com espessura 1,9 mm. Qual a variação percentual da eficiência térmica teórica?

29) No ciclo Diesel da figura, a rotação é 3.000 rpm e a eficiência térmica é 65%.

Dados: T1 = 30 °C; T2 = 680 °C; T3 = 1.730 °C; k = 1,36; R = 270 kgm/kg.K.

Pede-se:

a) A taxa de compressão;

b) A potência do ciclo em CV, se a massa que participa dos processos é $9 \cdot 10^{-3}$ kg.

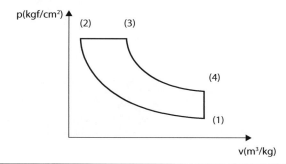

Referências bibliográficas

1. BRUNETTI, F. *Motores de combustão interna*. Apostila, 1992.
2. DOMSCHKE, A. G.; LANDI. *Motores de combustão interna de embolo*. São Paulo: Dpto. de Livros e Publicações do Grêmio Politécnico da USP, 1963.
3. GIACOSA, D. *Motori endotermici*. Ulrico Hoelpi, 1968.
4. JÓVAJ, M. S. et al. *Motores de automóvil*. Mir, 1982.
5. OBERT, E. F. *Motores de combustão interna*. Globo, 1971.
6. TAYLOR, C. F. *Análise dos motores de combustão interna*. São Paulo: Blucher, 1988.
7. HEYWOOD, J. B. *Internal combustion engine fundamentals*. M.G.H. International, 1988.
8. STONE, R. *Introduction to internal combustion engines*. SAE, 1995.
9. HANDBOOK engine indicating with piezoelectric transducers. AVL, Áustria, 1993.
10. ENGINE analysis system. FEV Motorentechnik GmbH. FEV, Alemanha, 1995.

11. OPTICAL fiber technique for combustion analysis. FEV Motorentechnik GmbH, FEV, Alemanha, 1995.

12. KURATLE, R. Velas de Ignição para Medições com Sensor de Pressão Integrado. *Revista MTZ*, Kistler, Suíça, 1992.

13. BARROS, J. E. M. *Estudo de motores de combustão interna aplicando análise orientada a objetos*. Tese (Doutorado em Engenharia Mecânica) – UFMG, Belo Horizonte, 2003.

14. FERGUSON, C. R. *Internal combustion engines*: applied thermosciences. New York: John Wiley & Sons, 1986.

15. OATES, G. C. *Aerothermodynamics of gas turbine and rocket propulsion*. AIAA Education Series. Washington, DC: AIAA, 1988.

16. WARK, K. *Thermodynamics*. New York: McGraw-Hill, 1977.

17. MARTIN, M. K.; HEYWOOD, J. B. Approximate relationships for the thermodynamic properties of hydrocarbon-air combustion products. *Combustion Science and Technology*, v. 15, p. 1-10, 1977.

18. HIRES, S. D. et al. Performance and NO_x emissions modeling of a jet ignition pre-chamber stratified charge engine. *Paper SAE #760161*, 1976.

19. ZABEU, C. B. *Análise da combustão em motores baseada na medição de pressão*. Dissertação (Mestrado) – Escola Politécnica da Universidade de São Paulo, São Paulo, 1999.

Figuras

Agradecimentos às empresas/aos sites:

A. http://www.oldengine.org/members/diesel/Indicator/Indicator1.htm.

B. FEV Motorentechnik GmbH – FEV Alemanha.

C. AVL Áustria.

D. Magneti Marelli – Doutor em Motores, 1990.

E. The Crosbie Steam Gage & Valve Co. Indicator.

F. Automotive Engineering International – Várias edições.

G. Windlin, F – Notas de aulas.

3

Propriedades e curvas características dos motores

Atualização:
Fernando Luiz Windlin
Valmir Demarchi
Maurício Assumpção Trielli

Para o estudo experimental dos motores de combustão interna, buscando conhecer suas características de desempenho para posterior aplicação ou a fim de desenvolvê-lo de forma a torná-lo mais eficiente, é utilizado um conjunto de propriedades que, além de fornecer informações relevantes sobre suas condições de funcionamento, pode gerar curvas que irão caracterizá-los individualmente.

A seguir, são apresentadas algumas dessas propriedades e curvas características.

3.1 Momento de força, conjugado no eixo ou torque – T

A Figura 3.1 mostra o sistema pistão–biela–manivela de um motor alternativo formando o mecanismo responsável pelo estabelecimento de um momento torçor em seu eixo de manivelas composta por F_r e pela força normal F_n.

A força F resultante no pistão composta pela força F_r e pela normal F_n transmite-se à biela e desta à manivela, dando origem a uma força tangencial (F_{tan}) e consequentemente a um momento instantâneo no eixo do motor.

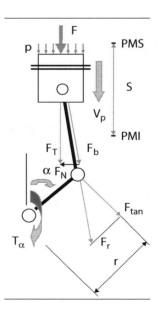

Figura 3.1 – Sistema pistão–biela–manivela [F].

Como será apresentado em outro capítulo, a força de pressão F depende da posição angular da manivela e, portanto, a F_{tan} é variável. Logo, apesar de o braço **r** ser fixo, o momento no eixo do motor varia com o ângulo α, medido a partir da posição em que a biela e a manivela estão alinhadas, gerando o menor volume entre a cabeça do pistão e o cabeçote, estabelecendo o denominado ponto morto superior – PMS – do mecanismo de biela e manivela.

Com o motor em funcionamento, obtém-se um momento torçor médio positivo, popularmente denominado torque, que daqui para a frente será indicado por T. Desprezando outros efeitos, a força F aplicada no pistão é função da pressão **p** gerada pela combustão e esta, conforme será visto posteriormente, é função da rotação e da massa de mistura combustível–ar disponibilizada para a combustão (carga). Isso permite que o torque varie com a rotação e a carga.

Nestes primeiros itens, essas variações não serão discutidas por facilidade de compreensão.

Se, para uma dada posição do acelerador, o motor desenvolve certo torque, desprezando-se os atritos e não havendo nenhuma resistência imposta ao movimento do eixo, a rotação **n** do eixo (ou a velocidade angular $\omega = 2 \cdot \pi \cdot n$) tenderia a aumentar indefinidamente.

Para medir o torque em uma dada rotação é necessário impor ao eixo um momento externo resistente de mesmo valor que o produzido pelo motor. Caso contrário, a rotação irá variar, aumentando ou diminuindo à medida que o momento torçor resistente aplicado torna-se menor ou maior que o produzido pelo motor (momento torçor motor).

Esse efeito pode ser obtido com o uso de um freio popularmente denominado freio dinamométrico ou simplesmente dinamômetro.

3.2 Freio dinamométrico ou dinamômetro

3.2.1 Freio de Prony

O freio de Prony, desenvolvido em 1821 pelo engenheiro francês Gaspard Prony, é o elemento didático utilizado para que se compreenda o funcionamento dos dinamômetros. Apesar de ilustrar claramente o princípio de funcionamento de todos os dinamômetros, na prática, só pode ser utilizado para pequenas potências. No entanto, é uma ilustração muito clara do princípio de funcionamento de todos os dinamômetros (Figura 3.2).

Ao apertar a cinta do freio sobre o rotor, aplica-se uma força de atrito F_{atr} sobre ele, de forma a obter uma situação de equilíbrio dinâmico com ω = constante.

Nessa situação, o torque T produzido pelo motor deverá ser equilibrado pelo torque resistente produzido por $r \cdot F_{atr}$.

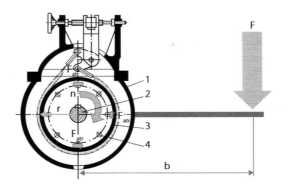

Figura 3.2 – Freio de Prony [F].
1. Carcaça pendular; 2. Eixo motor/dinamômetro; 3. Cinta de frenagem; 4. Volante.

Portanto:

$$T = F_{at} \cdot r \qquad \text{Eq. 3.1}$$

Pelo "Princípio da Ação e Reação", a força de atrito F_{atr} transmite-se em sentido contrário ao movimento do rotor. Observe que o freio tenderia a girar no mesmo sentido do rotor, não fosse o apoio na "balança" que o mantém em equilíbrio estático. Logo:

$$F_{atr} \cdot r = F \cdot b \qquad \text{Eq. 3.2}$$

onde F é a ação do braço **b** do freio sobre o medidor de força (dinamômetro propriamente dito), que fornece a leitura da mesma. Pelas Equações 3.1 e 3.2 conclui-se que:

$$T = F \cdot b \qquad \text{Eq. 3.3}$$

Conhecido o comprimento **b** do braço do dinamômetro e com a leitura obtida no medidor de força, pode-se obter o valor do torque no eixo do motor quando a velocidade angular ω é mantida constante.

Para o cálculo da potência disponível no eixo do motor, também denominada potência efetiva ou útil, basta lembrar que:

$$N = \omega \cdot T \qquad \text{Eq. 3.4}$$

ou

$$N = 2\pi \cdot n \cdot T \qquad \text{Eq. 3.5}$$

Utilizando na Equação 3.5, unidades de um sistema coerente, será obtida a potência em unidade do mesmo sistema. Por exemplo, usando **n** em rps e **T** em N.m, obtém-se **N** em W (Watt) e dividindo por 1.000 em kW (quilowatt).

No entanto, podem-se usar unidades de sistemas diferentes e obter a potência na unidade desejada pela introdução dos fatores de transformação. Por exemplo, usando **n** em rpm e **T** em kgf · m, é necessário dividir por 60 para produzir **N** (potência) em kgm/s que, dividido por 75, fornece a potência em CV.

Assim:

$$N_{(CV)} = \frac{2\pi \cdot n \cdot T}{60 \cdot 75} = \frac{n \cdot T}{716,2} \qquad \begin{array}{l} n \to rpm \\ T \to kgf \cdot m \end{array} \qquad \text{Eq. 3.6}$$

Lembrando que 1 HP = 1,014CV:

$$N_{(HP)} = \frac{n \cdot T}{726,2} \qquad \text{Eq. 3.7}$$

Por outro lado, pelas Equações 3.3 e 3.5:

$$N = 2\pi \cdot n \cdot F \cdot b$$

Como b tem valor constante para um dado dinamômetro,

$$N = K \cdot F \cdot n \qquad \text{Eq. 3.8}$$

Onde:

- F é a leitura do medidor de força (balança ou célula de carga).
- n é a leitura de um tacômetro.
- K é a constante do dinamômetro dada por 2 · π · b x fator de transformação de unidades.

Por exemplo, num dinamômetro que possua b = 0,7162 m, para se obter N em CV, com n em rpm e F em kgf, tem-se

$$N = \frac{2\pi \cdot n \cdot F \cdot 0,7162}{60 \cdot 75} = \frac{n \cdot F}{\frac{60 \cdot 75}{2\pi \cdot 0,7162}} = \frac{n \cdot F}{1000}$$

Logo, neste caso K = 1/1.000, lembrando que essa constante exige **n** em rpm e **F** em kgf, para produzir **N** (potência) em CV.

A potência do eixo do motor, absorvida pelo freio é transformada em outra forma de energia. No caso do freio de Prony, é dissipada na forma de calor.

No Freio de Prony, a dissipação desse calor é difícil, o que limita seu uso para pequenas potências e, portanto, em geral, para aplicações didáticas.

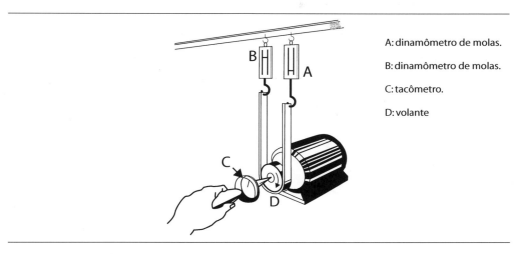

Figura 3.3 – Freio de Prony – aplicação em motores elétricos.

Os freios dinamométricos de maior aplicação prática são:

a) Hidráulicos.
b) Elétricos.

O princípio de funcionamento desses freios é similar ao do dinamômetro de Prony. Apenas o tipo de frenagem é diferente, já que nos hidráulicos normalmente utiliza-se o atrito cisalhante da água contra a carcaça e nos elétricos utilizam-se esforços gerados por campos elétricos ou magnéticos.

3.2.2 Dinamômetros hidráulicos

Um tipo de dinamômetro hidráulico é mostrado na Figura 3.4. Como se pode ver, o dinamômetro é constituído de uma carcaça metálica estanque apoiada em dois mancais coaxiais com os mancais do eixo. Isso permite que a carcaça fique livre para oscilar em torno de seu eixo, sendo equilibrada pelo braço que se apoia na balança ou célula de carga. Um rotor provido de uma série de conchas em ambas as suas faces laterais está montado no seu eixo. Na face interna da carcaça há uma série de conchas iguais e montadas em oposição às do rotor. As conchas do rotor estão viradas para o sentido da rotação e as da carcaça no sentido oposto.

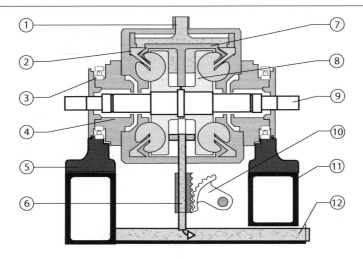

Figura 3.4 – Dinamômetro hidráulico [C].

1. Entrada de água; 2. Duto de alimentação; 3. Mancal de balanço; 4. Mancal do rotor;
5. Suporte de montagem; 6. Saída de água; 7. Estator; 8. Rotor; 9. Eixo principal;
10. Engrenagem de ajuste da abertura da válvula de água; 11. Base e 12. Descarga de água.

O espaço interno desse freio é preenchido por água. Em funcionamento, o rotor impele a água obliquamente, com componentes nas direções do eixo de rotação do rotor e do movimento radial da água da concha do rotor. A água entra na concha da carcaça tentando arrastá-la no sentido da rotação. Como a carcaça está presa, a água entra em violento movimento turbulento, transformando a energia hidráulica parcialmente em calor e em esforço torçor. É, então, conduzida pelo formato da concha da carcaça de volta ao rotor na parte da concha mais próxima do eixo e o ciclo se repete. Para remover o calor assim gerado, a água quente é drenada continuamente pela parte superior da carcaça e a água fria de reposição é introduzida através de pequenos orifícios nas conchas do estator. Na saída existe uma válvula de regulagem de fluxo para manter o nível de água dentro da carcaça a uma temperatura adequada desta dentro do dinamômetro. Os fabricantes recomendam não passar de 60° C. A Figura 3.5 mostra um freio hidráulico e cabe chamar a atenção para os itens:

- 3: mancal que permite a carcaça oscilar.
- 4: mancal do eixo.
- 8: rotor.
- 9: eixo.

Propriedades e curvas características dos motores 159

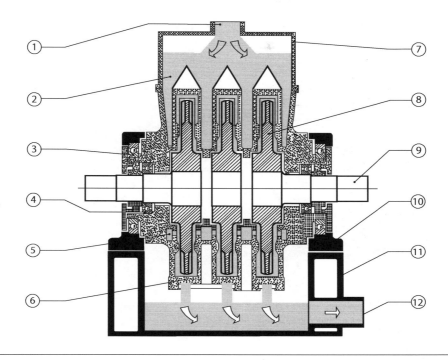

Figura 3.5 – Dinamômetro hidráulico [C].

Ambos os fluxos de água são conduzidos por mangueiras flexíveis para não introduzir esforços adicionais e afetar o equilíbrio da carcaça oscilante.

Nem toda a potência é absorvida em turbulência da água, uma parte é perdida nos retentores e rolamentos do eixo principal. Entretanto, como o sentido de ação dessas resistências é o mesmo e a medição é feita por meio de uma balança ou célula de carga sobre a qual atua o braço de alavanca, a precisão da medida não é comprometida. A Figura 3.6 apresenta uma versão comercial desses freios. Atualmente com a utilização de células rotativas, esses freios deixaram de ser pendulares.

Figura 3.6 – Dinamômetro hidráulico [C].

A Figura 3.7 mostra uma instalação típica de um freio hidráulico, enquanto a Figura 3.8 apresenta um diagrama de blocos representativo da instalação de um freio hidráulico.

Figura 3.7 – Dinamômetro hidráulico – instalação típica [D].

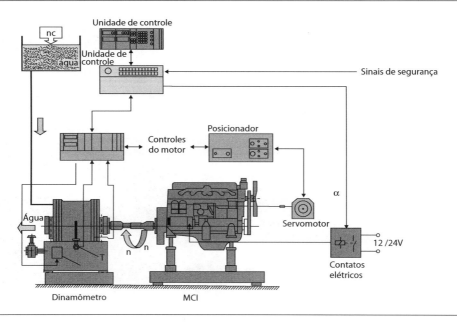

Figura 3.8 – Dinamômetro hidráulico – diagrama de blocos [C].

3.2.3 Dinamômetros elétricos

3.2.3.1 DINAMÔMETROS DE CORRENTES PARASITAS

A Figura 3.9 mostra um dinamômetro de correntes parasitas (ou de correntes de Foucault). Esse tipo de dinamômetro tem o rotor em forma de uma grande engrenagem feita de material de alta permeabilidade magnética. O mesmo material é utilizado na fabricação dos dois anéis solidários com o estator e separados por um pequeno espaço livre do rotor. No centro do estator existe uma bobina que é alimentada por corrente contínua.

Quando energizada, a bobina gera um campo magnético que é concentrado nos "dentes do rotor". Quando o rotor se move, gera correntes parasitas nos anéis que, portanto, se aquecem.

O calor gerado é absorvido pelo estator e removido deste pela água utilizada como fluido de resfriamento. Esse dinamômetro é bastante simples e regulado pela intensidade da corrente que passa pela bobina. Isso permite a construção de dinamômetros de grande porte.

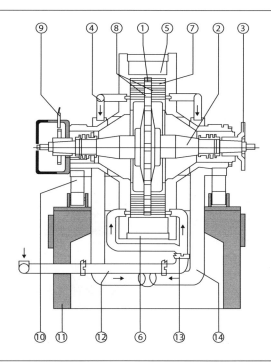

Figura 3.9 – Freio de correntes parasitas [C].

1. Rotor; 2. Eixo principal; 3. Flange de acoplamento; 4. Saída de água; 5. Bobina; 6. Estator; 7. Câmara de resfriamento; 8. Folga entre rotor e estator (*gap*); 9. Sensor de rotação; 10. Molas – balanço (ação / reação); 11. Base; 12. Entrada de água; 13. Articulação e 14. Tubo de descarga.

A Figura 3.10 apresenta uma versão utilizada para altas rotações e potências, situação em que se torna impeditiva a utilização de rotores de grandes diâmetros. Nesses casos, diversos rotores são associados em série sobre o mesmo eixo.

Figura 3.10 – Freio de correntes parasitas [B].

A Figura 3.11 apresenta um diagrama de blocos representativo da instalação de um freio de correntes parasitas.

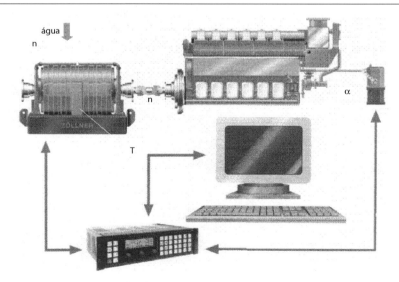

Figura 3.11 – Diagrama de blocos – freio de correntes parasitas [B].

A Figura 3.12 apresenta algumas aplicações específicas desses freios, tais como na avaliação do desempenho de motores de popa e de motores submetidos a grandes inclinações (avaliação do desempenho de sistema de sucção de óleo do cárter e do sistema de separação de óleo do respiro do motor).

Figura 3.12 – Aplicações especiais – freio de correntes parasitas [B e E].

A Figura 3.13 apresenta uma versão comercial desses freios que, com a utilização de células rotativas, também deixaram de ser pendulares.

Figura 3.13 – Dinamômetro de correntes parasitas [C].

Os freios de correntes parasitas são máquinas que permitem:

- Realização de testes: cíclicos e rápidos.
- Utilização para o desenvolvimento de motores e componentes.
- Realização de testes com baixo custo de operação.

A Figura 3.14 apresenta uma instalação típica usando este freio de correntes de Foucault.

Figura 3.14 – Dinamômetro de correntes parasitas – instalação típica [D].

3.2.3.2 DINAMÔMETROS MISTOS OU DE CORRENTE ALTERNADA

Este é o dinamômetro mais indicado para trabalhos de pesquisa, já que, além de extremamente sensível, pode assumir configuração ativa, acionando o motor (sem a ocorrência de combustão) para estimar suas resistências passivas, que geram a denominada potência de atrito.

Esse dinamômetro é uma máquina elétrica de corrente alternada que pode funcionar como motor ou como gerador. O campo desse dinamômetro é de excitação independente e, portanto, variando a alimentação entre campo e rotor, consegue-se ampla variação de velocidades e de potências absorvidas.

A Figura 3.15 mostra um dinamômetro elétrico. Nesse caso o estator é pendular e o princípio de medição é o da ação e reação.

Figura 3.15 – Freio misto de corrente alternada [B].

Essas máquinas quando operando como freio (gerador), permitem que a energia elétrica gerada seja devolvida à rede por meio de uma bancada de tiristores. A Figura 3.16 apresenta esse mesmo freio numa sala de testes.

Figura 3.16 – Freio misto de corrente alternada em sala de teste [B].

As figuras a seguir mostram esse mesmo freio sem a carcaça oscilante. A Figura 3.17 utiliza uma célula de carga rotativa para a medição da força.

Figura 3.17 – Freio misto com carcaça fixa e célula de carga rotativa [B].

A Figura 3.18 apresenta um diagrama de blocos representativo da instalação de um freio misto, integrando todos os recursos disponibilizados pelo sistema.

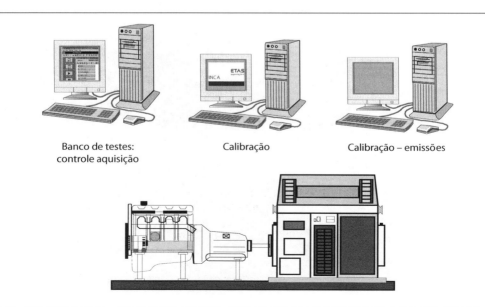

Figura 3.18 – Diagrama de blocos – freio misto [B].

A Figura 3.19 mostra uma instalação típica desse tipo de freio.

Figura 3.19 – Instalação típica – freio misto.

A Figura 3.20 apresenta uma utilização ímpar: duas máquinas de corrente alternada freiam uma caixa de câmbio enquanto uma terceira aciona essa mesma caixa.

Figura 3.20 – Freio misto – teste de transmissão [B].

A Figura 3.21 apresenta outra aplicação distinta. Neste caso, o freio destina-se ao teste de micromotores.

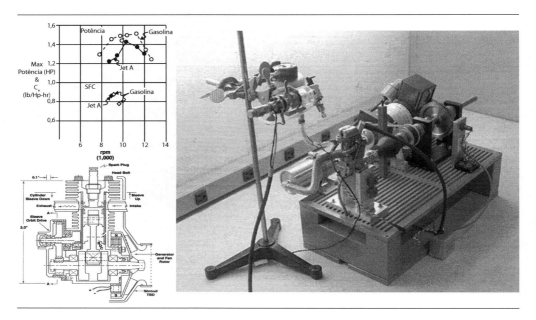

Figura 3.21 – Teste de motor de aeromodelo.

3.2.3.3 CRITÉRIOS DE SELEÇÃO DO FREIO DINAMOMÉTRICO

A Tabela 3.1 a seguir mostra, de forma orientativa, os critérios a serem seguidos quando da seleção de um freio dinamométrico.

Tabela 3.1 – Seleção do freio dinamométrico [3].

Critério de seleção	Tipo de freio		
	Hidráulico	**Foucault**	**Corrente alternada**
Área de utilização	Produção Manutenção Contr. de qualidade	Produção Manutenção Contr. de qualidade P&D	Contr. de qualidade P&D
Preço relativo	0,2	0,3	1,0
Faixa de potência (kW)	230 a 100.000	40 a 1.200	80 a 500
Rotação máxima (rpm)	2.500 a 13.000	4.000 a 17.000	4.000 a 14.000
Torque (Nm)	60 a 70.000	75 a 10.000	160 a 2.500
Sentido de rotação	Dois sentidos com redução da curva de torque	Dois sentidos sem redução da curva de torque	

continua

continuação

Critério de seleção	Tipo de freio		
	Hidráulico	Foucault	Corrente alternada
Tipo de ensaio	Regime permanente	Regime permanente + transiente (com limitações)	Regime permanente + transiente
Transformação de energia	Calor		Energia elétrica
Princípio de regulagem	Enchimento	Corrente de excitação	Frequência
Meio de trabalho	Água	Corrente elétrica	
Meio de resfriamento	Água		Ar
Forma construtiva	Câmara de turbilhonamento	Rotor em forma de disco	Rotor em curto
Princípio de funcionamento	Turbilhonamento da água	Corrente de Foucault	Campo induzido
Simulação do sistema de acionamento	Inadequado		Adequado
Ciclo transiente	Inadequado	Adequado com limitações	Adequado

3.2.3.4 PERIFÉRICOS DE UMA SALA DE TESTES DE MOTORES

A composição de uma sala de testes de motores é bastante ampla, e o freio dinamométrico é apenas um dos equipamentos. A composição da sala depende da finalidade para a qual ela se destina. A seguir, de forma simplificada, serão apresentados os componentes principais que poderão estar presentes em uma sala de provas de motores.

3.2.3.4.1 DESENHO DA SALA

É de fundamental importância o projeto da sala de forma a:
1. Isolar o ruído entre motor e operador.
2. Permitir a visualização integral do motor e seus periféricos.
3. Permitir acesso fácil para o motor a ser testado.
4. Promover ampla ventilação do motor e a exaustão dos gases de escapamento.

A Figura 3.22 apresenta uma planta baixa de uma instalação típica, chamando a atenção para os sistemas de exaustão e ventilação, além da preocupação com a movimentação de motor e freio dentro da sala. Considera-se satisfatória a troca de todo o volume de ar da sala de cinco a seis vezes por minuto, sempre mantendo a pressão interna da sala próxima à pressão atmosférica local (preferencialmente, ligeiramente acima).

A Figura 3.23 apresenta os sistemas principais que compõem a sala, em que: 1. Sistema de troca de ar da sala; 2. Sistema de exaustão de gases de escapamento; 3. Medidor de consumo de combustível; 4. Armário de transdutores (*boom-arm*); 5. Sistema de arrefecimento (trocador de calor água–ar ou água–água); 6. Bloco de trabalho; 7. Motor; 8. Freio dinamométrico; 9. Acoplamento motor – freio e 10. Mesa de controle.

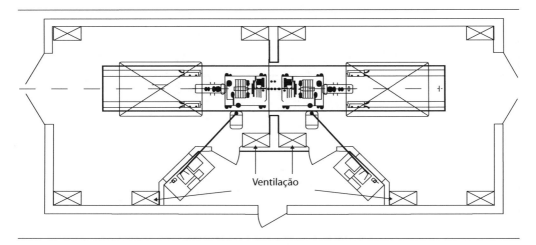

Figura 3.22 – Planta baixa – sala de testes [D].

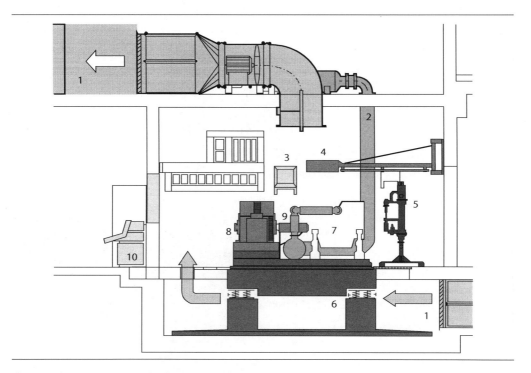

Figura 3.23 – Sistemas – sala de testes [B].

A construção da sala deve levar em consideração que técnicos passarão quase a totalidade do tempo nas mesas de comando avaliando resultados e realizando novos testes. Daí, recomenda-se cuidado especial quanto à isolação acústica das paredes e portas. A Tabela 3.2 apresenta as recomendações internacionais para esse tipo de trabalho.

Tabela 3.2 – OSHA 29 CFR 1910.95 – Tempo máximo de trabalho ininterrupto em função do nível de ruído do ambiente [4].

Tempo de trabalho (h)	Nível de ruído (dBA)
8	90
6	92
4	95
3	97
2	100
1 a 1 ½	102
1	105
½	110
¼	115

3.2.3.4.2 CONTROLE DA CARGA DO MOTOR

Esse controle de carga é realizado de forma distinta nos motores de ignição por faísca – MIF e de ignição por compressão MIE. Nos motores ciclo Otto, controla-se a posição da borboleta e, consequentemente, a massa de mistura combustível–ar consumida pelo motor, ou no caso dos motores *GDI – Gasoline Direct Injection* – apenas da massa de ar. Nos motores Diesel o controle recai sobre a quantidade de combustível injetado. A Figura 3.24 mostra um acionador mecânico. Com a

Figura 3.24 – Sistemas – impostação de carga [B].

utilização cada vez mais frequente nos motores ciclo Otto dos corpos de borboleta DBW (*drive by wire*), esse tipo de controle tem sido substituído por sinal eletrônico proveniente da central de comando.

3.2.3.4.3 CALIBRAÇÃO DO FREIO DINAMOMÉTRICO

A calibração da célula de carga utilizada no freio dinamométrico é realizada utilizando-se braços e massas calibrados. A Figura 3.25 mostra essa condição de calibração para freios que utilizam a carcaça livre para oscilar, enquanto a Figura 3.26 mostra o braço utilizado nos freios fixos aos quais são aplicadas células rotativas.

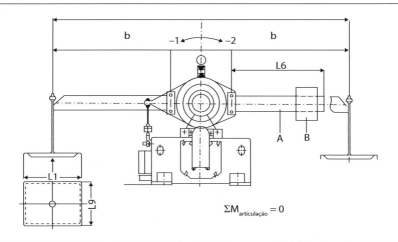

Figura 3.25 – Sistemas – calibração da célula de carga – freio com carcaça oscilante [B].

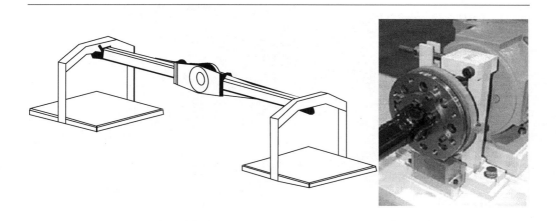

Figura 3.26 – Sistemas – calibração da célula de carga – freio com carcaça fixa.

3.2.3.4.4 EIXO DE LIGAÇÃO

A ligação entre o motor em teste e o freio dinamométrico é realizada por um eixo suficientemente flexível que permite liberdade de movimentação, absorve as vibrações do motor e tem baixa massa. A massa elevada desses eixos pode comprometer o mancal principal do motor além do freio (que tem sempre informada a carga máxima suportada). A Figura 3.27 mostra um eixo genérico. A utilização de eixos com cruzetas é bastante usual, mas, pouco segura, em virtude da baixa vida dos rolamentos de agulhas.

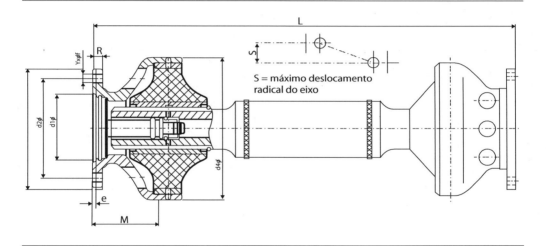

Figura 3.27 – Sistemas – eixo de ligação entre motor e freio.

3.2.3.4.5 BASE DE FIXAÇÃO

Motor e freio são montados sobre uma base, preferencialmente única, isolada de todo o edifício, de forma a não transmitir as vibrações do motor. A mesa sobre a qual o motor é montado deve ser suficientemente ampla para receber todos os motores para os quais o freio foi selecionado. Nas instalações de final de linha de montagem, nas quais é testado sempre o mesmo tipo de motor, utilizam-se *pallets* que facilitam essa operação, reduzindo o tempo de preparação. As Figuras 3.28 e 3.29 mostram respectivamente, o tipo de base de fixação utilizada em centros de desenvolvimento e uma linha de produção.

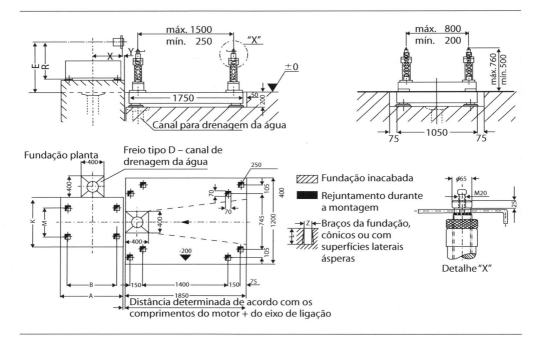

Figura 3.28 – Sistemas – base de fixação freio – motor [C].

Figura 3.29 – Sistemas – linha de preparação e teste de motores.

3.3 Propriedades do motor

Além do torque, que já foi definido e cuja medição exige o uso de um freio, existem outras propriedades que descrevem as características do motor, seja quanto ao desempenho, seja quanto à eficiência. Essas características serão descritas nesta seção, juntamente com os meios para a determinação de suas medidas.

3.3.1 Potência efetiva – Ne

É a potência medida no eixo do motor (ver Figura 3.30). Observe que:

$$Ne = \cdot T \cdot \omega = T \cdot 2\pi \cdot n \qquad \text{Eq. 3.9}$$

onde ω é a velocidade angular do eixo dado, por exemplo, em rad/s e **n** é a rotação.

Como já foi visto anteriormente,

$$N_e = 2\pi \cdot b \cdot F \cdot n \qquad \text{Eq. 3.10}$$

Ou, $N_e = K \cdot F \cdot n$

onde **K** é uma constante do dinamômetro cujo valor é função das unidades de **F**, de **n** e da unidade desejada para N_e.

As unidades mais utilizadas e suas equivalências são:

1CV = 0,735 kW

1HP = 1,014 CV

Se n (rpm) e N_e (CV)

$$N_e = \frac{2\pi \cdot T \cdot n}{75 \cdot 60}$$

logo, $N_e = \dfrac{T \cdot n}{716,2} \qquad \text{Eq. 3.11}$

Se T em Nm, **n** em rpm e N_e em kW

$$N_e = \frac{2\pi \cdot T \cdot n}{60 \cdot 1.000}$$

$$N_e = \frac{T \cdot n}{9.549} \qquad \text{Eq. 3.12}$$

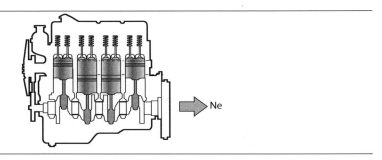

Figura 3.30 – Ne – Potência efetiva [A].

3.3.2 Potência indicada – Ni

É a potência desenvolvida pelo ciclo termodinâmico do fluido ativo. Essa potência pode ser medida com um indicador de pressões, que permita traçar o ciclo do fluido ativo (para maiores explicações consulte o Capítulo 2 – "Ciclos").

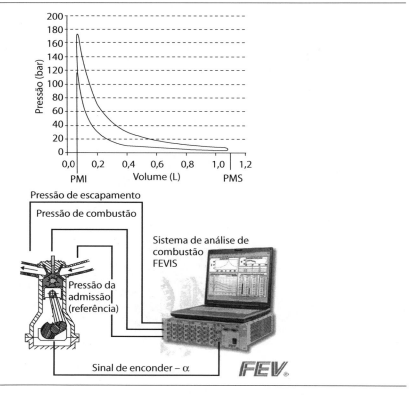

Figura 3.31 – Representação de um ciclo de um motor de combustão num diagrama p – V (pressão em função do volume do fluido ativo) [E].

Da Termodinâmica sabe-se que as áreas no diagrama p – V são proporcionais ao trabalho, já que este é dado por $\int pdV$. Dessa forma, a área do ciclo na Figura 3.31 corresponde ao trabalho indicado ou do ciclo.

Como a potência é o trabalho por unidade de tempo, dado o trabalho, a potência pode ser obtida multiplicando-se o trabalho pela frequência com que é realizado.

Assim,

$$N_i = W_i \frac{n}{x} \cdot z \qquad \text{Eq. 3.13}$$

onde: n = rotação do motor cujo ciclo é o indicado na Figura 3.31;

x = 1 ou 2, dependendo do motor ser respectivamente 2T ou 4T.

z = número de cilindros do motor.

3.3.3 Relações entre as potências

Como o motor de combustão é uma máquina térmica, a produção de potência provém do fornecimento de calor proveniente da combustão da mistura ar–combustível.

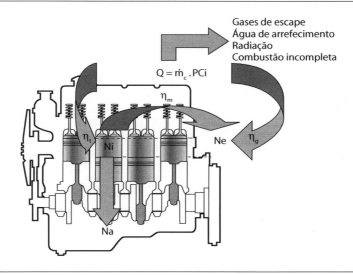

Figura 3.32 – Relacionamento entre o calor fornecido ao fluido ativo e as potências definidas para o motor [A].

No caso,

$$\dot{Q} = \dot{m}_c \cdot PCi \qquad \text{Eq. 3.14}$$

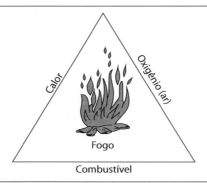

Figura 3.33 – Combustão [A].

Onde:

$\dot{Q}$ = calor fornecido por unidade de tempo (fluxo de calor) pela combustão do combustível (kcal/s, kcal/h, CV, MJ/s, kW etc.);

$\dot{m}_c$ = consumo, fluxo ou vazão em massa (kg/s, kg/h etc.);

PCi = poder calorífico inferior do combustível (kcal/kg, MJ/kg etc.) – veja o Capítulo 6;

A Tabela 3.3 mostra valores típicos de PCi para os combustíveis usuais no mercado brasileiro.

A relação entre algumas dessas unidades é:

1 kcal = 427 kgm = 4.185 J = 4,185 · 10^{-3} MJ

1 kcal/s = 427 kgm/s = 5,69 CV = 4.185 J/s

Tabela 3.3 – Poder calorífico inferior.

Propriedades		Combustível			
		Diesel	Etanol hidratado	Metanol	Gasolina E22
Massa específica (kg/L)		0,84	0,81	0,80	0,74
PCi	(kcal/kg)	10.200	5.970	4.760	9.400
	(kcal/L)	8.568	4.836	3.808	6.956
TAI (°C)		250	420	478	400

TAI é a temperatura de autoignição do combustível.

Observando, pela Figura 3.32, depreende-se que nem todo o calor é transformado em trabalho, uma parte é cedida à fonte fria e outra parte pode não chegar a se converter, uma vez que a combustão não é completa. Dessa forma, como exige a Segunda Lei da Termodinâmica,

Ni < $\dot{Q}$

e define-se a eficiência térmica (ou rendimento térmico indicado) como sendo:

$$\eta_t = \frac{N_i}{\dot{Q}}$$ Eq. 3.15

O que se pode observar ainda pela Figura 3.32 é que

$$N_i = N_e + N_a$$ Eq. 3.16

Esta expressão mostra claramente que o método mais simples de se obter N_a (potência de atrito) é por meio do conhecimento de N_e e N_i. Ainda observando a Figura 3.32, pode-se definir:

Eficiência global efetiva:

$$\eta_g = \frac{N_e}{\dot{Q}}$$ Eq. 3.17

Eficiência mecânica:

$$\eta_m = \frac{N_e}{N_i}$$ Eq. 3.18

Comparando as Equações 3.15, 3.17 e 3.18, conclui-se que:

$$\eta_g = \eta_t \cdot \eta_m$$ Eq. 3.19

Das Equações anteriores tem-se:

$$N_e = \dot{m}_c \cdot PCi \cdot \eta_t \cdot \eta_m$$ Eq. 3.20

Define-se relação combustível–ar como sendo a relação entre a massa de combustível (m_c) e a massa de ar (m_a), ou os respectivos consumos, que compõem a mistura, ou:

$$F = \frac{m_c}{m_a} = \frac{\dot{m}_c}{\dot{m}_a}$$ Eq. 3.21

Pelas Equações 3.18 e 3.19 tem-se:

$$N_e = \dot{m}_a \cdot F \cdot PCi \cdot \eta_t \cdot \eta_m$$ Eq. 3.22

O que se observa na Equação 3.20 é a proporcionalidade entre a potência efetiva do motor e o consumo de ar $\dot{m}_a$, o que torna esse fator extremamente importante. Para o estudo da admissão de ar para o motor, em lugar do $\dot{m}_a$, prefere-se o termo adimensional denominado eficiência volumétrica (η_v), assim definido:

Eficiência volumétrica é a relação entre a massa de ar realmente admitida no motor e a massa de ar que poderia preencher o mesmo volume com propriedades iguais da atmosfera local onde o motor funciona.

Simbolicamente:

$$\eta_v = \frac{m_a}{m_{a_e}} = \frac{\dot{m}_a}{\dot{m}_{a_e}} \qquad \text{Eq. 3.23}$$

Para as finalidades deste capítulo, será suposto desprezível o efeito da presença do combustível no fluxo de ar para motores carburados ou com injeção nas proximidades da válvula de admissão PFI (*Port Fuel Injection*).

Pela Figura 3.34, pode-se concluir que:

$T_i > T_e$ e $p_i < p_e$, logo, considerando o ar como gás perfeito:

$$\frac{p}{\rho} = RT \text{ ou } \rho = \frac{p}{RT} \qquad \text{Eq. 3.24}$$

Verifica-se imediatamente que:

$\rho_i < \rho_e$

onde ρ_i é a massa específica do ar de admissão e ρ_e é a massa específica do ar atmosférico local.

Logo, o enchimento dos cilindros se faz com um ar mais rarefeito do que aquele que forma o ambiente que envolve o motor.

A eficiência volumétrica irá então representar a eficiência do enchimento dos cilindros, em relação àquilo que poderia ser admitido com a mesma massa específica do ambiente circundante.

Normalmente, para motores de aspiração natural, o termo assim definido é menor que a unidade, ou seja:

$$\dot{m}_{a_e} = \frac{\rho_e \cdot V \cdot n}{x} \qquad \text{Eq. 3.25}$$

e

$$\dot{m}_a = \frac{\rho_e \cdot V \cdot n}{x} \eta_v \qquad \text{Eq. 3.26}$$

Assim, a Equação 3.22 pode ser escrita:

$$N_e = \dot{m}_{a_e} \cdot F \cdot PCi \cdot \eta_t \cdot \eta_m \cdot \eta_v \qquad \text{Eq. 3.27}$$

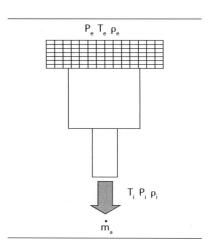

Figura 3.34 – Comparação entre o estado do ar na entrada do motor e no cilindro, no final do processo de admissão [F].

ou $\quad N_e = \dfrac{\rho_e \cdot V \cdot n}{x} F \cdot PCi \cdot \eta_t \cdot \eta_m \cdot \eta_v$ Eq. 3.28

A Equação 3.27 mostra de uma forma geral, a influência de uma série de variáveis no valor final da potência do motor.

O consumo ou a vazão em massa de ar para o motor pode ser medido em laboratório, de forma relativamente simples, por meio de qualquer medidor de fluxo. Por exemplo, a Figura 3.35 mostra com objetivos didáticos, por exemplo, a aplicação de um bocal ou placa de orifício.

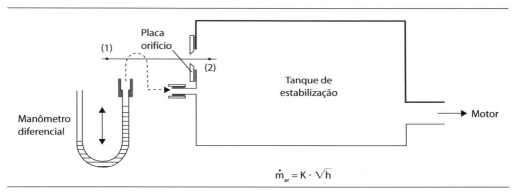

Figura 3.35 – Disposição esquemática para a medida do consumo de ar ($\dot{m}_a$) para o motor [F].

Pela Equação de Bernoulli (fluido ideal):

$$\dfrac{v_1^2}{2g} + \dfrac{p_1}{\gamma_a} + z_1 = \dfrac{v_2^2}{2g} + \dfrac{p_2}{\gamma_a} + z_2$$

onde γ_a = peso específico do γar = $\rho_a g$

Supõe-se em (2) um baixo número de Mach (M), para não levar em consideração variações de γ_a.

Sendo (1) um ponto do meio ambiente longe do bocal e, portanto, com $v_1 = 0$ e $p = 0$ (na escala relativa) e supondo um escoamento em (2) com número de Mach < 0,3 para não levar em consideração efeitos de compressibilidade, tem-se ao observar que $z_1 = z_2$:

$$v_2 = \sqrt{-\dfrac{2g \cdot p_2}{\gamma_a}} = \sqrt{-\dfrac{2p_2}{\rho_a}}$$

já que $\gamma_a = \rho_a g$

Observa-se que $p_2 < 0$ e que v_2 é uma velocidade teórica, uma vez que foi considerado fluido ideal.

Daí:

$$v_T = \sqrt{-\frac{2p_2}{\rho_a}}$$

Desta forma, $\dot{m}_{a_T} = \rho_a \cdot v_T \cdot A_b$,

onde ρ_a = massa específica do ar do ambiente
e A_b = área da seção do bocal,

$$\dot{m}_a = C_{D_b} \cdot \dot{m}_{a_T}$$

onde C_{D_b} é o coeficiente de descarga do bocal, que leva em consideração o desvio da medida da vazão pela Equação de Bernoulli para a medida real. Cumpre notar que para bocais padronizados esse coeficiente é tabelado e aproximadamente constante, desde que se mantenha um elevado número de Reynolds.

Logo, $\dot{m}_a = C_{D_b} \cdot A_b \cdot \rho_a \sqrt{-\frac{2p_2}{\rho_a}} = C_{D_b} \cdot A_b \sqrt{-2\rho_a \cdot p_2}$

Pelo manômetro $p_2 = -\gamma_m \cdot h$

onde γ_m = peso específico do fluido manométrico;

portanto, $\dot{m}_a = K\sqrt{\rho_a \cdot h}$

ou $\dot{m}_a = K\sqrt{\rho_a \cdot h}$ onde $K = C_{D_b} \cdot A_b \sqrt{2\gamma_m}$

Outras formas de medição comumente utilizadas são os medidores "Merian" de fluxo laminar (apresentado na Figura 3.36), sensores de deslocamento positivo (Figura 3.37) e anemômetros de fio quente (Figura 3.38), entre outros.

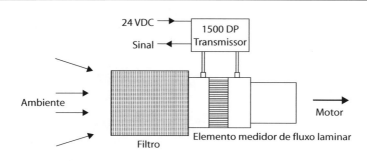

Figura 3.36 – Medidor Laminar de fluxo de ar [F].

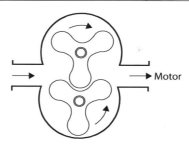

Figura 3.37 – Medidor de deslocamento positivo [F].

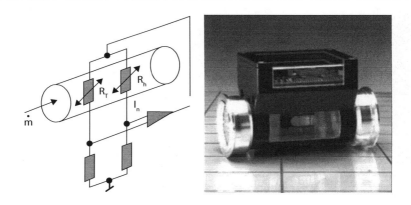

Figura 3.38 – Anemômetro de fio quente.

3.3.4 Controle ou variação da potência do motor

As equações introduzidas na seção anterior permitem realizar uma interessante discussão sobre a variação da potência no motor, bem como sobre seu torque. Retomando a Equação 3.26:

$$N_e = \frac{\rho_e \cdot V \cdot n}{x} F \cdot PCi \cdot \eta_t \cdot \eta_m \cdot \eta_v$$

pode-se escrever: $N_e = 2\pi \cdot n \cdot T$, pode ser escrita,

$$T = \frac{\rho_e \cdot V}{2\pi \cdot x} F \cdot PCi \cdot \eta_t \cdot \eta_m \cdot \eta_v \qquad \text{Eq. 3.29}$$

mostrando que, para uma dada cilindrada, ambiente e combustível, fixada a relação combustível–ar, o torque varia com $\eta_t \cdot \eta_m \cdot \eta_v$.

Se supuséssemos as eficiências constantes para um motor, em qualquer condição, o que obviamente não é verdade, o torque seria constante em qualquer rotação.

Por outro lado, com essa hipótese a Equação 3.29 ficaria:

$N_e = K \cdot n$

o que mostra que para as hipóteses admitidas a potência efetiva é diretamente proporcional à rotação (Figura 3.39).

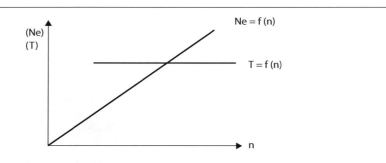

Figura 3.39 – Curvas características de um motor supostos F, η_t, η_m e η_v constantes.

Essas características não chegam a surpreender, uma vez que torque é proporcional ao trabalho realizado. Admitidas eficiências constantes, o torque é uma constante e a potência é proporcional à frequência com que é realizado esse trabalho.

Pela Equação 3.20 observa-se que a variação da potência pode ser obtida também a rotação constante, mantidas as hipóteses de $\eta_t \cdot \eta_m$ constantes por comodidade. Assim, se:

$N_e = \dot{m}_{a_e} \cdot F \cdot PCi \cdot \eta_t \cdot \eta_m \cdot \eta_v$

Tem-se: $N_e = K \cdot \dot{m}_{a_e} \cdot F$

Para o motor Otto, opta-se pelo controle do $\dot{m}_a$, mantido F praticamente constante, já que nesse motor a mistura combustível-ar deve manter certa qualidade para que seja possível a propagação da chama na câmara de combustão, a partir da faísca da vela. Assim a admissão do motor Otto é dotada de uma válvula borboleta que controla a vazão de ar e indiretamente a potência no eixo do motor e algum dispositivo, mais frequentemente um sistema de injeção que a cada variação do $\dot{m}_a$ causada pela borboleta (corpo de borboleta), varia o $\dot{m}_c$, para manter $F = \dot{m}_a / \dot{m}_c$ constante.

Já no motor Diesel não há problemas quanto à propagação da chama, já que a combustão, sendo por autoignição, realiza-se igualmente em qualquer ponto da câmara. Dessa forma, mantida a rotação constante, mantém-se $\dot{m}_a$ constante e a potência pode ser variada pela variação de F dosando-se mais ou menos combustível no mesmo ar, por meio de uma bomba injetora.

Pela discussão realizada nesta seção, observa-se que a potência do motor pode variar com a rotação ou comandada pela variação do acelerador, que no motor Otto aciona a borboleta aceleradora e no motor Diesel o débito da bomba injetora (débito: volume injetado por ciclo motor – veja o Capítulo 10).

Quando o acelerador do motor está totalmente acionado, qualquer que seja a rotação, diz-se que o motor está a plena carga nessa rotação, e estará desenvolvendo a máxima potência que pode ser desenvolvida nessa rotação, desde que F seja compatível.

Posições intermediárias do acelerador são denominadas cargas parciais do motor para uma dada rotação.

Assim, no banco de provas, é possível efetuar dois tipos de ensaios básicos:

a) Medição da variação das propriedades do motor, mantida a carga e variando a rotação.

b) Medição da variação das propriedades do motor, mantida a rotação e variando a carga.

3.3.5 Consumo específico – C_e

É a relação entre o consumo de combustível e a potência efetiva.

$$C_e = \frac{\dot{m}_c}{Ne} \text{ (kg/CVh, kg/kWh etc.)} \qquad \text{Eq. 3.30}$$

Pode-se verificar que está diretamente ligado à eficiência global, de fato, pela Equação 3.18

$$C_e = \frac{\dot{m}_c}{\dot{m}_c \cdot PCi \cdot \eta_t \cdot \eta_m}$$

ou $\quad C_e = \dfrac{1}{PCi \cdot \eta_g} \qquad \text{Eq. 3.31}$

Se PCi estiver em kcal/kg e C_e em kg/CVh

$$C_e = \frac{632}{PCi \cdot \eta_g} \qquad \text{Eq. 3.32}$$

A potência efetiva é medida no dinamômetro e o consumo de combustível é medido de diferentes maneiras, gravimétrica ou volumetricamente.

a) Medição volumétrica.
Frasco calibrado

Utiliza-se um frasco de volume calibrado. Uma válvula de três vias pode ser acionada para preencher o frasco e posteriormente alimentar o motor a partir do frasco.

Registra-se o tempo necessário para consumir o combustível contido no volume calibrado.

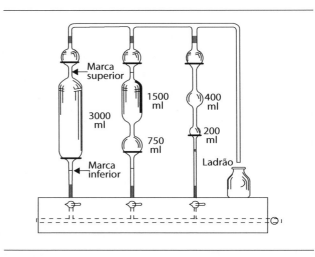

Figura 3.40 – Medição do consumo de combustível – volumétrica [F].

Logo,

$$\dot{v}_c = \frac{V_c}{t}$$
Eq. 3.33

sendo ρ_c = massa específica do combustível.

$$\dot{m}_c = \frac{\rho_c \cdot V_c}{t}$$
Eq. 3.34

b) Medição gravimétrica

A Figura 3.41 mostra esquematicamente a forma de se efetuar a medição do tempo necessário ao consumo de uma massa conhecida de combustível. A medição mássica é mais vantajosa, pois considera a variação na massa específica do combustível medido (decorrente da variação da temperatura).

Dessa forma,

$$\dot{m}_c = \frac{m_c}{t}$$
Eq. 3.35

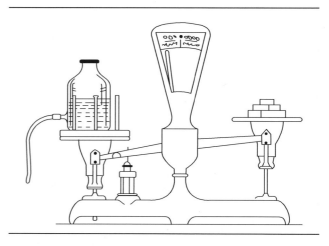

Figura 3.41 – Medição do consumo de combustível – gravimétrica [F].

Nos laboratórios, são utilizados os métodos de forma automatizada. A Figura 3.42, apresenta um equipamento de medição gravimétrica. Cabe ressaltar que a metodologia utilizada considera o consumo médio ocorrido num intervalo de tempo. Os limites de emissões tornaram necessária a medição instantânea de consumo de combustível e os meios mais utilizados na atualidade são os rotâmetros de engrenagens ovais, apresentado na Figura 3.43 e os medidores que utilizam o efeito de Coriollis, que pode ser visto na Figura 3.44. Ambas as medições são volumétricas, mas, via software, é possível fazer a conversão para massa por meio da medição instantânea da temperatura do fluido associada a mapas de massa específica.

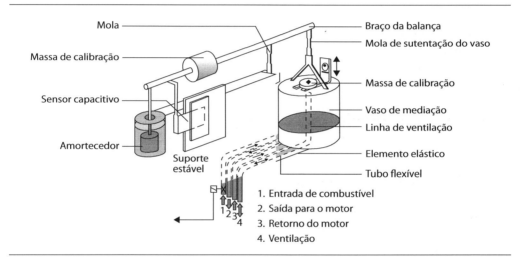

Figura 3.42 – Medição do consumo de combustível – gravimétrica [B].

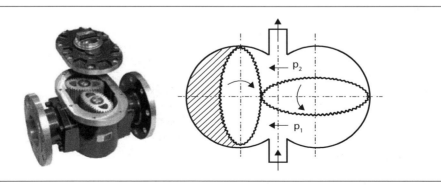

Figura 3.43 – Medição do consumo de combustível – volumétrica.

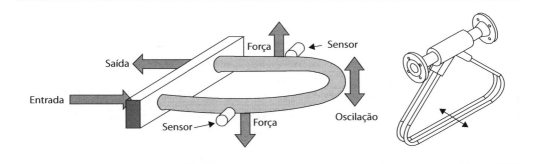

Figura 3.44 – Medição do consumo de combustível – Coriollis.

A Figura 3.45 apresenta uma curva a plena carga de um motor ciclo Diesel, relacionando a rotação com o consumo de combustível.

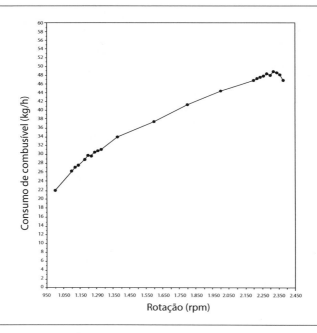

Figura 3.45 – Curva a plena carga de um motor ciclo Diesel, relacionando a rotação com o consumo de combustível.

3.3.6 Relações envolvendo pressão média – p_m

Durante o ciclo termodinâmico desenvolvido no fluido ativo de um motor de combustão interna, o trabalho pode ser obtido por:

$$W_i = \oint pdV \qquad \text{Eq. 3.36}$$

onde W_i é o trabalho indicado e corresponde à área do ciclo desenhada pelo diagrama p – V.

Define-se pressão média do ciclo ou pressão média indicada, como sendo uma pressão que aplicada constantemente na cabeça do pistão ao longo do curso de expansão, produziria o mesmo trabalho do ciclo.

Pela Figura 3.46 e pela Equação 3.36 tem-se:

$$W_i = \oint pdV = p_{m_i} \cdot A \cdot s = p_{m_i} \cdot V$$

Logo, algebricamente:

$$p_{m_i} = \frac{W_i}{V} \qquad \text{Eq. 3.37}$$

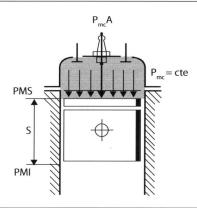

Figura 3.46 – Representação ilustrativa da pressão média do ciclo ou indicada [F].

Observa-se da Equação 3.37 que a p_{m_i} representa o trabalho por unidade de cilindrada e que, em princípio, motores de grande cilindrada devem produzir uma grande quantidade de trabalho, enquanto motores de pequena cilindrada devem produzir uma quantidade pequena. É de se esperar que motores de desempenho semelhante devam ter pressões médias próximas, dentro de uma pequena faixa de variação.

Como a p_{m_i} é, no fundo, uma média das pressões do gás ao longo do ciclo, pressões médias mais altas significam que o motor está sujeito a maiores esforços e maiores cargas térmicas.

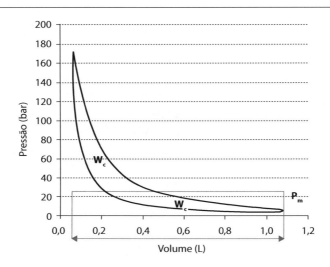

Figura 3.47 – Representação gráfica da pressão média indicada do ciclo.

Nos motores de alimentação natural, a pressão média indicada em potência máxima está em torno de 10 bar quando à máxima potência. Valores muito abaixo disso significam que o motor, por razões que não vêm ao caso neste capítulo, poderia alcançar um melhor desempenho. Valores acima disso representam uma carga excessiva para o motor, que poderá ter a sua vida útil diminuída. Assim, por exemplo, os motores de Fórmula 1, de aspiração natural, podem atingir pressões médias indicadas da ordem de 20 bar e os sobrealimentados cerca de 40 bar; no entanto, sua duração é de apenas algumas horas por conta das excessivas cargas térmicas e mecânicas.

Já pequenos motores monocilíndricos estacionários, de arrefecimento a ar, com válvulas laterais, e cujo objetivo fundamental é um baixo custo inicial, podem ter pressões médias indicadas da ordem de 7 bar.

Lembrando que $N_i = W_i \dfrac{n}{x}$ pode-se escrever:

$$N_i = \frac{p_{m_i} \cdot V \cdot n}{x} \qquad \text{Eq. 3.38}$$

ou $\quad p_{m_i} = \dfrac{x \cdot N_i}{V \cdot n} \qquad \text{Eq. 3.39}$

o que mostra que a busca de maiores potências para uma dada cilindrada visa a pressões médias e rotações mais elevadas, compatíveis com uma vida razoável do motor, dentro dos padrões estabelecidos pela sua aplicação e pelo mercado.

Os mesmos conceitos são utilizados para a definição de:

a) pressão média efetiva

$$p_{m_e} = \frac{x \cdot N_e}{V \cdot n} \qquad \text{Eq. 3.40}$$

$$N_e = \frac{p_{m_e} \cdot V \cdot n}{x} \qquad \text{Eq. 3.41}$$

b) pressão média de atrito

$$p_{m_a} = \frac{x \cdot N_a}{V \cdot n} \qquad \text{Eq. 3.42}$$

$$N_a = \frac{p_{m_a} \cdot V \cdot n}{x} \qquad \text{Eq. 3.43}$$

c) pressão média calorífica

$$p_{m_q} = \frac{x \cdot \dot{Q}}{V \cdot n} \qquad \text{Eq. 3.44}$$

$$\dot{Q} = \frac{p_{m_q} \cdot V \cdot n}{x} \qquad \text{Eq. 3.45}$$

Assim, as relações que podem ser escritas com potências, também podem ser efetuadas com pressão média, como por exemplo:

$$p_{m_i} = p_{m_e} + p_{m_a} \qquad \text{Eq. 3.46}$$

$$\eta_m = \frac{p_{m_e}}{p_{m_i}} \qquad \text{Eq. 3.47}$$

$$\eta_t = \frac{p_{m_i}}{p_{m_q}} \qquad \text{Eq. 3.48}$$

com a vantagem de poder comparar diretamente motores, mesmo diferentes, quanto ao seu desempenho.

Além disso, como $N_e = \dfrac{p_{m_e} \cdot V \cdot n}{x}$ e $N_e = 2\pi \cdot n \cdot T$

Tem-se $T = \dfrac{p_{m_e} \cdot V}{2\pi \cdot x} = k \cdot p_{m_e}$ \qquad Eq. 3.49

o que mostra que o torque é proporcional a p_{m_e}, ou seja, tem-se p_{m_e} máxima na condição de T (torque) máximo

3.4 Determinação da potência de atrito

O impacto do atrito das partes móveis do motor é apresentado na Figura 3.48 de forma ilustrativa e pode variar de acordo com as características construtivas de cada motor.

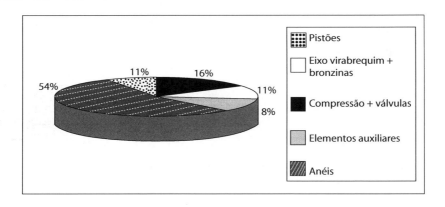

Figura 3.48 – Representação gráfica da distribuição de atrito entre os componentes.

Evidentemente, o entendimento desses atritos é fundamental no desenvolvimento de novos projetos. Nos itens a seguir, serão demonstrados os diversos métodos de determinação da potência de atrito com as vantagens e desvantagens de cada um.

3.4.1 Acionando o motor de combustão desligado, por meio de um motor elétrico

Nesse caso, o freio dinamométrico funciona como um motor elétrico acionando o motor de combustão. Trata-se de um método simples, bastando para tanto ter o equipamento. Pode ser utilizado de forma comparativa, porém os valores obtidos são comprometidos pela ausência da combustão e, consequentemente, da carga dos anéis sobre as paredes dos cilindros.

As máquinas utilizadas nesse caso são motores elétricos de corrente alternada com um variador de frequência da rede de alimentação, como a apresentada na Figura 3.49.

3.4.2 Teste de Morse

Da equação 3.16, chega-se a:

$N_e = N_i - N_a$ Eq. 3.50

Figura 3.49 – Potência de atrito – Motorização [B].

Nesse caso, utiliza-se um freio convencional e mede-se a potência efetiva do motor, e, ao desligar um cilindro, a potência indicada diminui de uma quantidade igual àquela desenvolvida por aquele cilindro. Assim, têm-se, z medidas, sempre na mesma rotação, graças ao uso do dinamômetro. Por exemplo, para um motor quatro cilindros, e admitindo atritos iguais em todos os cilindros, tem-se:

$N_{e_1} = N_{i_{2,3,4}} - N_a$ (cilindro 1 desligado)

$N_{e_2} = N_{i_{1,3,4}} - N_a$ (cilindro 2 desligado)

$N_{e_3} = N_{i_{1,2,4}} - N_a$ (cilindro 3 desligado)

$N_{e_4} = N_{i_{1,2,3}} - N_a$ (cilindro 4 desligado)

Somando todas as expressões:

$$\sum_{j=1}^{4} N_{e_j} = 3N_i - 4N_a \text{, ou ainda}$$

$$\sum_{j=1}^{4} N_{e_j} = 3(N_e + N_a) - 4N_a$$

e, portanto:

$$N_a = 3N_e - \sum_{j=1}^{4} N_{e_j}$$

Generalizando, para um motor de z cilindros:

$$N_a = (z-1)N_e - \sum_{j=1}^{z} N_{e_j} \quad\quad \text{Eq. 3.51}$$

Observe que esse método é extremamente trabalhoso. Pode ser facilitado supondo que todos os cilindros desenvolvam uma mesma potência indicada, nesse caso, desligando apenas um cilindro:

$$N_a = (z-1)N_e - zN_e' \qquad \text{Eq. 3.52}$$

Onde N_e' é a potência efetiva do motor com um cilindro desligado.

As desvantagens desse método são:

- No cilindro desligado não estará atuando a carga axial dos anéis.
- Nesse cilindro a parede estará sendo lavada pelo combustível não queimado.
- Comprometimento do lubrificante e da vida do motor.

3.4.3 Reta de Willan

Este método é aconselhado somente para motores Diesel. Baseia-se na expressão 3.15:

$$N_i = \dot{Q} \cdot \eta_t = \dot{m}_c \cdot PCi \cdot \eta_t$$

Como para motores Diesel em rotação constante, a variação da carga significa a diminuição do $\dot{m}_c$ para um mesmo $\dot{m}_a$. Para cargas relativamente baixas o excesso de ar garante uma combustão praticamente completa e, portanto, tem-se η_t praticamente constante.

Nessas condições $N_i = K \cdot \dot{m}_c$ e, portanto:

$$N_e = K \cdot \dot{m}_c - N_a$$

Num gráfico $N_e = f(\dot{m}_c)$, essa expressão é a equação de uma reta que corta o eixo dos N_e em N_a, permitindo a determinação da potência de atrito para essa rotação.

Para cargas elevadas, a quantidade de combustível injetada no ar é grande, não se podendo mais admitir uma combustão completa e, portanto, a potência não mais cresce linearmente com o consumo.

Para motores Otto a mistura é sempre relativamente rica, mesmo em baixas cargas, quando é fechada a borboleta, isso faz com que não exista a proporcionalidade entre N_i e $\dot{m}_c$.

Da Figura 3.50 é fácil verificar que $tg\alpha = \dfrac{1}{PCi \cdot \eta_t}$ e, portanto, para um dado combustível, a inclinação é tanto maior quanto menor a eficiência térmica. Além disso, a inclinação aumenta com o diminuir do PCi do combustível utilizado.

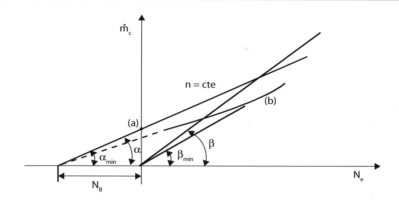

Figura 3.50 – Reta de Willan para a determinação da potência de atrito em certa rotação para um motor Diesel.

O ponto (a) (Figura 3.50) representa a menor quantidade possível de combustível que pode manter o motor em movimento na rotação dada. Uma reta traçada da origem forma um ângulo β tal que:

$$\mathrm{tg}\beta = \frac{\dot{m}_c}{N_e} = \frac{\dot{m}_c}{\dot{m}_c \cdot PCi \cdot \eta_t \cdot \eta_m} \quad \text{ou} \quad \mathrm{tg}\beta = \frac{1}{PCi \cdot \eta_g}$$

Logo, para um dado combustível a tgβ é inversamente proporcional à eficiência global do motor.

Conclui-se que o ponto (b) corresponde ao η_g máximo na rotação dada.

Essas considerações fazem prever que, para um motor Diesel, as variações de η_g e η_t com a carga, para uma dada rotação, sejam semelhantes ao gráfico indicado na Figura 3.51.

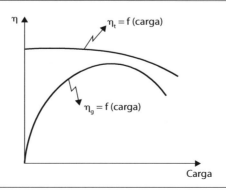

Figura 3.51 – Variação qualitativa das eficiências térmica e global para um motor Diesel.

3.5 Curvas características dos motores

As propriedades dos motores apresentadas na Seção 3.3 variam em função das condições de funcionamento. Para se ter uma visualização dessa variação são construídas curvas características a partir de ensaios realizados em laboratório.

As mais usuais para fins comerciais são as curvas a plena carga de N_e, T e C_e em função da rotação (Figura 3.52).

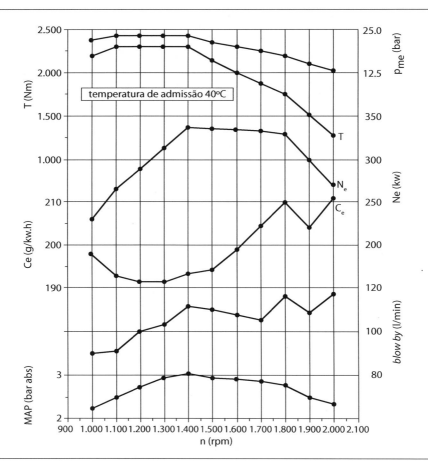

Figura 3.52 – Curvas características de um motor.

É importante observar que os pontos característicos indicados nas curvas não coincidem. Assim, por exemplo, como $T \propto W_i$, o torque aumenta conforme aumenta o produto $\eta_v \cdot \eta_t \cdot \eta_m$. Esse produto indica a eficiência de enchimento do cilindro e o aproveitamento do calor fornecido ao ciclo, bem como o aproveitamento desses efeitos no eixo. Na rotação em que se atinge o máximo produto, tem-se o máximo torque no eixo e a máxima p_{m_e}. A partir daí, o trabalho indicado diminui, mas o crescimento da rotação compensa a diminuição, de forma que a potência continua crescente. Acima de determinada rotação, o aumento da rotação não mais compensa a diminuição do trabalho indicado e a potência cai.

O consumo específico C_e será mínimo na condição em que $\eta_t \cdot \eta_m = \eta_g$ for máximo (Eq. 3.25).

É interessante notar que, sendo $N_e = 2\pi \cdot n \cdot T$, tem-se:

$$T \propto \frac{N_e}{n}$$

Pela Figura 3.53, traçando-se uma reta a partir da origem, o ângulo β formado com o eixo das abscissas tem a seguinte característica:

$$\operatorname{tg}\beta = \frac{N_e}{n}$$

e, portanto:

$$\operatorname{tg}\beta \propto T$$

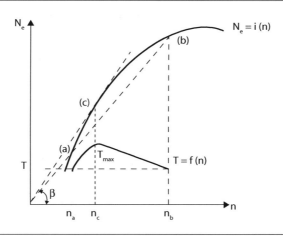

Figura 3.53 – Retas polares para a determinação do torque sobre a curva de potência.

Logo, os pontos (a) e (c) que correspondem a um mesmo β apresentarão um mesmo torque. A tangente traçada da origem resultará no $\beta_{máx}$ e, portanto, determinará o ponto de torque máximo.

Essa construção será útil no ajuste de curvas obtidas a partir de dados de laboratório.

O formato da curva de torque com um máximo para uma rotação intermediária é desejável, pois o aumento do momento resistente no eixo do motor a partir de uma alta rotação faz com que a rotação do motor caia, com consequente aumento automático do torque do motor e possibilidade de um novo equilíbrio.

Na faixa entre a rotação de torque máximo e a máxima rotação, o motor é estável e se autorregula para pequenas variações do torque resistente.

A autorregulagem do motor é especificada pelo Índice de Elasticidade (IE), definido por:

$$IE = \frac{T_{máx}}{T_{Ne_{máx}}} \cdot \frac{n_{Ne_{máx}}}{n_{T_{máx}}}$$ Eq. 3.53

onde: $T_{Ne_{máx}}$: torque no ponto de potência máxima.

$n_{Ne_{máx}}$: rotação de potência máxima.

$n_{T_{máx}}$: rotação de torque máximo.

$T_{máx}$: torque máximo.

Para agrupar num único gráfico os ensaios de variação do consumo específico com a rotação e com a carga, costuma-se fazer o chamado mapeamento do motor, no qual diversas variáveis são lançadas no mesmo gráfico (Figs. 3.54 a 3.57).

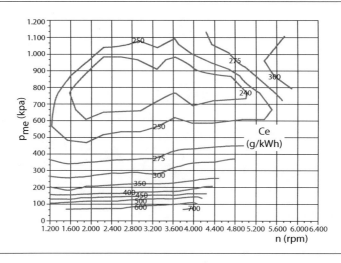

Figura 3.54 – Mapeamento de um motor Otto de quatro cilindros – 4T, V = 1.900 cm³.

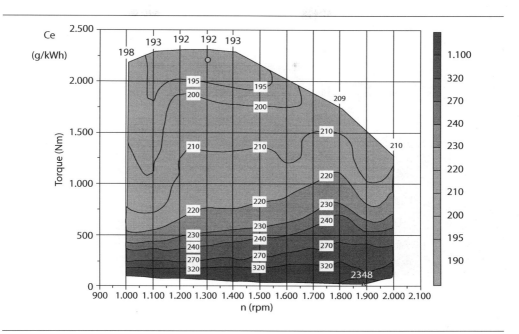

Figura 3.55 – Motor Diesel de seis cilindros – 4T, V = 12.761 cm³ – Ce.

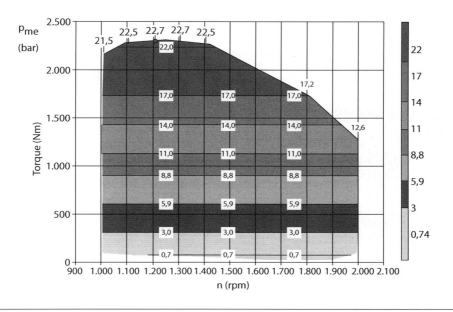

Figura 3.56 – Motor Diesel de seis cilindros – 4T, V = 12.761 cm³ – p_{me}.

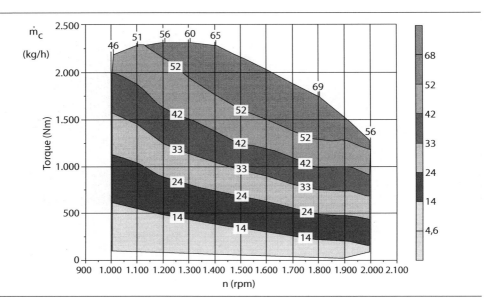

Figura 3.57 – Motor Diesel de seis cilindros – 4T, V = 12.761 cm^3 – m_c.

3.6 Redução da potência do motor a condições atmosféricas padrão

A potência desenvolvida pelo motor é função da pressão, da temperatura e da umidade do ambiente. O mesmo motor, ensaiado em locais ou dias diferentes, não irá produzir os mesmos resultados, dependendo das condições do ambiente naquele local e data. Torna-se necessário, para efeito de padronização e para eliminar o efeito do ambiente, corrigir a potência do motor observada para a que seria obtida em um local padronizado.

Para que isso seja possível, existem normas para a redução da potência do motor a condições atmosféricas padrão:

- NBR ISO 1585/1996 – Veículos rodoviários – Código de ensaio de motores – Potência líquida efetiva. Obs.: essa norma brasileira é baseada na norma ISO 1585/1992, à qual se referem a maioria das normas atuais.

- SAE J1349/2008 – *Engine Power Test Code – Spark Ignition and Compression Ignition – Net Power Rating.*

- JIS D1001/1993 – *Road Vehicles – Engine power test code.*

- DIN 70020-3/2008 – *Road vehicles – Automotive engineering – Part 3: Testing conditions, maximum speed, acceleration and elasticity, mass, terms, miscellaneous.*

Propriedades e curvas características dos motores **201**

O procedimento de redução da potência a valores correspondentes a condições atmosféricas padrão segundo as normas acima será aqui resumido sem, porém, entrar em grandes detalhes. Para mais informações, o leitor poderá recorrer à publicação da ABNT.

As condições atmosféricas de referência adotadas são:

$t_a = 25\ °C$ (temperatura ambiente de referência);

$p_{a_s} = 99\ kPa$ (pressão do ambiente do ar seco, de referência);

$p_v = 1\ kPa$ (pressão do vapor de água da umidade do ar de referência);

$p_{atm} = p_{a_s} + p_v = 99 + 1 = 100\ kPa$ (pressão atmosférica ou barométrica de referência);

A aplicação da redução é válida quando o ensaio do motor é realizado com as seguintes condições:

t_{adm} = temperatura de admissão do motor $10\ °C < T_{adm} < 40\ °C$;

p_{adm} = pressão de admissão $80\ kPa \leq p_{adm} \leq 110\ kPa$ (a admissão é considerada junto ao filtro de entrada).

3.6.1 Cálculo do fator de redução – K

1 – Motores Otto

$$K_O = \left(\frac{99}{p_{a_s}}\right)^{1,2} \cdot \left(\frac{273 + t_e}{298}\right)^{0,6} \qquad \text{Eq. 3.54}$$

onde p_{a_s} = pressão do ar seco na entrada do motor, no local do ensaio.

t_e = temperatura na entrada do motor, no local de ensaio.

$$p_{a_s} = p_{atm} - \frac{1}{7,5}\left\{e^{[21,106-(5345,5/(t_{BU}+273)]} - 0,49(t_{BS} - t_{BU})\frac{p_{atm}}{100}\right\}$$

p_{atm} = pressão atmosférica local em kPa.

t_{BU} = temperatura de bulbo úmido local (°C).

t_{BS} = temperatura de bulbo seco local (°C).

$0,93 \leq K_O \leq 1,07$.

Se esses limites forem excedidos, o valor reduzido deve ser destacado e as condições do ensaio bem evidenciadas nas planilhas de apresentação.

2 – Motores Diesel

$$K_D = f_a^{f_m} \qquad \text{Eq. 3.55}$$

f_a = fator que, como nos motores Otto, depende das condições atmosféricas do local do ensaio do motor.

f_m = fator do motor, que depende basicamente da quantidade de combustível injetado no ar admitido pelo motor.

$0,9 \leq K_D \leq 1,1$

(válidas as mesmas observações dos motores Otto)

a) Motores Diesel de Aspiração Natural ou Sobrealimentados por compressores volumétricos:

$$f_a = \left(\frac{99}{p_{a_s}}\right)\left(\frac{273 + t_e}{298}\right)^{0,7}$$ Eq. 3.56

b) Motores alimentados por turbocompressores com ou sem Resfriador de Ar:

$$f_a = \left(\frac{99}{p_{a_s}}\right)^{0,7} \cdot \left(\frac{273 + t_e}{298}\right)^{1,5}$$ Eq. 3.57

O fator do motor f_m é característico da regulagem da bomba injetora como foi indicado.

$$f_m = f(q_c)$$ Eq. 3.58

onde: $q_c = \dfrac{q}{r}$

sendo: q = vazão específica de combustível em mg por injeção, por unidade de volume, em litros, do cilindro. Isto é, a quantidade de combustível em mg injetada num ciclo, por unidade de volume do cilindro em L.

r = razão de pressões ou pressão absoluta na saída do compressor, dividida pela pressão atmosférica do local. Para aspiração natural r = 1.

O valor de q pode ser calculado como segue:

$$q = \frac{\dot{m}_c}{\dfrac{n}{x} V}$$ Eq. 3.59

onde: $\dot{m}_c$ = consumo de combustível do motor.

$\dfrac{n}{x}$ = frequência das injeções.

V = cilindrada do motor.

Se, como é normal: $\dot{m}_c$ em kg/h

n em rpm

V em L

então:

$$q = \frac{x\dot{m}_c/3,6}{\frac{n}{60}V} \times 1.000 = 16.667 \frac{x\dot{m}_c}{Vn} \qquad \text{Eq. 3.60}$$

Nestas condições, se:

$40 \leq q_c \leq 60$ então $f_m = 0,039 q_c - 1,14$

$q_c < 40$ então $f_m = 0,3$

$q_c > 60$ então $f_m = 1,2$

Uma vez calculados o K_O e K_D, a potência efetiva reduzida será calculada por:

$$N_{e_R} = K \cdot N_{e_O} \qquad \text{Eq. 3.61}$$

onde N_{e_O} é a potência efetiva observada, isto é, determinada diretamente no ensaio.

No caso dos motores Otto, o consumo específico deverá ser calculado com a potência efetiva observada, isto é:

$$C_e = \frac{\dot{m}_c}{N_{e_O}} \qquad \text{Eq. 3.62}$$

No caso de motores Diesel, o consumo específico é obtido a partir da potência efetiva reduzida, isto é:

$$C_{e_R} = \frac{\dot{m}_c}{N_{e_R}} \qquad \text{Eq. 3.63}$$

3.6.2 Comparativo entre fatores de redução

Conforme já descrito na seção anterior, o desempenho do motor é influenciado pelas condições atmosféricas do local em que está sendo ensaiado, tais como temperatura, pressão atmosférica e umidade do ar de admissão. A influência desses parâmetros pode ser claramente determinada por ensaios em banco de provas (condições bem controladas, em laboratório), onde as condições de trabalho são variadas uma de cada vez, conhecendo-se assim o efeito de cada uma individualmente. No entanto, em aplicações automotivas, o desempenho final do motor em condições reais de utilização será influenciado por essas grandezas simultaneamente, podendo estar sujeito a interações entre elas e consequentes resultados diferentes dos obtidos em laboratório.

Sodré e Soares (2003) [14] desenvolveram um trabalho comparativo entre os resultados de medição em veículo em condições reais de operação, sob diferentes temperaturas, pressões atmosféricas e umidade do ar. O desempenho do motor/veículo foi monitorado por meio do tempo de aceleração (de 0 a 400 m; de 0 a 1.000 m; de 40 a 100km/h e de 80 a 120km/h). Os fatores de redução determinados pelas normas DIN 70020, SAE J1349, JIS D1001 e ABNT-ISO 1585 foram utilizados para corrigir as curvas de desempenho do motor (obtidas em laboratório) para as condições reais de utilização na estrada (condições dos ensaios em veículos). Os tempos de aceleração calculados com base nestas curvas corrigidas foram comparados com os tempos de aceleração medidos com o veículo nas condições de teste. Neste estudo em particular, os fatores de redução que apresentaram resultados mais próximos aos reais (medidos no veículo) foram os calculados com base nas normas DIN 70020, SAE J1349 e JIS D1001. Dentre esses, os fatores calculados com base na norma SAE J1349 foram os que mais se aproximaram dos resultados experimentais de tempo de aceleração obtidos no veículo.

3.6.3 Banco de teste de veículos

Apesar de não ser parte integrante deste capítulo complementarmente serão introduzidas as figuras a seguir, nas quais, utilizando os freios já apresentados na Seção 3.2, pode-se testar o veículo todo. Esse tipo de banco de testes permite:

- Conhecer a eficiência dos demais sistemas do conjunto.
- Realizar análises de emissões, segundo ciclos padronizados.

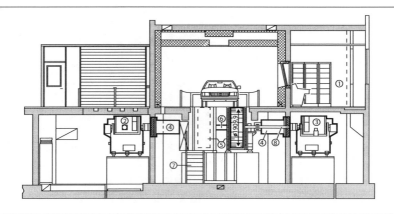

Figura 3.58 – Dinamômetro de chassis [F].

Na Figura 3.58, tem-se: 1. Sala de Medidas; 2. Dinamômetro; 3. Dinamômetro; 4. Proteção do Eixo; 5. Rolos; 6. Eixo; 7. Escadas de Manutenção e 8. Eixo. A Figura 3.59 mostra uma instalação típica para análise de emissões gasosas.

Figura 3.59 – Dinamômetro de chassis – emissões gasosas.

EXERCÍCIOS

1) Em um motor de seis cilindros e quatro tempos, com diâmetro de 3 ½" (89 mm) e curso de 3 ¾" (95 mm), foi testado em um dinamômetro elétrico cujo braço mede 0,716 m. O ensaio a 3.300 rpm indicou na balança 27,3 kgf (268 N). Após o teste, o motor de combustão interna foi acionado pelo dinamômetro, mantendo as mesmas condições e a mesma rotação anterior, sendo a leitura na balança 11 kgf (108 N). Pede-se:
   a) A constante do dinamômetro;
   b) A potência efetiva;
   c) A potência de atrito;
   d) A eficiência mecânica;

e) O torque;

f) A cilindrada;

g) A pressão média efetiva;

h) A pressão média indicada.

Respostas:

a) 10^{-3}; b) 90 CV (66,2 kW); c) 36,3 CV (26,7 kW); d) 0,712; e) 19,5 kfg.m (191 N.m); f) 3.546 cm³; g) 6,92 kgf/cm² (6,8 bar); h) 9,72 kgf/cm² (9,5 bar).

2) Um motor de quatro tempos ensaiado em dinamômetro a 4.000 rpm forneceu a indicação de uma força de 34 kgf (333 N) e apresentou um consumo específico de 0,240 kg/CV.h (0,326 kg/kW.h). O braço do dinamômetro mede 0,8 m. Na mesma rotação, o motor de combustão, acionado pelo dinamômetro, apresentou a indicação de uma força de 9,0 kgf (88,3 N). A cilindrada do motor é de 4 litros e a relação combustível–ar medida foi 0,08. Determine:

a) Potência efetiva – N_e;

b) Potência indicada – N_i;

c) Eficiência mecânica – η_m;

d) Eficiência global – η_g;

e) Eficiência térmica – η_t;

f) Massa de ar consumida por hora;

g) Eficiência volumétrica – η_v, sabendo-se que as condições de entrada do ar no purificador foram p = 1 kgf/cm², t = 27 °C. Dado PCi = 10.000 kcal/kg (42 MJ/kg).

Respostas:

a) 152 CV (112 kW); b) 192 CV (141 kW); c) 0,79; d) 0,263; e) 0,333; f) 456 kg/h; g) 0,835.

3) Um motor de 2.500 cm³ de cilindrada, de quatro cilindros, quatro tempos, é testado num dinamômetro hidráulico à rotação de 2.000 rpm e o torque lido é 11,9 m.kgf. No teste de consumo pelo método das pesagens, verificou-se que 145 g de combustível de PCi = 10.600 kcal/kg são consumidos em 66 s. A relação combustível–ar é 0,06. Desligando-se sucessivamente as velas de cada cilindro, uma de cada vez, os torques lidos são: 8,1; 7,8; 7,9; 8,6 m.kgf, mantida a rotação de 2.000 rpm. Pede-se:

a) A potência indicada (CV);

b) A eficiência volumétrica, se a densidade do ar ambiente for 1,1 kg/m³;

c) A eficiência global;

d) A leitura na balança (torque) se o motor de combustão desligado fosse acionado pelo motor elétrico de um dinamômetro elétrico;

e) A quantidade de calor perdida globalmente nos gases de escapamento, água de resfriamento, irradiação para o ambiente e combustão incompleta (kcal/s).

Respostas:

a) 42,4 CV; b) 0,8; c) 0,25; d) 3,3 kgf.m; e) 15,9 kcal/s.

4) Um motor de quatro cilindros e 4T de 2,4 L de cilindrada, foi ensaiado num dinamômetro hidráulico acusando 80 CV à rotação de 3.800 rpm. No ensaio de potência de atrito, supôs-se que todos os cilindros estivessem bem balanceados e, ao desligar uma vela, o dinamômetro hidráulico indicou 55 CV (40,4 kW). Com gasolina de PCi = 10.000 kcal/kg (42 MJ/kg) e relação combustível–ar F = 0,07 o consumo específico do motor foi 0,24 kg/CVh (0,33 kg/kWh). Pede-se:

a) A potência indicada;

b) O tempo (s) de consumo esperado de um frasco de 0,25 L de volume, se a massa específica da gasolina for ρ_g = 0,74 kg/L;

c) A pressão média efetiva;

d) A eficiência térmica (%);

e) A eficiência volumétrica se a massa específica do ar ambiente é = ρ 1,1 kg/m³;

f) Utilizando etanol com PCi = 6.000 kcal/kg (25,1 MJ/kg) e p = 0,8 kg/L, mantida a eficiência, qual o tempo de consumo esperado no mesmo frasco, na mesma rotação, para produzir a mesma potência?

Respostas:

a) 100 CV (73,6 kW); b) 34,7 s; c) 7,58 kgf/cm² (7,4 bar); d) 0,329; e) 0,875; f) 22,5 s.

5) Um motor Otto a quatro tempos, experimental, funciona com benzeno (C_6H_6) de PCi = 9.590 kcal/kg (40,1 MJ/kg), com uma fração relativa combustível-ar F_R = 0,96 (fixa). No dinamômetro é feito um levantamento a plena carga.

Nesta condição, pede-se:

a) A máxima eficiência global;

b) No ponto de torque máximo, a p_{m_e} é de 8 kgf/cm² (7,85 bar). Se o ensaio foi realizado num local de pressão 0,92 kgf/cm² (0,9 bar) e temperatura 30 °C, qual a eficiência volumétrica nessa condição?

c) Qual o índice de elasticidade do motor?

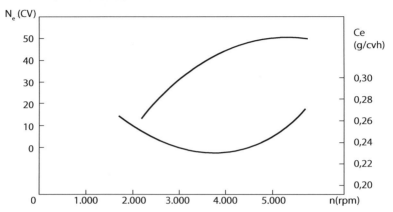

Respostas:

a) 0,287; b) 0,94; c) 1,57.

---

6) Um motor Diesel a 4T a 2.800 rpm apresenta a reta de Willan indicada na figura. O combustível utilizado é o óleo diesel de PCi = 10.225 kcal/kg (42,8 MJ/kg).

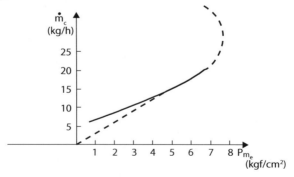

a) O fabricante declara uma potência máxima de 116,7 CV (85,8 kW) a 2.800 rpm. Qual a potência indicada nessa condição?

b) Qual a máxima eficiência térmica nessa rotação?

c) Qual a máxima eficiência global nessa rotação?

d) Qual a relação combustível–ar na condição do item a) se a eficiência volumétrica é 0,85 e o motor trabalha num ambiente com p = 0,92 kgf/cm² (0,9 bar) e T = 30 °C?

e) Qual a fração relativa combustível–ar se o óleo diesel em média se comporta como hidrocarboneto $C_{13}H_{28}$?

Respostas:

a) 155 CV (114 kW); b) 0,481; c) 0,337; d) 0,06; e) 0,889.

7) Motor Diesel 4T, de três cilindros, de 2.500 cm³ de cilindrada cujas retas de Willan com óleo diesel são mostradas no gráfico.

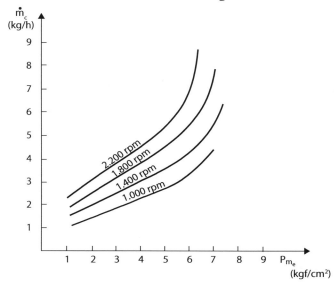

Pede-se:

a) Traçar as curvas $N_e = f(n)$, $C_e = f(n)$, $N_i = f(n)$ a plena carga;

b) Qual a leitura da balança em kgf (em N) de um dinamômetro cuja constante é 1/1.100, à rotação de 2.200 rpm a plena carga?

c) Qual o braço do dinamômetro?

d) Na situação de C_{emin} a plena carga, qual o tempo cronometrado (s) no consumo com frasco graduado de 100 cm³, com óleo diesel de densidade (massa específica) $\rho_D = 0,84$ kg/L, PCi = 10.225 kcal/kg (42,8 MJ/kg)?

e) Na situação do item d), mudando o combustível para metanol e supondo uma melhora de 10% na eficiência térmica em relação ao óleo diesel, mantidas a eficiência mecânica e a potência efetiva, qual o consumo em volume esperado, se esse combustível tiver PCi = 4.580 kcal/kg (19,2 MJ/kg) e $\rho_m = 0,8$ kg/L?

f) Se esse motor for acoplado a um gerador a 1.815 rpm, supondo o acelerador proporcional à p_{m_e}, qual a posição do acelerador para o acionamento, se a potência do gerador for 27,5 CV (20,23 kW) e sua eficiência 90%?

g) Qual a área do diagrama p – V desse motor, a plena carga, na condição de máximo torque? (Escala do diagrama 10 kgf/cm² (9,8 bar)= 1 cm; 100 cm³ = 1 cm.)

h) Supondo o escapamento perfeitamente isolado, combustão completa e que a água de resfriamento retire um calor equivalente a 0,5 N_i, qual o máximo calor que vai ser trocado pelo sistema de ventilação da sala do dinamômetro?

Respostas:

b) 19 kgf (186,3 N); c) 0,65 m; d) 72 s; e) 33,7 s; f) 0,84; g) 7,5 cm²; h) 14,4 kcal/s (60,3 kW).

8) Um motor Otto foi ensaiado a p_{atm} = 93,24 kPa; t_{BU} = 25 °C; t_{BS} = 30 °C. Nessas condições a potência observada foi 49,4 CV (36,3 kW) e o consumo de combustível 14,88 kg/h. Qual a potência reduzida e o consumo específico?

Respostas:

55,7 CV (41,0 kW); 0,301 kg/CV.h (0,41 kg/kW.h).

9) No caso de um motor ciclo Diesel cuja cilindrada é de 6,8 L, ser ensaiado a p = 94,14 kPa, t_{BU} 30 °C; t_{BS} 33 °C. A potência observada 132 CV e o consumo 24,4 kg/h a 2.600 rpm. A pressão do compressor é 93,24 kPa.

Determinar a potência reduzida e o consumo específico reduzido.

Respostas:

136,2 CV (100,2 kW); 0,179 kg/CV.h (0,234 kg/kW.h).

10) Um motor de cilindrada 1,5 L a 4T, tem no ponto de potência máxima, a 5.800 rpm, uma p_{me} = 8,5 kgf/cm² (8,34 bar). Nesse ponto o consumo específico de gasolina é 0,24 kg/CV.h (0,33 kg/kW.h). A fração relativa combustível–ar é 1,2 e a gasolina tem uma estequiométrica 0,067. Qual a eficiência volumétrica num local em que ρ_{ar} = 1,2 kg/m³?

Resposta:

78,3%.

11) Em um motor de seis cilindros a 4T, foi levantado o diagrama p – V a 2.200 rpm, instalando-se um transdutor de pressões em um dos cilindros. Medida a área do diagrama, verificou-se que o trabalho realizado é 150 kgf.m (1.471 N.m).

Ao acionar o motor com o dinamômetro elétrico, na mesma rotação, obteve-se uma potência de 33 CV (24,3 kW). Qual a potência efetiva do motor?

Resposta:

187 CV (137,5 kW).

12) Um motor Otto de quatro cilindros a 4T, na rotação de potência máxima de 5.600 rpm, tem uma potência de 100 CV (73,6 kW) e um consumo específico de 0,23 kg/CV.h (0,31 kg/kW.h).

   a) Qual o braço de um dinamômetro cuja balança indica 18 kgf (176,5 N)?

   b) Qual a cilindrada do motor se a relação combustível–ar for 0,08 a eficiência volumétrica é 0,9, em um local onde a massa específica do ar atmosférico é 1,2 kg/m^3?

Respostas:

a) 0,71 m; b) 1,59 L.

13) Em um motor de seis cilindros a 4T, verificou-se que a 5.000 rpm, a potência efetiva é 100 CV (73,6 kW). Acionando-se o motor na mesma rotação com um dinamômetro elétrico foi obtida uma potência de 17,6 CV (12,9 kW). Qual a potência que seria medida no eixo, na mesma rotação, se uma das velas falhasse, supondo todos os cilindros iguais?

Resposta:

80,4 CV (59,1 kW).

14) Em um motor Diesel a 4T, foi feito o levantamento de uma curva de Willan a 2.800 rpm. Recuando o acelerador, quando este atinge um quarto de seu curso, a curva transforma-se em uma reta que corta o eixo das ordenadas para um consumo de combustível de 4,4 kg/h e o eixo das abscissas em −26 CV (−19,1 kW). O combustível é óleo diesel de PCi = 10.250 kcal/kg (42,9 MJ/kg).

   a) Qual a eficiência térmica máxima do motor nessa rotação?

   b) Qual a eficiência global mínima do motor nessa rotação?

   c) Se com um quarto do curso do acelerador, a eficiência mecânica é 0,8, qual o seu consumo específico nessa situação?

Respostas:

a) 36,4%; b) 29,1%; c) 212 kg/CV.h (288 g/kW.h).

15) Em um dinamômetro, a balança indica kgf, o tacômetro rpm e o braço é 0,8 m. O engenheiro, para facilitar a tarefa do operador, estabelece a fórmula $N_e = KFn$, para que o mesmo possa calcular a potência em kW diretamente. Qual o valor de K?

Resposta:

$8,216 \cdot 10^{-4}$.

16) Na tecnologia atual, os motores Otto a 4T, no ponto de potência máxima, podem atingir uma pressão média efetiva de 9,5 kgf/cm² (9,3 bar), uma rotação de 5.600 rpm e um consumo específico de 0,29 kg/CV.h (0,394 kg/kW.h) de etanol (PCi = 5.800 kcal/kg (24,3 MJ/kg); ρ = 0,8 kg/L).

   a) Qual a cilindrada em litros, para se obter uma potência de 60 CV (44,1 kW)?

   b) Qual a eficiência térmica efetiva (eficiência global) na condição dada?

   c) Sabendo que a temperatura de combustão é 1.800 °C e a de escape é 650 °C, qual a eficiência térmica máxima que um motor desses poderia atingir?

Respostas:

a) 1 L; b) 37,6%; c) 55,5%.

17) Em uma corrida de Fórmula 1 deseja-se limitar a potência a 600 CV (441 kW). Sabe-se que na tecnologia atual os motores Otto a 4T podem ter durabilidade durante o tempo da corrida, desde que se limite a pressão média efetiva a 15 kgf/cm² (14,7 bar) e a rotação a 17.000 rpm. Qual deverá ser o limite de cilindrada, em litros, estabelecido pelo regulamento?

Resposta:

2,12 L.

18) Ao desligar um cilindro de um motor de quatro cilindros a 4T, o dinamômetro e o tacômetro permitem registrar uma potência de 70 CV (51,5 kW) a 5.600 rpm. Sendo o dinamômetro elétrico, ao acionar o motor desligado registrou-se uma potência de 10 CV (7,36 kW). Qual a eficiência mecânica do motor, supondo-se que todos os cilindros sejam exatamente iguais?

Resposta:

90,6%.

19) É dado um motor a 4T, de quatro cilindros, de diâmetro 8 cm e curso 8,5 cm. A 5.000 rpm a potência de atrito é 24 CV (17,7 kW). Qual a pressão que deveria ser aplicada constantemente ao longo de um curso (do PMS ao PMI), para produzir no eixo uma potência de 96 CV (70,6 kW)?

Resposta:

12,6 kgf/cm^2 (12,4 bar).

20) Um motor utiliza gasolina de PCi$_g$ = 9.600 kcal/kg (40,2 MJ/kg) e ρ_g = 0,74 kg/L. Muda-se a taxa de compressão e utiliza-se álcool de PCi$_a$ = 5.800 kcal/kg (24,3 MJ/kg) e ρ_a = 0,8 kg/L. Com a mudança da taxa de compressão verifica-se que a eficiência global passa de 33,6% para 40%. Com a mesma potência no eixo do motor, quanto que o álcool consome a mais em volume, porcentualmente?

Resposta:

28,6%.

21) Na tecnologia atual os motores Otto a 4T, no ponto de potência máxima, podem atingir uma pressão média efetiva de 9 kgf/cm^2 (8,83 bar), uma rotação de 6.000 rpm e um consumo específico, a plena carga, de 0,32 kg/CV.h (0,44 kg/kW.h) de etanol de PCi = 5.800 kcal/kg (24,3 MJ/kg) e ρ = 0,8 kg/L.

a) Qual a cilindrada em cm^3 para se obter uma potência de 120 CV (88,3 kW)?

b) Se um automóvel nesta condição alcança uma velocidade de 160 km/h, quantos km poderá percorrer com 1 L de etanol?

Respostas:

a) 2 L; b) 3,33 km.

22) Em um motor de quatro cilindros a 4T, a potência medida no dinamômetro, a 5.000 rpm, é 100 CV, o consumo específico é 0,23 kg/CV.h (0,31 kg/kW.h) e a relação combustível/ar é 0,08. Supondo a eficiência volumétrica 0,9 e que o ar local tenha uma massa específica de 1,2 kg/m^3, qual o raio da manivela do virabrequim, se o diâmetro dos pistões for 80 mm?

Resposta:

177 mm.

23) O computador de bordo de um automóvel, em marcha lenta, indica um consumo de 1,3 kg/h de gasolina de PCi = 9.600 kcal/kg (40,2 MJ/kg).

Supondo a eficiência térmica de 20%, calcular:

a) Qual a potência de atrito do motor em marcha lenta?

b) Qual o valor da eficiência mecânica?

Respostas:

a) 2,9 kW; b) 0.

---

24) Em um motor a 4T de quatro cilindros, supõe-se que todos os cilindros produzam a mesma potência. A 4.000 rpm, o consumo específico do motor é 0,24 kg/CV.h. Nessa rotação desliga-se um cilindro e a potência cai de 100 CV para 70 CV. Qual o calor perdido, em kcal/s, globalmente nos gases de escape, fluido de arrefecimento, ambiente e combustão incompleta? (PCi = 9.600 kcal/kg)

Resposta:

42,9 kcal/s (179,6 kW).

---

25) Em um motor a 4T de ignição por faísca, instala-se um turbo compressor e se verifica que, a 5.000 rpm, a potência aumenta de 100 CV para 130 CV. Mantém-se a mesma relação combustível–ar e verifica-se que o consumo específico e a eficiência volumétrica não se alteram. A temperatura na entrada do filtro de ar é 40 °C e na saída do compressor é 120 °C. A pressão atmosférica local é 0,96 kgf/cm². Qual a pressão de saída do compressor?

Resposta:

1,57 kgf/cm² (1,54 bar).

---

26) Tem-se um motor a 4T de cilindrada 2 L. Esse motor tem a marcha lenta a 900 rpm e sabe-se que na curva característica do motor em relação à mistura, nessa situação, a fração relativa combustível–ar é 1,3.

O combustível é gasolina de relação estequiométrica 0,07, massa específica 0,74 kg/L e PCi = 9.600 kcal/kg.

Admite-se que em marcha lenta a eficiência volumétrica seja 0,3 e a térmica 0,2 e no local a massa específica do ar seja 1,12 kg/m³.

a) Qual o consumo de combustível em L/h indicado pelo computador a bordo?

b) Qual a potência indicada na situação de marcha lenta?

Respostas:

a) 2,23 L/h; b) 5,0 CV (3,68 kW).

---

27) Um motor Diesel é acionado desligado a 2.000 rpm por um dinamômetro elétrico de braço 0,716 m. Sabe-se que nessa rotação, com o motor funcionando e com o acelerador muito pouco acionado, a potência produzida é 20 CV e o consumo de combustível é 8 kg/h. Ainda com o acelerador muito pouco acionado, mas um pouco mais que no caso anterior, a potência produzida é 40 CV e o consumo é 10,8 kg/h. Qual a leitura da balança do dinamômetro ao acionar o motor desligado nessa rotação?

Resposta:

18,6 kgf (182,4 N).

---

28) Em um motor de seis cilindros a 4T, verificou-se que, a 6.000 rpm, a potência efetiva é 120 CV. Acionando-se o motor na mesma rotação com um dinamômetro elétrico, obteve-se uma potência de 21,2 CV. Qual a potência que seria medida no eixo, na mesma rotação, se uma das velas falhasse, supondo todos os cilindros iguais?

Resposta:

96,5 CV (71 kW).

---

29) Um motor Otto de quatro cilindros a 4T a plena carga, na rotação de potência máxima de 5.600 rpm, tem uma potência de 100 CV e um consumo específico de 0,23 kg/CV.h.

   a) Qual o braço de um dinamômetro cuja balança indica 18 kgf?

   b) Qual a cilindrada do motor se a relação combustível–ar F = 0,08 e η_v = 0,9, num local onde a massa específica do ar atmosférico é 1,2 kg/m³?

Respostas:

a) 0,71 m; b) 1.585 cm³ (1,59 L).

Referências bibliográficas

1. BRUNETTI, F. *Motores de combustão interna*. Apostila, 1992.
2. GIACOSA, D. *Motori endotermici*. Ulrico Hoelpi, 1968.
3. JÓVAJ, M. S. et al. *Motores de automóvel*. Mir, 1982.

4. OBERT, E. F. *Motores de combustão interna*. Porto Alegre: Globo, 1971.
5. TAYLOR, C. F. *Análise dos motores de combustão interna*. São Paulo: Blucher, 1988.
6. HEYWOOD, J. B. *Internal combustion engine fundamentals*. M.G.H. International Editions, 1988.
7. VAN WYLEN, G. J.; SONNTAG, R. E. *Fundamentos da termodinâmica clássica*. São Paulo: Blucher, 1976.
8. STONE, R. *Introduction to internal combustion engines*. SAE, 1995.
9. SCHENCK Pegasus GmbH. Catálogo 1977/1978.
10. DEMARCHI, V.; WINDLIN, F. Métodos de determinação da potência de atrito. *Revista Ceciliana*, n. 11, 1999.
11. ABNT – Associação Brasileira de Normas Técnicas – NBR ISO 1585/1996 – Veículos rodoviários – Código de ensaio de motores – Potência líquida efetiva. 12. SAE – Society of Automotive Engineers – *SAE* J1349/2008 – Engine Power Test Code – Spark Ignition and Compression Ignition – Net Power Rating.
12. JIS – Japanese Industrial Standard – JIS D1001/1993 – Road Vehicles – Engine power test code.
13. DIN – Deutsches Institut für Normung – DIN 70020-3/2008 – Road vehicles – Automotive engineering – Part 3: Testing conditions, maximum speed, acceleration and elasticity, mass, terms, miscellaneous.
14. SODRÉ, J. R.; SOARES, S. M. C. Comparison of engine power correction factors for varying atmospheric conditions. *Journal of the Brazilian Society of Mechanical Sciences and Engineering*, v. XXV, n. 3, p. 279-285, July-Sept. 2003.

Figuras

Agradecimentos às empresas/aos sites:

A. Magneti Marelli – Doutor em Motores, 1990.
B. AVL – Catálogos Diversos, 2010.
C. Horiba – Schenck.
D. Taylor Dynamometers – USA.
E. FEV Brasil Tecnologia de Motores Ltda.
F. WINDLIN, F. Notas de aulas.

4

Relacionamento motor–veículo

Atualização:
Fernando Luiz Windlin
Fernando Malvezzi
Valmir Demarchi
Fábio Okamoto Tanaka

4.1 Introdução

Este capítulo apresenta as equações básicas que regem o movimento de um veículo automotor desprezando os efeitos das curvas em sua trajetória.

4.2 Previsão do comportamento de um motor instalado em um dado veículo

Seja um veículo em movimento com velocidade constante numa dada rampa de inclinação α, conforme apresentado pela Figura 4.1.

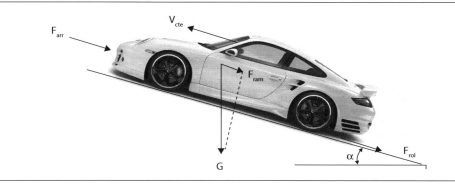

Figura 4.1 – Veículo em deslocamento.

Nos subitens a seguir serão apresentadas as forças resistentes ao movimento desse veículo.

4.2.1 Força de arrasto – F_{arr}

Também conhecida como resistência aerodinâmica, está diretamente relacionada:

a) À forma do veículo.

b) À sustentação.

c) Ao atrito na superfície.

d) Às interferências.

e) Ao fluxo interno de ar.

A força de arrasto apresenta as componentes:

a) Arrasto devido à Forma

Depende basicamente:

- Da forma básica do veículo.
- Dos contornos da carroceria que determinam as dificuldades com que o ar passa sobre ela.

Terão baixo coeficiente de arrasto as carrocerias que minimizam as:

- Pressões na frente do veículo.
- Depressões (sucções) na traseira do veículo.

b) Arrasto devido à Sustentação – Arrasto Induzido

Esta componente, conforme apresentado na Figura 4.2, depende:

- Da resultante da força de sustentação gerada pelo movimento do veículo.
- Da forma básica do veículo.
- Dos fluxos de ar de grande velocidade, e consequentemente, baixa pressão.
- Da perturbação ao escoamento causado pelas diferenças das pressões entre as partes superior e inferior.

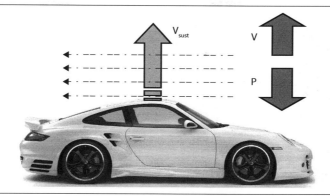

Figura 4.2 – Arrasto induzido.

c) **Arrasto devido ao Atrito na Superfície**

Esta componente depende:

- Do atrito do ar passando tangencialmente ao longo do veículo, pois ocorre junto à camada-limite.
- Do meio (ar externo).

d) **Arrasto devido às Interferências**

Esta componente está diretamente relacionada a:

- Componentes adicionais à carroceria.
- Saliências e acessórios que aumentam consideravelmente o arrasto da carroceria.

e) **Arrasto devido ao Fluxo Interno de Ar**

Está diretamente relacionada:

- Às perdas de energia decorrentes do ar passando por dentro, através e por fora de todos os sistemas do veículo que requerem ou permitem o fluxo de ar.
- Ao fluxo de ar de arrefecimento.

A Figura 4.3 apresenta o arrasto causado pelo fluxo de ar necessário ao arrefecimento do motor.

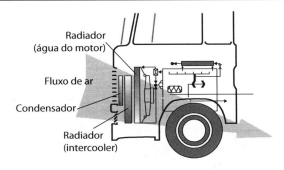

Figura 4.3 – Arrasto devido ao fluxo interno de ar [A].

A força de arrasto será determinada pela Equação 4.1:

$$F_{arr} = C_a \frac{\rho_{ar} \cdot v^2 \cdot A_{fr}}{2} \qquad \text{Eq. 4.1}$$

Onde:

C_a: coeficiente de arrasto.

ρ_{ar}: densidade do ar (massa específica).

v: velocidade constante do veículo.

A_{fr}: área frontal do veículo, isto é, vista do veículo em um plano perpendicular a v.

Área Frontal – A_{fr}

Trata-se da projeção frontal do veículo na direção do deslocamento. Como valores referenciais poderão ser utilizados os apresentados na Tabela 4.1.

Tabela 4.1 – Valores referenciais de Área frontal – A_{fr}.

A_{fr} (m²)	Carros pequenos	Carros médios	Caminhões grandes Ônibus
	1,3 a 2,0	2,0 a 3,0	5,5 a 7,5

Coeficiente de Arrasto – CA

A importância do estudo do coeficiente de arrasto nos veículos, além de melhorar a aerodinâmica reduz:

- O consumo de combustível.
- A emissão de poluentes.

A Figura 4.4 mostra a evolução desse coeficiente juntamente com a história dos veículos.

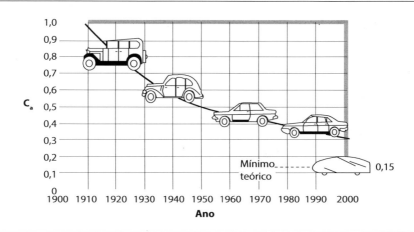

Figura 4.4 – Evolução da aerodinâmica dos veículos ao longo do século XX.

O coeficiente de arrasto é adimensional (empírico), indicando a eficiência do projeto aerodinâmico do veículo. Por ser "difícil" a previsão durante o projeto, são utilizados modelos em escala (3/8), ensaiados em túneis de vento para a determinação prática desse coeficiente. Como a F_{arr} no modelo é pequena, essa metodologia acaba induzindo a erros. A Figura 4.5 mostra uma instalação típica de um túnel de vento.

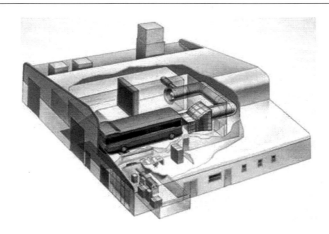

Figura 4.5 – Determinação do CA em túnel de vento.

Basicamente o Ca representa a perda de carga imposta ao fluxo de ar pela presença do veículo.

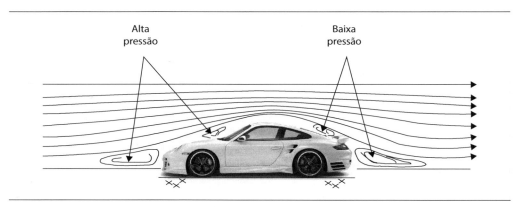

Figura 4.6 – Definição do CA.

A Figura 4.7 mostra o coeficiente de arrasto produzido por diferentes formatos de veículos.

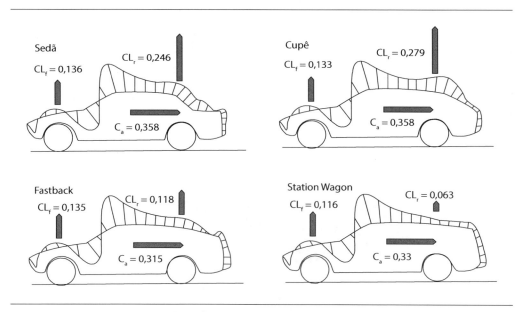

Figura 4.7 – Coeficiente de arrasto para diferentes veículos [14].

Os valores típicos desse coeficiente são apresentados na Tabela 4.2. [11]

Tabela 4.2 – Valores típicos do coeficiente de arrasto – CA.

Coeficiente de Arrasto – CA	
Veículo	CA
Carro conversível	0,50 a 0,70
Carro de corrida	0,20 a 0,30
Ônibus	0,60 a 0,70
Caminhão	0,80 a 1,50
Motocicleta	0,60 a 0,70
Trator	1,30
Carro de passageiros	0,25 a 0,45

4.2.2 Força de resistência ao rolamento – F_{rol}

Em decorrência das grandes deformações e deflexões que ocorrem durante o seu rolamento, o pneu requer parte da energia disponibilizada pelo motor para sua simples rotação. Essa energia para girar o pneu está relacionada com a resistência ao rolamento (RR). A Figura 4.8 mostra uma vista exagerada da deformação do pneu contra o piso.

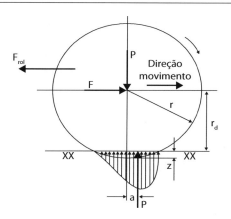

Figura 4.8 – Vista exagerada da deformação do pneu.

Segundo Hall [15], a resistência ao rolamento é definida como a energia consumida por unidade de distância percorrida por um pneumático rolando sob carga e Gent [13] define resistência ao rolamento como a energia mecânica convertida em calor por um pneumático ao mover-se por uma unidade de distância em uma rodovia.

De acordo com Costa [12], à medida que o pneu deforma, parte da energia é armazenada elasticamente e parte é dissipada como calor. Essa é a perda por histerese e corresponde a cerca de 90 a 95% da energia dissipada na resistência ao rolamento, os outros 5 a 10% correspondem a perdas aerodinâmicas ou escorregamentos na área de contato.

Assim, a resistência ao rolamento vai depender do piso, da velocidade do veículo, do tipo e do estado de pneu e da pressão de enchimento deste. As principais fontes de trabalho resistentes ao rolamento dos pneus relacionadas com a histerese são: flexão do pneu quando passa pela área de contato com o solo, penetração dos pneus no solo e compressão do solo pelos pneus. Já as perdas aerodinâmicas têm como fonte o efeito de ventilador da roda agitando o ar exterior e o atrito resultante do ar circulando dentro dos pneus. O escorregamento na área de contato provoca dissipação de energia por causa do trabalho da força de atrito.

Apesar da resistência ao rolamento ser obtida em unidades de energia dissipada por unidades de distância percorrida, muitos autores definem uma força de resistência ao rolamento que atua contra o movimento do automóvel. Esta colocação ajuda o leitor a visualizar a maneira como esse fenômeno atua no movimento de um veículo.

Dado o número de variáveis, é impossível estabelecer uma única expressão para o cálculo da força de resistência ao rolamento que seja válida para todos os casos. Para efeito de estimativa em automóveis, utiliza-se um coeficiente que relaciona a força de resistência ao rolamento do pneu com a força normal que atua sobre ele, denominado coeficiente de resistência ao rolamento (f). Dessa forma, a força de resistência ao rolamento será calculada pela Equação 4.2:

$$F_{rol} = F_{rolf} + F_{rolt} = (f_f G_f + f_t G_t) \cdot \cos\alpha \qquad \text{Eq. 4.2}$$

Onde:

F_{rolf}: resistência ao rolamento das rodas frontais.

F_{rolt}: resistência ao rolamento das rodas traseiras.

f_f: coeficiente de resistência ao rolamento dos pneus dianteiros.

f_t: coeficiente de resistência ao rolamento dos pneus traseiros.

G_f: peso nas rodas dianteiras.

G_t: peso nas rodas traseiras.

α: inclinação da estrada.

De maneira geral, em veículos de passeio as diferenças entre os coeficientes de resistência ao rolamento dos pneus dianteiros e traseiros não são significativas, ou seja, $f_f \approx f_t \approx f$; bem como a distribuição de peso, ou seja, $G_f \approx G_t \approx G$.

$$F_{rol} = (fG_f + fG_t) \cdot \cos\alpha = fG\cos\alpha \qquad \text{Eq. 4.3}$$

Vale destacar que o termo $G\cos\alpha$ é a força normal que atua sobre os pneus. O coeficiente de resistência ao rolamento está diretamente relacionado com a velocidade do veículo, com a estrutura da superfície do solo e com a pressão de enchimento dos pneus, principal fator na determinação da elasticidade dos pneus, enquanto o diâmetro dos pneus é inversamente proporcional a esse coeficiente.

Com o aumento da velocidade do automóvel, aumenta-se a frequência de excitação no pneu, ou seja, aumenta a frequência de deformações cíclicas sofridas pela estrutura do pneumático, que, por sua vez, pode excitar algumas frequências naturais do pneu, amplificando as deformações na saída do contato com o pavimento. Essas deformações amplificadas acarretam um acréscimo na temperatura interna e uma maior dissipação de calor, implicando maiores perdas por histerese. Esse aumento acentuado nas perdas internas do pneu e vibrações induzidas faz com que a resistência ao rolamento cresça quase que exponencialmente em altas velocidades.

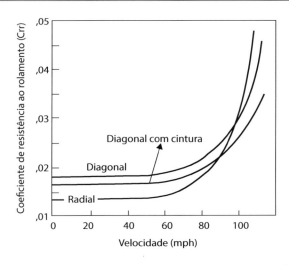

Figura 4.9 – Variação do coeficiente de resistência ao rolamento com a velocidade [14].

Em velocidades médias e baixas, esse efeito não é muito significativo e pode ser considerado constante para fins de cálculos (Figura 4.9); quando, porém, o pneu está com a pressão interna abaixo do especificado, esse efeito torna-se significativo, devendo ser analisado com mais cuidado. A pressão interna do pneumático, atuando em conjunto com a carga aplicada, pode alterar o nível de deformação sofrido durante sua operação, assim como alterar a área de contato entre pneu–pavimento, ou seja, pode influenciar na dissipação de energia pelo pneu.

A obtenção de uma pressão ótima para o pneumático também vai depender das características do solo, sendo que para solos rígidos quanto maior a pressão interna menor a resistência ao rolamento, como mostra a Figura 4.10.

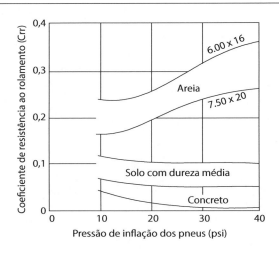

Figura 4.10 – Variação do coeficiente de resistência ao rolamento em função da pressão dos pneus e do tipo de solo [14].

Vale destacar que a pressão interna do pneu tem influência em diversas condições operacionais do veículo. Aumentando a pressão interna diminui-se a resistência ao rolamento (para um carro rodando em uma rodovia/rua asfaltada), mas são alteradas outras características como o desgaste e o comportamento (estabilidade) do veículo em curvas, devendo, portanto, ser procurada uma solução de compromisso que atenda às diversas condições de operação do veículo.

Existem várias expressões para a determinação do coeficiente de resistência ao rolamento dos pneus, algumas delas apresentadas a seguir.

Uma expressão utilizada para o cálculo do coeficiente de resistência ao rolamento é dada pela Equação 4.4:

$$f = 0,012 + 0,0003 \cdot v^{1,1} \qquad \text{Eq. 4.4}$$

A Equação 4.5, desenvolvida pelo Instituto de Tecnologia de Stuttgart (Alemanha), também é bastante utilizada para caracterizar o coeficiente f de pneus de veículo de passeio em pisos de concreto.

$$f = f_0 + 3{,}24 \cdot f_s \cdot \left(\frac{v}{161}\right)^{2{,}5}$$ Eq. 4.5

Onde:

v: velocidade do centro do pneu ou da roda (km/h).

f_0: coeficiente básico.

f_s: efeito da velocidade.

Os coeficientes f_s e f_0 são obtidos na Figura 4.11.

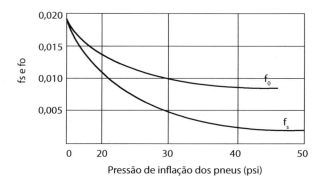

Figura 4.11 – Coeficientes f_0 e f_s.

Para velocidades até 131 km/h, o coeficiente de resistência ao rolamento poderá ter variação linear com a velocidade, conforme apresentado na Equação 4.6.

$$f = 0{,}01 \cdot \left(1 + \frac{v}{161}\right)$$ Eq. 4.6

Outra estimativa do coeficiente de resistência ao rolamento, levando em conta o tipo de piso, pode ser obtida pela Equação 4.7, válida para veículos pesados e médios, como camionetas, caminhões e ônibus ou pela Equação 4.8, adequada para veículos leves (carros de passeio).

$$f = (0{,}0068 + 0{,}000046 \cdot v) \cdot s \qquad \text{Eq. 4.7}$$

$$f = (0{,}0116 + 0{,}0000142 \cdot v) \cdot s \qquad \text{Eq. 4.8}$$

Onde:

s: coeficiente adimensional característico do tipo de piso, cujos valores típicos são apresentados na Tabela 4.3.

Tabela 4.3 – Coeficiente característico do tipo de piso.

s	Concreto ou asfalto	Dureza média ou terra	Areia
	1,316	7,017	26,316

Para muitos casos, o efeito da velocidade pode ser negligenciado, e o coeficiente f de resistência ao rolamento será obtido diretamente de tabelas, como a 4.4.

Tabela 4.4 – Coeficiente de resistência ao rolamento f para diversos tipos de piso.

Veículos	Concreto ou asfalto	Dureza média ou terra	Areia
Carros de passeio	0,015	0,080	0,300
Caminhões pesados	0,012	0,060	0,250
Tratores	0,020	0,040	0,200

Comparados os resultados obtidos pelas diversas metodologias de determinação da força de rolamento, verificará o leitor que os valores da força de resistência ao rolamento são próximos, para melhores resultados, porém, aconselha-se consultar a literatura especializada no assunto. Vale destacar também que fabricantes de pneus costumam obter, por meio de ensaios experimentais, o coeficiente de resistência ao rolamento para cada tipo de pneu.

4.2.3 Força de rampa – F_{ram}

É a força necessária para o veículo vencer uma rampa com certa inclinação α. Essa força é a componente do peso na direção do aclive, aplicada no CG (centro de gravidade) do veículo, e pode ser calculada pela Equação 4.9.

$$F_{ram} = G \cdot \text{sen}\,\alpha \qquad \text{Eq. 4.9}$$

A inclinação de uma via normalmente é expressa em porcentagem, definida pela equação:

$$\text{inclinação}[\%] = \tan\alpha \cdot 100 = \frac{\text{projeção vertical da estrada}}{\text{projeção horizontal da estrada}} \cdot 100$$

Assim, uma rampa com inclinação de 16,7° possui 30% de inclinação (100 · tangente de 16,7° = 30%). A Figura 4.12 mostra o ângulo de inclinação de uma rampa e o seu valor correspondente em porcentagem.

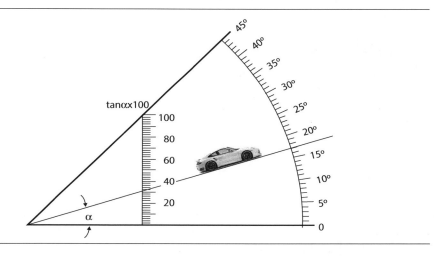

Figura 4.12 – Relação entre o ângulo de inclinação da estrada e a porcentagem da rampa.

4.3 Força total resistente ao avanço de um veículo – F_{res}

A força total resistente ao avanço do veículo (F_{res}) será obtida pela soma das forças de arrasto, de resistência ao rolamento e de rampa (Equação 4.10).

$$F_{res} = F_{arr} + F_{rol} + F_{ram} \qquad \text{Eq. 4.10}$$

4.3.1 Raio de rolamento – $r_{rolamento}$

A força vertical que atua sobre o pneu provoca uma deformação, fazendo com que o raio de rolamento tenha um valor diferente da medida nominal do pneu. Esse raio será obtido pela Equação 4.11.

$$r_{rolamento} = \left(\frac{a_r}{2} + L_b \cdot s_b\right) \cdot \frac{C_p}{\pi} \qquad \text{Eq. 4.11}$$

Onde:

a_r: medida do aro da roda (m).

L_b: largura da banda de rodagem (m).

s_b: relação entre a altura do pneu e a largura da banda de rodagem (%).

C_p: coeficiente adimensional.

O coeficiente Cp é característico de cada tipo de pneu, e, para carros de passageiros, poderão ser utilizados os valores 3,05 para pneus radiais e 2,99 para pneus diagonais.

4.3.2 Relacionamento motor–veículo

Se o veículo apresenta velocidade constante, isto é, está numa situação de equilíbrio dinâmico, então a força resistente será equilibrada pela força de propulsão (Figura 4.13).

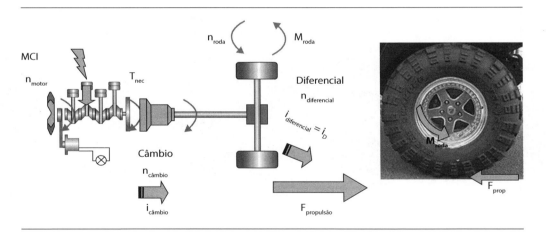

Figura 4.13 – Diagrama de forças.

Pela Figura 4.13, observa-se que a força de propulsão é dada pela Equação 4.12:

$$F_{prop} = \frac{M_{roda}}{r_{roda}} \qquad \text{Eq. 4.12}$$

O torque necessário (T_{nec}) no eixo do motor para se conseguir certo momento na roda, com um determinado sistema de transmissão, será obtido pela Equação 4.13.

$$T_{nec} = \frac{M_{roda}}{i_c \cdot i_D \cdot \eta_{tr}} \qquad \text{Eq. 4.13}$$

Onde:

i_c = relação de transmissão do câmbio em uma determinada marcha.

i_D = relação de transmissão do diferencial.

η_{tr} = eficiência mecânica da transmissão.

Logo, pelas Equações 4.12 e 4.13, obtém-se:

$$T_{nec} = \frac{F_{prop} \cdot r_{roda}}{i_c \cdot i_D \cdot \eta_{tr}} \qquad \text{Eq. 4.14}$$

Quando a velocidade for constante, $F_{prop} = F_{res}$, tem-se pelas Equações 4.10 e 4.14:

$$T_{nec} = \frac{r_{roda}}{i_c \cdot i_D \cdot \eta_{tr}} \left[\overbrace{C_a \frac{\rho_{ar} \cdot A_{fr}}{2} v^2}^{F_{arr}} + \overbrace{(0,012 + 0,0003 v^{1,1}) G \cdot \cos\alpha}^{F_{rol}} + \overbrace{G \cdot \text{sen}\alpha}^{F_{ram}} \right] \qquad \text{Eq. 4.15}$$

$$\text{Eq. 4.1} \qquad \text{Eq. 4.3} \qquad \text{Eq. 4.9}$$

Conhecidos r_{roda}, i_c, i_D, η_{tr}, C_a, ρ_{ar}, A_{fr}, G e α, a Equação 4.15 pode ser reescrita como:

$$T_{nec} = K_1 v^2 + K_2 v^{1,1} + K_3 \qquad \text{Eq. 4.16}$$

Sendo:
$$K_1 = C_a \frac{\rho_{ar} \cdot A_{fr}}{2} \cdot \frac{r_{roda}}{i_c \cdot i_D \cdot \eta_t}$$

$$K_2 = 0,012 G \cdot \cos\alpha + G \cdot \text{sen}\alpha \cdot \frac{r_{roda}}{i_c \cdot i_D \cdot \eta_t}$$

$$K_3 = 0,0003 G \cdot \cos\alpha \cdot \frac{r_{roda}}{i_c \cdot i_D \cdot \eta_t}$$

A partir da Equação 4.16, é possível saber qual o torque necessário ao eixo do motor para manter o veículo em uma determinada velocidade. A Figura 4.14 apresenta o torque necessário no eixo do motor para manter o veículo em certa velocidade, obtida com a Equação 4.16.

Por outro lado, na ausência de escorregamento, e desprezando a deformação do pneu, a velocidade v do veículo será igual à velocidade do centro da roda (Equação 4.17).

$$v = 2\pi \cdot n_{roda} \cdot r_{roda} \qquad \text{Eq. 4.17}$$

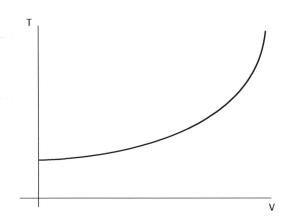

Figura 4.14 – Torque necessário no eixo do motor para manter o veículo em certa velocidade.

Por sua vez,

$$n_{roda} = \frac{n_{motor}}{i_c \cdot i_D} \qquad \text{Eq. 4.18}$$

Portanto:

$$v = \frac{2\pi \cdot r_{roda}}{i_c \cdot i_D} n_{motor} \qquad \text{Eq. 4.19}$$

Conhecidos r_{roda}, i_c e i_D, a Equação 4.19 pode ser reescrita na forma:

$$v = K_4 n \qquad \text{Eq. 4.20}$$

Sendo $K_4 = \dfrac{2\pi \cdot r_{roda}}{i_c \cdot i_D}$.

Combinando as Equações 4.16 e 4.20 é possível obter a curva do torque necessário no eixo do motor para manter o veículo em uma determinada velocidade em função da rotação (do motor). Essa curva pode ser lançada sobre a curva característica a "plena carga" de um motor, que representa o torque disponível em cada rotação (neste regime de operação do motor).

O ponto P, onde T_{nec} cruza com o T_{disp} é o ponto de equilíbrio. Nessa rotação, o torque disponibilizado pelo motor (em plena carga neste caso) é igual ao torque necessário para movimentar o veículo (em uma determinada marcha), numa velocidade constante.

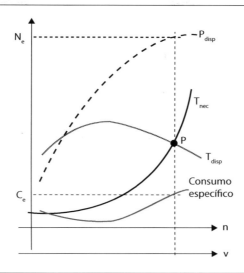

Figura 4.15 – Torque Necessário *versus* Disponível.

Para conhecer o comportamento em "cargas parciais", deve-se utilizar o mapa do motor conforme apresentado na Figura 4.16 (mapa de cargas parciais do motor).

Ainda pela Figura 4.15, é possível fazer a previsão da autonomia, normalmente expressa em km/L, empregando a Equação 4.21.

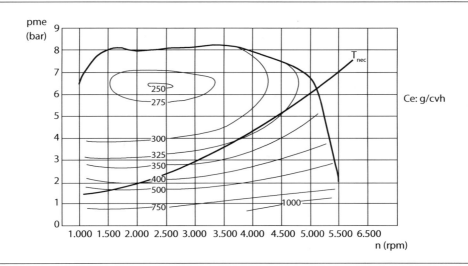

Figura 4.16 – p_{me} Necessário *versus* Cargas Parciais.

$$\text{Autonomia} = \frac{v \cdot \rho_c}{C_e \cdot N_e} \quad (\text{km/L}) \qquad \text{Eq. 4.21}$$

Onde:

v: velocidade do veículo para uma determinada marcha (km/h).

ρ_c: massa específica do combustível (kg/L).

C_e: consumo específico na rotação do ponto de equilíbrio P (kg/CVh).

N_e: potência na rotação do ponto de equilíbrio P (CV).

4.4 Relacionamento entre ensaios em bancos de provas e aplicações do motor em veículos

Usualmente, os motores são ensaiados em bancos de provas conforme procedimentos e ciclos de durabilidade estabelecidos pelos fabricantes dos motores. Tais ensaios de durabilidade têm sua duração estabelecida em função das taxas de desgaste observadas e em função de ensaios de referência que são utilizados para comparação e aprovação (ou reprovação) de novos componentes em desenvolvimentos. No entanto, surge sempre a questão: para a duração estabelecida para o ensaio de durabilidade do motor em banco de provas, qual a "quilometragem" correspondente do veículo em que esse motor será aplicado?

A resposta a essa pergunta pode ser estimada aplicando-se o equacionamento demonstrado neste capítulo, considerando-se:

- Os regimes de funcionamento do motor durante o ciclo de durabilidade em banco de provas.
- As características do veículo e do trem de força em que o motor em estudo é aplicado.

Dessa maneira, para cada regime de funcionamento do motor, pode-se calcular a velocidade do veículo e a "distância percorrida" pelo veículo durante todo o ensaio de durabilidade. Fazendo-se a somatória dessas "distâncias percorridas", para os vários regimes de funcionamento do ciclo de durabilidade, tem-se a "distância total percorrida" pelo veículo típico correspondente à duração total do ensaio de durabilidade. Para mais detalhes, recomenda-se a referência bibliográfica nº 6, no fim do capítulo, após os Exercícios.

EXERCÍCIOS

1) Um motor Otto a quatro tempos, experimental, funciona com benzeno (C_6H_6) de PCi = 9.590 kcal/kg, com uma fração relativa combustível-ar F_R = 0,96 fixa. No dinamômetro é feito um levantamento a plena carga. Nessa condição, pede-se:

a) A máxima eficiência global.

b) No ponto de torque máximo a pme = 8 kgf/cm². Se o ensaio foi realizado num local de pressão 0,92 kgf/cm² e temperatura 30 °C, qual a eficiência volumétrica nessa condição?

c) Qual o índice de elasticidade do motor?

Respostas:

a) 0,287; b) 0,94; c) 1,57.

2) Um motor a álcool etílico a 4T de quatro cilindros, ensaiado num dinamômetro, produz a plena carga as curvas características indicadas. Na condição de máxima potência, com o indicador de pressões ligado num cilindro, obteve-se o diagrama indicado da figura, que se supõe igual para todos os cilindros.

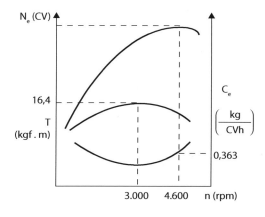
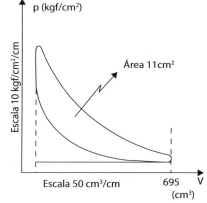

Dados: PCi = 5.800 kcal/kg;

ρ_{comb} = 0,8 kg/L;

F = 0,12;

p_e = 0,92 kgf/cm²;

t_e = 30 °C;

Pressão média efetiva máxima $p_{me_{max}}$ = 8,25 kgf/cm²;

Índice de elasticidade IE = 1,8.

Pede-se

2.1) No ponto de potência máxima, determinar:

a) A eficiência mecânica;

b) A eficiência térmica;

c) A eficiência volumétrica;

d) a leitura "da balança" do dinamômetro durante o teste de Morse, com o cilindro 1 desligado, se o braço é 0,7 m;

e) a pressão média de atrito.

2.2) O peso máximo do veículo para se obter uma velocidade máxima no plano de 150 km/h em 5ª marcha, sendo: $r_{roda} = 0,3$ m; $\eta_{tr} = 0,85$; $C_a = 0,48$; $A_{fr} = 2,2$ m^2.

2.3) Qual a taxa de compressão do motor?

Respostas:

2.1) a) 0,8; b) 0,374; c) 0,762; d) 13,8 kgf; e) 1,75 kgf/cm^2

2.2) 1.348 kgf;

2.3) 9,93.

3) É dado um veículo com as características a seguir:

$A_{fr} = 1,8$ m^2; $C_a = 0,5$; $i_D = 4,374$; $i_{C\,4^a} = 0,89$;

$i_{C\,1^a} = 3,80$; $G = 1.000$ kgf; $r_{roda} = 30$ cm; $\eta_{tr} = 0,85$.

Esse veículo é equipado com um motor cujas características a plena carga são indicadas na tabela a seguir:

n	rpm	1.400	1.800	2.200	2.600	3.000	3.400	3.800	4.000	4.200
Ne	cv	10	20	26	30	34	36	37	38	36
T	kgm	5,1	8	8,5	8,3	8,1	7,6	7,0	6,8	6,1
Ce	$\frac{kg}{CVh}$	0,290	0,270	0,250	0,235	0,230	0,235	0,255	0,260	0,270

Pede-se:

a) Qual a velocidade máxima no plano e qual a autonomia?

b) Qual a velocidade em 4ª marcha numa rampa de 3° e qual a autonomia?

c) Qual a rampa máxima que pode ser percorrida em regime permanente em 1ª marcha?

Respostas:

a) 116 km/h; 8,4 km/L; b) 68 km/h, 7,3 km/L; c) 22,7°.

4) Como engenheiro, você é solicitado a fazer uma previsão de um motor a gasolina a 4T para equipar um veículo que deve manter 80 km/h em uma rampa de 2° em 5ª marcha, com um consumo de 9 km/L.

Características do veículo: $A_{fr} = 2$ m^2; $C_a = 0,45$; $r_{roda} = 30$ cm; $i_{C\,5^a} = 0,8$;

$i_D = 4,375$; $G = 1.200$ kgf; $\eta_{tr} = 0,87$; $\rho_{gas} = 0,736$ kg/L; $PCI_{gas} = 9.500$ kcal/kg;

$\rho_{ar} = 0,12$ utm/m^3.

Adotando o que achar razoável, e destacando cuidadosamente, determine uma estimativa para:

a) A cilindrada do motor;
b) A eficiência global;
c) A potência máxima, fixando sua rotação em 5.000 rpm e o IE = 2,3

Respostas:

a) 1.414 cm^2; b) 0,317; c) 55 CV.

5) Para um motor, sabe-se que a 3.600 rpm, em uma certa posição do acelerador, o consumo específico é de 325 g/CV.h de álcool de massa específica 0,8 kg/L. Em 5ª marcha, no plano, as características do veículo são v = 10^{-2} n (n em rpm e v em m/s) e T$_{nec}$ = 0,004v^2 + 0,04v + 1,6 (T$_{nec}$ em kgf.m e v em m/s). Qual a autonomia em km/L na situação descrita?

Resposta:

7,7 km/L

6) Um veículo tem uma área frontal de 2 m^2, peso de 1.200 kgf, coeficiente de arrasto 0,45, relação de transmissão total (câmbio e diferencial) de 2,8, raio da roda de 0,3 m e eficiência da transmissão de 0,8. O ar no local tem uma densidade de 1,2 kg/m^3. Qual a potência efetiva desenvolvida pelo motor, quando o veículo está a 120km/h, no plano?

Resposta:

51,4 CV

7) Em uma corrida de Fórmula 1 deseja-se limitar a potência a 600 CV. Sabe-se que, na tecnologia atual, os motores Otto a 4T podem ter durabilidade durante o tempo da corrida, desde que se limite à pressão média efetiva a 15 kgf/cm^2 e a rotação a 17.000 rpm. Qual deverá ser o limite de cilindrada, em litros, estabelecido pelo regulamento?

Resposta:

2.118 cm^3

8) Um veículo tem r$_{roda}$ = 0,3 m; i$_C$ = 0,8; i$_D$ = 4 e se desloca a 100 km/h. Nesta situação o torque necessário é 6 kgf.m e o consumo específico do motor é 0,312 kg/CV.h. Sendo a massa específica do combustível 0,74 kg/L, qual a autonomia do veículo em km/L?

Resposta:

10,0 km/L

9) Um automóvel tem $r_{roda} = 0,3$ m; $i_{c5} = 0,8$; $i_D = 4$; $\eta_{tr} = 0,8$.

$$\left. \begin{array}{l} F_{rol} = 12 + 0,3v^{1,1} \\ F_{arr} = 0,05v^2 \end{array} \right\} \begin{array}{l} F \text{ em kgf} \\ v \text{ em m/s} \end{array}$$

Instala-se um motor cujas curvas características a plena carga são dadas na figura a seguir. Pede-se:

a) A velocidade máxima no plano em km/h;

b) A autonomia em km/L na situação do item a), se a massa específica do combustível for 0,74 kg/L;

c) O máximo peso, para manter 90 km/h em uma subida de 2° em 5ª marcha, a plena carga.

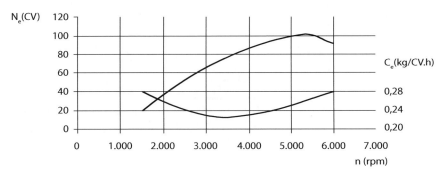

Respostas:

a) 124 km/h; b) 5,6 km/L; c) 2.229 kgf.

10) O computador de bordo de um automóvel, em marcha lenta, indica um consumo de 1,8 kg/h de álcool de PCi = 5.800 kcal/kg. Supondo uma eficiência térmica de 20%, qual a potência de atrito do motor em marcha lenta? Qual o valor da eficiência mecânica?

11) Para um motor, sabe-se que, a 3.600 rpm, em certa posição do acelerador, o consumo específico é de 325 g/CV.h de álcool de massa específica 0,8 kg/L. Em 5ª marcha, no plano, as características do veículo são v = 10^{-2} n (n em rpm e v em m/s) e $T_{nec} = 0,004 v^2 + 0,04 v + 1,6$ (T_{nec} em kgf.m e v em m/s). Qual a autonomia em km/L na situação descrita?

Resposta:

7,7 km/L

12) Um veículo tem como características em 5ª marcha, no plano T_{nec} = 0,004 v² + 0,04 v + 1,6 (T em kgf.m e v em m/s), e v = 10^{-2} n (v em m/s e n em rpm). Quando o conta-giros indica 3.100 rpm, o computador de bordo indica um consumo de 12 km/L. Sendo o combustível gasolina de massa específica 0,74 kg/L, qual o consumo específico do motor nessa situação?

Resposta:

$0{,}237 \dfrac{\text{kg}}{\text{CVh}}$

13) Para um motor sabe-se que a 3.200 rpm, em certa posição do acelerador, o consumo específico é de 0,275 kg/CV.h de álcool de massa específica 0,8 kg/L. Em 5ª marcha, no plano, as características do veículo são v = 10^{-2} n (n em rpm e v em m/s) e T_{nec} = 0,004 v² + 0,04 v + 1,6 (T_{nec} em kgf.m e v em m/s). Qual o consumo do veículo em km/L na situação descrita?

Resposta:

10,7 km/L

14) Em um motor Otto a 4T, a etanol (ρ = 0,8 kg/L), de cilindrada 1.400 cm³, foram levantados os *loops* apresentados a seguir, nos quais o primeiro valor sempre foi obtido a plena carga.

Traçar o mapa do motor T = f (n), no qual deverão constar as linhas isoC_e e as linhas isoN_e.

Um veículo utiliza esse motor e tem as seguintes características: Ca = 0,45; A_{fr} = 2m²; G = 1.100 kgf; r_{roda} = 28 cm; $i_{c5ª}$ = 0,8; i_D = 4,0; η_{tr} = 0,85. A densidade do ar local é 1,12 kg/m³.

Determinar:

a) A velocidade máxima no plano e o consumo km/L;

b) O consumo em km/L em uma rampa de 1° a 100 km/h.

n(rpm)	T (kgf.m) mc (kg/h)					
1.600	T	9,1	7,4	5,8	3,6	2,1
	$\dot{m}_c$	7,18	5,67	4,79	3,98	4,73
2.000	T	10,0	7,4	5,8	3,6	2,5
	$\dot{m}_c$	9,75	6,98	5,99	5,00	5,25
2.400	T	10,9	8,6	6,2	3,7	2,1

continua

continuação

	$\dot{m}_c$	12,62	9,84	7,74	6,16	7,10
2.800	T	11,1	9,5	7,3	5,0	2,4
	$\dot{m}_c$	13,72	11,66	10,06	7,84	6,71
3.200	T	11,1	9,8	7,8	5,1	2,6
	$\dot{m}_c$	15,43	13,84	12,02	9,16	8,02
3.600	T	11,5	10,0	7,8	5,0	2,8
	$\dot{m}_c$	18,23	15,93	13,53	10,08	9,80
4.000	T	11,5	9,8	6,8	5,0	2,6
	$\dot{m}_c$	20,71	15,98	13,29	11,20	10,73
4.400	T	11,1	9,8	7,2	4,4	2,2
	$\dot{m}_c$	22,59	19,28	16,02	12,32	11,64
4.800	T	10,6	8,4	6,7	4,4	2,2
	$\dot{m}_c$	24,12	19,86	17,48	14,33	13,44
5.200	T	10,1	8,4	6,7	4,5	2,8
	$\dot{m}_c$	25,77	22,15	19,66	15,86	14,97
5.600	T	9,5	7,8	5,6	3,3	2,0
	$\dot{m}_c$	26,97	23,18	19,60	15,68	15,70

15) Um veículo tem as seguintes características: $C_a = 0,45$; $A_{fr} = 2\ m^2$; $G = 1.100$ kgf; $r_{roda} = 28$ cm; $i_{c_5^a} = 0,8$; $i_{c_4^a} = 1$; $i_D = 4$; $\eta_{tr} = 0,85$. Nesse veículo é instalado um motor Otto a 4T, a etanol, de cilindrada 1.400 cm³, cujo mapa é o da figura. No local $\rho_{ar} = 1,2$ kg/m³ e $\rho_{comb} = 0,8$ kg/L.

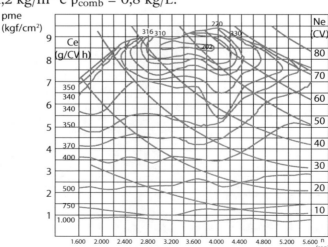

Pede-se:

a) A velocidade máxima no plano em 5ª marcha;

b) A economia porcentual ao subir uma rampa de 1,5° a 100 km/h em 5ª e em 4ª;

c) Determine aproximadamente a rampa-limite que poderia ser percorrida com velocidade constante em 4ª marcha;

d) A redução de peso do veículo para poder aumentar a velocidade máxima em 5ª marcha no plano de 10%.

16) Determine a velocidade máxima com que o veículo vence em 4ª marcha uma rampa inclinada de 1ª e qual a rampa máxima que o veículo pode vencer em 5ª marcha, sendo dados do veículo:

r_{roda} = 31 cm; C_a = 0,38; $A_{frontal}$ = 1,9 m²; i_d = 4,777; $i_{c_4^a}$ = 1,000; $i_{c_5^a}$ = 0,7900; η_{tr} = 0,85 e densidade do combustível de 750 g/L. Esse veículo, é equipado com um motor de quatro tempos e 2.300 cm³ cujas características em WOT são indicadas na tabela abaixo:

Ne	cv	47,5	63,2	80,4	95,3	107,8	120,0	130,5	125,7
T	kgfm	17,0	18,1	19,2	19,5	19,3	19,1	18,5	15,0
Ce	g/cvh	290	273	260	255	257	265	283	300

Do ambiente, são conhecidos: p_{atm} = 1 kgf/cm²; T_{amb} = 25 °C e R_{ar} = 29,3 kgfm/kgK

a) Para um veículo em movimento com velocidade constante, em uma rampa inclinada de α graus, esboçar as forças resistentes ao seu movimento.

b) Definir coeficiente de arraste aerodinâmico.

17) Um veículo tem as seguintes características: C_a = 0,45; $A_{frontal}$ = 2 m²; $i_{câmbio5^a}$ = 1,0; $i_{diferencial}$ = 3,5; $\eta_{transmissão}$ = 90%; r_{roda} = 0,3 m; G = 1.000 kgf. São conhecidas as condições do ambiente: R_{ar} = 29,3 kgf m/kg K; ρ_{ar} = 0,117 utm/m³.

Pede-se:

a) A velocidade máxima no plano em 5ª marcha;

b) A rampa máxima vencida em 5ª marcha;

c) O consumo em km/L, em 5ª marcha, no plano, sabendo-se que o consumo específico nessa condição é de 360 g/cvh e a densidade do álcool é de 800 g/L.

Motor utilizado:

n (rpm)	1.000	2.000	3.000	4.000	5.000	6.000
Ne (cv)	17	35	55	82	88	75

18) Com o objetivo de estimular o consumo de álcool etílico hidratado combustível – AEHC (densidade do AEHC = 750 g/L e poder calorífico inferior de 7.000 kcal/kg), a Confederação Brasileira de Automobilismo – CBA, estará organizando a CBCA – Copa Brasileira de Carros a Álcool.

Serão utilizados carros de corrida monoposto, com dimensões e peso pre-estabelecidos, cabendo a cada equipe desenvolver os sistemas de: suspensão, direção e freio.

Em razão de uma cota de patrocínio, assinada com a Embratur, esse campeonato será realizado em diversas cidades do litoral brasileiro onde as condições ambientais médias são: $\rho_{atmosférica}$ = 760 mmHg e $T_{ambiente}$ = 27 °C.

De forma a tornar mais competitiva a disputa, todos os carros utilizarão o mesmo motor, preparados por um agente especializado. Assim, foi escolhido como propulsor um motor nacional, ciclo Otto, de quatro tempos, quatro cilindros de 1,8 L de cilindrada. As características do motor quando do seu recebimento e ensaio num freio hidráulico, cujo braço é de 71,62 cm, encontram-se abaixo.

As características básicas médias do monoposto são: raio da roda 33 cm; coeficiente de arraste aerodinâmico 0,38; área frontal de 1,9 m²; relação de transmissão da 5ª marcha 0,7900; relação de transmissão da 4ª marcha 1,000; relação de transmissão do diferencial 4,7777; rendimento da transmissão de 85%.

n	rpm	1.000	1.500	2.000	2.500	3.000	3.500	4.000	4.500	5.000	5.500	6.000
F	kgf	17,8	20,8	23,8	25,3	27,8	29,3	27,0	26,7	26,0	23,2	20,5
m_c	g	100	100	200	200	200	200	400	400	400	400	400
t_{cc}	s	60,0	37,2	52,2	41,7	34,4	29,6	52,0	45,2	39,2	37,6	36,4

Com as informações acima, determine:

a) As curvas características do motor – (potência, torque, consumo específico, pressão média efetiva e eficiência global).

b) A velocidade máxima (km/h) com que o veículo sobe uma rampa inclinada de 2º.

c) A velocidade máxima (km/h) e a autonomia (km/L) do veículo no plano.

d) Qual a rampa máxima em 4ª marcha e a autonomia (km/L) que o veículo pode subir.

e) Para todos os itens relacionados com o desempenho do veículo, informe para o motor: rotação, torque, potência e consumo específico.

19) Com os dados do gráfico a seguir, determine os itens abaixo enumerados:
   a) Ne, Ni, T, Ce, n_t, n_g, n_v, n_m, = f(n) a plena carga.
   b) Qual a maior eficiência global do motor e em que rotação acontece?
   c) Esse motor é montado num ônibus que pesa 10 ton, de área frontal de 8 m² e CA = 0,7. Sendo $i_C \cdot i_D = 4$, $r_{roda} = 0,5$ m e $n_{tr} = 0,85$, qual a velocidade máxima no plano e o consumo?

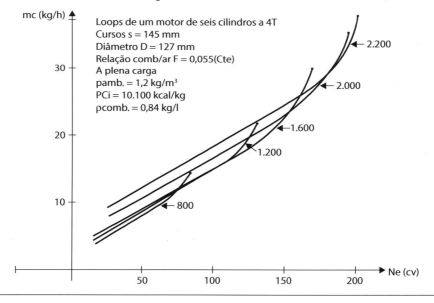

Referências bibliográficas

1. BRUNETTI, F. *Motores de combustão interna*. Apostila, 1992.
2. GOMIDE, A. C. *Performance de veículos*. Trabalho de Formatura. São Paulo: USP, 1976.
3. CANALE, A. C. *Automobilística: dinâmica e desempenho*. São Paulo: Erica, 1993.
4. SANTOS, I. F. *Dinâmica de sistemas mecânicos*. São Paulo: Makron Books, 2001.
5. MADUREIRA, O. M. *A adequação do motor ao veículo*. CEMO – Mauá, 1986.
6. WINDLIN, F.; ROMBALDI, G.; ALONSO, D. Development of dynamometer cyclic test for oil consumption evaluation. *SAE 942391*, 1994.
7. TABOREK, J. Mechanics of vehicles. *Machine Design*, 1957.
8. BOSCH, R. *Automotive handbook*. 3. ed., 1993.

9. PAZ, M. *Manual de automóveis*. Editora São Paulo, 1978.
10. TERAOKA, F. e outros. *Análise comparativa entre resultados de bancos de provas e testes de campo*. Trabalho de Formatura. Santos: Unisanta, 1998.
11. MI, C. *Emerging technology of hybrid electric vehicles*. Universidade de Michigan – Dearborn, 2010.
12. COSTA, A. L. A. *Caracterização do comportamento vibracional do sistema pneu-suspensão e sua correlação com o desgaste irregular verificado em pneus dianteiros de veículos comerciais*. São Carlos: Escola de Engenharia de São Carlos da Universidade de São Paulo, 2007, p. 229.
13. GENT. A. N.; WALTER, J. D. *The pneumatic tire*. Washington: National Highway Traffic Safety Administration, 2005, p. 699.
14. GILLESPIE, T. D. *Fundamentals of vehicle dynamics*. Warrendale: SAE International, 1992, p. 495.
15. HALL, D. E.; MORELAND, J. C. *Fundamentals of rolling resistance*. Greenville: Michelin Americas Research Corporation, 2001, p. 15.

Figuras

Agradecimentos a:

A. Mahle – Behr.

5

Aerodinâmica veicular

Atualização:
Fernando Luiz Windlin
Fábio Okamoto Tanaka
Kamal A. R. Ismail
Fernando Malvezzi

Apesar de distante da linha mestra deste livro e nem mesmo fazer parte da obra original, "assisti" a esta aula de Aerodinâmica Veicular por um número incontável de vezes no Curso de Especialização em Motores de Combustão Interna (CEMO). A paixão por Mecânica dos Fluidos e MCI, tornavam-na especial e faziam com que o Prof. Brunetti tivesse a delicadeza de me convidar sempre. Aqui fica a retribuição.

5.1 Introdução

Quando um corpo está imerso em um fluido em movimento ou se desloca em relação ao fluido, existe uma força resultante agindo sobre este.

Considerando um escoamento bidimensional a força resultante pode ser decomposta em duas componentes que serão denominadas:

a) Resistência ao avanço ou força de arrasto (F_{arr}), que é paralela às trajetórias das partículas ao longe, isto é, num local onde o escoamento do fluido não é perturbado pela presença do sólido.

b) Força de sustentação (F_s), que é a componente normal ou perpendicular às linhas de corrente ao longe (Figura 5.1).

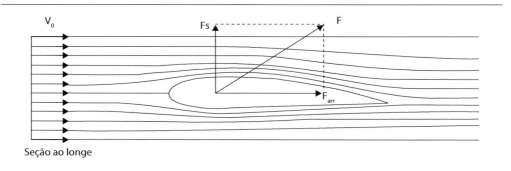

Figura 5.1 – Força resultante devida ao escoamento de um fluido em torno de um corpo sólido [1].

As forças que um fluido aplica sobre uma superfície sólida serão divididas em normais e tangenciais. As normais são provocadas pela pressão e as tangenciais pela tensão de cisalhamento. A Figura 5.2 ilustra um diferencial de área sendo submetido a esses diferenciais de força.

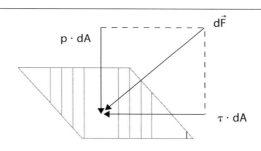

Figura 5.2 – Diferencial de área submetido a diferenciais de força [1].

Supondo um corpo imerso em um fluido em movimento. Adotam-se como hipóteses:
- Na seção ao longe, as linhas de corrente são paralelas.
- Na seção ao longe, o diagrama de velocidades é uniforme.
- Regime permanente – RP.
- Fluido incompressível – FI.
- Diferenças de cotas desprezíveis para efeito de variação de pressão – $\Delta z = 0$.
- Fluido ideal (sem atritos), portanto não existem tensões de cisalhamento ($\tau = 0$).

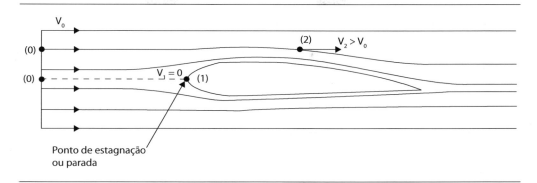

Figura 5.3 – Equação de Bernoulli sendo aplicada em um escoamento em torno de um corpo sólido [1].

Nessas condições pode-se aplicar a equação de Bernoulli entre a seção ao longe (0) e a seção (1):

$$\frac{v_0^2}{2g}+\frac{p_0}{\gamma}+z_0=\frac{v_1^2}{2g}+\frac{p_1}{\gamma}+z_1 \qquad \text{Eq. 5.1}$$

O ponto (1) é denominado ponto de estagnação ou ponto de parada, ou seja, $V_1 = 0$, desta forma, com $\gamma = \rho.g$

$$p_1=\frac{\gamma.v_0^2}{2g}+\frac{\gamma.p_0}{\gamma}, \text{ como } \gamma=\rho.g,$$

$$p_1 = p_0 + \rho\frac{v_0^2}{2} \quad \text{ou} \quad p_1 > p_0$$

Observa-se que o termo $\rho\frac{v_0^2}{2}$ tem as dimensões de uma pressão. Este termo será denominado pressão dinâmica:

$\rho\frac{v_0^2}{2}$: pressão dinâmica.

p_0: pressão ao longe ou estática.

Aplicando a equação de Bernoulli entre (0) e (2), tem-se:

$$\frac{v_0^2}{2g}+\frac{p_0}{\gamma}+z_0=\frac{v_2^2}{2g}+\frac{p_2}{\gamma}+z_2, \qquad \text{Eq. 5.2}$$

Como $A_2 < A_0 \Rightarrow v_2 > v_0$

$$p_2 = p_0 + \rho \frac{v_0^2 - v_2^2}{2} \quad \text{ou} \quad p_2 = p_0 + \rho \frac{\Delta v^2}{2}$$

Pela Figura 5.3, nota-se que $v_2 > v_0$ em razão da redução de área de seção do tubo de corrente, logo:

$p_2 < p_0$

Observa-se que, apesar de ter-se desprezado as diferenças de cotas e os atritos, a distribuição das pressões sobre o corpo não será uniforme em virtude da pressão dinâmica (variação de velocidade). Supondo que a distribuição das pressões seja, por exemplo, a da Figura 5.4.

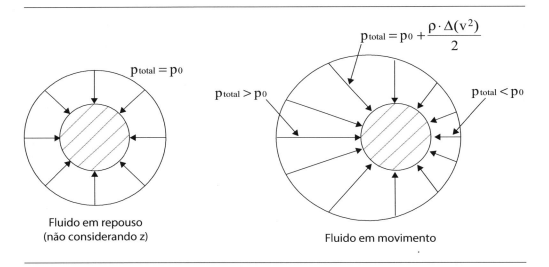

Figura 5.4 – Distribuição de pressões em torno de um corpo cilíndrico sólido [1].

No caso do fluido em repouso, a distribuição de pressões é uniforme. No caso do fluido em movimento, em cada ponto a pressão total compõe-se da pressão estática p_0 mais a pressão dinâmica que, como visto anteriormente, poderá ser positiva ou negativa, dependendo da velocidade local ser maior ou menor que v_0.

Como p_0 age em todos os pontos igualmente, já que se desprezou o efeito da variação das cotas, então a sua resultante é nula. Por causa disso, ao subtrair p_0 de todos os pontos, a resultante de pressão não se altera e o diagrama de pressões ficará limitado à representação das pressões.

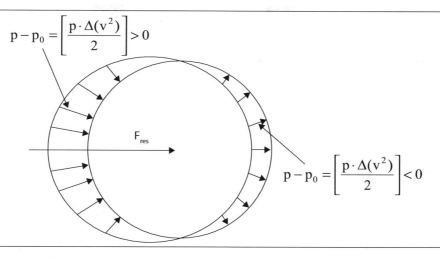

Figura 5.5 – Distribuição das pressões descontando-se o efeito de p_0 [1].

Nota-se que, do ponto de vista efetivo (ou relativo), tudo se passa como se em alguns pontos o corpo fosse comprimido e em outros succionado ou tracionado.

Como a força gerada pela pressão em cada ponto tem uma direção diferente, a resultante exige uma integração dos vetores ou a integração das projeções numa direção conveniente.

Tomando por exemplo a projeção na direção x (como apresentado na Figura 5.6).

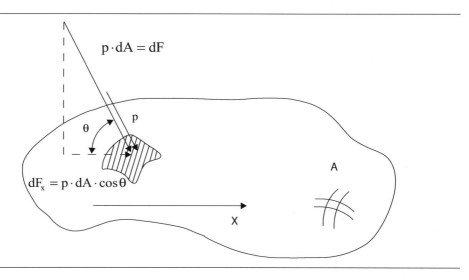

Figura 5.6 – Pressão aplicada em um diferencial de área [1].

Logo: $dF_x = p \cdot dA \cdot \cos\theta = p \cdot dA_{proj}$, integrando e lembrando que:

$$p = \rho \frac{\Delta v^2}{2}$$ Eq. 5.3

Portanto:

$$Fx = \int p \cdot dA_{proj} = \int \rho \frac{\Delta v^2}{2} \cdot dA_{proj}$$ Eq. 5.4

Essa expressão pode ser escrita:

$$Fx = \int \rho \frac{\Delta v^2}{2} \cdot dA_{proj} = C \cdot \frac{\rho \cdot v_0^2 \cdot A}{2}$$ Eq. 5.5

Onde: $C = \dfrac{1}{A} \int \dfrac{\Delta v^2}{v_0^2} \cdot dA_{proj}$ Eq. 5.6

Nota-se que o coeficiente C aparece para a correção da expressão que certamente não será igual à integral da resultante. Por outro lado, a área A pode ser qualquer área de referência, de acordo com a comodidade do cálculo, já que o coeficiente C assumirá o valor conveniente.

Em geral, no caso de veículos, a área de referência adotada é a área projetada num plano perpendicular às trajetórias ao longe (conforme Capítulo 4 – "Relacionamento motor-veículo"). No entanto, em certos casos, como na asa do avião e nos aerofólios, a área de referência será o produto da corda (C) pela envergadura média (e), conforme Figura 5.7.

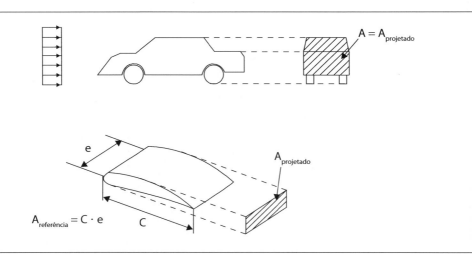

Figura 5.7 – Área de referência para determinação do coeficiente C [1].

Até aqui se raciocinou supondo o fluido ideal, no entanto, na prática, não se pode deixar de levar em consideração a existência da viscosidade do fluido, responsável pelo surgimento das tensões de cisalhamento. Estas irão criar forças tangenciais à superfície, assim como a dissipação de energia criada pelo atrito será responsável pela variação das pressões ao longo do escoamento.

5.2 Força de arrasto – F_{arr}

É o resultado das forças tangenciais e de pressão, na direção das trajetórias do escoamento ao longe.

5.2.1 Força de arrasto de superfície (*skin friction*) – F_{arr-s}

É a resultante das tensões de cisalhamento na direção do movimento. No caso de um veículo, fica extremamente difícil determinar a distribuição de tensões de cisalhamento.

Para efeito de conceituação será desenvolvido o caso mais simples que é o da placa plana, muito fina, paralela à trajetória das linhas de corrente ao longe, de forma que não aconteça nenhum efeito devido às pressões dinâmicas.

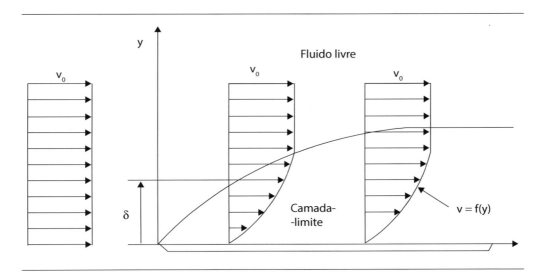

Figura 5.8 – Variação da camada-limite ao longo da placa plana [1].

Quando um fluido escoa sobre uma superfície sólida, por conta do "Princípio de Aderência", a camada junto a esta tem velocidade relativa nula.

As camadas adjacentes sofrerão a influência da parada da primeira camada, estabelecendo-se um gradiente de velocidades que é o responsável pelo surgimento da tensão de cisalhamento.

A certa distância da superfície sólida, o escoamento do fluido processa-se como ao longe, sem influência da presença da mesma, e a velocidade fica uniforme e igual a v_0 em cada seção perpendicular ao escoamento.

A região onde o escoamento apresenta um gradiente de velocidades devido à influência da presença de superfície sólida é denominada camada-limite – CL. Nessa mesma região desenvolvem-se as tensões de cisalhamento que causam o atrito entre o fluido e a superfície sólida. A região externa à CL denomina-se fluido livre.

De início, o escoamento laminar de camada-limite sobre uma placa plana cresce ao longo de x, segundo a lei:

$$\delta = \frac{5x}{\sqrt{Re_x}} \qquad \text{Eq. 5.7}$$

onde, $Re_x = \dfrac{v_0 x}{\upsilon}$ \qquad Eq. 5.8

Sendo:

υ: viscosidade cinemática do fluido.

δ: espessura da CL.

Re: número de Reynolds.

Se a placa for suficientemente longa, observa-se uma mudança na lei de crescimento da CL quando o escoamento na mesma passa de laminar para turbulento.

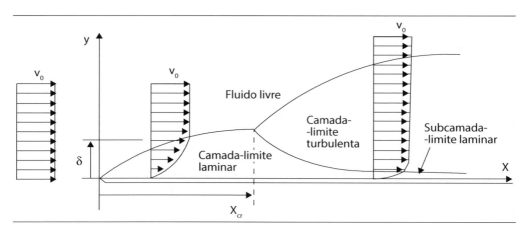

Figura 5.9 – Variação da camada-limite ao longo da placa plana, com a transição do escoamento laminar para o turbulento [1].

Nesse caso, a variação de espessura da CL turbulenta pode ser obtida pela expressão:

$$\delta = \frac{0,37x}{\sqrt[5]{Re_x}}$$ Eq. 5.9

O indicador da passagem de laminar para turbulento é o Re_x. O crescimento desse valor indica a redução do efeito das forças viscosas e a passagem do movimento coordenado para o desordenado. A passagem vai ocorrer numa abscissa $x = x_{cr}$, definindo $Re_{cr} = v_0 \cdot x_{cr} / \upsilon$.

Na prática, verifica-se que, em geral,

$$3 \cdot 10^5 \leq Re_{cr} \leq 3 \cdot 10^6$$

dependendo da rugosidade da superfície, das turbulências ao longe e da troca de calor entre o fluido e a superfície sólida.

Na região da CL turbulenta, junto à placa subsiste uma película de fluido com movimento laminar denominada subcamada-limite ou filme laminar, responsável pelo atrito entre o fluido e a placa.

Como $\tau = \mu \cdot dv/dy$, observa-se nitidamente que a tensão de cisalhamento é variável ao longo da superfície.

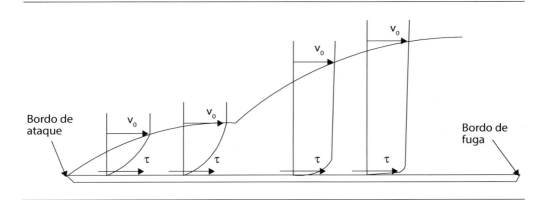

Figura 5.10 – Variação da tensão de cisalhamento ao longo da placa plana [1].

Como a subcamada-limite laminar é crescente ao longo de x, a tensão de cisalhamento cresce continuamente com x na região da CL turbulenta.

A força de arrasto de superfície será então dada por:

$$F_{arr-s} = \int \tau \cdot dA = \int \mu \cdot \frac{dv}{dy} \cdot b \cdot dx$$, sendo b a largura da placa. Eq. 5.10

Pelo conceito introduzido na Equação 5.5:

$$F_{arr-s} = \int \mu \cdot \frac{dv}{dy} \cdot b \cdot dx = Ca_s \cdot \frac{\rho \cdot v_0^2 \cdot A\tau}{2} \qquad \text{Eq. 5.11}$$

onde $Ca_s = \frac{2}{\rho \cdot v_0^2 \cdot A_\tau} \int \mu \cdot \frac{dv}{dy} \cdot b \cdot dx$ é o coeficiente de arrasto de superfície e $A\tau$: área da superfície onde agem as tensões de cisalhamento.

Ao efetuar a integração para $Re_L < Re_{cr}$ onde $Re_L = \frac{v_0 \cdot L}{\upsilon}$ e L: comprimento da placa na direção x, obtém-se:

$$Ca_s = \frac{1{,}328}{\sqrt{Re_L}} \qquad \text{Eq. 5.12}$$

Supondo a CL turbulenta desde o bordo de ataque até o bordo de fuga:

$$Ca_s = \frac{0{,}074}{\sqrt[5]{Re_L}} \qquad \text{Eq. 5.13}$$

No entanto, no trecho da CL laminar o diagrama de velocidades é diferente e torna-se necessária uma correção que é função do Re_{cr}.

Assim:

$$Ca_s = \frac{0{,}074}{\sqrt[5]{Re_L}} - \frac{K}{Re_L} \qquad \text{Eq. 5.14}$$

Onde $K = f(Re_{cr})$ é dado pela tabela a seguir, pois a extensão do trecho laminar depende do x_{cr}:

Tabela 5.1 – Relação entre Re_{cr} e K [1].

Re_{cr}	$3 \cdot 10^5$	$5 \cdot 10^5$	10^6	$3 \cdot 10^6$
K	1.050	1.700	3.300	8.700

Para $Re_L > 10^7$ Schlichting [39] verificou que o valor de Ca_s é mais bem representado por:

$$Ca_s = \frac{0{,}455}{(\log Re_L)^{2{,}58}} - \frac{K}{Re_L} \qquad \text{Eq. 5.15}$$

EXEMPLO 1:

Supondo que um furgão seja constituído de placas planas, determinar a força de arrasto de superfície com uma velocidade de 100 km/h.

Aerodinâmica veicular

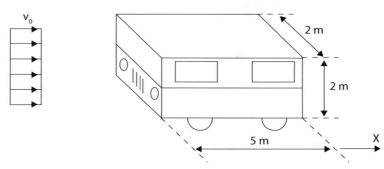

Solução:

Tomando $Re_{cr} = 5 \cdot 10^5$ e que as placas laterais, o fundo e o teto sejam responsáveis pela força de arrasto de superfície e desprezando-se os efeitos de borda.

$A_\tau = 2 \cdot (2+2) \cdot 5 = 40 \text{ m}^2$

$Re_L = \dfrac{v_0 \cdot L}{\upsilon} \begin{cases} L = 5 \text{ m} \\ v_0 = 100/3,6 = 27,8 \text{ m/s} \\ \upsilon_{ar} = 10^{-5} \text{ m}^2/\text{s} \end{cases}$

$Re_L = \dfrac{27,8 \cdot 5}{10^{-5}} = 1,39 \cdot 10^7$

$Ca_s = \dfrac{0,455}{(\log Re_L)^{2,58}} - \dfrac{K}{Re_L}$, onde K = 1.700

$Ca_s = \dfrac{0,455}{(\log 1,39 \cdot 10^7)^{2,58}} - \dfrac{1.700}{1,39 \cdot 10^7} = 2,73 \cdot 10^{-3}$

Logo: $Fa_s = Ca_s \dfrac{\rho \cdot v_0^2 \cdot A_\tau}{2}$ $\quad (\rho_{ar} = 1,1 \text{ kg/m}^3)$

$F_{\text{arr-s}} = \dfrac{2,73 \cdot 10^{-3} \cdot 1,1 \cdot 27,8^2 \cdot 40}{2} = 46,4 N = 4,7 \text{ kgf}$

O que se pode verificar é que essa força corresponde a cerca de 10% da força de arrasto total que agiria num veículo, nas mesmas condições.

5.2.2 Força de arrasto de pressão ou de forma – F_{arr-p}

É a resultante das forças de pressão na direção do movimento.

Para explicar o surgimento dessa força torna-se importante o estudo do fenômeno denominado descolamento da camada-limite.

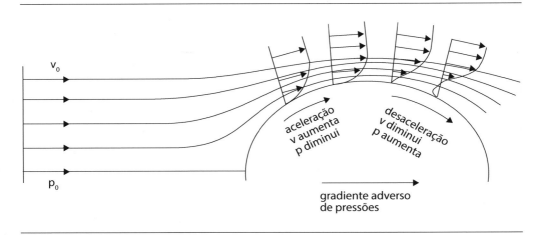

Figura 5.11 – Variação do perfil de velocidades ao longo da linha decorrente em torno de um corpo sólido submetido ao escoamento [1].

Considera-se um escoamento em torno de um corpo cilíndrico. Ao longo de uma linha de corrente, conforme ilustrado na Figura 5.11, existe um aumento da velocidade devido à redução da seção causada pela presença do corpo.

Existe uma redução da pressão devida ao aumento da velocidade e devida às perdas por atrito.

O fluido da linha de corrente dirige-se a jusante do corpo onde a pressão é p_0 como na seção ao longe.

Ao longo do corpo a seção do tubo de corrente aumenta e a velocidade diminui com o consequente aumento de pressão. No entanto, em decorrência das perdas por atrito, a pressão disponível para a reposição não é suficiente para se chegar a p_0.

Com a desaceleração sem o suprimento suficiente de pressão a partícula de fluido vai parando e teoricamente a velocidade torna-se negativa.

Como na mesma linha de corrente não se pode ter o fluido escoando em dois sentidos, a linha de corrente descola-se e o aspecto do escoamento é o da Figura 5.12.

As linhas de corrente que escoam em sentido contrário têm uma curvatura excessiva e se rompem em vórtices, ou turbilhões, ou redemoinhos, e o aspecto real do escoamento é mostrado na Figura 5.13.

Aerodinâmica veicular

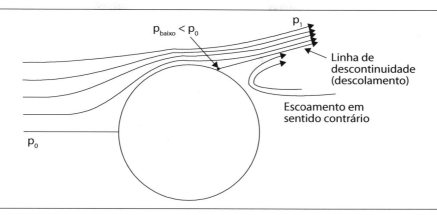

Figura 5.12 – Descontinuidade das linhas de corrente [1].

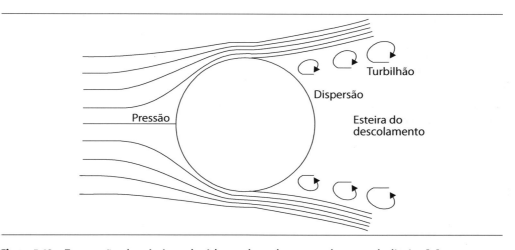

Figura 5.13 – Formação de vórtices devida ao descolamento da camada-limite [1].

Por análise dimensional verifica-se que o estudo da força aerodinâmica num corpo apresenta como função característica:

$$f(p, \rho, v, L, \mu) = 0 \quad \text{Eq. 5.16}$$

Essas variáveis permitem obter:

$$Re = \frac{\rho \cdot v \cdot L}{\mu} \quad \text{Eq. 5.17}$$

onde:
ρ: massa específica.   L: comprimento.
v: velocidade.   μ: viscosidade absoluta.

e
$$Eu = \frac{p}{\rho \cdot v^2} = \frac{F}{\rho \cdot v^2 \cdot L^2}$$ Eq. 5.18

onde:

p: pressão.

F: força.

Eu: número de Euler.

Logo, pelo teorema dos π:

$$Eu = f(\text{Re})$$ Eq. 5.19

Mas, Eu pode ser modificado para:

$$Ca = \frac{F}{\dfrac{\rho \cdot v^2 \cdot A}{2}}$$ Eq. 5.20

de forma que

$$Ca = f(\text{Re})$$ Eq. 5.21

O estudo da variação do coeficiente de arrasto com o número de Reynolds em esferas é bastante ilustrativo, se bem que em veículos não se possa contar com números de Reynolds pequenos.

A Figura 5.14 mostra a variação de Ca com Re para uma esfera lisa.

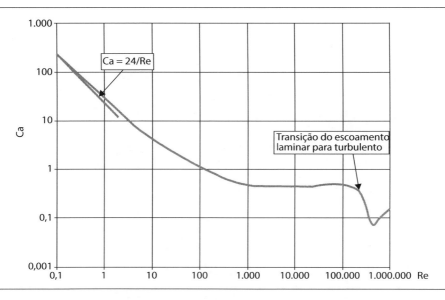

Figura 5.14 – Variação de Ca com Re para o caso de uma esfera lisa [1].

Aerodinâmica veicular

Neste gráfico, podem-se estudar diversas regiões:

I) Escoamento lento $(Re \leq 1)$

Nesse caso, a força de arrasto é devida somente às tensões de cisalhamento, logo $F_{arr} = F_{arr}$.

Verifica-se que $Ca = 24/Re$. Logo:

$$F_{arr} = Ca \cdot \frac{\rho \cdot v^2 \cdot A_{fr}}{2} = \underbrace{\frac{24}{v \cdot D}}_{\upsilon} \cdot \frac{\rho \cdot v^2}{2} \cdot \frac{\pi \cdot D^2}{4} \qquad \text{Eq. 5.22}$$

$$F_{arr} = 4\pi \cdot \mu \cdot v \cdot D \qquad \text{Eq. 5.23}$$

A expressão mostra que, nesse caso, $F_{arr} \propto v$.

II) $1 \leq Re \leq 1.000$

A camada-limite começa a descolar na traseira da esfera e a força de arrasto de forma começa a se manifestar de modo crescente sobre o efeito da força de arrasto de superfície que vai se tornando percentualmente pequena.

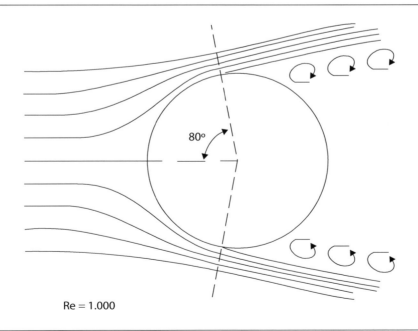

Figura 5.15 – Descolamento em $Re \cong 1.000$ [1].

Ao aumentar o Re, observa-se que a CL é laminar e o descolamento vai se estendendo para a parte dianteira da esfera, até que em Re ≅ 1.000, o ponto de separação fixa-se aproximadamente a 80° do ponto de estagnação (Figura 5.15).

III) $1.000 < Re < Re_{cr}$

Para uma esfera lisa, sem troca de calor e sem turbulências ao longe, $Re_{cr} = 3{,}5 \cdot 10^5$.

Nesse intervalo, o deslocamento fixa-se em 80° na dianteira e o Ca fica praticamente constante igual a 0,45. Nesta faixa $F_{arr-p} \propto v^2$, já que Ca = cte.

IV) $Re > 3{,}5 \cdot 10^5$

Ao atingir $Re > 3{,}5 \cdot 10^5$ a CL passa para turbulenta e a realimentação causada pelos movimentos transversais empurra a camada-limite para a traseira da esfera, conforme a Figura 5.16.

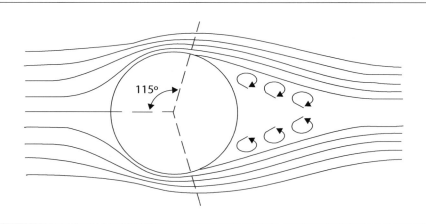

Figura 5.16 – Descolamento da CL ao atingir Re > 3,5 · 10⁵ [1].

Esse efeito causa uma queda brusca no Ca e F_{arr-p}. No caso de veículos, onde Re é muito grande a partir de baixas velocidades, já que o comprimento característico é a distância entre eixos, de forma que, em geral, a CL já é turbulenta em baixas velocidades, o que, em termos de descolamento, é favorável.

Assim a força de arrasto é o efeito da diferença de pressões entre a dianteira e a traseira do corpo, bem como das tensões de cisalhamento sobre a superfície.

$$F_{arr} = F_{arr-p} + F_{arr-s}$$ Eq. 5.24

F_{arr-p}: força de arrasto de pressão ou de forma.

F_{arr-s}: força de arrasto de superfície.

Na prática, dificilmente os dois efeitos estarão separados a não ser qualitativamente, de forma que:

$$F_{arr} = Ca \cdot \frac{\rho \cdot v^2 \cdot A_{fr}}{2}$$ Eq. 5.25

onde Ca já leva em conta os dois efeitos.

Pelo discutido, a redução da F_{arr} implica não criar gradientes adversos de pressões, isto é, não tornar excessivamente abrupta a saída do fluido (Figura 5.17).

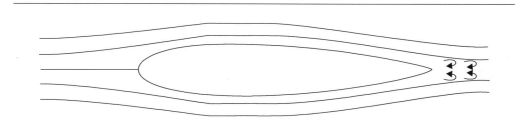

Figura 5.17 – Saída do fluido não abrupta após a passagem pelo corpo [1].

O alongamento do corpo atinge esse objetivo, no entanto o aumento da superfície causa o crescimento da força devido às tensões de cisalhamento τ. A otimização de um perfil imerso em um escoamento de fluido visa à redução do Ca por um alongamento do corpo, sem que ele seja excessivo.

No caso de veículos, esse alongamento de qualquer forma ultrapassaria a possibilidade geométrica imposta pela distância entre eixos (Figura 5.18).

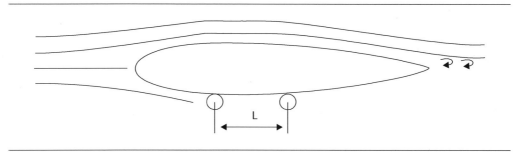

Figura 5.18 – Distância entre eixos do veículo (L) em relação ao comprimento do corpo ideal [1].

Quando se projeta um veículo, é importante lembrar que os obstáculos podem gerar algum descolamento que criam vórtices, os quais absorvem uma energia que será consumida do motor.

A potência consumida pela força de arrasto será obtida pelo produto da força pela velocidade, logo:

$$N_{arr} = Ca \cdot \frac{\rho \cdot v^3 \cdot A_{fr}}{2}$$

Eq. 5.26

A Figura 5.19 mostra, para uma mesma área frontal, a variação da potência consumida em função do formato do veículo.

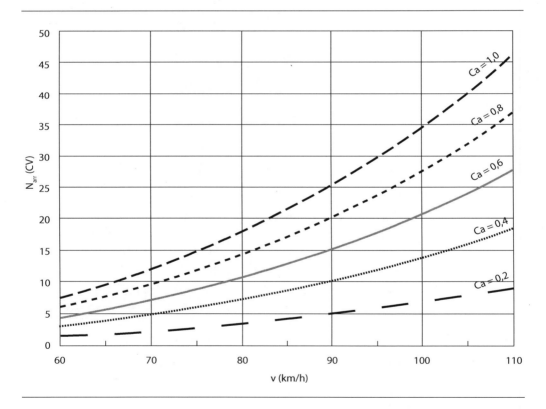

Figura 5.19 – Variação da potência consumida em função da velocidade e do formato do veículo [1].

No caso do fuso simétrico, verifica-se que a forma J (devida a Jaray – veja a Seção 5.5) é a que oferece melhores resultados.

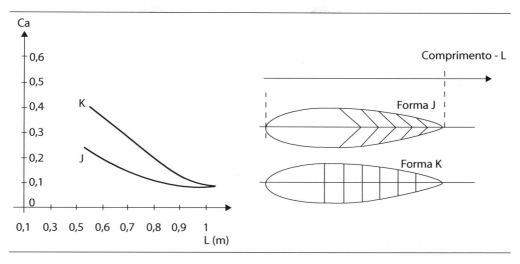

Figura 5.20 – Variação do Ca em função do comprimento no caso do fuso simétrico [1].

No entanto, por efeito da presença do solo, a forma K (devida a Kamm – veja a Seção 5.5) oferece melhores resultados, chegando-se ao *fast-back* atual.

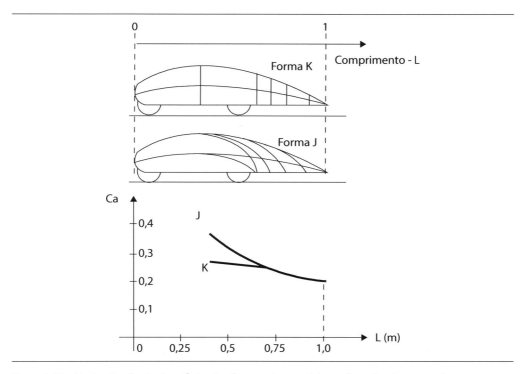

Figura 5.21 – Variação do Ca (coeficiente de arrasto ou Cx) em função do comprimento no caso de veículos considerando-se a presença do solo [2].

O que se verifica é que o descolamento deve ser evitado ao máximo possível, mas, uma vez que aconteça, a continuidade do corpo é prejudicial, pois alimenta a formação de vórtices. Dessa forma, em geral deve ser mantido um ângulo de saída de aproximadamente 15° em relação à parte superior do veículo e, em seguida, a traseira do veículo deve ser cortada. A Figura 5.22 ilustra a variação do Ca apresentada por Milliken e Milliken [3] onde se observa uma região de instabilidade em torno do ângulo de 30° e um comportamento estável após 15°.

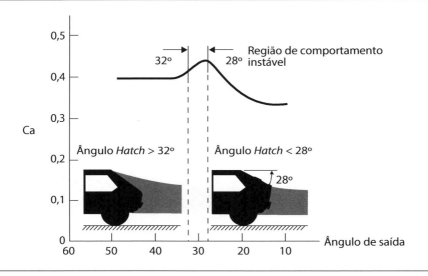

Figura 5.22 – Variação do Ca em relação ao ângulo de saída segundo Milliken e Milliken [3].

A presença do *spoiler* na traseira pode corrigir o descolamento prematuro, criando uma sucção que reconduz as linhas de correntes para a superfície do corpo.

Um *spoiler* bem projetado, além de reduzir a força de arrasto irá reduzir a força de sustentação, melhorando a estabilidade e a tração. A Figura 5.23 ilustra a redução do coeficiente de sustentação C_L em relação à dimensão do spoiler traseiro do veículo apresentada por Milliken e Milliken. [3]

Além disso, o *spoiler* pode regularizar a emissão de vórtices evitando efeitos de ressonância, vibrações e controlando a energia consumida.

Outra causa do descolamento na parte superior é o escoamento dirigido de baixo para cima, causado pela menor pressão no teto. Esse movimento causa grandes vórtices nos para-lamas traseiros e no porta-malas. Esse efeito pode ser corrigido colocando-se um anteparo que evite esse fluxo.

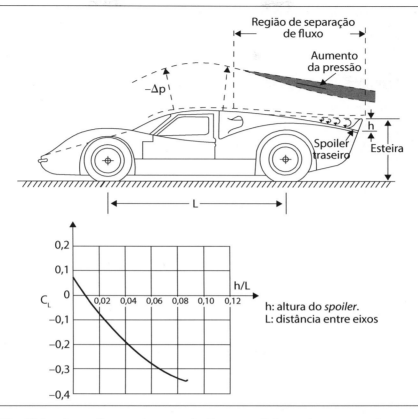

Figura 5.23 – Efeito do *spoiler* traseiro em relação ao coeficiente de sustentação em um carro típico de corrida GT – Milliken e Milliken [3].

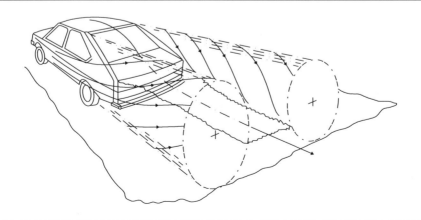

Figura 5.24 – Campo de escoamento idealizado em um veículo *fast-back* [3].

O efeito do escoamento sob o veículo não é muito conhecido, pois mesmo nas medidas em túneis aerodinâmicos a simulação não é perfeita, uma vez que o diagrama de velocidades é diferente (Figura 5.25).

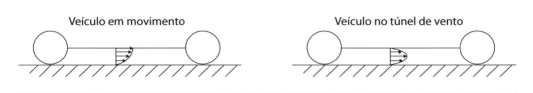

Figura 5.25 – Efeito do escoamento sob o veículo [1].

É óbvio que uma base plana, sem protuberâncias é favorável, no entanto, essa solução é difícil e não se sabe qual seria o resultado prático.

Os escoamentos internos, como, por exemplo, o resfriamento do motor, podem ser aproveitados para o controle da camada-limite em regiões onde tenderia a descolar (Figura 5.26).

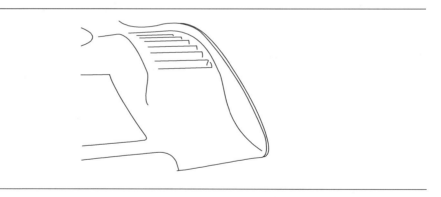

Figura 5.26 – Ilustração da carenagem dianteira da McLaren CanAm [3].

Enfim, a redução do Ca em veículos é obtida por uma série de cuidados, sempre baseados no fato de que perturbações bruscas no escoamento consomem uma energia local e podem ser causadoras de um consumo de energia em outros pontos do veículo pela perturbação causada ao escoamento.

Muitos desses cuidados dependem puramente do bom-senso, mas em certos detalhes, muitas vezes, dependem de ensaios em túneis aerodinâmicos.

A expressão para a força de arrasto já havia sido apresentada no Capítulo 4 – "Relacionamento motor–veículo" – Equação 4.1.

5.3 Força de sustentação e momento de arfagem (*Pitching*) – F_s

Com os mesmos conceitos de variação da pressão de ponto a ponto do veículo, a resultante das pressões na direção da perpendicular às trajetórias ao longe dá origem à força de sustentação F_s.

Essa força pode ser obtida por uma expressão análoga à de arrasto (Eq. 4.1):

$$F_s = Cs \frac{\rho \cdot v^2 \cdot A_{fr}}{2} \qquad \text{Eq. 5.27}$$

É costume utilizar-se também nessa expressão a área frontal e a correção atribuída automaticamente ao coeficiente de sustentação Cs.

Nessas condições o Cs assume valores entre 0,3 e 0,6 em veículos de passeio, o que mostra que em geral $F_s \cong F_{arr}$.

Esse método de se usar a área frontal é utilizado para a determinação de qualquer força ou momento em veículos.

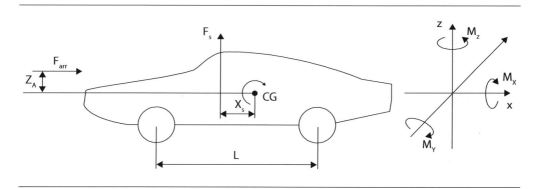

Figura 5.27 – Coordenadas para determinação do momento de arfagem [1].

A Figura 5.27 ilustra as coordenadas para o cálculo do momento de arfagem.

$$M_{arf} = F_s \cdot x_s + F_{arr} \cdot z_a \qquad \text{Eq. 5.28}$$

A expressão do tipo da utilizada para as forças de arrasto e sustentação, deverá ser acrescentada de um comprimento para que dimensionalmente se tenha um momento. O comprimento característico utilizado é a distância entre eixos (L).

Tem-se, portanto:

$$M_{arf} = C_{arf} \cdot \frac{\rho \cdot v^2 \cdot A}{2} \cdot L \qquad \text{Eq. 5.29}$$

Nos veículos de passeio, C_{arf} = 0,05 a 0,20.

O momento de arfagem pode ser diminuído pela redução da força de sustentação ou pelo recuo do ponto de aplicação.

Inclinando o eixo longitudinal do veículo para a frente de alguns graus pode-se inverter o sentido do momento. Essa inclinação pode favorecer também a força de arrasto F_{arr} (Figura 5.28).

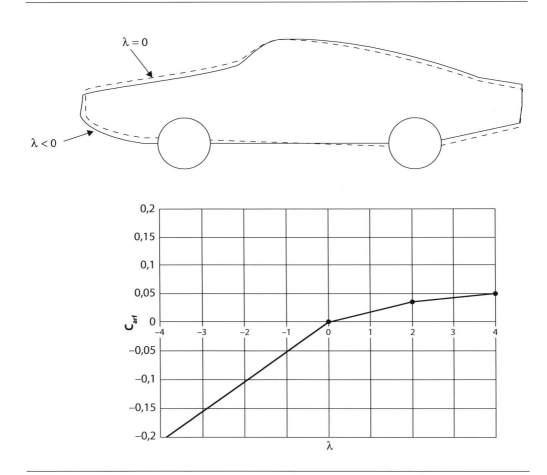

Figura 5.28 – Variação de C_{arf} em relação ao ângulo longitudinal do veículo [1].

Nos carros de corrida, o C_{arf} pode ser totalmente alterado por meio de aerofólios.

5.4 Força lateral – F_L

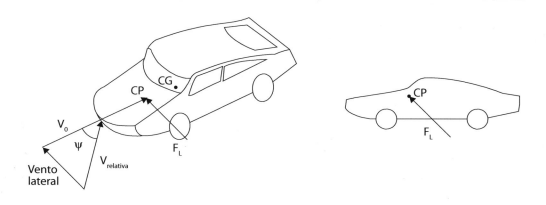

Figura 5.29 – Força lateral F_L agindo no veículo [1].

Da mesma forma,

$$F_L = C_L \frac{\rho \cdot v^2 \cdot A}{2}$$ Eq. 5.30

Em razão da simetria dos veículos, se $\psi = 0$, $C_L = 0$.

A Figura 5.30 mostra a variação de C_L com ψ e o efeito em C_a, qualitativamente.

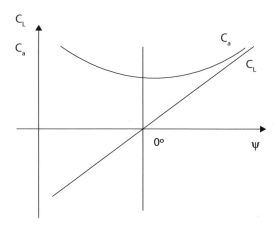

Figura 5.30 – Variação de C_L com ψ e o efeito em C_a [1].

A força lateral dá origem aos momentos de derrapagem (M_{derr}) e de rolagem (M_{rol}).

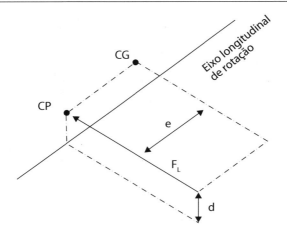

Figura 5.31 – Momento de derrapagem M_{derr} e de rolagem – M_{rol} [1].

$$M_{derr} = F_L \cdot e \qquad \text{Eq. 5.31}$$

$$M_{rol} = F_L \cdot d \qquad \text{Eq. 5.32}$$

EXEMPLO:

Traçar o gráfico da potência consumida pela força de arrasto para os veículos Fiat 127, Escort, Opel Ascoria e VW Santana.

Solução:

$$N_{arr} = Ca \frac{\rho \cdot v^3 \cdot A_{fr}}{2} = 1,75 \cdot 10^{-5} Ca \cdot A_{fr} \cdot v^3 \quad \text{(equação 5.26)}$$

sendo: v = km/h

A_{fr} = m²

N_{arr} = CV

Os valores do produto $Ca \cdot A_{fr}$ utilizados para a resolução desse exemplo são apresentados na Tabela 5.2. Outros valores de Ca e A_{fr} em relação a cada modelo de veículo podem ser obtidos em literatura especializada ou por meio de pesquisas na Internet.

Da Tabela 5.2, tem-se os seguintes valores para o produto $Ca \cdot A_{fr}$:

Tabela 5.2 – Valores para $Ca \cdot A_{fr}$.

Fiat: $Ca \cdot A_{fr} = 0,85$

V(km/h)	20	40	60	80	100	120	140	160
Potência (CV) Narr	0,1	1,0	3,2	7,6	14,9	25,7	40,8	60,9

Escort, Opel Ascoria: $Ca \cdot A_{fr} = 0,75$

V(km/h)	20	40	60	80	100	120	140	160
Potência (CV) Narr	0,1	0,8	2,8	6,7	13,1	22,7	36,0	53,8

VW Santana: $Ca \cdot A_{fr} = 0,74$

V(km/h)	20	40	60	80	100	120	140	160
Potência (CV) Narr	0,1	0,8	2,8	6,6	12,9	22,4	35,5	53,0

A Figura 5.32 ilustra a variação de potência consumida com a velocidade.

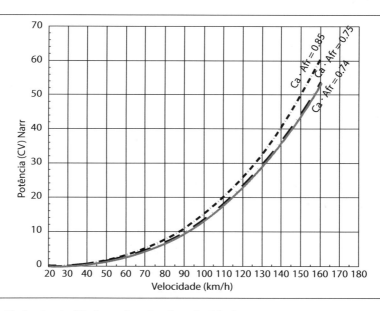

Figura 5.32 – Variação da (N_{arr}) em função da velocidade.

A seção a seguir foi transcrita na íntegra, do livro do Professor Dr. Kamal Abdel Radi Ismail – *Aerodinâmica veicular*, Campinas, SP, 2007, com sua autorização. As Figuras e referências foram atualizadas para atender ao formato do presente texto.

5.5 História da aerodinâmica veicular

A integração entre aerodinâmica e tecnologia veicular surgiu lentamente após anos de tentativas e falhas, diferentemente de outras áreas, como aeronáutica e naval em que o desenvolvimento tecnológico e aerodinâmico estavam estreitamente associados.

Uma visão rápida do histórico da aerodinâmica veicular é apresentada na Figura 5.33, com quatro períodos distintos. Durante os primeiros dois períodos, o desenvolvimento aerodinâmico foi realizado por indivíduos que são de fora da indústria de automóveis. Durante os últimos dois períodos apresentados (Figura 5.33), a aerodinâmica veicular foi tomada como um desafio pela indústria automotiva e integrada ao desenvolvimento do produto.

O veículo mais antigo desenvolvido com base nos princípios de aerodinâmica, foi construído por Jenatzy, e apresentado na Figura 5.34. Com esse veículo elétrico, ele excedeu a marca de 100 km/h e em 29 de abril de 1899, atingiu a marca de 105,9 km/h.

Um veículo com corpo de dirigível é mostrado na Figura 5.35 e foi construído em 1913 sobre um chassis de Alfa Romeo. Outro exemplo é o Audi--Alpensieger de 1913, da Figura 5.36 cujo desenho não é aerodinamicamente eficaz. Este apresenta um exemplo típico de como os argumentos aerodinâmicos foram e ainda estão sendo mal usados para justificar a curiosidade de projetistas.

5.5.1 A era das linhas de corrente

Os procedimentos da aerodinâmica veicular iniciam após a I Guerra Mundial, apoiados em duas frentes:

1. Análise da resistência de tração por Riedler em 1911, que identificou a importância de arrasto aerodinâmico.
2. Os trabalhos de Prandtl e Eiffel sobre o arrasto aerodinâmico aceleraram a transformação das novas descobertas para a área veicular.

Aerodinâmica veicular

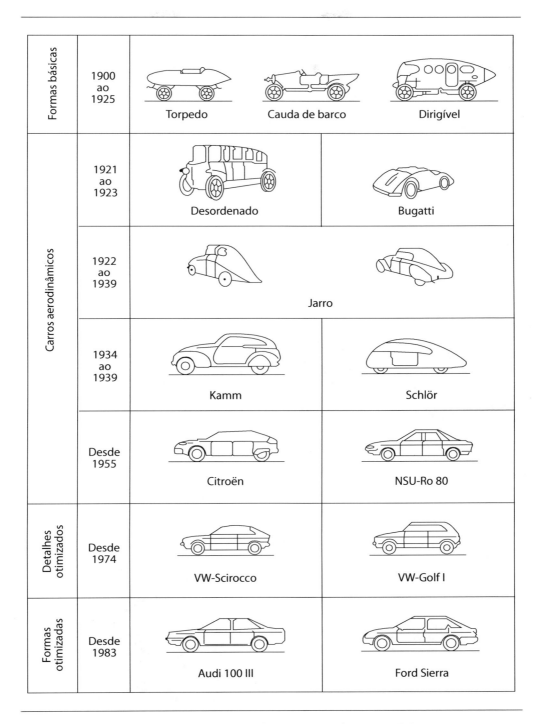

Figura 5.33 – Histórico da aerodinâmica veicular em carros de passeio [2].

Figura 5.34 – Veículo de recorde de Camille Jenatzy 1899 [2].

Figura 5.35 – Alfa Romeo de Count Ricitti 1914 [2].

Figura 5.36 – Audi Alpensieger 1913, com traseira estilo barco [2].

Em 1919, Rumpler projetou um veículo de perfil aerodinâmico e o chamou de *teardrop*. O modelo em escala 1:7,5, em 1922, foi testado no túnel de vento mostrando um arrasto de 1/3 dos veículos da época. O veículo é apresentado na Figura 5.37. Rumpler demonstrou (veja a Figura 5.38, de Jaray) que o carro produzia menor esteira e provocava menos espalhamentos de sujeira e pó, como pode ser visto na Figura 5.37. Medidas realizadas em 1979 no túnel de vento de VW AG sobre o veículo Rumpler, Figura 5.40, apresentaram $C_D = 0,28$, para uma área frontal $A = 2,57$ m². Considerando que as rodas de Rumpler eram totalmente descobertas, isso deve ter contribuído para o arrasto medido em cerca de 50%. Uma crítica feita ao veículo de Rumpler é que o conceito usado de aerofólio não se aplica a esse veículo, como está na Figura 5.41. Um esquema feito por Rumpler (Figura 5.41) desqualificou essa crítica.

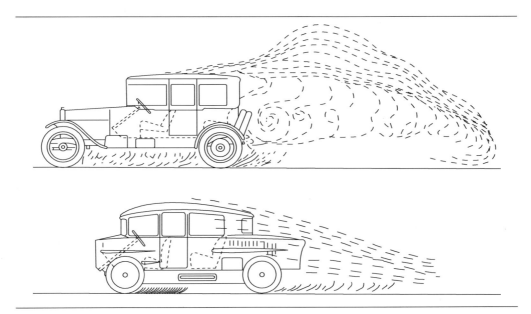

Figura 5.37 – Esteira atrás de um veículo convencional e o veículo de Rumpler Eppinger [2].

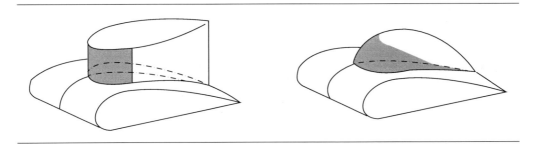

Figura 5.38 – As duas versões da combinação geométrica de Jaray [2].

Figura 5.39 – O veículo de Rumpler "lágrima" ou *teardrop* 1922 [2].

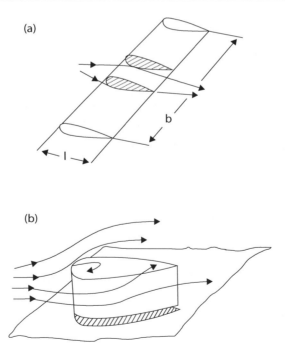

Figura 5.40 – Desenvolvimento do veículo "lágrima" a partir de uma asa; (a) Escoamento em torno de uma asa infinita, (b) Escoamento tridimensional em torno de um perfil próximo do chão [2].

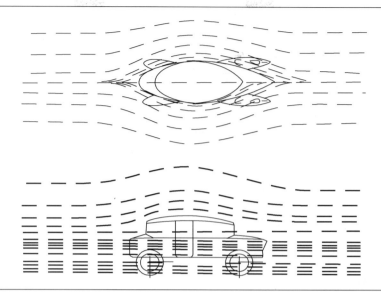

Figura 5.41 – As linhas de corrente em torno do veículo de Rumpler [13].

As vendas desse veículo eram fracas tendo em vista que o perfil do veículo não foi bem aceito pelos compradores da época e também porque colocou muitas ideias novas não comprovadas. Em contraste com o veículo de Rumpler, o de Bugatti entrou no Grand Prix de Estrasburgo (França) em 1923, desenvolvido com base nas regras bidimensionais. Como pode ser visto da Figura 5.42, os painéis laterais são quase planos e demonstram detalhes interessantes para a redução de arrasto, como espaçamento pequeno até o chão, seu arqueamento que permite maior integração das rodas na forma de disco com o corpo do veículo e as saias na parte dianteira e nas laterais que reduzem a perda de fluxo pelos lados.

No mesmo período de Rumpler, P. Jaray iniciou o desenvolvimento de um veículo aerodinâmico.

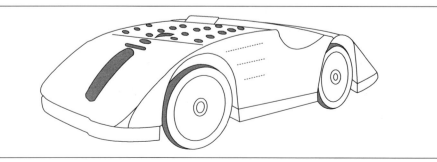

Figura 5.42 – Carro de corrida Grand Prix, Bugatti 1923 [2].

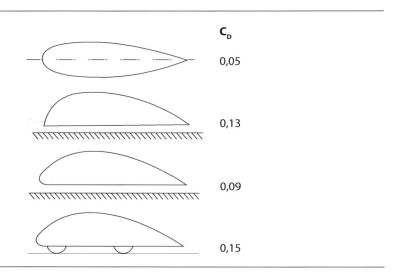

Figura 5.43 – Medidas de arrasto para meio corpo, Klemperer [1922].

Juntamente com Klemperer, Jaray realizou medidas no túnel de vento, como apresentado na Figura 5.38, usando um corpo de revolução com $\ell/d = 5$. Longe do chão o C_D era 0,045, aproximando o corpo do chão, o arrasto aumenta inicialmente, mas também aumentam de modo significativo as condições de espaçamento típicas para os veículos e o escoamento perde a simetria, e finalmente ocorre a separação forte no lado superior da parte traseira do corpo, tendo assim, a conclusão de que isso é a causa principal de aumento do arrasto.

No limite, quando o espaçamento até o chão é zero, um escoamento simétrico rotacional pode ser obtido quando o corpo de revolução é trocado por meio corpo. Junto com sua imagem produzida por um meio corpo abaixo da superfície da pista, um efetivo corpo de revolução é gerado. Quando esse meio corpo é elevado longe do chão por um espaçamento igual ao que é necessário para um automóvel, o arrasto é aumentado novamente. O motivo da separação do escoamento na borda de ataque agudo de fundo. Arredondando essa quina, o aumento de arrasto é evitado e o resultado é $C_D = 0,09$. Quando adicionada às rodas, o arrasto é aumentado até $C_D = 0,15$, um valor que é três vezes o de arrasto para o corpo de revolução longe do chão. Mesmo assim, esse valor é ainda menor que $C_D = 0,7$, dos veículos da época.

Para manter o valor de arrasto baixo é necessária uma esteira pequena, assim, necessita de uma cauda longa o que não é uma solução adequada para a geometria de um veículo. "Jaray inventou a chamada forma combinada", mostrada na Figura 5.44 composta de duas asas curtas fixadas uma à outra. A distribuição dessa configuração é mostrada na Figura 5.45 de Schmid cujos resultados de teste no túnel de vento são apresentados na Figura 5.46.

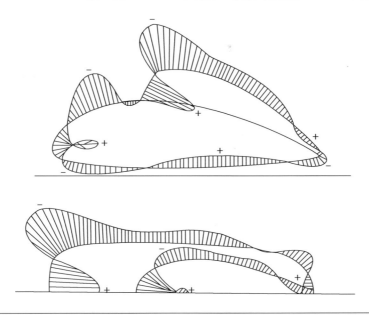

Figura 5.44 – Distribuição de pressão em torno do veículo de Jaray [2].

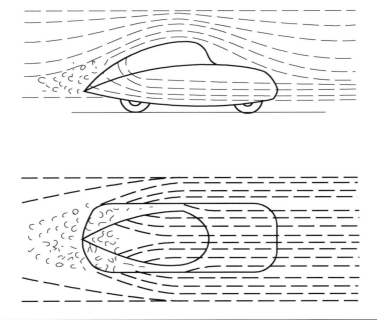

Figura 5.45 – As linhas de corrente em torno do veículo de Jaray, Schmidt [17].

	A_{fr} [m²]	C_D
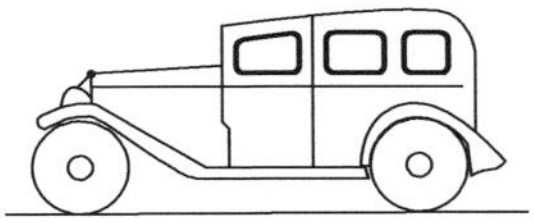	2,99	0,64
 Carro-jarro grande	2,86	0,30
 Carro-jarro pequeno	1,87	0,29

Figura 5.46 – Medidas de arrasto realizadas com modelos em escala 1:10 por Klemperer em 1922 [16].

Os resultados de medidas realizadas por Klemperer [16] sobre os modelos iniciais dos veículos de Jaray são apresentados na Figura 5.47, onde o arrasto dos veículos de Jaray é metade dos veículos tipo caixa. Subsequentemente, durante 1922 e 1923, o Audi, Dixi e Ley, apresentaram veículos baseados nas suas formas sobre o conceito da "forma combinada", como está na Figura 5.48.

Figura 5.47 – Um dos primeiros veículos de Jaray construído, o Audi tipo K 14/50 HP, em 1923 [2].

Figura 5.48 – BMW 328, o corpo fabricado por Wendler Reutlingen, 1938 [2].

Durante o início dos anos 1930, Jaray colocou a parte superior perto da parte traseira do veículo, como na Figura 5.49, mas o arrasto do veículo ficou em torno de $C_D = 0,44$.

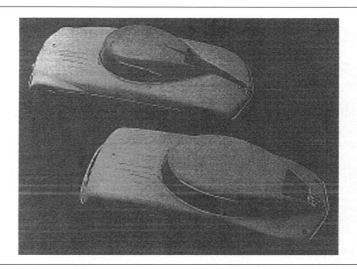

Figura 5.49 – Dois veículos típicos de Jaray fabricados por Huber & Bruhwiler, Luzern, 1933-34: topo: 2L Audi; abaixo: Daimler-Benz Tipo 200 [2].

As Figuras 5.50 e 5.51 mostram exemplos de veículos construídos conforme o princípio de Jaray, em comparação com o formato clássico da Daimler--Benz, 1928.

A parte traseira longa, das formas do Jaray, impediu o sucesso dos modelos, provocando dúvidas em relação ao conceito.

Figura 5.50 – O veículo Daimler-Benz "Stuttgart" 1928 [2].

Figura 5.51 – Uma fotografia das linhas de corrente de veículo típico do Jaray com traseira tipo pseudo-Jaray [2].

A Figura 5.52 mostra o escoamento no plano médio colado sobre uma maior distância, entretanto, estudos posteriores mostraram dois vórtices longitudinais distantes em cada lado da traseira inclinada. Esses vórtices induziram não somente um forte escoamento descendente entre os vórtices mantendo o escoamento na seção central colado, mas também induziram alta pressão negativa sobre a parte inclinada o que provocou alto arrasto.

Figura 5.52 – Veículo Tatra tipo 87, 1937, projetado por H. Ledwinka [2].

Um veículo concebido baseado nas ideias de Jaray é o Trata 87, projetado por Ledwinka (Figura 5.52). Iniciou a produção em 1936 e terminou em 1950. O veículo tem uma razão de comprimento–altura de 2,9, o valor de C_D relatado era 0,244, enquanto o valor verdadeiro baseado em medidas em 1979 era C_D = 0,36.

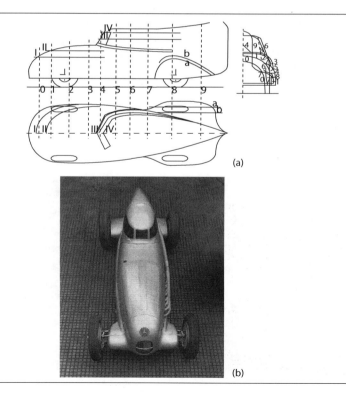

Figura 5.53 – (a) Veículo aerodinâmico Mistral projetado por P. Mauboussin em 1933 para Chenard & Walker [18]; (b) Peugeot 402 [2].

Na França, Mauboussin [20] seguiu um caminho similar ao de Jaray e construiu em 1937 o "Mistral", Figura 5.53a, o veículo da Figura 5.53b, um Peugeot 402, similar ao "Mistral" com uma aleta vertical para melhorar a estabilidade em vento cruzado.

Outra tentativa para projetar um veículo de baixo arrasto foi iniciada na AVA em Gonttingen por Lange [21], mostrado na Figura 5.55 com coeficiente de arrasto $C_D = 0{,}14$ confirmado com testes de escala reduzida como $C_D = 0{,}16$.

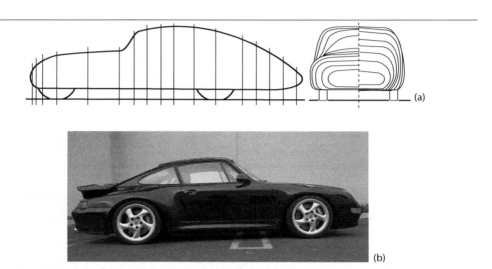

Figura 5.54 – (a) Perfil aerodinâmico do *"Lange car"* $C_D = 0{,}14$; (b) Porsche 911 Carrera ano 1995, $C_D = 0{,}33$, $A = 1{,}86 \text{ m}^2$ [2].

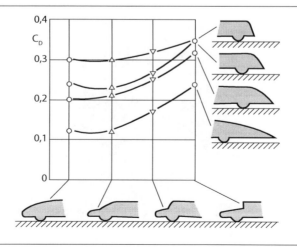

Figura 5.55 – Influência dos parâmetros principais do corpo do veículo sobre o arrasto [2].

5.5.2 Estudos paramétricos

A distância separando a aerodinâmica e a tecnologia dos veículos foi eliminada quando os engenheiros automobilísticos interessaram-se pela aerodinâmica. Isso aconteceu em dois lugares de forma independente e simultaneamente; nos Estados Unidos pelo professor Lay da Universidade de Michigan e, na Alemanha, pelo professor Kamm da Universidade Tecnológica de Sttutgart. Lay foi o primeiro na investigação da geometria veicular e publicou seus resultados em 1933, de onde foi obtida a Figura 5.56. Sua investigação mostrou uma forte interação entre o escoamento na parte dianteira e traseira do veículo. Kamm junto com sua equipe introduziram a traseira curta no projeto veicular. O resultado do trabalho pode ser resumido como segue: inicialmente, com a seção transversal máxima, os contornos do corpo são afilados para manter o escoamento localizado. Isso produz um aumento da pressão estática na direção do escoamento. Juntamente, antes do local de separação, o corpo é truncado de modo vertical, resultando numa base plana da área de seção menor em comparação com a área frontal.

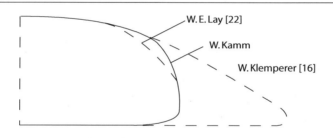

Figura 5.56 – Comparação de três tipos de traseiras veiculares da década de 1930 [2].

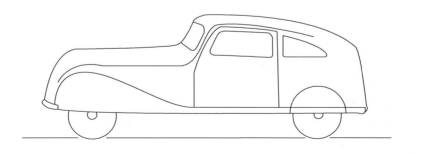

Figura 5.57 – O primeiro veículo de passeio com traseira estilo Kamm 1938, sobre o chassis de Mercedes-Benz 170 V [2].

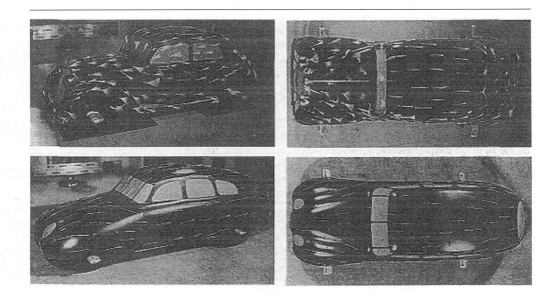

Figura 5.58 – Comparação entre os modelos de escala reduzida 1:5 dos veículos de Kamm K1 e Mercedes-Benz W 158 [2].

A esteira atrás do veículo é menor e a pressão estática negativa na base plana é moderada por causa da recuperação de pressão na seção anterior. Ambas contribuem para reduzir o arrasto, como pode ser verificado na Figura 5.57, mostrando a vantagem do modelo da traseira apresentada por Kamm.

Em 1938, Everling usou esse conceito no seu veículo, o primeiro a ser equipado com esse tipo de traseira, Figura 5.58, vários protótipos foram construídos conforme as ideias de Kamm. O primeiro chamado de K_1, foi muito progressivo, liso com as quatro rodas cobertas. A Figura 5.59 mostra um modelo de escala 1:5 do K_1 comparado com o DBW 158 um protótipo similar a DB 70V que foi produzido pelo Daimler-Benz até depois da II Guerra Mundial. Os coeficientes de arrasto são muito diferentes para o modelo K_1 C_D = 0,21 e para W158 C_D = 0,51.

A extremidade traseira do K_1 era ainda comprida. Uma traseira típica dos modelos Kamm é mostrado na Figura 5.59 designado de K_3, com valor de C_D = 0,37. A Figura 5.60 mostra uma comparação entre o modelo de Kamm com outros modelos.

A importância da estabilidade com vento cruzado aumenta com o aumento da velocidade. Heald [25] relatou que a força lateral aumenta linearmente com o ângulo de incidência do vento cruzado (β na Figura 5.65) de até 20°. Para neutralizar o aumento de quinada, Kamm usou aletas na cauda do veículo. O K_1 foi equipado com duas aletas duplas em paralelo, foi observado também o efeito da sustentação sobre a estabilidade direcional, como pode ser visto no veículo foguete construído em 1928 (Figura 5.61). O arqueamento da asa é positivo, enquanto atualmente é negativo, mas o ângulo de ataque naquela época era negativo, assim produzindo uma força descendente.

Figura 5.59 – O veículo Kamm K3 de 1938-39 no túnel climático da Volkswagen [2].

Figura 5.60 – Comparação entre as seções longitudinais dos veículos de Jaray e Kamm. [2]

Figura 5.61 – O veículo foguete RAK 2, 1928 [2].

5.5.3 Corpos de um volume único

Mesmo com a falência dos veículos baseados nas linhas de corrente, os entusiastas foram mais longe, tentando investigar ainda mais esse modelo e sua aplicação.

Em 1922, Aurel Persu projetou um veículo cuja forma segue de perto o formato de meio-corpo ideal de Jaray, como está na Figura 5.62. Mais tarde, vários engenheiros americanos adotaram o conceito de veículo de volume único.

Figura 5.62 – O veículo de teste Persu, 1923-24 [2].

Uma análise do escoamento em torno desse modelo feita por Schlör, Figura 5.63, mostrou que esse modelo não é tão ideal quanto se pensava. Uma forma adequada do veículo é aquela que evita os problemas desse modelo. Schlör construiu seu modelo (Figura 5.64) e mostrou ter um $C_D = 0,125$.

Os coeficientes de arrasto são compilados na Figura 5.63, onde se pode verificar que ao longo do chão o coeficiente de arrasto do modelo é menor que da seção do aerofólio usado para projetar o veículo. O C_D do veículo real medido é $C_D = 0,186$ comparado com $C_D = 0,189$ dos testes.

As medidas realizadas por Hansen e Schlör foram estendidas para estudar a estabilidade do veículo de Schlör em relação ao vento cruzado. Dos dados comparativos da Figura 5.64 é evidente que o momento de quinada tendendo a virar o veículo ao longe da direção do vento é maior para os veículos de perfil aerodinâmico que dos veículos convencionais.

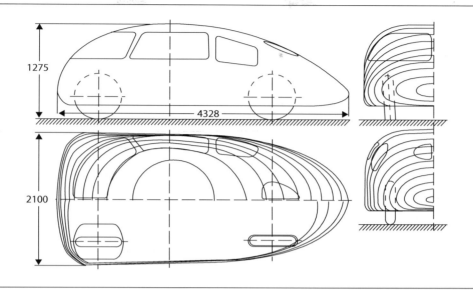

Figura 5.63 – Vista plana do veículo do Schlor, 1938, após Schlör [31].

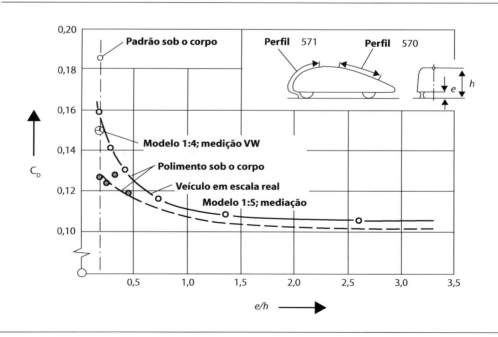

Figura 5.64 – Os coeficientes de arrasto em função do espaçamento do chão dos modelos e dos veículos reais do Schlör [2].

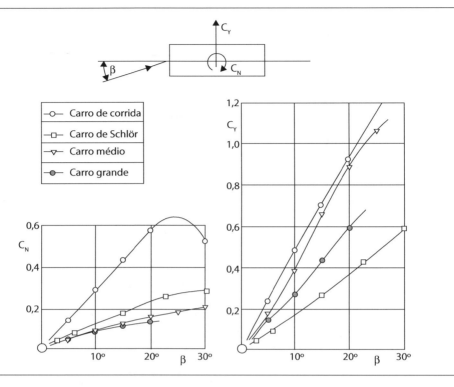

Figura 5.65 – Os coeficientes de arfagem e força lateral de quatro tipos de veículos [31].

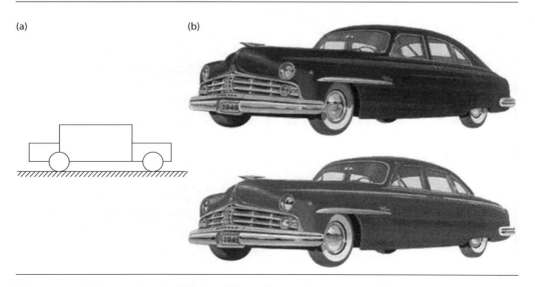

Figura 5.66 – (a) Corpo de três volumes; (b) Ford Lincoln Continental 1949 [2].

Na Europa, todas as atividades em aerodinâmica veicular pararam por causa do início da II Guerra Mundial e com a parada da produção dos veículos não militares, as possibilidades de utilizar os resultados obtidos até aquela data foram frustrados.

5.5.4 O corpo do veículo do tipo "Pantoon"

Após a II Guerra Mundial, a produção de automóveis reiniciou nos Estados Unidos, onde as empresas lançaram veículos baseados em novos projetos, isto é, o projeto de três volumes do motor, dos passageiros e das malas de bagagem (Figura 5.66a e 66b). Na Europa, entretanto, o reinício da fabricação dos veículos foi para lançar modelos pré-guerra. O modelo na Europa chamado de "corpo de Pantoon" é mostrado na Figura 5.66b. Durante muito tempo a aerodinâmica veicular se mantém no mesmo nível de desenvolvimento. Na indústria automobilística, a resistência do mercado em aceitar a venda dos novos era marcante. Fabricantes como, Panhard e Citroën não tiveram êxito (Figura 5.67). Somente a Porsche, o fabricante dos veículos esportivos, teve êxito com aerodinâmica aplicada aos veículos, como pode ser visto na Figura 5.68.

	Modelo/Ano	A m²	c_D
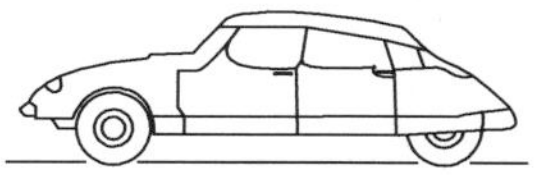 DS 19	1955	2,14	0,38
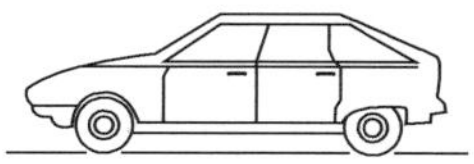 GS	1970	1,77	0,37
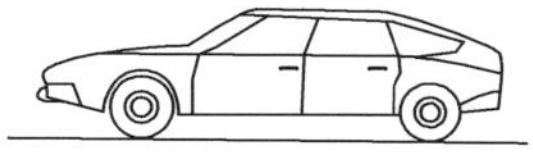 CX 2000	1974	1,96	0,40
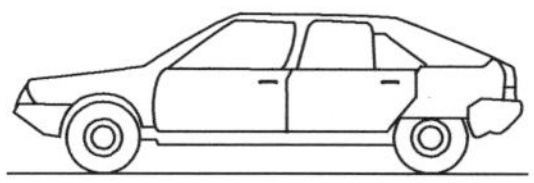 BX	1982	1,89	0,33 – 0,34

Figura 5.67 – Os veículos da Citroën de 1955 a 1982 [2].

Modelo/Ano	A m²	c_D
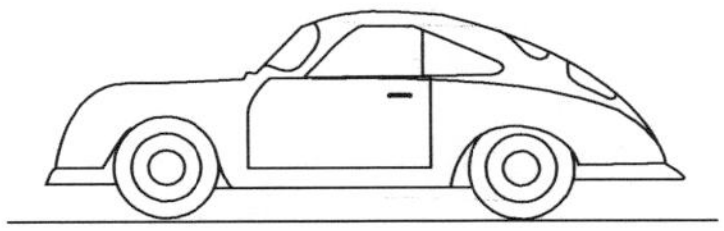 356 A — 1950	1,61	0,34
 356 B — 1957	1,69	0,31
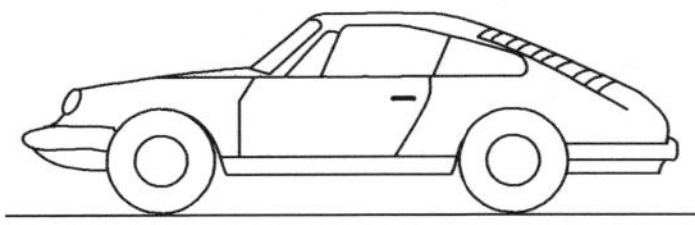 911 S — 1976	1,77	0,40
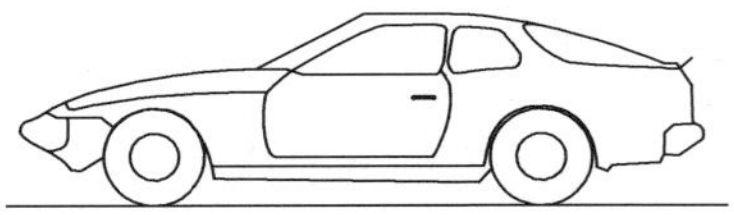 924 — 1975	1,79	0,33
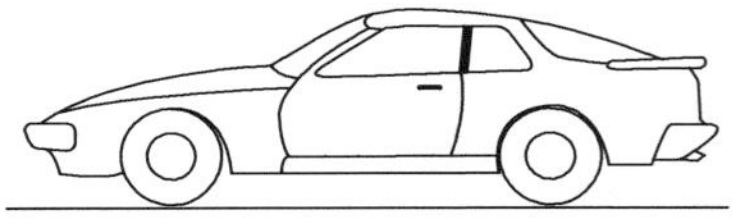 944 — 1981	1,82	0,35
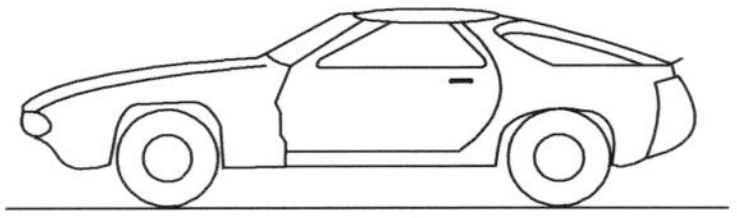 928 S — 1977	1,96	0,39

Figura 5.68 – Os veículos da Porsche de 1950 a 1977 [2].

5.5.5 Os veículos comerciais

A necessidade para caminhões e ônibus de alta velocidade nasceu da construção das pistas e rodovias que comportam um tráfego de alta velocidade, que ocorreu em 1930. A priori, esse transporte de pessoas e de produtos era feito por trens. O primeiro caminhão era nada mais que um veículo de passeio estendido.

Somente após a introdução do ônibus – trem ou "bonde" por Gaubschat em 1936, ver Figura 5.69, foi que a geometria do ônibus se diferenciou daquela dos veículos de passeio. A parte dianteira era arredondada, sendo que o motor ficava abaixo do assoalho, e, mais tarde, na parte traseira, resultando em mais assentos a serem alocados, ver Figura 5.70.

Em 1936, o traseiro concebido por Kamm foi introduzido no projeto de ônibus, como está na Figura 5.71.

Figura 5.69 – O *"Bus Tram"* por Gaubschat, 1936, sobre chassi do Bussing [2].

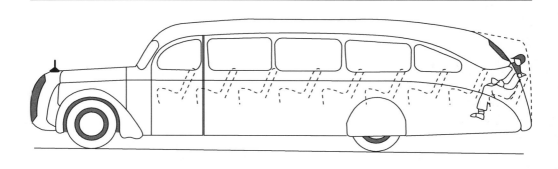

Figura 5.70 – A extremidade traseira de um ônibus, de Jaray e Kamm, Koenig-Fachsenfeld [23].

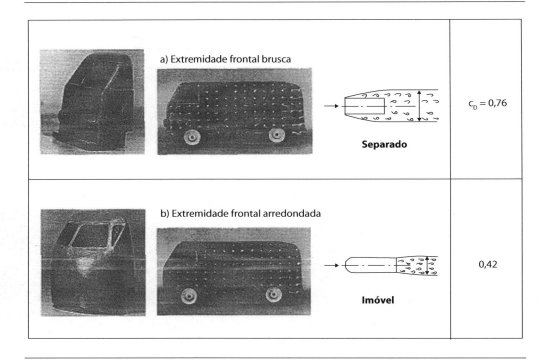

Figura 5.71 – O desenvolvimento da extremidade frontal da van da VW, Möller [35].

O verdadeiro marco na aerodinâmica dos veículos comerciais foi alcançado pelo projeto da extremidade dianteira da van do VW projetado por Möller em 1951 [35]. Além da redução drástica de arrasto as vendas dessa van foram as maiores do mundo. A Figura 5.72, mostra o desenvolvimento da parte dianteira da van da VW 1951. Como pode ser verificado na Figura 5.71, um valor de $r/b = 0,045$ foi suficiente para manter o escoamento em torno da quina colada à superfície lateral do veículo. A otimização dos raios dianteiros tornou-se hoje em dia uma prática padrão para ônibus e cabine de caminhão.

Um avanço no melhoramento da aerodinâmica do caminhão foi a invenção do "spoiler" de cabine. Os experimentos realizados por Sherwood [36] mostraram uma boa redução no arrasto pelo uso de carenagem acima da cabine. Em 1961, a empresa Rudkin inventou o chamado protetor de ar (*air shield*). Em 1966, Saunders patenteou o spoiler de cabine "*cab spoiler*" [37]. Entretanto, Frey [38], mostrou como o campo de escoamento pode mudar usando guias para o escoamento da invenção de Betz em 1922 para uso com locomotivas a vapor.

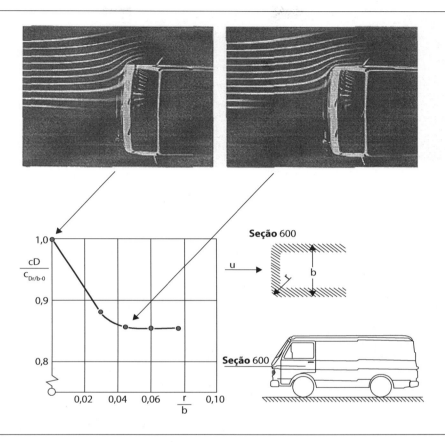

Figura 5.72 – Os detalhes da otimização da van da VW LT I [2].

Figura 5.73 – Lâmina de ar instalada sobre a cabine de um caminhão [2].

5.5.6 Motocicletas

Os projetistas de motocicletas descobriram o potencial da aerodinâmica somente mais tarde para motocicletas de corrida, as vantagens da carenagem completa tornaram-se evidente, mas também suas limitações em relação ao manuseio, além da alta sensibilidade em relação ao vento cruzado. Os detalhes de aerodinâmica das motocicletas podem ser encontrados em Schlichting [39] e Scholz [40 e 41]. A Figura 5.74 mostra claramente o ganho no desempenho com carenagem similar ao de peixe. A cauda longa é necessária para reduzir a sensibilidade ao vento cruzado. As motocicletas de passeio têm seguido o mesmo caminho em relação à aerodinâmica, isto é, descobrindo sua importância, mais tarde ainda.

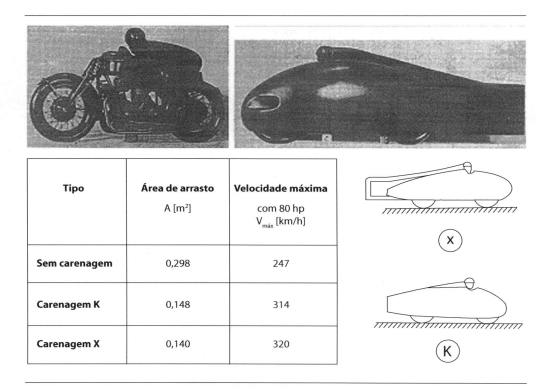

Tipo	Área de arrasto A [m²]	Velocidade máxima com 80 hp $V_{máx}$ [km/h]
Sem carenagem	0,298	247
Carenagem K	0,148	314
Carenagem X	0,140	320

Figura 5.74 – Carenagem para motocicletas de corrida, Schlichting [39].

EXERCÍCIOS

1) Sendo a força de arrasto causada pelo escoamento de um fluido na superfície da placa plana de 1,2 kgf, pede-se determinar a largura b desta, sabendo-se que a passagem da camada-limite de laminar para turbulenta acontece a 15 cm do bordo de ataque, e são dados:

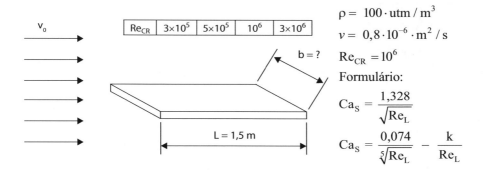

| Re_{CR} | 3×10^5 | 5×10^5 | 10^6 | 3×10^6 |

$\rho = 100 \cdot utm/m^3$
$v = 0,8 \cdot 10^{-6} \cdot m^2/s$
$Re_{CR} = 10^6$

Formulário:

$$Ca_S = \frac{1,328}{\sqrt{Re_L}}$$

$$Ca_S = \frac{0,074}{\sqrt[5]{Re_L}} - \frac{k}{Re_L}$$

Resposta:

0,21 m.

2) É dado um veículo com as seguintes características: Ca = 0,47; A_{fr} = 2,67 m²; G = 2.245 kgf. Considerando-se a densidade do ar 1,2 kg/m³, pede-se traçar as curvas de força de resistência ao rolamento e força de arrasto do veículo, bem como as respectivas curvas de potência em função da velocidade do veículo. Considere o veículo trafegando no plano e as seguintes velocidades:

v (km/h)	20	40	60	80	100	120	140	160	180	200

Formulário:

$$F_{rol} = f \cdot G \cdot \cos\alpha = (0,012 + 0,0003 \cdot v^{1,1}) \cdot G \cdot \cos\alpha$$

$$F_a = Ca \cdot \frac{\rho_{ar} \cdot v^2 \cdot A_{fr}}{2}$$

Resposta:

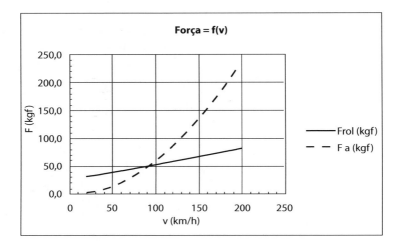

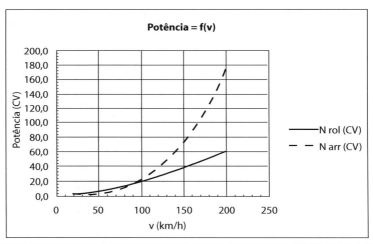

3) Considerando-se valores médios de Ca para cada caso da tabela a seguir, pede-se traçar as curvas de potência por conta da força de arrasto em função da velocidade dos veículos. As áreas frontais são dadas apenas como referência.

Veículo	Ca	A (m^2)
Automóvel de passeio	0,4 a 0,6	1,96
Conversível	0,6 a 0,7	1,77
Carro esporte	0,25 a 0,3	1,77
Ônibus	0,6 a 0,7	4,2
Caminhão	0,8 a 1,0	4,2
Motocicleta	1,8	0,165

Resposta:

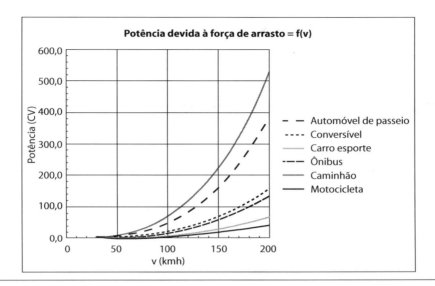

4) Relacione o coeficiente de arrasto e a área frontal de pelo menos dez veículos nacionais.

5) Defina a diferenciação de cores obtidas virtualmente no veículo abaixo apresentado.

6) Que elemento externo causa a perturbação apresentada na simulação abaixo? Como minimizá-la? Estime o valor dessa F_{arr} concentrada.

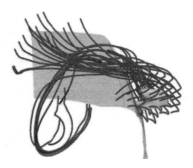

7) O que está representado na figura abaixo?

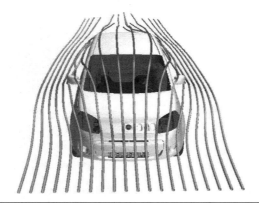

8) Na figura abaixo, que escoamentos estão sendo apresentados?

 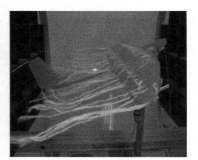

9) Determine o número de Reynolds para uma aeronave em escala reduzida, sabendo-se que a velocidade de deslocamento é v = 16 m/s para um voo, realizado em condições de atmosfera padrão ao nível do mar ($\rho = 1{,}225$ kg/m^3). Considere m e $\mu = 1{,}7894 \cdot 10^{-5}$ kg/ms.

Aerodinâmica veicular

10) Determine a força de arrasto para uma bola de golfe (a) bola lisa (b) bola-padrão.

Resposta:

1,65 N, 0,81 N e 0,115 N.

---

11) Determine a força de arrasto para a bola de tênis de mesa (pingue-pongue)

---

12) Determine a desaceleração de cada uma das bolas e comparar o resultado.

Resposta:

3,75; 1,82 e 4,70 m/s².

---

13) É dado um veículo com área frontal de 1,8 m² e coeficiente de arrasto Ca = 0,32, trafegando a 100 km/h em um ambiente com pressão atmosférica p_e = 0,92 kgf/cm² e temperatura t_e = 30 °C. Qual deve ser o novo coeficiente de arrasto para obter-se uma redução de 10% na potência consumida pela força de arrasto de superfície? Considerar R_{ar} = 29,3 kgm/kg.K.

Resposta:

Ca = 0,29

---

14) Durante testes de um veículo esportivo tradicional (Corvette) em túnel de vento com gerações diferentes, obteve-se os seguinte valores de coeficiente de arrasto frontal:

a) Geração atual com teto rígido: Ca = 0,333; A_{fr} = 1,95 m²;

b) Geração atual conversível: Ca = 0,352; A_{fr} = 1,95 m²;

c) Geração original (cerca de 40 anos de diferença em relação à geração atual), com teto rígido: Ca = 0,459; A_{fr} = 2,04 m².

Pede-se traçar as curvas da potência devidas à força de arrasto desse veículo nas gerações apresentadas, na faixa de velocidade de 60 km/h até 160 km/h. Considerar a densidade do ar ambiente de 0,106 utm/m³.

---

15) Pede-se traçar as curvas no momento de arfagem de um veículo, considerando-se os seguintes coeficientes de arfagem: 0,05; 0,10; 0,15; 0,20.

O veículo possui área frontal de 1,8 m² e comprimento entre eixos de 2,3 m. Considerar a densidade do ar ambiente de 0,106 utm/m³.

16) Com o intuito de reduzir o consumo de combustível de caminhões, tem-se a redução da força de arrasto como um dos principais fatores a serem considerados. Estudos mostram que é possível obter-se uma redução de cerca de 73% do coeficiente de arrasto por meio da utilização de "spoiler" de cabine ou lâmina de ar instalada sobre a cabine de um caminhão. Pede-se:

   a) Considerando-se uma configuração original com Ca = 0,89 em comparação com uma configuração otimizada com Ca = 0,25, pede-se traçar as curvas de força de arrasto e de potência devidas à força de arrasto de um caminhão com essas configurações, em uma faixa de velocidades de 40 km/h e 120 km/h. Considerar um caminhão com altura 3,96 m e largura 2,60 m (visto de frente), trafegando em um ambiente com pressão atmosférica p_e = 0,92 kgf/cm² e temperatura t_e = 34 °C. Admitir R_{ar} = 29,3 kgm/kg.K.

   b) Qual deve ser a economia de combustível em litros/km se esse caminhão estiver trafegando a 100 km/h? Admitir ρ_{comb} = 0,75 kg/L e consumo específico de 0,20 kg/CV.h.

Respostas:

b) 0,26 L/km

17) O ar a 20 °C, 1 bar e velocidade de 3 m/s escoa sobre uma placa plana a 60 °C cuja largura é 0,5 m. Calcular para x = 0,5 m e x = x_c:

   a) O comprimento crítico;
   b) As espessuras das camadas-limite fluidodinâmica e térmica;
   c) O coeficiente local de arrasto superficial;
   d) O coeficiente médio de arrasto;
   e) A tensão média de cisalhamento superficial.

18) Qual é a força de sustentação provocada pelo chassi em forma de Venturi de um veículo se deslocando a 100 m/s, com dimensões 1,5 m x 3,0 m e distância em relação ao solo variando de 0,2 m para 0,15 m no centro do veículo?

Aerodinâmica veicular

19) Um veículo tem área frontal igual a 2,6 m² e coeficiente de arrasto 0,42. Esse veículo trafega com velocidade de 100 km/h em uma estrada onde a densidade do ar é 1,205 kg/m³. Nessas condições, determine:

   a) A força de arrasto.

   b) A potência necessária para manter o veículo nessa velocidade.

   Resposta:

   a) 508 N, b) 1.4105 W (19,2 CV)

20) Um automóvel tem massa total de 1.500 kg, área frontal igual a 2,34 m² e coeficiente de arrasto de 0,32. O veículo trafega em uma estrada ao nível do mar, com densidade do ar 1,225 kg/m³. Determine:

   a) A força de arrasto e a força de resistência ao rolamento para as velocidades de 30 km/h, 60km/h e 120 km/h (utilize a Equação 4.5 do Capítulo 4 – "Relacionamento motor–veículo", com os coeficientes f_o = a 0,010 e f_s 0,005, correspondentes a uma pressão de enchimento do pneu de 30 psi, de acordo com a Figura 4.11). Para cada velocidade, compare a porcentagem das forças de arrasto e de resistência ao rolamento em relação à força de resistência total.

   b) A velocidade em que as forças do item anterior são iguais.

   Resposta:

   a) Conforme tabela abaixo

V [km/h]	F_arr [N]	%	F_rol [N]	%	F_res [N]
30	31,85	17,44	150,72	82,56	182,57
60	127,40	43,22	167,36	56,78	294,76
120	509,60	66,09	261,48	33,91	771,08

   b) 70,9 km/h

Referências bibliográficas

1. BRUNETTI, F. *Aerodinâmica veicular* – CEMO – Instituto Mauá, 1985.
2. ISMAIL, K. *Aerodinâmica veicular*, 2007.
3. MILLIKEN, William F.; MILLIKEN, Douglas L. *Race Car Vehicle Dynamics*. SAE International, 1995.
4. KIESELBACH, Rj. F. *Streamline cars in Germany* – Aerodynamics in the construction of passenger vehicles 1900-1945. Kohlhammer, Stuttgart, 1982.

5. KIESELBACH, Rj. F. *Streamline cars in Europe/USA* – Aerodynamics in the construction of passenger vehicles 1900-1945. Kohlhammer, Stuttgart, 1982.

6. KIESELBACH, R. J. F. *Aerodynamically designed commercial vehicles 1931-1961 built on chassis.of Daimler-Benz, Krupp, Opel, Ford (Stromlinienbusse in Deutschland-Aerodynamik Im Nutzfahrzeugbau 1931 bis 1961)*. Kohlhammer, Stuttgart, 1983.

7. KOENIG-Fachsenfeld, R. V. *Aerodynamik des Kraftfahrzeuges*. v. 2, Umsehau Verlag, Frankfurt, 1951.

8. LUDVIGSEN, K. E. *The Time Tunnel* – an historical survey of automotive aerodynamics. SAE Paper nº 700035, Society of Automotive Engineers, Warrendale, Pa., 1970.

9. McDONALD, A. T. A Historical Survey of Automotive Aerodynamics. *Aerodynamics of transportation*, ASME-CSME Conference, Niagara Falls, 1979, p. 61-69.

10. KIESELBACH, Rj. F. Streamlining Vehicles 1945-1965 – A Historical Review. *Journal of Wind Engineering and Industrial Aerodynamics*, p. 105-113, v. 22, 1986.

11. HUCHO, W.-H.; SOVRAN, G. Aerodynamics of Road Vehicles. *Annu. Rev. Fluid Mech.*, v. 25, p. 485-537, 1993.

12. FRANKENBERG, Rv.; MATTEUCCI, M. Sigloch Service. Ed., 1973.

13. RANDLER, A. Oldenburg, Berlim, 1911.

14. ASTON, W. G. Body Design and Wind Resistance. *The Autocar*, p. 364-366, Aug. 1911.

15. RUMPLER, E. v. 15, p. 22-25, 1924.

16. KLEMPERER, W. v. 13, p. 201-206, 1922.

17. JARAY, P. *Der Motorwagen*, Heft 17, p. 333-336, 1922.

18. BRÓHL, H. *Paul Jaray-Stromlinienpionier*, published by the author, Berna, 1978.

19. SCHMID. C. *ATZ*, v. 41, p. 465-477, 498-510, 1938.

20. MAUBOUSSIN, P. Voitures aérodynamiques. *L'Aéronautique*, p. 239-245, Nov. 1933.

21. LANGE, A. *Berichte Deutscher Kraftfahrzeugforschung im Auftrag des RVM*, n. 31, 1937.

22. LAY, W. E. Is 50 Miles per Gallon Possible with Correct Streamlining? *SAE Journal*, v. 32, 177-186, p. 144-156.

23. KOENIG-FACHSENFELD, R. V.; et al. *ATZ*, v. 39, p. 143-149, 1936.

24. EVERLING, E. v. 1, 1948, p. 19-22.

25. HEALD, R. *Aerodynamic Characteristics of Automobile Models*. US Dept. of Commerce, Bureau of Standards, RP 591, 1933. p. 285-291.

26. SAWATZKI, E. *Deutsche Kraftfahrforschung*, Heft 50, VDI-Verlag, Berlim, 1941.

27. SCHNEIDER, H. J., Köln, 1987.

28. PERSU, A. *Zeitschrift für Flugtechnik und Motorluftschiffahrt*, v. 15, p. 25-27, 1924.

29. FISHLEIGH, W. T. The Tear-Drop Car. *SAE Journal*, p. 353-362, 1931.

30. REID, E. G. Farewell to the Horseless Carriage. *SAE Journal*, v. 36, p. 180-189, 1935.

31. SCHLÖR, K. *Deutsche Kraftfahrforschung*, Zwischenbericht, n. 48, 1938.

32. HANSEN, M.; SCHLÖR, K. *Aerodynamische Versuchsanstalt Gottingen*, Bericht 43 W 26, 1943.

33. HANSEN, M.; SCHLÖR, K. *DeutscheKraftfahrtforschung*, Zwischenbericht, n. 63, 1938.

34. PAWLOWSKI, F. W. Wind Resistance of Automobiles. *SAE Journal*, v. 27, p. 5-14, 1930.

35. MÖLLER, E. *ATZ*, v. 53, p. 153-156, 1951.

36. SHERWOOD, A. W. *Wind Tunnel Test of Trail mobile Trailers*. University of Maryland Wind Tunnel Report, n. 35, 1953.

37. SAUNDERS, W. S. US Patent 3, 241, 876, 1966 – US Patent 3, 309, 131, 1967; US Patet 3, 348, 873 – 1967.

38. FREY, K. *Forschung, Ing. Wesen März*, 1933. p. 67-74.

39. SCHLICHTING, H. Kassel, Hochschultag, 1953.

40. SCHOLZ, N. *Die Umschau*, Jahrg. 51, p. 691-692, 1951.

41. SCHOLZ, N. ZVDI, 95, 1953. p. 17.

6

Combustíveis

Atualização:
Cláudio Coelho de Mello
Fernando Luiz Windlin
Paula Manoel Crnkovic

6.1 Um pouco de história

Em meados do século XIX, a necessidade de combustível para iluminação (principalmente querosene e gás natural) levou ao desenvolvimento da indústria do petróleo. No final do mesmo século, o crescimento do transporte motorizado fez com que a demanda por gasolina crescesse muito rapidamente, consolidando a indústria do petróleo.

A gasolina era composta basicamente por destilados leves de petróleo, com baixa resistência à detonação e a adição de álcoois etílico e metílico mostrou-se eficaz na inibição desse problema. Em 1921, Midgley e Brown testando compostos organometálicos nos laboratórios de desenvolvimento da General Motors, constataram que o Chumbo-Tetra-Etila se mostrou mais eficaz na inibição da detonação espontânea, tornando-se, a partir daí, o principal aditivo para a gasolina.

Durante a II Guerra Mundial o aumento da demanda por produtos obrigou os principais países em conflito a um grande consumo de petróleo, e esse esforço de guerra proporcionou a criação de vários novos processos de refino e a descoberta de vários novos catalisadores, incrementando a indústria de petróleo, proporcionando também o surgimento da indústria petroquímica.

Após os dois choques no preço do petróleo, em 1973 e 1979, muitos combustíveis alternativos foram pesquisados, entretanto, a sua utilização em grande escala somente foi adotada em países como o Brasil e a Nova Zelândia.

No Brasil, apesar da adição de álcool etílico à gasolina ser realizada desde 1935, em teores da ordem de 5%, somente em 1980 iniciou-se a adição de 20% a

22%, e atualmente variando de 20% a 25%, em função de oscilações na produção de álcool.

Atualmente, os principais derivados de petróleo utilizados em motores de combustão interna são as gasolinas, os óleos diesel, o querosene de aviação e vários óleos combustíveis marítimos para motores pesados de baixa rotação, variando desde o MF-100 (*Marine Fuel*, viscosidade máxima 100 cSt – centi Stoke – unidade de viscosidade no sistema CGS – cm^2/s) até o MF-700, conforme ISO-8217.

6.2 Combustíveis derivados do petróleo

6.2.1 Petróleos

São líquidos oleosos, inflamáveis, de cor que varia do castanho ao negro, com cheiro desagradável, geralmente, menos denso que a água, retirado do subsolo ou, em alguns casos, da superfície, tal como nos lagos de asfalto.

Possuem diferentes propriedades físicas (massa específica, viscosidade etc.) e composições químicas, dependendo do local de onde são retirados. Por exemplo, há petróleos pouco viscosos, semelhantes a um diesel, também chamados "condensados" (ex.: petróleo de Urucu – Amazônia), e outros quase sólidos que demorariam um dia inteiro para escorrer de um recipiente (ex.: alguns petróleos venezuelanos).

Quimicamente, o petróleo é uma mistura complexa de hidrocarbonetos, podendo apresentar em sua estrutura orgânica pequenas quantidades que variam entre 1% e 10% de enxofre, nitrogênio e oxigênio. Encontram-se petróleos com predominância de moléculas saturadas (ligações simples) e moléculas contendo anéis benzênicos.

Encontram-se petróleos com predominância de algumas famílias de hidrocarbonetos. São eles:

- Petróleos parafínicos: tal como o petróleo Baiano, o Árabe-Leve e o Bashra (Iraque – petróleos do golfo pérsico tendem a ser parafínicos); bons para a fabricação de óleos lubrificantes.

- Petróleos naftênicos: também chamados de asfálticos. Possuem resíduos asfálticos de boa qualidade, tanto quanto sua gasolina, mas não são adequados para lubrificantes (viscosidade cai rapidamente com a temperatura). Como exemplo, têm-se os petróleos da bacia de Campos, no Rio de Janeiro – Brasil.

- Petróleos aromáticos (mais raros): tal como o petróleo "Escravos", obtido na Nigéria e alguns petróleos da Indonésia. Bons para a produção de solventes, geram naftas com alta octanagem, mas não são adequados para a produção de diesel.

- Petróleos mistos: consistem majoritariamente numa mistura de hidrocarbonetos (compostos de Carbono e Hidrogênio), contendo ainda pequenas proporções de compostos orgânicos oxigenados, nitrogenados, sulfurados e organometálicos, além de água, sais minerais e areia.

A mistura desses hidrocarbonetos combustíveis compreende desde aqueles de baixo ponto de ebulição, com um a quatro átomos de carbono, gasosos na temperatura ambiente, até os de elevado ponto de ebulição, sólidos nessa mesma temperatura. Esses compostos gasosos e sólidos se mantêm dissolvidos de maneira quase estável no conteúdo líquido.

Como os petróleos ficaram milhões de anos na natureza, é fácil compreender porque possuem compostos quimicamente estáveis. Os principais hidrocarbonetos encontrados são:

a) Alcanos ou Parafinas (C_nH_{2n+2})

Caracterizados por se organizarem em cadeias abertas, normais ou ramificadas, e somente com ligações simples (saturadas). O nome é derivado do latim *parum* ("mal") + *affinis*, que significa "falta de afinidade" ou "falta de reação", indicando sua baixa reatividade química.

No petróleo encontram-se parafinas gasosas, de um a quatro carbonos (C1 a C4), líquidas (C5 a C17) e sólidas (acima de C18). Nota-se que para um mesmo número de átomos de carbono, os compostos de cadeia ramificada têm menor ponto de fusão e ebulição que os de cadeia simples. Esses dados são apresentados na Tabela 6.1.

Tabela 6.1 – Alcanos – Pontos de fusão e ebulição.

Nome do composto	Fórmula química	Ponto de fusão (°C)	Ponto de ebulição (°C)
Metano	CH_4	−183	−162
Etano	C_2H_6	−172	−88
Propano	C_3H_8	−158	−42
n-butano	C_4H_{10} ou $CH_3(CH_2)_2CH_3$	−138	0
n-pentano	C_5H_{12} ou $CH_3(CH_2)_3CH_3$	−130	36
n-heptano	C_7H_{16} ou $CH_3(CH_2)_5CH_3$	−80	98
n-icosano (iso-octano)	C_8H_{18} ou $CH_3(CH_2)_{18}CH_3$	36	354
Isopentano	C_6H_{14} ou $CH_3CH_2CH(CH_3)_2$	−160	28

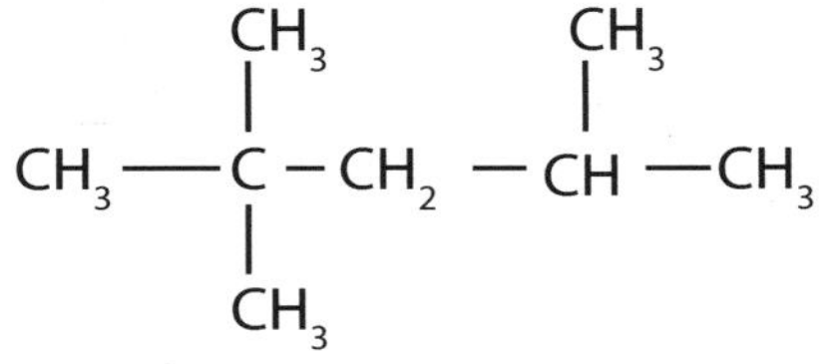

$$CH_3-\underset{\underset{CH_3}{|}}{\overset{\overset{CH_3}{|}}{C}}-CH_2-\overset{\overset{CH_3}{|}}{CH}-CH_3$$

Figura 6.1 – 2,2,4 trimetil-pentano (isooctano).

b) Cicloparafínicos ou Naftênicos (C_nH_{2n})

Hidrocarbonetos de cadeia saturada (ligações simples) com estrutura cíclica (anel), podendo ser normais ou ramificadas. Em função da estabilidade química, encontram-se no petróleo somente anéis com cinco e seis carbonos, além de compostos com vários anéis fundidos. As propriedades são similares às parafinas, mas possuem pontos de fusão, ebulição e densidades mais altas. Estes dados são apresentados na Tabela 6.2.

Tabela 6.2 – Naftênicos – Pontos de fusão e ebulição.

Nome do composto	Fórmula química	Ponto de fusão (°C)	Ponto de Ebulição (°C)
Ciclopentano	C_5H_{10}	−94	49
Metilciclopentano	C_6H_{12}	−142	72
1,2 dimetilciclopentano	C_7H_{14}	−62	99
Ciclohexano	C_6H_{12}	6,5	80,7
Metilciclohexano (Figura 6.2)	C_7H_{14}	−126	101

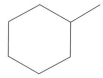

Figura 6.2 – Metilciclohexano.

c) Aromáticos (C_nH_{2n-6})

Hidrocarbonetos que possuem um ou mais anéis benzênicos, ligados a cadeias carbônicas, lineares ou ramificadas. Em função de sua grande estabilidade química, é muito difícil romper as ligações do anel, o que confere a esses compostos grande resistência à autoignição, além de os tornarem excelentes agentes antidetonantes para motores do ciclo Otto. As temperaturas de ponto de fusão e ebulição desses compostos são apresentadas na Tabela 6.3.

Tabela 6.3 – Aromáticos – Pontos de fusão e ebulição.

Nome do composto	Fórmula química	Ponto de fusão (°C)	Ponto de Ebulição (°C)
Benzeno	C_6H_6	6	80
Tolueno	$C_6H_5\text{-}CH_3$	−95	111
Etilbenzeno	$C_6H_5\text{-}CH_2\text{-}CH_3$	−25	144

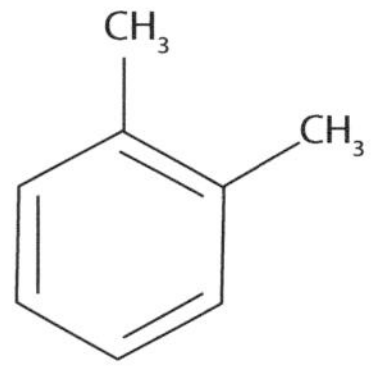

Figura 6.3 – Metilbenzeno.

Além dos hidrocarbonetos convencionais, há compostos que contêm nitrogênio, oxigênio, enxofre etc. em sua composição, sendo estes considerados como impurezas presentes nos produtos do refino do petróleo. Tais compostos são classificados como:

- Compostos sulfurados: são os principais causadores da corrosividade, mau cheiro e efeito poluidor dos produtos de petróleo. Apresentam-se principalmente nas frações leves sob a forma de gás sulfídrico (H_2S) e mercaptans (R-SH, sendo R um radical qualquer), e nas frações pesadas sob a forma de dissulfetos (R-S-S-R), enxofre livre e compostos cíclicos contendo enxofre na molécula.

- Compostos nitrogenados: são responsáveis pelo escurecimento com o tempo dos derivados, em virtude de sua oxidação. Ocorrem principalmente em compostos cíclicos. Um exemplo de composto nitrogenado comum é o Pirrol (Figura 6.4) que gera a espuma durante o abastecimento de diesel nos veículos.

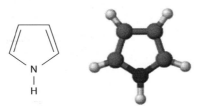

Figura 6.4 – Pirrol.

- Compostos oxigenados: são encontrados em frações pesadas, conferem caráter ácido aos derivados e, como exemplo, pode-se citar o ácido ciclohexil-propiônico (Figura 6.5) e outros ácidos carboxílicos (Figura 6.6).

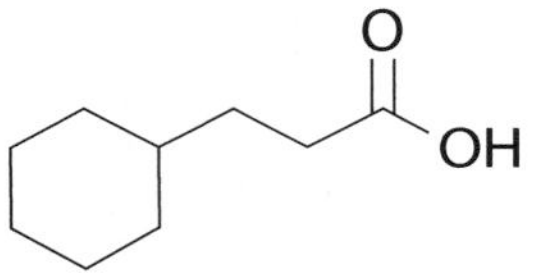

Figura 6.5 – Ácido ciclo-hexil-propiônico.

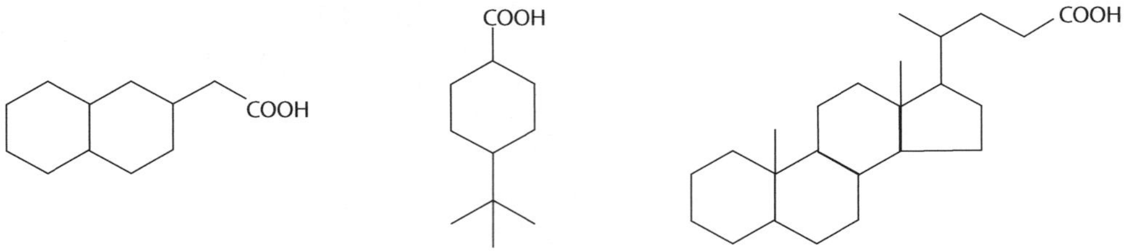

Figura 6.6 – Exemplos de ácidos presentes no petróleo.

- Compostos organometálicos: em sua maioria são compostos por ferro, níquel, cobre e vanádio. Átomos desses elementos aparecem inseridos dentro de moléculas de hidrocarbonetos diversos, alterando suas propriedades. Encontram-se principalmente em frações pesadas de petróleo. São potenciais envenenadores para catalisadores de processamento

e causam corrosão a altas temperaturas em outros metais. Um exemplo a ser citado é o pentóxido de vanádio (V_2O_5), que quando presente em óleos combustíveis causa derretimento de refratários, formando ligas de baixo ponto de fusão com estes.
- Água, sais minerais, areia e argila: causam corrosão e depósitos durante o processamento do petróleo.

6.2.2 Produção de derivados

A grande maioria dos motores de combustão interna (MCI) no mundo utiliza derivados de petróleo como combustível. Além do petróleo, vários países estão utilizando a adição de biocombustíveis a esses derivados, e, em alguns casos, até a opção de se utilizar biocombustíveis puros, tais como o Brasil, com o álcool etílico hidratado, e a Alemanha, com biodiesel.

São vários os processos de obtenção de derivados, em função da propriedade que se deseja para o combustível. Mas o ponto de partida de todos eles é a destilação atmosférica e a vácuo, conforme exemplificado na Figura 6.7.

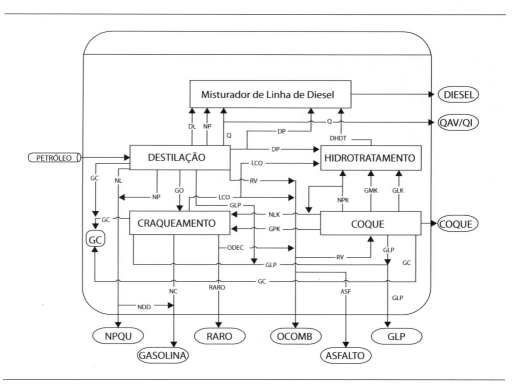

Figura 6.7 – Esquema da destilação atmosférica e a vácuo [A].

6.2.2.1 DESTILAÇÃO ATMOSFÉRICA A VÁCUO

O ponto de ebulição dos diferentes hidrocarbonetos cresce quase regularmente com a massa molecular. Essa diferença é utilizada na destilação fracionada de grupos de hidrocarbonetos, para dividir o petróleo nos derivados que têm importância comercial. Independentemente de qual seja o processo de refino, a unidade de destilação sempre existe. É o principal processo, e a partir de seus produtos os demais processos são alimentados. A Figura 6.8 apresenta uma vista geral de uma unidade de destilação atmosférica e a vácuo.

Figura 6.8 – Unidade de destilação atmosférica e a vácuo, mostrando a torre de destilação atmosférica, à direita, e a vácuo, no centro [A].

Na destilação atmosférica são separadas várias frações:
- Gás combustível: fração mais leve. Corresponde aos compostos de um a dois átomos de Carbono, semelhante ao Gás Natural Veicular.
- Gás Liquefeito de Petróleo (GLP): contém três e quatro átomos de Carbono, parafínicos.
- Nafta: compreende todo corte entre aproximadamente 30 °C e 250 °C, o que engloba hidrocarbonetos de quatro a doze átomos de Carbono.

Separada em duas correntes: leve e pesada. A leve é utilizada basicamente para produção de gasolina, e, dependendo das temperaturas ajustadas para as bandejas da torre, pode ser produzida nafta petroquímica ou solvente leve. A pesada é usada como carga de unidades de reforma catalítica, produção de diesel e, dependendo dos ajustes de temperatura, como aguarrás.

A palavra nafta veio do Persa. Ela também aparece em árabe como *Naft* (petróleo) e em hebraico como *Neft*. O segundo livro dos Macabeus do Antigo Testamento usa a palavra "nafta" para se referir a um líquido inflamável milagroso. Chamavam o líquido de *nephthar*, que significa "purificação".

- Querosene: hidrocarbonetos em que predominam compostos parafínicos, que destilam na faixa de 150 °C a 300 °C. Predominam de C9 a C17. Nos primórdios da indústria de petróleo era o derivado de maior importância em virtude de seu uso em lamparinas para iluminação. Hoje seu principal uso é na composição do diesel, e dependendo do petróleo, utilizado como querosene de aviação, para motores a jato (não confundir com gasolina de aviação que é utilizada em aviões de pequeno porte com motores do ciclo Otto).

- Diesel: frações que destilam entre aproximadamente 200 °C e 380 °C. São separadas em duas correntes – diesel leve e pesado. A corrente de diesel pesado possui alto teor de enxofre, e, geralmente, é enviada ao hidrotratamento para poder ser adicionada ao diesel automotivo final.

O resíduo do fundo da torre atmosférica possui frações mais pesadas que destilam em temperaturas mais elevadas. Como não é possível aquecer nem o petróleo e nem esse resíduo, acima de 360 °C a 380 °C, em função de reações de craqueamento térmico de hidrocarbonetos de grande peso molecular, o que causaria depósitos de coque dentro das tubulações dos fornos, o resíduo da destilação atmosférica é aquecido até estes limites e destilado a vácuo.

A destilação a vácuo é projetada, dependendo da vocação da refinaria, para a produção de lubrificantes ou de gasóleos, utilizados como combustíveis em outras unidades. Nas refinarias que produzem lubrificantes são retiradas basicamente quatro famílias de óleos:

- *Spindle*: baixa e média viscosidade.
- Neutros: ampla faixa de viscosidades.
- *Bright Stock*: viscosidades médias.
- Cilindro: alta viscosidade.

Ainda são removidos dos óleos vários tipos de parafinas, pois alteram seu ponto de fluidez (PF). O PF é a menor temperatura na qual o líquido ainda escoa, quando resfriada e observada sob condições determinadas, sendo uma propriedade importante para lubrificantes que trabalham em baixas temperaturas.

O resíduo da destilação a vácuo, chamado de resíduo de vácuo, são frações pesadas residuais de altíssimo peso molecular e grandes concentrações de enxofre, nitrogênio e oxigênio, além de metais como vanádio, níquel, ferro e sódio. É utilizado para a fabricação de vários tipos de asfalto, além de óleos combustíveis para caldeiras e motores de grande porte, como os marítimos. Também é utilizado como carga de unidades de coqueamento retardado, de onde se retiram mais gasóleos e coque.

6.2.2.2 CRAQUEAMENTO CATALÍTICO FLUIDO

Se a demanda dos combustíveis fosse atendida apenas por destilação, a quantidade de petróleo processada seria muito grande, criando-se estoques excessivos de outros derivados.

Para atender o mercado convenientemente, o petróleo passa por outros processos como o craqueamento catalítico fluido. Esse processo consiste no contato dos gasóleos com um catalisador à temperaturas da ordem de 750 °C, quebrando as grandes moléculas de maneira bastante aleatória em uma grande variedade de moléculas menores com inúmeras ramificações, duplas ligações e anéis aromáticos.

Nesse processo são gerados os compostos chamados de olefinas ou alcenos – C_nH_{2n} (Figura 6.9) que se caracterizam por se organizarem em cadeias abertas, normais ou ramificadas, com uma ou mais ligações duplas (insaturadas).

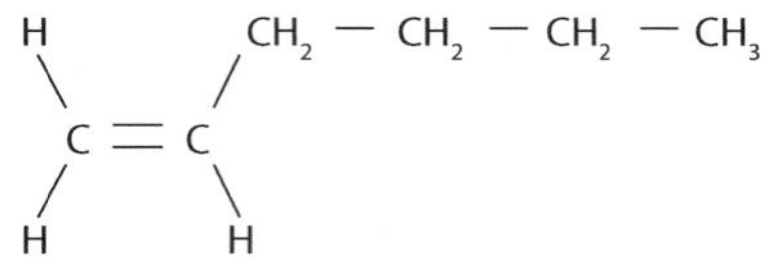

$$H_2C=CH-CH_2-CH_2-CH_2-CH_3$$

Figura 6.9 – Hexeno-1.

Também são gerados compostos Naftênicos que contêm duplas ligações, chamados de naftênicos olefínicos. As olefinas em geral possuem octanagem elevada, sendo importantes para a produção de gasolinas.

O craqueamento produz:

- GLP: a maior parte do GLP de uma refinaria é gerado por meio de craqueamento. Dessa corrente, se retira o propeno (ou propileno), de altíssimo valor agregado, que é enviado às petroquímicas para a produção de polipropileno.

- Nafta craqueada: correntes com destilação entre 30 °C e 220 °C, utilizada quase majoritariamente na produção de gasolinas. Contém aproximadamente 1/3 de parafínicos ou cíclicos saturados, 1/3 de olefínicos ou cíclicos com uma ou mais ligações duplas e 1/3 de aromáticos. Como possui um grande percentual de compostos ramificados e aromáticos, sua octanagem é elevada.

- Óleo Leve de Reciclo (OLR): como sua faixa de temperaturas de destilação é próxima a do diesel, poderia ser utilizado para tal, mas em virtude de sua alta aromaticidade, possui número de cetano extremamente baixo (entre 9 e 15), tornando-se inadequado. Assim é enviado para hidrotratamento, no qual seus anéis aromáticos são quebrados, transformando-se em compostos parafínicos na sua maioria, elevando bastante sua qualidade de ignição.

- Óleo decantado: utilizado como diluente para a produção de óleos combustíveis e asfaltos. Em virtude de conter, em sua maioria, compostos poliaromáticos, é utilizado também para a produção de negro de fumo, importante componente na produção de pneus.

6.2.2.3 HIDROTRATAMENTO

Em função das exigências ambientais, os combustíveis necessitam possuir baixos teores de enxofre. Para que seja possível removê-lo das moléculas, o combustível entra em reatores com alta concentração de hidrogênio e catalisadores a base de metais nobres. É submetido a pressões elevadas da ordem de 80 a 100 bar e temperaturas em torno de 400 °C. Desta maneira, as ligações químicas do enxofre, nitrogênio e oxigênio são quebradas, pois são mais frágeis que as ligações carbono–carbono, gerando gases como o H_2S (gás sulfídrico), NH_3 (amônia) e H_2O, que são retirados dos combustíveis para posterior utilização. Os combustíveis que saem destas unidades possuem teores extremamente baixos desses contaminantes, conseguindo atender, dessa maneira, aos padrões ambientais exigidos. O H_2S removido é posteriormente enviado às unidades de recuperação de enxofre, gerando enxofre metálico, que é comercializado principalmente para fabricantes de pneus e indústrias químicas.

6.2.2.4 OUTROS PROCESSOS

Além desses processos citados há outros que visam melhorar ou adequar alguma propriedade dos combustíveis. Os mais comumente encontrados são:

- Alcoilação ou Alquilação: utiliza isobutano e buteno (gases) para produzir naftas com quase 100% de compostos parafínicos ramificados, com altíssima octanagem. Utilizada para a fabricação de gasolinas de aviação.

- Reforma Catalítica: utiliza nafta pesada obtida da destilação direta, que possui baixíssima octanagem, para produzir compostos aromáticos na faixa de destilação da gasolina.

- Isomerização: consiste em transformar basicamente C5 e C6 parafínicos não ramificados em parafínicos ramificados, elevando sua octanagem.

A maioria dos refinadores utiliza os processos citados aqui. Há vários outros para melhoria ou alteração de propriedades de combustíveis, mas são menos utilizados. Os lubrificantes possuem processos específicos que não foram citados. Vale lembrar que qualquer operação adicional implica investimentos e aumento de custos nos produtos finais.

No Brasil, em virtude da adoção dos carros movidos a etanol, a gasolina tende a sobrar e o consumo é comandado pelo óleo diesel. Para atender à demanda de diesel no Brasil sem processar maiores quantidades de petróleo, adicionam-se frações mais leves e mais pesadas que o diesel europeu convencional, procurando manter as mesmas propriedades médias. A gasolina excedente geralmente é exportada.

6.3 Gasolina (*gasoline, gas, petrol, benzin, benzina, essence*)

São misturas de diversas naftas obtidas do processamento do petróleo. As propriedades dessas misturas devem ser balanceadas de modo a dar um desempenho satisfatório em uma grande variedade de condições operacionais dos motores. Possui hidrocarbonetos de quatro a doze carbonos, sendo sua maioria entre cinco e nove carbonos.

As especificações representam compromissos entre os requisitos de qualidade, desempenho e ambientais. Também deverão ser suficientemente flexíveis para que os combustíveis possam ser vendidos a preços acessíveis, cabendo aos fabricantes de MCI adequar seus produtos ao combustível existente no comércio.

Quanto mais rígidas as especificações mais difícil e caro obter uma mistura que atenda às exigências. Muitas propriedades como octanagem e pressão de vapor não são linearmente aditivas, dificultando o acerto das misturas, sendo necessárias inferências matemáticas às vezes bastante complexas, baseadas na experiência do refinador.

No Brasil, as gasolinas são classificadas como:

- Gasolina A: isenta de álcool etílico anidro, sendo sua comercialização restrita somente entre refinador e distribuidor.

- Gasolina C: com adição de 22%v (volume) de álcool etílico anidro, podendo esse teor ser fixado entre 18% e 25%, em função de variação na safra de cana de açúcar, sendo comercializada nos postos de abastecimento.

As propriedades das gasolinas variam em função dos teores das naftas utilizadas nas suas formulações. As propriedades que mais influenciam no desempenho do veículo são octanagem e volatilidade, apresentadas a seguir.

6.3.1 Octanagem ou Número de Octano

É a grandeza que representa a resistência da mistura do combustível com ar à autoignição, responsável pela detonação.

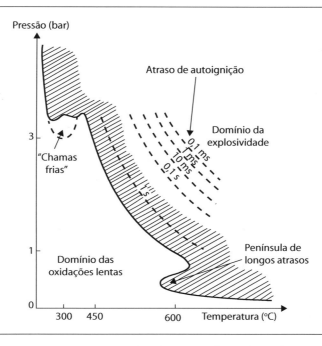

Figura 6.10 – Representação esquemática dos domínios de oxidação lenta e de autoinflamação para uma mistura de n-heptano/ar.

A detonação é um fenômeno que está relacionado com a combustão espontânea e não desejada. A combustão é um processo de reações radicalares e por isso a estrutura química dos hidrocarbonetos do combustível tem grande influência na tendência em causar a detonação. Reações radicalares envolvem a transferência de um átomo de hidrogênio para as moléculas quentes do oxigênio, assim a velocidade dessa reação depende da força de ligação C–H (carbono–hidrogênio).

A resistência à autoignição dos hidrocarbonetos individuais varia enormemente, dependendo do seu tamanho e estrutura, e das condições operacionais do motor. Em geral, na pressão atmosférica, para álcoois, compostos aromáticos e hidrocarbonetos leves fica na faixa entre 500 °C e 600 °C. Para compostos parafínicos e olefínicos não ramificados de cadeia longa, o valor cai bastante, sendo da ordem de 200 °C a 250 °C. Observa-se também que com o aumento da pressão, a temperatura de autoignição tende a diminuir, como observado para o n-heptano na Figura 6.10.

De uma maneira geral, os hidrocarbonetos que possuem alta temperatura de autoignição resistem mais à detonação. De acordo com sua estrutura química, comportam-se da seguinte maneira:

Compostos parafínicos:
a) Aumentando o comprimento das cadeias carbônicas aumenta a tendência à detonação.
b) Em geral, quanto menor e mais ramificada ("esférica") a molécula, maior a sua temperatura de autoignição e, portanto, maior a resistência à detonação.
c) Adicionando grupos CH_3 na parte central da cadeia carbônica decresce a tendência à detonação porque a ramificação aumenta a fração dos átomos de hidrogênio que estão no grupo metila, cujas ligações C–H são mais fortes.

Compostos olefínicos:
a) Quanto mais ligações duplas, menor a tendência à detonação. Exceções ao etileno, acetileno e propileno.
b) Mais resistentes que os parafínicos de mesma estrutura carbônica.

Compostos naftênicos:
a) Os naftênicos têm maior tendência à detonação que os respectivos aromáticos.
b) Idem para ligações duplas dos olefínicos.

Compostos aromáticos:
- a) Em função da alta estabilidade química do anel benzênico, difícil de ser quebrado (de reagir quimicamente), possuem grande resistência à detonação.
- b) Radicais adicionados tendem a diminuir a resistência à detonação.

Compostos oxigenados:

Em geral, possuem elevada resistência à detonação, acima dos hidrocarbonetos de mesmo tamanho de cadeia.

No motor, observa-se que os fatores são relacionados à temperatura e pressão.

1) Temperatura da mistura na câmara:

    Quanto menor, menos provável a detonação. Influem na temperatura:
    - a) Taxa de compressão.
    - b) Temperatura da mistura na admissão.
    - c) Temperatura das paredes, em função do arrefecimento do motor.

2) Pressão da mistura:

    Quanto menor, menos provável a detonação. Influem na pressão:
    - a) Taxa de compressão.
    - b) Pressão da mistura na câmara, que depende da pressão do ambiente, da abertura da borboleta aceleradora e da existência de sobrealimentação.

3) Avanço da faísca:

    Quanto mais avançada, maior a temperatura na câmara de combustão, e mais provável a detonação.

    Em geral, 1 ponto de octanagem equivale a 1° de avanço em motores menos exigentes (RON 85 a 95) e 0,5° de avanço em motores mais exigentes. 1 ponto de variação na RON equivale a aproximadamente 3% no *delay* de autoinflamação (aproximadamente 1 ms).

4) Qualidade da mistura:

    Quanto mais próxima da estequiométrica, levemente rica, mais provável a detonação, porque o tempo das pré-reações e reações de oxidação são muito menores nessa condição. Os tempos aumentam exponencialmente para misturas mais ricas ou mais pobres.

5) Turbulências:

Quanto mais intensas, menos provável a detonação, pois reduzem o tempo de combustão e homogeneizam a mistura e a temperatura da câmara. O aumento da rotação favorece as turbulências e reduz o tempo de combustão, tornando menos provável a detonação.

6.3.1.1 BREVE HISTÓRICO – GASOLINA

Na década de 1920, a detonação se tornou um importante parâmetro limitante no desenvolvimento dos MCI, e várias tentativas de se medir esse parâmetro surgiram. Em 1928, o *Cooperative Fuel Research Committee* – CFRC criou um grupo de trabalho para desenvolver um método para se caracterizar a resistência à detonação de um combustível. Foi encomendado à Waukesha Motor um motor experimental com taxa de compressão variável (4 a 18:1), especialmente adaptado para permitir ensaios em combustíveis. Assim foi criado o "Motor CFR", tal como é conhecido ainda hoje. O primeiro método foi padronizado em 1931, atualmente chamado método de Pesquisa ou RON (*Research Octane Number*). A determinação do número de octano neste motor com taxa de compressão variável é obtida comparando-se os resultados do combustível a ser avaliado com aqueles obtidos com misturas de isooctano e n-heptano.

Logo a seguir, em 1932, um método mais severo, simulando um veículo numa longa subida, foi chamado de método Motor ou *Motor Octane Number* – MON. Nesse caso, o número de octano é obtido pré-aquecendo a mistura de combustível e utilizando-se um motor com maior rotação e ponto de ignição variável.

Em 1931 Graham Edgar da Ethil Coorporation propôs a utilização de dois hidrocarbonetos puros como padrões de referência para os ensaios, são eles:

- n-heptano: com baixa resistência à detonação.
- 2,2,4-trimetilpentano, também conhecido como isooctano: com alta resistência à detonação.

Ao n-heptano e ao isooctano foram dados os números arbitrários de octanagem de 0 e 100, respectivamente. A octanagem de referência é o percentual volumétrico de isooctano na mistura com n-heptano. Por exemplo, para se obter um padrão de octanagem 80, mistura-se 80%v de isooctano e 20%v de n-heptano. Com essas misturas pode-se formar combustíveis com diferentes octanagens.

A escolha se baseou em utilizar compostos com propriedades bastante semelhantes, como pode ser visto na Tabela 6.4.

Tabela 6.4 – Propriedades de n-heptano e do isooctano [2].

Propriedades	Unidade	n-heptano	isooctano
Pureza possível de se obter	%	99,75% mín	99,75% mín
Massa Específica 20 °C/4 °C	kg/L	0,69193	0,68376
Temperatura de congelamento	°C	−107,38	−90,61
Temperatura de ebulição	°C	99,23	98,42
Calor latente de vaporização	kJ/kg	365,01	307,73
Velocidade laminar de chama $\lambda = 1,25$ °C, 1 bar	cm/s	42,2	41,0

As diferenças são muito pequenas para influenciar o processo de vaporização e mistura com o ar. Em contrapartida, os dois compostos possuem grandes diferenças no tempo necessário ao aparecimento das espécies químicas (pré-reações de oxidação) responsáveis pela deflagração da reação espontânea, quando expostos a temperaturas e pressões elevadas. No n-heptano aparecem rapidamente, enquanto no isooctano o tempo é maior (tempos da ordem de milissegundos).

Desde o início do século XX se procuram por compostos que aumentassem a resistência à detonação. Os álcoois são utilizados desde essa época como *octane booster* e como combustível. Henry Ford foi um dos pioneiros, tanto que o seu modelo T foi originalmente projetado para usar etanol.

Durante a I Guerra Mundial, Thomas Midgley e seu assistente Thomas Boyd foram contratados pela *General Motors* para pesquisar aditivos que pudessem reduzir a tendência à detonação nas gasolinas. Seus trabalhos os levaram aos compostos organometálicos, descobertos em 1901 por Victor Grignard. Assim, em 1921 chegaram a um composto extremamente eficiente e barato, o Chumbo-Tetra-Etila (CTE). A função desses aditivos é deter as reações radicalares na fase de pré-ignição. O mecanismo desse processo ocorre da seguinte forma: durante a compressão da mistura ar–combustível, as ligações alquila–chumbo se rompem, liberando átomos de chumbo que se combinam com o oxigênio formando partículas de óxido de chumbo (PbO e PbO_2). Essas partículas formam locais em que os radicais de hidrocarbonetos se recombinam entre si, terminando a reação em cadeia.

Como exemplo, a gasolina daquela época não passava de 60 RON. Com um acréscimo de somente 0,8 g/L de CTE era possível aumentar sua octanagem em até 15 pontos, permitindo um aumento de 2 a 3 pontos na taxa de compressão, gerando um ganho na eficiência térmica da ordem de 15% a 20%. A gasolina com maior teor de enxofre foi inicialmente restrita, pois inibia o efeito do CTE.

Em razão dos altos custos de produção do etanol naquela época, o CTE tornou-se o aditivo que iria mudar a concepção dos motores pelo fácil e barato aumento da octanagem dos combustíveis, comparado com outros aditivos.

Durante a II Guerra Mundial, em razão das dificuldades logísticas, os álcoois entraram novamente no mercado, chegando a vários países com teores acima de 60% na composição final da gasolina.

Desde os anos 1970 até os presentes dias, leis ambientais em todo o mundo têm forçado a remoção do CTE da gasolina, por ser altamente tóxico (composto orgânico). Além disso, os compostos de chumbo emitidos pelos MCI são prejudiciais à saúde em virtude de seu efeito acumulativo no organismo humano.

No Brasil, no início da década de 1980, aproveitando-se a adição obrigatória do etanol anidro na gasolina, ajustou-se a formulação da gasolina para atingir os valores especificados de octanagem com os 20% de etanol anidro, e retirou-se o CTE. Alguns anos mais tarde esse valor foi reajustado para 22% e no final do século XX, em razão das variações sazonais de produção de álcool, modifica-se a especificação por meio de Medida Provisória do governo, adotando-se valores entre (18±1)% e (25±1)% de etanol anidro.

Hoje somente alguns países menos desenvolvidos ainda utilizam o CTE nas suas gasolinas automotivas, mas quase todos ainda o utilizam nas gasolinas de aviação.

Atualmente, somente a INNOSPEC (antiga OCTEL) fabrica o CTE, mas pretende parar a produção até o ano de 2020, segundo informações da sua assessoria de imprensa. Assim, já existem pesquisas para o desenvolvimento de gasolinas de aviação isentas de CTE no mercado mundial.

6.3.1.2 MÉTODOS DE ANÁLISE

Os dois métodos são padronizados pelas normas ASTM D2700 – Método Pesquisa ou F1 (RON) e ASTM D2699 – Método Motor ou F2 (MON). Há ainda o método específico para gasolina de aviação, também chamado método de desempenho, *Supercharge Rating* ou F4, padronizado pela ASTM D909.

Os motores MON e RON são praticamente iguais, diferindo somente em algumas condições operacionais, conforme a Tabela 6.5. A rotação é mantida constante por meio da ligação por polias e correias a um motor elétrico síncrono.

Tabela 6.5 – Motores RON e MON.

Parâmetros de funcionamento	Unidade	Método Pesquisa ou F1 (RON)	Método Motor ou F2 (MON)
Rotação	rpm	600 ± 6	900 ± 6
Avanço de centelha	°APMS	13	Variável (14 a 26)
Temperatura do ar de admissão	°C	48 a 1 bar *	38 ± 14
Temp. da mistura carburada	°C	–	148,9 ± 1
Temp. do líquido de arrefecimento	°C	100 ± 1,7	100 ± 1,7
Temperatura do óleo	°C	57,2 ± 8,4	57,2 ± 8,4
Pressão do óleo	bar	1,7 a 2,0	1,7 a 2,0
Viscosidade do óleo		SAE 30	SAE 30
Folga do eletrodo da vela	mm	0,51 ± 0,13	0,51 ± 0,13
Folga das válvulas	mm	0,200 ± 0,025	0,200 ± 0,025
Umidade do ar de admissão	g_{H2O}/kg_{ar}	3 a 7	3 a 7
Diâmetro do Venturi	mm	14,3	14,3
Relação ar–combustível		Ajustada para se obter a máxima intensidade de detonação**	

* A regulagem deve ser feita em função da pressão atmosférica local.
** Lambda adotado geralmente entre 0,9 e 1,0

A Figura 6.11, apresenta um motor MON moderno (modelo 2006), mostrando as quatro cubas de amostras no lado superior direito. Apesar do aspecto antiquado, é um motor monocilíndrico carburado padrão para medição, presente em todos os refinadores de petróleo no mundo e órgãos de pesquisa que trabalham com combustíveis para motores Otto.

Figura 6.11 – Motor MON [A].

O motor possui 611 cm³ de cilindrada, cilindro com diâmetro de 82,55 mm e curso de 114,3 mm. Sendo o cabeçote e camisa uma peça única, permite variar a taxa de compressão levantando e abaixando este conjunto por meio de uma rosca do lado externo da camisa e de uma engrenagem sem fim nela rosqueada e fixada no bloco. Esses detalhes são apresentados na Figura 6.12.

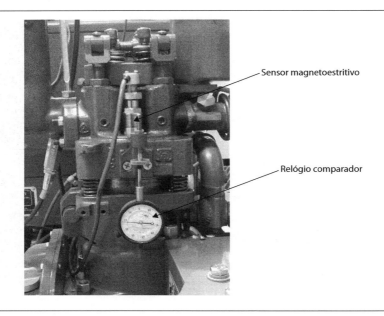

Figura 6.12 – Motor MON – mecanismo de variação da taxa de compressão [A].

Tanto para MON ou para RON, o procedimento é semelhante, realizado em algumas etapas padronizadas.

Caso não se tenha uma estimativa do valor da octanagem do combustível, opera-se o motor variando-se a taxa de compressão até atingir um valor pré-determinado de detonação no *knock-meter* (indicador de intensidade de detonação).

Faz-se a leitura do valor mostrado em um "relógio comparador" que fica acoplado no cabeçote. A Figura 6.12 mostra esse indicador onde se pode ter o valor exato da taxa de compressão e consultando a norma, obtém uma estimativa da octanagem.

A Figura 6.12 também apresenta o sensor magnetoestritivo para medição da pressão na câmara de combustão além do "relógio comparador" como referência da taxa de compressão.

A medição do valor preciso de octanagem depende da comparação com padrões, como exemplificado a seguir.

Preparação dos padrões de comparação: um dos padrões deve ser preparado de modo a estar com 1 ponto de octanagem acima do valor estimado da amostra e o outro padrão 1 ponto abaixo.

Ajusta-se a taxa de compressão para aquele valor de octanagem esperado, conforme indicado na norma ASTM.

Mede-se a intensidade de detonação para cada um dos dois padrões e para a amostra, ajustando-se para cada caso a relação ar–combustível (λ) que gera a máxima intensidade possível de detonação, que geralmente fica entre 0,9 e 1,0 (λ).

A octanagem da amostra será a interpolação linear dos três valores.

Para valores de octanagem acima de 100, os padrões são gerados por isooctano aditivado com CTE, por meio da Equação 6.1.

$$\text{Octanagem} = 100 + \frac{107 \cdot T}{1 + 2,78 \cdot T + \sqrt{1 + 5,57 \cdot T - 0.505 \cdot T^2}} \quad \text{Eq. 6.1}$$

Onde, T = ml de CTE/litro de isooctano

No meio automobilístico, os valores mais usuais são o RON e o MON. O MON, correspondendo as condições mais severas de teste, produz valores normalmente menores que o RON. O RON representa melhor o comportamento do combustível no motor em baixas rotações e o MON em altas.

Em altas rotações, a temperatura da câmara aumenta, facilitando a detonação, logo, o MON fica mais baixo. Já em baixas rotações, o requisito é menor, logo, o RON fica mais alto.

Denomina-se sensibilidade do combustível à diferença dos dois números:

Sensibilidade = RON − MON Eq. 6.2

A Tabela 6.6 a seguir, mostra a sensibilidade de gasolinas produzidas por diferentes processos.

Tabela 6.6 – Sensibilidade de gasolinas.

Corrente	MON	RON	Sensibilidade
Parafínicos	*	*	0 a 3 (média 1)
Olefínicos	*	*	12 a 19 (média 14)
Aromáticos	*	*	2 a 16 (média 8)
Nafta destilação direta	60 a 65	60 a 67	0 a 2
Nafta craqueada	82	94 a 96	12 a 14
Nafta reformada	86 a 88	96 a 97	8
Nafta Alcoilada	97	97 a 98	0 a 1

* Varia se a molécula é ramificada, cíclica ou não.

O gráfico apresentado na Figura 6.13 mostra valores de octanagem RON para várias correntes, avaliando-se a octanagem pela temperatura de ebulição de cada um dos seus componentes. São mostradas naftas de destilação direta (nafta leve), nafta pesada (carga de unidade de reforma catalítica), nafta reformada (mostra o quanto se ganha em octanagem após a passagem pela unidade de reforma), nafta craqueada, e querosene, além de alguns compostos puros como o CTE e o Chumbo-Tetra-Metila (CTM).

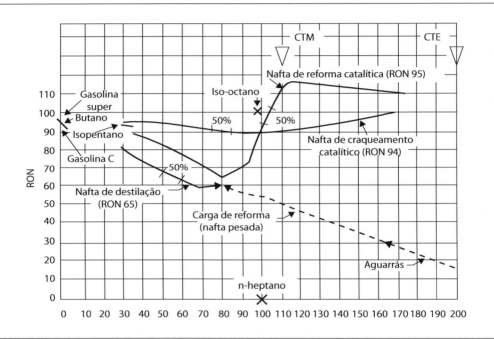

Figura 6.13 – RON *versus* Temperatura.

6.3.1.3 MÉTODO AVIAÇÃO OU *SUPERCHARGE*

O método Aviação é chamado de F4 e é padronizado pela ASTM D909. Utiliza-se um motor semelhante, trabalhando sempre com mistura rica, com pressão de admissão variável, taxa de compressão constante (7:1) e rotação de 1.800 rpm. O antigo método F3 foi descontinuado por não acrescentar nenhuma informação além da que pode ser obtida pelo método MON.

O motor a combustão é acionado e freado diretamente por um motor elétrico síncrono ligado diretamente ao virabrequim. Este motor possui uma célula de carga para permitir a medição do torque no acionamento ou na frenagem do MCI.

A Figura 6.14 apresenta o motor ASTM CFR-F4, modelo 2009.

Figura 6.14 – Motor CRF-F4 [A].

Tabela 6.7 – Método *Supercharge*.

Condições de operação e regulagens do motor CFR-F4 – Método Supercharge (mistura rica)		
Rotação	rpm	1800 ± 45
Avanço de centelha	°APMS	45
Taxa de compressão	–	7:1
Temp. da mistura carburada	°C	107 ± 3
Temp. do líquido de arrefecimento	°C	191 ± 3
Temperatura do óleo	°C	74 ± 3
Pressão do óleo	MPa	0,41 ± 0,03
Viscosidade do óleo	–	SAE 50
Folga do eletrodo da vela	mm	0,51 ± 0,13
Umidade do ar de admissão	g_{H2O}/kg_{ar}	< 9,97
Relação ar–combustível	–	Ajustada a cada leitura
Intensidade da detonação	–	Detonação nascente

O procedimento consiste em criar uma curva de pressão média indicada – pmi *versus* relação combustível–ar. Para cada pressão de admissão, procura-se a relação ar–combustível (λ) que gera a maior pmi, geralmente próximo do limiar de detonação.

Por meio da medição do torque produzido pelo motor em cada condição de operação, calcula-se a pressão média efetiva – pme.

O torque de atrito – Ta interno é medido mantendo-se o motor na rotação de trabalho e cortando-se o combustível por 20 segundos, fazendo com que o motor síncrono gire o motor a combustão.

Sabendo-se que pmi = pme + pma, o cálculo é direto (ver Capítulo 3 – "Propriedades e curvas características dos motores").

Aumenta-se a pressão do ar de admissão, novamente procura-se o novo limiar, cada vez mais rico e gerando pmi maiores. No limite do ensaio, em pressões de admissão elevadas, o limiar de detonação encontra-se com o limite de inflamabilidade por excesso de combustível. Um pouco antes deste limite, a pmi começa a cair. Reporta-se a máxima pmi encontrada, compara-se com os padrões superior e inferior de isooctano + CTE, e por meio de valores tabelados na norma, calcula-se por interpolação o Índice de *Performance* ou Índice de Desempenho da gasolina.

A Figura 6.15 apresenta a tela gráfica do equipamento (pmi x F – razão combustível–ar), mostrando as curvas dos padrões com CTE (TEL, em inglês) e os pontos em branco medidos de uma gasolina de aviação comercial.

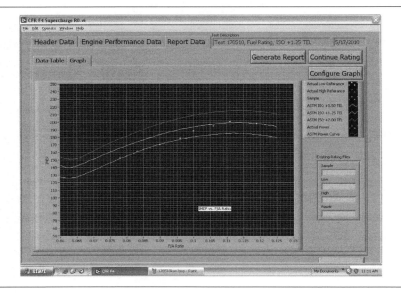

Figura 6.15 – Tela com pmi x F (F = λ^{-1}) [A].

6.3.1.4 OUTROS MÉTODOS

Existem outros métodos padronizados para características específicas, como o R100 ou ΔRON, que é a octanagem da fração destilada até 100 °C, que indica a sensibilidade à detonação durante a aceleração em veículos carburados, pois ao acelerar, a fração mais leve é a que evapora mais rápido, sendo aspirado primeiro e, só então, entra em combustão. No Brasil, isto não é um problema, pois o ponto de ebulição do etanol é de 78 °C, o que irá causar um R100 maior que o RON da gasolina como um todo.

Há outros métodos bem menos utilizados como o DON (ASTM D2886), semelhante ao R100, mais detalhado e o IOR (*Route*), realizado em pista ou em dinamômetro, por meio dos métodos UTM (*Union Town Modified*) ou KLSA (*Knock Limited Spark Advance*).

6.3.1.5 REQUERIMENTO DE OCTANAGEM

Desde a primeira utilização do motor, observa-se um aumento do requerimento de octanagem em função da quilometragem percorrida pelo veículo. O aumento da octanagem necessária chega a aumentar de seis a oito pontos, e começa a estabilizar em torno dos 5.000 e 10.000 km rodados. O fenômeno é geralmente designado por *Octane Requirement Increase* – ORI e tem duas origens, o assentamento mecânico de anéis e válvulas, permitindo melhor vedação e consequente aumento da pressão no interior da câmara, e os depósitos na câmara de combustão, gerando um aumento no isolamento térmico e, consequentemente, aumento da temperatura no seu interior. Com o aumento da temperatura gerado pela maior compressão e pelo pequeno filme de depósitos, torna-se mais fácil a ocorrência da detonação. Nos motores atuais o sistema de detonação ativa minimiza esse fenômeno.

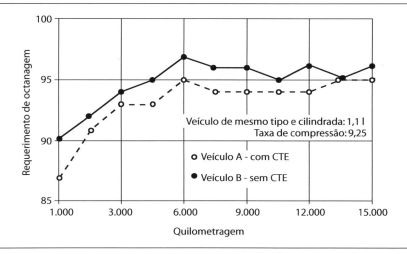

Figura 6.16 – Exigência da octanagem em função do uso.

6.3.2 Volatilidade

A volatilidade de um combustível é importante tanto para um manuseio seguro, quanto para o desempenho do motor. Para a gasolina é representada por sua faixa de destilação e pela pressão de vapor.

A vaporização adequada da gasolina deve ocorrer de acordo com as condições de operação do motor, desde a sua partida até o seu funcionamento a plena carga (WOT – *Wide Open Throttle*).

Essa característica é uma das principais responsáveis pelo que se chama de dirigibilidade do veículo, ou seja, o adequado funcionamento nas diferentes condições de operação do MIF.

6.3.2.1 DESTILAÇÃO

O ensaio de destilação consiste na vaporização de um volume padrão do combustível, com a posterior condensação dos vapores, medindo-se continuamente a temperatura de ebulição naquele instante e o volume recolhido.

A Tabela 6.8 apresenta os valores típicos de destilação para a gasolina tipo A comercializada no Brasil.

Tabela 6.8 – Valores de Destilação – Gasolina tipo A.

Destilação	Temperatura (°C)
PIE	26 a 38
5% Evaporados	46 a 67
10% Evaporados	51 a 80
15% Evaporados	60 a 100
20% Evaporados	69 a 119
30% Evaporados	79 a 130
40% Evaporados	92 a 138
50% Evaporados	103 a 146
70% Evaporados	112 a 154
80% Evaporados	125 a 164
90% Evaporados	147 a 178
PFE	186 a 220
Resíduo (% Vol.)	1 a 1,1

Se a gasolina fosse um composto puro, como um hexano ou um álcool etílico, por exemplo, teria-se somente uma temperatura de ebulição. Mas em se tratando de uma mistura de naftas com diversos compostos químicos (uma gasolina possui em torno dos 400 componentes diferentes, com hidrocarbonetos de quatro a doze Carbonos), ao ser aquecida, os componentes mais leves vão evaporando e a temperatura continua subindo, até toda a gasolina ter praticamente evaporado, restando somente um pequeno resíduo de compostos mais pesados que tendem a se craquear termicamente caso o aquecimento continue.

O início é chamado de Ponto Inicial de Ebulição – PIE e o final de Ponto Final de Ebulição – PFE. O PIE costuma ficar na faixa de 26 °C a 38 °C, e o PFE próximo de 220 °C. A parir de 2014 a especificação mudou para PFE Máx. de 215 °C. Por meio da curva de destilação é possível estimar a quantidade de compostos leves e pesados de uma gasolina.

Normalmente, especificam-se as temperaturas correspondentes a 10%, 50% e 90% evaporados, denominados T10%, T50% e T90%, além dos pontos inicial e final de ebulição (PIE e PFE) e resíduo da destilação.

Figura 6.17 – Destilador automático [A].

A Figura 6.17, mostra um destilador automático, executando o padrão ASTM D-86, que consiste da destilação de 100 ml de produto com taxa de aquecimento controlada. O painel apresenta a evolução do processo, isto é, volume recolhido e a temperatura do vapor naquele momento.

Quando se adicionam compostos oxigenados à gasolina, tal como a adição dos 22% de etanol anidro no Brasil, a curva de destilação modifica seu formato. Como a maioria desses oxigenados possui ponto de ebulição abaixo dos 100 °C, observa-se a formação de uma pequena "barriga" saindo da curva original da gasolina A, como pode ser visto na Figura 6.18 para misturas com Metil Terci--Butil Éter – MTBE, Terci-Butil-Álcool – TBA, Metanol e Etanol. Observa-se também o aumento da pressão de vapor – RVP (*Reid Vapor Pressure*), em mais detalhes na seção a seguir, em relação à gasolina A original.

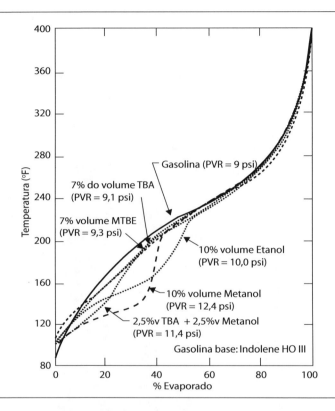

Figura 6.18 – Efeito dos oxigenados na curva de destilação de gasolinas.

6.3.2.2 PRESSÃO DE VAPOR

A pressão de vapor de uma mistura complexa de hidrocarbonetos a uma temperatura determinada é a pressão de equilíbrio líquido–vapor. Quanto mais volátil é o líquido, maior sua pressão de vapor. Por ser bem mais simples e rápido, usa-se um método chamado Pressão de *Vapor Reid* (PVR) para avaliação de produtos de petróleo em lugar da determinação da PV verdadeira.

O aparato para a determinação da PVR consiste em um reservatório de aproximadamente 140 ml no qual se coloca a gasolina entre 0 °C e 4 °C. Outro reservatório vazio, com volume quatro vezes maior (550 ml), que possui um manômetro, é acoplado no anterior, o conjunto é lacrado e colocado em banho-maria a 37,8 °C (100 °F). Após agitação e equilíbrio, a pressão se estabiliza e o valor é anotado.

A PVR é especificada de forma sazonal e regional, em função das temperaturas ambientes a fim de garantir a adequada partida do motor a frio. Altas pressões de vapor podem ocasionar tamponamento por formação de bolhas de vapor no sistema de alimentação de combustível (motores carburados). Contribui, ainda, para o aumento das emissões evaporativas, principalmente durante o manuseio do produto.

No inverno rigoroso de países frios, costuma-se adicionar C4 à gasolina (usa-se o termo "butanizar"), para facilitar a vaporização do combustível e permitir uma partida a frio mais fácil.

A adição de determinados compostos oxigenados à gasolina aumenta consideravelmente o PVR, sendo esse aumento mais abrupto com pequenas quantidades adicionadas (até 5%).

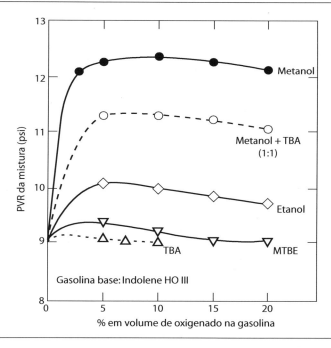

Figura 6.19 – Efeito da concentração de oxigenados na PVR da mistura.

O PVR da gasolina C no Brasil é especificado com o máximo de 69 kPa, sendo o da gasolina A controlado entre 45 kPa e 62 kPa. No inverno de alguns países frios, a especificação local admite valores de até 90 kPa.

6.3.2.3 EFEITOS NO VEÍCULO

Na destilação, o ponto T10, mostrado na Figura 6.20, indica a quantidade de componentes leves na gasolina, que garantem a partida a frio. O ponto T50 é um indicador do desempenho de aceleração durante a fase de aquecimento do motor.

Os pontos T90 e PFE indicam a quantidade de componentes de pontos de ebulição elevados na gasolina, diretamente relacionados à economia de combustível (componentes com maior densidade) e formação de depósitos.

As frações mais pesadas tendem a aumentar a emissão de poluentes e causar diluição do óleo lubrificante.

Quando a mistura entra no cilindro, o combustível, não vaporizado ou condensado nas partes mais frias, pode adsorver no óleo da superfície do cilindro, diluindo o lubrificante e passando a solução para o cárter através dos anéis.

A diluição reduz o efeito de lubrificação, causando desgaste e o combustível no óleo tende a iniciar a formação de borra.

Para evitar esse problema, especifica-se a temperatura máxima de 90% de evaporação do combustível.

Para veículos carburados, a volatilidade é mais crítica. Após a partida, o funcionamento adequado do motor exige um aquecimento. Seu tempo de duração depende de outros fatores além do T50 ideal, como:

- Relação ar–combustível da mistura.
- Calor fornecido à mistura pelo duto de admissão.
- Velocidade da mistura nos dutos de admissão.
- Fluxo de ar externo aos dutos de admissão.
- Temperatura do bloco do motor.
- Mecanismo de controle do afogador, se automático.

Os motores carburados foram (ou ainda são) projetados para funcionar em regime com um combustível com dada volatilidade. Se o combustível tiver menor volatilidade, a distribuição para os cilindros pode ser inadequada e a vaporização total só acontecer durante a combustão. Isso fará com que a mistura entre os diversos cilindros fique desbalanceada, o que causará um aumento no consumo. Se o combustível for excessivamente volátil, atingirá a vaporização completa ou até o superaquecimento no coletor de admissão.

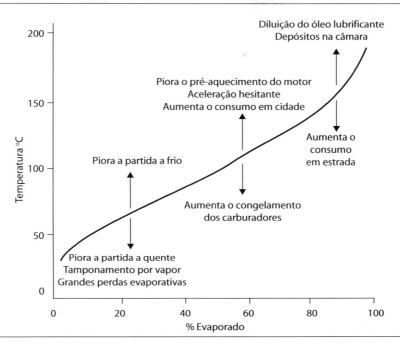

Figura 6.20 – Efeitos da vaporização no veículo.

Como os vapores superaquecidos têm um volume específico muito grande, o combustível ocupará grande parte do espaço do ar, reduzindo a eficiência volumétrica do motor e, consequentemente, a potência.

Durante a aceleração, o combustível não está completamente vaporizado, e o fluxo no coletor constitui-se de ar, vapor, gotículas e um filme de líquido na parede. O filme líquido escoa com velocidade menor que a da parte gasosa úmida, embora, em regime permanente, o motor receba uma relação ar-combustível constante.

Ao acelerar rapidamente, o aumento da pressão e do fluxo de ar causa uma condensação e um aumento da parte líquida transportada sobre a parede. Como esta caminha mais lentamente que o fluxo gasoso, enquanto não chegar ao cilindro a mistura empobrecerá, provocando falhas no motor.

Para compensar essa deficiência transitória, o carburador é dotado de um sistema de aceleração rápida, que se constitui de uma bomba mecânica que injeta um suplemento de combustível no fluxo de ar.

Se o combustível for mais volátil, esse suplemento poderá ser reduzido, em caso contrário, será aumentado, ou até mantido um aquecimento do coletor para reduzir a parte depositada. Esse segundo caso explica a necessidade de aquecimento do sistema de admissão dos motores a álcool (quando carburados).

Os problemas associados ao aumento do PVR na gasolina, tais como tamponamento por vapor ou percolação, são críticos somente em veículos carburados. Como os veículos atuais não mais utilizam esse tipo de alimentação e o sistema atual é pressurizado acima dos valores da pressão de vapor do combustível, esses problemas se tornaram desprezíveis. Mas como ainda há muitos veículos carburados em circulação, sendo o PVR um fator influente nas emissões evaporativas, os limites da especificação ainda são necessários.

6.3.3 Composição dos gases de escapamento e relação Ar–Combustível – λ

A determinação teórica da composição dos gases de escapamento chega muito próximo da composição real. Sendo o MCI um reator imperfeito, sempre haverá hidrocarbonetos na câmara de combustão que não irão encontrar oxigênio nas proximidades para queimá-lo, assim os dois sairão nos gases de escapamento sem reagir. Levando-se em consideração que:

- A combustão seja completa (teórica).
- O ar atmosférico é composto por 20,9476% O_2 e o restante é considerado como composto por gases inertes, totalizados como percentual do nitrogênio.
- Reduzindo o carbono a 1, para simplificar o equacionamento.
- Pesos atômicos conforme Tabela 6.9.

Tabela 6.9 – Pesos atômicos*.

Carbono	12,011
Hidrogênio	1,00794 ± 0,00007
Oxigênio	15,9994 ± 0,0003
Nitrogênio	14,0067
Enxofre**	32,066 ± 0,006

*conforme SAE J1829
Stoichiometric Air/Fuel Ratios of Automotive Fuels – maio/92.
** Quando estiver em quantidade relevante.

Sendo:

$$\varphi = \left(1 + \frac{y}{4} - \frac{z}{2}\right) \qquad \text{Eq. 6.3}$$

Onde:

y: índice para o H;

z: índice para o O.

1) Nas reações estequiométricas teóricas ($\lambda = 1$):

$$CH_yO_z + \varphi \cdot (O_2 + 3{,}7738 \cdot N_2) \rightarrow CO_2 + \frac{y}{2} \cdot H_2O + 3{,}7738 \cdot \varphi \cdot N_2$$

Desse modo, é possível obter a composição teórica dos gases de escapamento em misturas ricas.

$$\lambda = \frac{Ar}{Comb} = \frac{\varphi \cdot (2 \cdot 15{,}9994 + 3{,}7738 \cdot 2 \cdot 14{,}0067)}{12{,}011 + y \cdot 1{,}00794 + z \cdot 15{,}9994} =$$

$$= \frac{\varphi \cdot 137{,}71576892}{12{,}011 + y \cdot 1{,}00794 + z \cdot 15{,}9994}$$

2) Nas reações de mistura pobre (excesso de ar) ($\lambda > 1$) sobrará oxigênio:

$$CH_yO_z + \lambda \cdot \varphi \cdot (O_2 + 3{,}7738 \cdot N_2) \rightarrow$$
$$\rightarrow CO_2 + \frac{y}{2} \cdot H_2O + (\lambda - 1) \cdot \varphi \cdot O_2 + \lambda \cdot 3{,}7738 \cdot \varphi \cdot N_2$$

3) Nas reações de mistura rica (excesso de combustível: $\lambda < 1$), formam-se simultaneamente outras espécies além do CO_2 e H_2O: CO e H_2:

$$CH_yO_z + \lambda \cdot \varphi \cdot (O_2 + 3{,}7738 \cdot N_2) \rightarrow$$
$$\rightarrow aCO_2 + (1-a) \cdot CO + b \cdot H_2O + \left(\frac{y}{2} - b\right) \cdot H_2 + \lambda \cdot 3{,}7738 \cdot \varphi \cdot N_2$$

Onde as concentrações relativas dos produtos dependem do equilíbrio da reação:

$$CO_2 + H_2 \leftrightarrow CO + H_2O$$

Principalmente para o pistão nas proximidades do PMS, o equilíbrio das reações em temperaturas da ordem de 1.700 K a 1.740 K leva a uma constante de equilíbrio, de acordo com as concentrações parciais encontradas experimentalmente:

$$K = \frac{[CO] \cdot [H_2O]}{[CO_2] \cdot [H_2]} = \frac{(1-a) \cdot b}{a \cdot \left(\frac{y}{2} - b\right)} = 3{,}5 \cdot a \cdot 3{,}8$$

Resolvendo-se a equação da reação química para o O_2, tem-se:

$$z + 2 \cdot \lambda \cdot \varphi = 2a + (1-a) + b = a + b + 1$$

6.3.3.1 RELAÇÃO AR–COMBUSTÍVEL – BASE MÁSSICA E BASE MOLAR

A relação ar–combustível (AC_{massa}) são comumente calculadas em base mássica, mas algumas vezes também são calculadas na base molar (AC_{molar}). Assim

$$AC_{massa} = \frac{m_{ar}}{m_{comb}}$$

sendo m_{ar} a massa do ar, e m_{comb} a massa do combustível

$$AC_{molar} = \frac{n_{ar}}{n_{comb}}$$

Sendo n_{ar} o número de moles do ar, e n_{comb} o número de moles de combustível.

Essas relações são vinculadas pelas massas moleculares do ar (M_{ar}) e do combustível (M_{comb}). Assim,

$$AC_{massa} = \frac{m_{ar}}{m_{comb}} = \frac{n_{ar} m_{ar}}{n_{combustível} m_{combustível}} = AC_{molar} \frac{m_{ar}}{m_{combustível}}$$

Exemplo:

Cálculo da relação AC na base molar e na base mássica para o isooctano (C_8H_{18}).

A equação de combustão é dada por:

$$C_8H_{18} + 12,5\, O_2 + 12,5\, (3,76)N_2 \rightarrow 8CO_2 + 9H_2O + 47\, N_2$$

A relação AC e base molar é

$$AC_{molar} = \frac{12,5 + 47,0}{1} = 59,5 \text{ kmol de ar/kmol de comb.}$$

A relação AC em base mássica é calculada como segue:

$$AC_{massa} = AC_{molar} \frac{M_{ar}}{M_{combustível}} = 59,5 \frac{28,97}{114,2} = 15,0 \text{ kg ar de comb}$$

6.3.4 Poder calorífico — PC

É a quantidade de calor liberada por unidade de massa de um combustível, quando queimado completamente em uma dada temperatura (normalmente 18 ou 25 °C), sendo os produtos de combustão resfriados até a temperatura inicial da mistura combustível.

Essa definição corresponde ao poder calorífico superior – PCs, medido por meio de uma bomba calorimétrica. Entretanto, os produtos da combustão do MCI são expelidos em alta temperatura, de forma que o vapor de água, contido inicialmente na mistura ou produzido pela reação química, não chega a condensar, retendo o calor latente de vaporização. Logo, para os cálculos do calor em MCI, interessa o poder calorífico inferior – PCi do combustível, que é obtido ao deduzir-se do "superior" o calor latente liberado pela condensação da água.

Logo, o PCi pode ser calculado por:

$$PCi = PCs - L_{H_2O} \cdot m_{H_2O} \qquad \text{Eq. 6.4}$$

Sendo o calor latente de condensação da água a 18 °C de 2.458,2 kJ/kg, tem-se: $PCi = PCs - 2.458,2 \cdot m_{H_2O}$

Onde m_{H_2O} é a massa de água resultante por unidade de massa da mistura.

Como os hidrocarbonetos mantêm uma proporção muito estreita entre o carbono e o hidrogênio, que são os elementos combustíveis, o PC da gasolina varia muito pouco em função da composição, podendo, como ordem de grandeza, ser considerado 44 MJ/kg.

Com uma gasolina mais parafínica (menor massa específica), a tendência é um aumento do poder calorífico em massa, mas uma diminuição do poder calorífico em volume. O contrário ocorre com uma gasolina mais aromática (massa específica mais alta), observa-se também que uma gasolina mais densa tem maior energia por volume, o que leva a menores consumos do veículo.

No Brasil adicionam-se (22±1) % de álcool etílico anidro (PCi = 26 MJ/kg) à gasolina A, ficando esta com PCi da ordem de 9.529,9 kcal/kg (este valor foi obtido supondo as seguintes massas específicas, etanol anidro: 0,79 e gasolina A: 0,76).

Deve-se levar também em consideração que esses cálculos foram realizados supondo-se o combustível líquido. No motor, em função de pulverização há a absorção de calor do meio, o que leva a um aumento da energia total disponível. Para os hidrocarbonetos em geral, pode-se acrescentar um valor da ordem de 330 kJ/kg e para o etanol 855 kJ/kg.

Tratando-se de MCI, o PCi ou PCs em massa nada dizem com relação ao seu desempenho energético. Como o motor é uma máquina volumétrica, tem de se considerar sempre o poder calorífico em volume. Ainda há o fator relação ar–combustível (λ), que varia bastante de combustível para combustível. Assim, para se conseguir avaliar corretamente a energia que entra no motor deve-se utilizar o parâmetro "energia por volume de mistura", ou melhor, dizendo, $PCi_{massa}/(A/C_{massa})$. A Tabela 6.10 abaixo mostra alguns valores para combustíveis líquidos.

Tabela 6.10 – Energia por volume de mistura admitida.

Combustível	Equação reduzida	PCi (kJ/kg)	r Razão Ar/Combust. (em massa)	PCi/r	PCi/r relativo ao isooctano
Isooctano	$CH_{1,25}$	44.310	15,11	2.932	1,000
Hexano	$CH_{1,333}$	44.752	15,23	2.938	1,002
Benzeno	CH	40.170	13,25	3.032	1,034
Metanol	CH_4O	19.937	6,46	3.086	1,054
Etanol	$CH_3O_{0,5}$	26.805	8,99	2.982	1,019
Etanol hidratado	$CH_3O_{0,5}$ +7% água	24.876	8,36	2.975	1,015
Nitrometano	CH_3NO_2	10.513	1,69	6.221	2,122
Gasolina C	$CH_{2,05}O_{0,07}$	39.205	13,28	2.952	1,007
Gasolina de aviação	$CH_{1,97}$	43.382	14,72	2.947	1,005
Gasolina PODIUM	$CH_{2,15}O_{0,08}$	39.810	13,38	2.975	1,015
GNV * (Gás natural veicular)	$CH_{3,76}$	48.296	16,93	2.853	0,973 *

* valor comparativo, pois o GNV já está vaporizado. O valor real é um pouco menor.

Pelos valores apresentados na Tabela 6.10 fica fácil comparar combustíveis diferentes, e torna claro porque certos compostos como o nitrometano, dentre outros, são proibidos em determinadas competições automobilísticas por realmente aumentarem a energia entregue pelo combustível.

6.3.5 Massa específica

A massa específica das gasolinas não consta nas especificações, entretanto, costuma variar entre 710 kg/m³ e 760 kg/m³ para a gasolina A. Sendo o PCi em massa praticamente constante, quanto maior a massa específica, menor é o consumo em volume. A Figura 6.21, mostra essa relação.

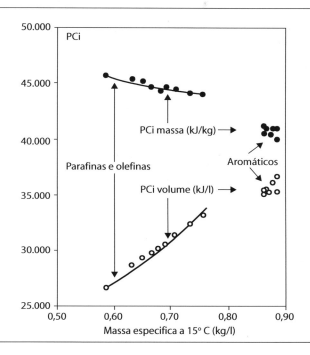

Figura 6.21 – Relação entre a massa específica e o PCI.

6.3.6 Tonalidade térmica de um combustível – TT

A tonalidade térmica (TT) expressa a quantidade de energia contida na unidade de massa ou de volume da mistura ar–combustível a uma pressão e temperatura definidas, portanto é uma propriedade da mistura ar–combustível.

Para o cálculo da tonalidade térmica inicialmente determina-se a quantidade de ar necessário para produzir a combustão completa. Para esse cálculo considera-se a reação de combustão do combustível. No caso do isooctano (C_8H_{18}) tem-se a reação estequiométrica representada na equação abaixo:

$$C_8H_{18} + 12{,}5O_2 + 12{,}5 \cdot 3{,}76N_2 \rightarrow 8CO_2 + 9H_2O + 47N_2$$

massa de ar: $\left[(12{,}5 \cdot 32) + (12{,}5 \cdot 3{,}76 \cdot 28)\right] = 1716$ kg

massa do combustível: $(8 \cdot 12) + (18 \cdot 1) = 114$ kg

razão ar–combustível = 15,1

Para cada kg de isooctano necessita-se de 15,1 kg de ar, portanto a massa da mistura ar–combustível é 16,1 kg (1 kg de combustível + 15,1 kg de ar).

De acordo com a Tabela 6.10, o PCi da isooctano é 44.310 kJ · kg^{-1}

A tonalidade térmica mássica (TT$_m$) é a relação entre o PCi e a massa da mistura (M$_{mistura}$):

$$TT_m = \frac{PCi}{M_{mistura}} = \frac{44.310}{16,1} = 2.752,174 \text{ kJ} \cdot \text{kg}^{-1}$$

Quantidade de gasolina na mistura = $\frac{1}{16,1} = 0,061 \frac{\text{kg gasolina}}{\text{kg mistura}}$

Quantidade de ar na mistura = $\frac{15,1}{16,1} = 0,939 \frac{\text{kg ar}}{\text{kg mistura}}$

A tonalidade térmica volumétrica (TT$_v$) é a reação entre a TT$_m$ e a densidade da mistura (d$_{mistura}$):

$$TT_v = TT_m \cdot d_{mistura}$$

Sabendo-se que o peso específico do isooctano é 683,76 kg/m^3, e do ar, 1,2041 kg/m^3 a 20 °C ao nível do mar, então o cálculo da densidade da mistura é:

$$d_{mistura} = \frac{16,1}{\frac{16,1 \cdot 0,061}{683,76} + \frac{16,1 \cdot 0,939}{1,2041}} = 1,2822 \text{ kg m}^{-3} \left(\text{kg}_{mistura} \cdot \text{m}^{-3}_{mistura}\right)$$

$$TT_v = 1,2822 \cdot 2.752,174$$

$$TT_v = 3,53 \text{ kJ} / L_{mistura}$$

O combustível de maior tonalidade térmica volumétrica proporcionará a maior potência quando se comparam motores de mesma cilindrada e da mesma taxa de compressão tendo-se otimizado a razão ar–combustível e ponto de ignição para cada combustível.

6.3.7 Corrosão ao cobre

Os derivados podem conter resquícios de mercaptans (R-SH) e H$_2$S (gás sulfídrico) não removidos durante os processos de tratamento da gasolina.

Para garantir esse limite máximo de corrosividade, esse ensaio utiliza uma lâmina de cobre de alta pureza que é imersa no combustível a 50 °C por 3 horas. Logo após verifica-se a coloração da lâmina, que não deve se oxidar.

Deve-se lembrar que nem todo hidrocarboneto que contenha átomos de enxofre causa corrosão. A maioria está em uma forma inativa, gerando compostos corrosivos somente após a combustão.

6.3.8 Teor de enxofre

Hidrocarbonetos que contenham átomos de enxofre na sua molécula, após serem queimados geram SO_2 e SO_3, que em presença de água formam os ácidos sulfuroso e sulfúrico. Essa reação acontece em temperaturas relativamente baixas, durante o desligamento e o aquecimento do motor. O enxofre também causa desgaste e maior sensibilidade à detonação.

Com a tendência atual de diminuição do teor de enxofre dos combustíveis, por questões ambientais, as gasolinas serão também hidrotratadas. Como consequência, haverá a diminuição do teor de olefinas, pois serão hidrogenadas juntamente com os compostos sulfurados, transformando-se em compostos parafínicos. Como as olefinas tem octanagem relativamente elevada, será necessária a adição compostos aromáticos (nafta de reforma) para ajuste da especificação. A vantagem será o aumento da estabilidade à oxidação, pela remoção das olefinas mais instáveis. No Brasil, a partir do ano de 2014, o teor de enxofre é de, no máximo, de 50 ppm.

6.3.9 Estabilidade à oxidação

O termo estabilidade designa a facilidade ou não do combustível resistir à oxidação durante sua estocagem.

Os hidrocarbonetos insaturados (olefinas) têm tendência a oxidar e consequentemente polimerizar, formando substâncias viscosas e vernizes, tecnicamente denominadas gomas. O mecanismo de formação desses compostos inicia-se por meio da formação de radicais livres do tipo peróxido (ROO·) que deflagram as reações de polimerização.

Essas reações ocorrem na temperatura ambiente, mas são severamente acelerados por alguns fatores como luz, calor, mistura com gasolina envelhecida (já possui muitos radicais peróxido formados, disparando as reações de polimerização) e contato com alguns metais como o cobre, que se comportam como catalisadores muito eficientes na quebra das ligações duplas das olefinas, acelerando demasiadamente o envelhecimento da gasolina. Contaminações acima de 20 ppb de cobre já são consideradas críticas.

Apesar da pequena massa total que pode se formar (bem menos que 1% da massa total), o combustível pode se tornar impróprio para a utilização veicular.

Para prevenir a oxidação durante a estocagem, é adicionado um aditivo antioxidante na produção de gasolina nas refinarias. Os aditivos mais comumente usados são das fenileno-diaminas e os alquil-fenóis, adicionados em teores da ordem de 10 a 20 ppm. Esses compostos possuem hidrogênios instáveis que são liberados em presença de radicais peróxido, bloqueando a reação de polimerização:

ROO· + H· → ROOH

Quando há problemas de contaminação com metais, recomenda-se a adição de aditivos desativadores de metais, que agem formando complexos que envolvem o metal (quelatos), desativando-o.

Gasolinas com alto teor de gomas, geralmente envelhecidas por grande período de estocagem, podem causar depósitos no sistema de admissão, travar hastes de válvulas nas guias, entupir injetores e furos calibrados (*gicleurs*) em carburadores.

Na Figura 6.22 são apresentadas válvulas com depósito de goma nas hastes. Há três métodos para avaliar a estabilidade das gasolinas e serão apresentados a seguir.

A – Goma atual

É a determinação de quanto de goma existe dissolvida na gasolina. O procedimento consiste em secar 50 ml de gasolina com um jato de ar a 155 °C, numa vazão de (600 ± 90) ml/s, durante quatro horas. Logo após a secagem, pesa-se o resíduo, que é chamado de goma atual não lavada. Adiciona-se 25 ml de heptano e agita-se levemente por 30 segundos. Espera-se 10 minutos para que os resíduos decantem, e descarta-se o heptano cuidadosamente. Seca-se novamente e pesa-se o resíduo. Este é chamado de Goma Atual Lavada, que, pela, especificação brasileira, deve estar abaixo de 5 mg/100 ml.

Figura 6.22 – Válvulas com depósito de goma [A].

B – Goma potencial

Este procedimento consiste em favorecer a oxidação para tentar simular as condições de estocagem por períodos prolongados. Permite a determinação de quanta goma poderá aparecer, caso todas as espécies instáveis sejam oxidadas, ou melhor, avalia o potencial da gasolina em gerar goma.

O procedimento consiste em colocar 100 ml em um recipiente lacrado e pressurizado com 700 kPa de oxigênio por quatro horas, em um banho a 100 °C. Logo após procede-se da mesma maneira a da goma atual, gerando-se o valor de goma potencial.

C – Período de indução

É a determinação da velocidade de oxidação da gasolina. O procedimento é semelhante ao da goma potencial, mas com 50 ml de produto, os mesmos 700 kPa de oxigênio e 100 °C no banho. Mas neste caso acompanha-se o decaimento da pressão de oxigênio no interior do pequeno reservatório. Quando a pressão decair 14 kPa será medido o tempo decorrido. Considera-se que um combustível seja bem resistente à oxidação quando seu período de indução for maior que 300 minutos.

Aditivos surfactantes (detergentes)

Os depósitos de goma no sistema de alimentação, tanto em motores carburados quanto em injetados, prejudicam a dosagem e/ou mistura de combustível admitido, prejudicando seu funcionamento e aumentando as emissões, ou como já citado aqui, causando problemas de travamento de válvulas ou outros componentes que estejam em contato com o combustível.

Esses compostos possuem geralmente uma longa cadeia hidrocarbônica, e, na extremidade, um grupamento polar que adsorvem nas superfícies, tanto do motor quanto dos resíduos, impedindo a deposição. Há diversas famílias de aditivos, sendo que hoje são mais utilizadas as polibutenoaminas e polieteraminas. Há alguns bastante eficientes como os alquilaminofosfatos, mas estão em desuso, pois o fósforo desativa os sítios ativos dos catalisadores dos gases de escapamento.

As dosagens comuns desses aditivos detergentes são da ordem de 500 ppm para manter o sistema limpo (*keep-clean*) e três a quatro vezes esse teor para remover depósitos (*clean-up*).

A Figura 6.23 apresenta a ação do aditivo detergente. O ensaio foi realizado em pista simulando trânsito em cidade por 3.000 km, utilizando gasolina envelhecida.

Um dos veículos utilizou 500 ppm de aditivo detergente com dispersante, e o outro não.

6.3.10 Outros parâmetros

Várias propriedades não são acompanhadas na produção de gasolinas, pois se mantém quase constantes para aquele tipo de produto, mas são importantes no funcionamento e desempenho do veículo. Abaixo, são apresentadas algumas propriedades mais importantes:

A – Viscosidade

Influencia na vazão do combustível pelos furos calibrados, o que pode alterar a razão ar–combustível (λ) dos veículos carburados, mas afeta pouco os injetados em função da alta velocidade junto aos furos, além de que a maioria destes se mantém na relação λ correta pela realimentação, por meio da sonda presente no duto de escapamento. Influencia também no diâmetro das gotículas durante a pulverização.

Figura 6.23 – Comparativo entre gasolinas [A].

B – Tensão superficial

Sua influência mais importante é no diâmetro das gotículas na pulverização, pois quanto menores, melhor a mistura ar–combustível. A aditivação com detergentes/dispersantes diminui a tensão superficial, melhorando a mistura do combustível com o ar.

C – Calor latente de vaporização

É a quantidade de calor necessária para vaporizar uma determinada massa de líquido, neste caso, um combustível.

Os hidrocarbonetos geralmente possuem valores muito próximos, em torno dos 290 a 340 kJ/kg, mas são bastante diferentes dos oxigenados. Um exemplo é o etanol, com 855 kJ/kg e o metanol com 1.100 kJ/kg, aproximadamente três a quatro vezes o valor da gasolina comercial.

Têm influência marcante no enchimento do motor. Quanto maior o calor latente de vaporização, mais calor será retirado do ar durante a vaporização na admissão do motor. Como consequência, mais massa de ar–combustível será aspirada e maior a energia produzida a cada combustão. Este parâmetro é de grande importância no desenvolvimento de combustíveis para competição.

D – Velocidade da chama

As espécies químicas têm reatividades diferentes, em função de sua estrutura molecular, e geralmente a máxima velocidade de chama é muito próxima da mistura estequiométrica ($\lambda = 1$), muito levemente em direção à mistura rica ($\lambda < 1$). Existem algumas exceções para o Hidrogênio, que tem sua máxima velocidade em $\lambda = 0{,}55$ (mistura muito rica), acetileno em $\lambda = 0{,}66$ (mistura muito rica), e isooctano $\lambda = 1{,}02$ (levemente pobre).

Os compostos que possuem mais ligações duplas, ou até triplas (não existem no petróleo, mas podem ser obtidos artificialmente), sendo mais instáveis, tendem a se oxidar mais facilmente, gerando goma. A Figura 6.24 apresenta essa relação.

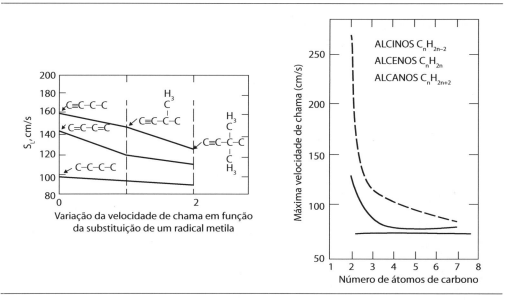

Figura 6.24 – Efeito do número de átomos de carbono na velocidade da chama.

Mas por outro lado, essa instabilidade é benéfica pelo aumento da velocidade de propagação de chama.

Maiores velocidades de chama tendem a aumentar a eficiência térmica pelo aumento da área de trabalho positivo no diagrama pressão *versus* volume do ciclo Otto, porém mantendo a pressão máxima da combustão aproximadamente no mesmo local, pode-se atrasar o ponto de ignição, de modo a diminuir a pressão durante o final da subida do pistão.

Há vários aditivos desenvolvidos para essa finalidade. Um dos mais baratos é o ferroceno.

E – Balanço molar

Quanto maior a razão entre o número de moles após a combustão, e o número de moles antes da combustão, maior será a pressão na câmara de combustão para a mesma temperatura final. Assim, comparando alguns combustíveis tem-se:

- Gasolina C – 1,08.
- Álcool etílico anidro – 1,12.
- Metanol – 1,21.
- GNV – 0,91.

Observa-se a tendência do metanol no ganho de potência final e da perda com o GNV.

6.4 Óleo Diesel (*gazole, Dieselöl, Dieselolie, gasóleo, gasolio, Mazot*)

O consumo de óleo diesel no mundo não se restringe somente ao uso veicular. Além de sua aplicação automotiva é empregado também nos setores agrícola, ferroviário, marítimo, de geração de energia e como fonte de calor para pequenas caldeiras e fornos industriais. Em países mais frios é usual a utilização de diesel para aquecimento residencial. Assim, as propriedades do óleo diesel variam bastante, em função do local onde é utilizado.

Para uso veicular, o diesel também varia bastante de composição em função das especificações de cada país. É o combustível mais empregado no Brasil, sendo utilizado majoritariamente no setor rodoviário (acima de 80%), em virtude a matriz de transporte ser, em sua maioria, rodoviária.

Observação:

O combustível será designado por diesel enquanto o ciclo térmico, por Diesel.

O óleo diesel comercializado no Brasil recebe adição de (5 ± 0,5) % de biodiesel por força de lei federal (desde jan/2010). Percentual definido e regulamentado pela Agência Nacional do Petróleo (ANP), Gás Natural e Biocombustíveis. Há a tendência de aumento desse teor nos próximos anos.

Para o pleno atendimento da elevada demanda por óleo diesel no Brasil, os esquemas de refino são voltados para a conversão das frações mais pesadas da destilação em produtos nobres e em unidades específicas, as quais geram frações com faixa de destilação compatível com a do diesel.

A formulação do óleo diesel inclui correntes tradicionais obtidas da destilação atmosférica (nafta pesada, querosene, diesel leve e diesel pesado), correntes hidrotratadas (óleo leve de reciclo ou *light cicle oil* (LCO), provenientes do craqueamento catalítico e nafta pesada de coque e os gasóleos de coque provenientes do coqueamento retardado).

Tanto o óleo leve de reciclo quanto as correntes de coque possuem altos teores de enxofre, compostos nitrogenados e alguns compostos com oxigênio, além de grande percentual de moléculas com duplas ligações, sendo assim quimicamente instáveis, tendendo a se polimerizar e formar vernizes e resíduos.

Assim, essas correntes, juntamente com o diesel pesado, que também possui alto teor de enxofre, são enviadas ao hidrotratamento para estabilização e remoção dos compostos sulfurados, nitrogenados e oxigenados.

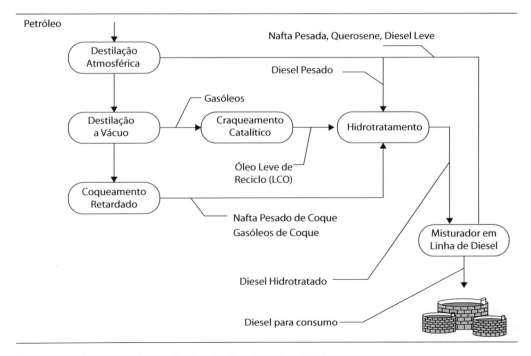

Figura 6.25 – Esquema de produção de diesel no Brasil [A].

Essa gama de diferentes frações contém moléculas de 10 a 30 átomos de Carbono, sendo sua faixa de destilação entre 120 °C e 400 °C aproximadamente.

Na composição final do óleo diesel para consumo, as correntes utilizadas são balanceadas de modo que as propriedades do combustível estejam dentro das especificações, permitindo um desempenho satisfatório em uma grande variedade de condições operacionais dos motores.

Da mesma forma que as gasolinas, as propriedades do diesel variam em função dos teores dos seus componentes. As propriedades que mais influenciam no desempenho do veículo diesel são número de cetano e a volatilidade, mas há várias outras primordiais para permitir o seu funcionamento adequado.

6.4.1 Qualidade de ignição: cetanagem ou número de cetano – NC

O número de cetano mede a qualidade de ignição do óleo diesel e tem influência direta na partida do motor, no funcionamento sob carga e nas emissões. O número de cetano é a propriedade de um combustível que descreve como este entrará em autoignição.

Se a temperatura de uma mistura ar–combustível for alta o suficiente, a mistura poderá entrar em autoignição sem a necessidade de haver uma centelha ou outra ignição externa. A autoignição está relacionada com a fragmentação das moléculas e, em motores Diesel, a fragmentação fácil das moléculas do combustível é desejável porque intensifica a combustão do combustível injetado. O número de cetano aumenta com a tendência de fragmentação, em oposição à octanagem.

Os hidrocarbonetos de cadeia linear são mais susceptíveis à fragmentação por temperatura que os ramificados, olefínicos, cíclicos e aromáticos (estes os mais resistentes). Isto é, suas moléculas fragmentam-se em temperaturas mais baixas, facilitando o início da combustão em condições mais desfavoráveis (motor frio).

A Figura 6.26 representa a relação entre a estrutura e o comprimento da cadeia carbônica com a temperatura de autoignição. Nota-se que quanto maior e mais linear a cadeia, menor a temperatura de autoignição, ou seja, maior a tendência à fragmentação e, portanto, maior o número de cetano. Em oposição à cetanagem, substâncias com maior temperatura de autoignição, tais como o CH_4 e isooctano, apresentarão maior dificuldade de fragmentação e, consequentemente, maior octanagem.

Fisicamente, o número de cetano é o tempo decorrido entre o início da injeção do combustível e o início da combustão, e é denominado "atraso de ignição". Um atraso longo provoca um acúmulo de combustível já vaporizado e sem queimar na câmara, que tende a se queimar de uma só vez, provocando uma subida brusca na pressão na câmara ($dp/d\alpha$ elevado) e, consequentemente, um forte ruído característico, chamado "batida diesel".

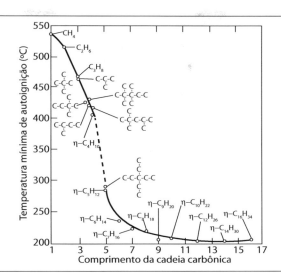

Figura 6.26 – Relação entre tamanho da cadeia carbônica e a temperatura de autoignição.

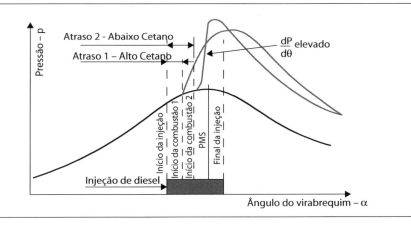

Figura 6.27 – Combustão no ciclo Diesel [A].

Por outro lado, combustíveis com o número de cetano adequado (motores de veículos pequenos necessitam de maior número de cetano), apresentam melhor partida a frio, menor erosão dos pistões, menor tendência a depósitos na câmara de combustão, menor tendência a pós-ignição, menor consumo e emissões mais controladas. Principalmente em relação aos poluentes sob regulamentação, o monóxido de carbono (CO) que origina de altas temperaturas e baixa razão ar–combustível (mistura rica), hidrocarbonetos (HC) não queimados que se originam sob baixas temperaturas e baixa razão ar–combustível; óxidos de nitrogênio (NO_x – principalmente NO e NO_2), cuja formação é favorecida pelas altas temperaturas de combustão e na presença de oxigênio e materiais particulados (MP), que são aglomerados de partículas de carbono e se formam em altas temperaturas e em regiões da câmara de combustão rica em combustível.

Em razão do fato de o processo de injeção de combustível gerar uma mistura bastante heterogênea, a combustão se inicia nas bordas do jato, por meio de uma chama de difusão, isto é, ocorre somente após a mistura ar–combustível (λ) estar em condições de reagir quimicamente na periferia do jato.

Após a injeção, ocorrem alguns fenômenos, consecutivos ou simultâneos, até que o início da combustão ocorra, tais como:

- Aquecimento e vaporização das gotículas de diesel em contato com o ar em alta temperatura (dependente das propriedades do *spray*), fazendo com que o ar esfrie até que a combustão se inicie.
- Formação de uma mistura inflamável (que esteja dentro dos limites inferior e superior de inflamabilidade deste combustível) através da mistura dos vapores com o ar circundante.
- Após o início da combustão, com o aumento da turbulência gerada, os fenômenos de aumento da temperatura e da pressão do meio, facilitando, ainda mais a vaporização.
- Final da queima, em que permanecem ainda pequenas partículas que não queimaram, geradas pela desidrogenação de algumas espécies químicas e que formaram microesferas da ordem de 20 nm (n: nano = 10^{-9}) de diâmetro. Essas se aglomeram em flocos da ordem de 80 a 200 nm, compostas na sua maioria de carbono, chamadas de particulados após a exaustão dos gases.

Todos estes fatores (*vide* Capítulo 7 – "A combustão nos motores alternativos") também sofrem influência das características físico-químicas do óleo diesel.

6.4.1.1 ATRASO DE IGNIÇÃO

Varia em função de parâmetros de funcionamento (carga, rotação, avanço de injeção), o que em um motor Diesel convencional está aproximadamente entre 3º e 10º do virabrequim. O tempo que decorre após o início da injeção até o início da combustão pode ser dividido em duas fases distintas:

A – Atraso físico

Fase de vaporização e mistura do diesel no ar circundante. Varia em função da dinâmica do jato (diâmetro das gotículas, velocidade do jato e sua forma), juntamente com a pressão e temperatura do ar, influenciando nas condições instantâneas de equilíbrio líquido–vapor, até que se forme uma mistura inflamável.

Ainda não se conseguiu um modelo matemático para representar este atraso, mas algumas considerações são tiradas. O atraso físico não é desprezível, pois é da mesma ordem, ou maior, que o atraso químico, e é pouco influenciado pela volatilidade do diesel; mais influenciado pela difusão molecular no meio e mais ligado aos efeitos aerodinâmicos do que pela temperatura de vaporização.

B – Atraso químico

Da mesma forma que para gasolina, é função da pressão e da temperatura reinantes naquele meio, e do tipo de combustível.

O atraso de ignição está relacionado com a energia de ativação das reações químicas que ocorrem durante a pré-ignição de acordo com a expressão que segue um modelo de Arrhenius. Essa expressão foi proposta por Wolfer em 1938 e está apresentada na Equação 6.5.

$$\theta = A \cdot p^{-n} \cdot e^{(E/RT)}$$ Eq. 6.5

Sendo θ o atraso de ignição, A é uma constante específica que depende de cada câmara de combustão, E é a energia de ativação que depende das propriedades do combustível, p é a pressão, n é um expoente e R é a constante geral dos gases.

Assim, um diesel mais parafínico tende a ter menores atrasos que os naftênicos ou aromáticos, tornando-se possível estimar o número de cetano por sua composição química. A Figura 6.28 mostra a influência da adição de 5% a 20% de algumas espécies químicas no atraso de ignição, e consequentemente no número de cetano.

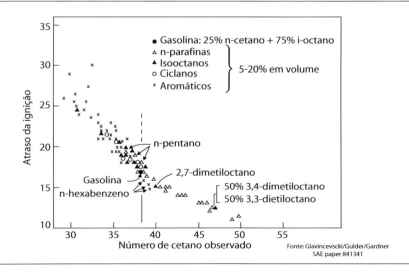

Figura 6.28 – Atraso da ignição.

6.4.1.2 BREVE HISTÓRICO – DIESEL

O número de cetano, atualmente designado pela norma ASTM D 613, surgiu de uma série de programas de investigação para determinar a qualidade da ignição do óleo diesel de uma maneira similar ao da octanagem da gasolina. Como resultado do trabalho para determinar as causas da detonação em motores com ignição por centelha, pesquisadores na década de 1920 estavam cientes da relação entre o tipo de combustível (sua estrutura molecular) e uma propriedade conhecida como a Temperatura de Autoignição (TAI) (CALLENDAR et al., 1926).

Callendar observou que em uma mistura ar–combustível submetida a uma compressão elevada, o tempo é uma variável tão importante quanto a temperatura. O tempo até a ignição diminui quanto maior for a temperatura do meio.

Em 1932, Boerlage e Broeze nos laboratórios da Royal Dutch-Shell em Delft – Holanda, propuseram que a qualidade de ignição de um combustível para motores Diesel fosse baseada no tempo entre a injeção do combustível no motor e o início da ignição. Este tempo, denominado atraso de ignição, seria comparado a dois combustíveis de referência, tal como já se fazia com a gasolina. Eles selecionaram os seguintes padrões:

1) **hexadeceno-1** (também conhecido como **ceteno** – $C_{16}H_{32}$), com uma cadeia carbônica longa e retilínea com uma ligação dupla no primeiro carbono, o que expõe toda a sua estrutura a uma fácil oxidação, gerando um atraso de ignição muito pequeno. Foi atribuído o valor 100.

2) **α-metilnaftaleno**, com dois anéis aromáticos unidos e muito resistentes à oxidação, gerando um atraso muito grande. Atribuído o valor zero.

Assim, desenvolveram a "escala CETENO", em que a qualidade de ignição seria equivalente ao percentual (em massa) de ceteno na mistura das duas referências.

Utilizando-se um motor CFR para ensaios de octanagem, Pope e Murdock (1932) desenvolveram um novo cabeçote com uma câmara de combustão separada com alta turbulência e com um pistão montado nesse cabeçote, permitindo o ajuste de sua entrada na câmara, mudando o volume da câmara, e assim variando a relação de compressão do motor. Esse é essencialmente o mesmo motor que se utiliza hoje para o ensaio de cetano. Em 1935, a ASTM adotou esse sistema, com algumas modificações, utilizando o método de medição de Boerlage e Broeze.

O motor que foi desenvolvido é um motor de quatro tempos com injeção indireta (pré-câmara), que permite variar a taxa de compressão de 6:1 até 28:1.

Como era difícil garantir que todo o hexadeceno tivesse a dupla ligação no primeiro carbono (a posição influencia bastante na qualidade de ignição), e sendo muito propenso à oxidação durante o armazenamento por ser uma olefina, a ASTM o substituiu pelo n-hexadecano ($C_{16}H_{34}$).

Com a suspeita de ser carcinogênico e tendo um odor que incomodava, também substituíram o α-metilnaftaleno, pelo 2,2,4,4,6,8,8-heptametilnonano, mas com número de cetano 15, o que levou a um ajuste no cálculo:

NC = % em volume hexadecano + 0,15 (% em volume heptametilnonano)

Eq. 6.6

6.4.1.3 MÉTODOS DE ANÁLISE

O procedimento de ensaio ASTM D 613 consiste em executar o teste do combustível em condições de velocidade, carga e temperatura de admissão predeterminadas. O atraso de ignição é ajustado de modo que o início da injeção seja de 13° APMS, e a taxa de compressão é ajustada para que o início da combustão seja no PMS.

O combustível de ensaio é então comparado com o resultado de duas misturas preparadas com os combustíveis de referência, de modo que se tenha uma mistura com uma taxa de compressão ligeiramente superior e a outra com uma taxa de compressão ligeiramente inferior ao combustível de ensaio. O número de cetano será determinado pela interpolação linear do número de cetano dos combustíveis de referência.

Para exemplificar, pode-se dizer que se o óleo diesel tiver um número de cetano igual a 42, ele também apresentará o mesmo desempenho daquele com uma mistura de 42% de cetano com 58% de α-metilnaftaleno. Ou melhor, 31,765% de cetano com 68,235% de heptametilnonano.

Infelizmente a medição do número de cetano tem sido severamente criticada, em virtude de algumas deficiências do ensaio. O principal é o erro da medição, que chega a valores em torno de ± 3,5 pontos em algumas condições.

O problema está relacionado ao fato de que nem o motor nem as condições de teste são representativos do projeto dos motores atuais ou das condições normais de funcionamento.

A determinação do número de cetano em laboratório requer o uso de um motor monocilíndrico, de teste padrão (motor CFR), apresentado na Figura 6.29, que opera sob condições estabelecidas pela norma ASTM D 613 apresentadas na Tabela 6.11.

Tabela 6.11 – Condições de operação do motor CFR.

Rotação	rpm	900 ± 9
Avanço de injeção	° APMS	13
Pressão de injeção	bar	103,0 ± 3,4
Volume injetado	ml/min	13,0 ± 0,2
Elevação da agulha do injetor	mm	0,127 + 0,025
Taxa de compressão	–	ajustável de 8 a 36
Temperatura da água de refrigeração do injetor	°C	38 ± 3
Pressão do óleo	bar	1,75 a 2,1
Temperatura do óleo	°C	57 ± 8
Temperatura do líquido de refrigeração do motor	°C	100 ± 2
Temperatura do ar de admissão	°C	66,0 ± 0,5
Folga das válvulas	mm	0,200 ± 0,025
Viscosidade do óleo	–	SAE 30

Figura 6.29 – Motor CFR [A].

6.4.1.4 ÍNDICE DE CETANO CALCULADO

Assim como o número de cetano, o índice de cetano calculado também está ligado à qualidade de ignição do óleo diesel. O índice de cetano é uma correlação matemática com o número de cetano, e pode ser usado para estimar este último. O cálculo é efetuado por meio da norma ASTM D-4737, que utiliza quatro variáveis obtidas no ensaio de destilação atmosférica ASTM D-86, que são as temperaturas de destilação de 10%, 50% e 90%, e a densidade a 15 °C do produto avaliado.

Como há essa correlação com o número de cetano, o índice também influencia diretamente no funcionamento dos motores, apresentando os mesmos efeitos relacionados para o número de cetano.

O índice de cetano não mostra boa correlação com o número de cetano quando são usados aditivos para aumentar o número de cetano, ou quando o óleo diesel possui elevado teor de compostos aromáticos, ou também para óleo diesel extremamente hidrotratado (baixos teores de enxofre).

$$IC = -399,90\,(D_{15}) + 0,1113\,(T_{10}) + 0,1212\,(T_{50}) + 0,0627\,(T_{90}) + 309,33 \quad \text{Eq. 6.7}$$

Há várias outras correlações matemáticas, mas todas elas são bastante dependentes dos elementos constituintes da formulação do óleo diesel, tais como teor de compostos e tipos de aromáticos, cíclicos e parafínicos. Além dessas características, há efeitos sinérgicos (interação entre compostos químicos) em que a presença de alguns compostos, pode piorar ou melhorar o desempenho, apesar dos seus teores apontarem para um determinado caminho.

De qualquer forma, o valor realmente válido continua sendo o medido em motor.

6.4.1.5 ÍNDICE DE CETANO DERIVADO

Como o motor CFR para cetano é extremamente dispendioso (custo de aproximadamente US$ 300.000,00, em 2012), com ensaios demorados e ocupa um grande espaço físico, foram desenvolvidos equipamentos mais compactos para a obtenção de resultados similares.

Assim, esse método de ensaio consiste na injeção de uma pequena amostra de diesel em uma câmara de combustão de volume constante, contendo ar comprimido aquecido.

Sensores detectam o início da injeção de combustível e o início da combustão para cada ciclo. A Figura 6.30, apresenta esse banco de ensaios.

A sequência completa é composta por dois ciclos preliminares e vinte e cinco ciclos posteriores.

A média dos atrasos dos vinte e cinco últimos ciclos é usada em uma correlação matemática para converter o atraso de ignição em um número de cetano equivalente (NC derivado).

São dois métodos que utilizam equipamentos semelhantes, normatizados pela ASTM D-6890 e D-7170. Esses métodos de ensaio cobrem uma faixa de valores de número de cetano de:

- 33 a 64 (atrasos entre 6,5 ms a 3,1 ms) para a ASTM D-6890.
- 35 a 59 (atrasos entre 4,89 ms a 2,87 ms) para a ASTM D-7170.

Cuidados devem ser tomados para não expor os combustíveis a luz com comprimento de onda abaixo de 550 nm (incluindo o ultravioleta, que está abaixo de 400 nm), mesmo por curtos períodos de tempo, pois podem afetar significativamente as medições de atraso de ignição, em razão da possível formação de peróxidos e de radicais livres. Estas formações são minimizadas quando a amostra é armazenada no escuro, a uma temperatura abaixo de 10 °C, e inertizada com nitrogênio.

Figura 6.30 – FIA-100 – Analizador de líquidos combustíveis da Fueltech Solutions As, Noruega.

As curvas apresentadas na Figura 6.31, mostram o sinal de abertura do injetor e o início da combustão, conforme apresentado na norma ASTM D-6890.

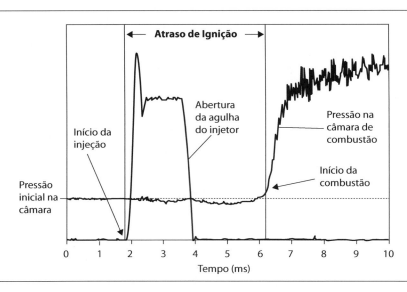

Figura 6.31 – Sinais de movimento da agulha do injetor e da pressão da câmara durante uma combustão.

6.4.1.6 ADITIVOS MELHORADORES DE NC

Os aditivos melhoradores do NC, também chamados de *Diesel Ignition Improvers*, são produtos essencialmente instáveis, e sua decomposição gera radicais livres ávidos por uma reação. Esta peculiaridade faz com que as pré-reações de oxidação responsáveis pelo atraso químico sejam mais rápidas, aumentando assim o NC. As famílias mais utilizadas são os nitratos de alquila, nitratos de éteres e alguns peróxidos.

Os nitratos mais utilizados no mundo são o nitrato de amila, de hexila e de octila. Uma adição de aproximadamente 500 ppm (0,05% peso) de nitrato de octila, um dos mais efetivos do mercado, pode aumentar o NC da ordem de três a cinco pontos, dependendo da composição química do diesel.

6.4.1.7 NÚMERO DE CETANO (NC) E SUA INFLUÊNCIA NA COMBUSTÃO

Em geral, as especificações de NC no mundo estão na faixa de 40 a 55, sendo que um aumento acima deste limite fará com que o atraso de ignição seja menor, mas não terá influência perceptível na eficiência global do motor.

Atrasos menores fazem com que a taxa de entrega de calor na combustão seja mais progressiva, pois esta inicia mais cedo, fazendo com que o gradiente de subida de pressão na câmara seja também mais lenta, diminuindo o ruído gerado pelo motor.

Motores com sistema de injeção *common rail* controlada eletronicamente permitem o artifício dos chamados "pré-pulsos" ou "pré-injeção", ou também "pulso-piloto", que são uma ou menores injeções de diesel um pouco antes da injeção principal, fazendo com que sua combustão preaqueça bastante o ar na câmara de combustão. Assim, durante a injeção principal a vaporização e as reações químicas serão mais rápidas, diminuindo os atrasos físico e químico.

Como consequência, o motor funciona como se estivesse utilizando um diesel com NC extremamente alto. Nesses motores, observa-se o baixíssimo nível de ruído gerado. A Figura 6.32, apresenta a relação entre ruído da combustão e NC.

Outro fator influenciado pelo NC é a partida a frio. Como o NC indica a facilidade do diesel de entrar em autoignição sob certas condições de temperatura e pressão, a partida a frio torna-se a condição mais crítica, pois é a menor temperatura encontrada na câmara de combustão. Assim, quanto maior o NC, menor a TAI, o que facilita a partida a frio (ver Figura 6.33).

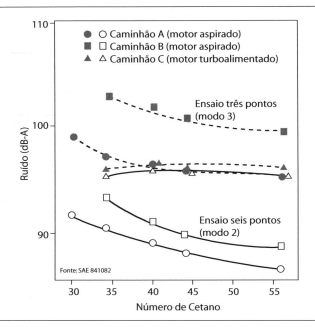

Figura 6.32 – Ruído e NC.

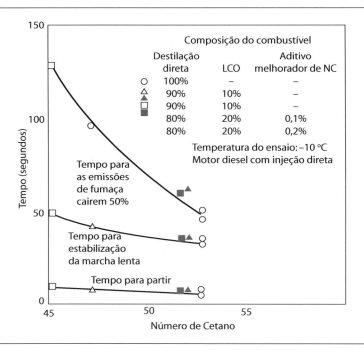

Figura 6.33 – Influência do NC na partida a frio.

A facilidade ou não de partida a frio varia enormemente entre os motores. Em alguns, casos torna-se necessária a utilização de velas incandescentes para o preaquecimento do ar da câmara, de modo que o *spray* de combustível passe próximo dela (a temperatura chega ao redor de 800 °C nas suas proximidades), facilitando a ignição. Durante o projeto do motor, cuidados adicionais devem ser tomados para que o jato não incida sobre a vela, pois irá causar danos durante o funcionamento normal do motor.

A emissão de poluentes também é influenciada pelo NC. O aumento do atraso de ignição favorece a presença de regiões muito ricas à frente da região em que a combustão se iniciou (onde as primeiras gotículas chegaram e vaporizaram), levando à formação de hidrocarbonetos não queimados e particulados.

Nos motores modernos, essa influência é muito pequena, pois os sistemas de altíssima pressão de injeção e a possibilidade de se adicionar pré-pulsos, a combustão torna-se mais homogênea, melhorando o desempenho do motor, como mostrado na Figura 6.34.

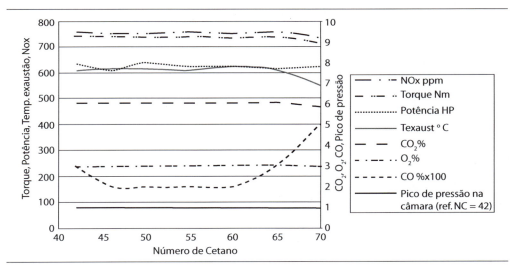

Figura 6.34 – Desempenho x NC.

6.4.2 Volatilidade

Está diretamente relacionada com a distribuição de compostos leves e pesados no diesel, indicando o perfil de vaporização do produto.

6.4.2.1 DESTILAÇÃO

No óleo diesel, a volatilidade é avaliada pelo ensaio de destilação ASTM D-86, e define a temperatura na qual uma porcentagem do produto é recuperada após a evaporação (da mesma forma que para a gasolina). Não se consegue muita variação na curva de destilação, em virtude de afetar simultaneamente outras propriedades também limitadas pelas especificações do produto.

Esse ensaio, além de ser usado no controle da produção do óleo diesel, também pode ser utilizado para identificar a ocorrência de contaminação do produto por derivados mais pesados, como o óleo lubrificante, ou mais leve, como a gasolina.

As variações na destilação afetam o comportamento do motor Diesel. Frações mais pesadas podem afetar a pulverização por meio dos injetores, aumentando o diâmetro médio das gotículas, o que irá piorar a qualidade da combustão. Como exemplo, um aumento do PFE de 340 °C para 380 °C poderá causar perdas de eficiência de 1% a 5%, além do aumento significativo de emissão de particulados (veja Figura 6.35). Um aumento dessa ordem também irá impedir o funcionamento a frio, em função de cristalização de parafinas com consequente entupimento de filtros.

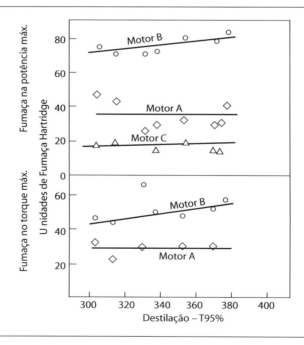

Figura 6.35 – Influência da destilação no desempenho.

Uma diminuição do PIE poderá aumentar o PVR e diminuir o ponto de fulgor. Ao contrário do que se pensa, uma adição de compostos mais leves, como o querosene, não melhora a combustão dos motores Diesel, pois não aumentará o NC. Uma possível melhora em alguns motores mais antigos será no menor diâmetro das gotículas e no funcionamento a frio

Altas temperaturas nos T85% a T95% indicam um grande percentual de compostos pesados, mais difíceis de serem queimados. A legislação de diversos países impõe limites rígidos nesses pontos em função do aumento de emissão de fumaça pelos veículos.

6.4.2.2 PONTO DE FULGOR (*FLASH POINT, POINT ÉCLAIR*) – PF

Consiste na menor temperatura em que se inicia a emissão de vapores inflamáveis pelo diesel. Ou melhor, acima dessa temperatura o diesel é inflamável. O ponto de fulgor varia de acordo com o teor de produtos leves presentes.

Apesar de não ter influência no desempenho do veículo e nem na combustão, é uma propriedade ligada à segurança no manuseio e estocagem. É um bom indicativo de contaminação com gasolina, pois teores da ordem de 1% já diminuem o ponto de fulgor em 15 °C. Como referência, o PF de uma gasolina situa-se em temperaturas da ordem dos −40 °C.

Um ponto de fulgor baixo indica riscos maiores; assim, são estabelecidos valores limites mínimos para essa característica. No Brasil e em várias partes do mundo, o PF mínimo é de 38 °C em diesel para uso rodoviário, e de 60 °C para uso marítimo.

O ensaio consiste em se colocar uma pequena quantidade de diesel em um recipiente que será aquecido a uma taxa de 2 °C a 3 °C/min. Periodicamente uma pequena chama se aproxima do recipiente e quando ocorre uma rápida chama um sensor ótico detecta a luminosidade e o equipamento registra a temperatura do diesel naquele instante.

6.4.3 Massa específica – ρ

Essa propriedade mostra a relação entre a massa e o volume do produto a uma temperatura específica, que no Brasil é de 20 °C.

Valores fora da faixa especificada indicam a presença de contaminantes. A limitação da faixa de massa específica para o óleo diesel é importante para o projeto do sistema de injeção e para o funcionamento adequado do motor.

Variações muito grandes na faixa de densidade podem influir na operação do motor, pois o sistema de injeção dosa volumes. Assim, uma massa específica mais alta irá aumentar a massa de combustível injetado.

Como a variação do PCi (em massa) é desprezível na faixa de densidades do diesel, o sistema injetará mais massa e aumentará a potência gerada, mas poderá também aumentar a emissão de particulados.

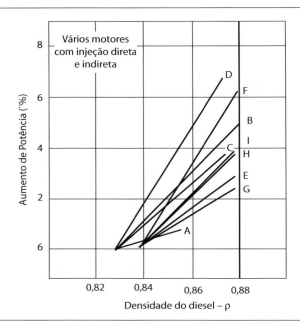

Figura 6.36 – Influência de massa específica no desempenho.

6.4.4 Viscosidade – υ

A viscosidade cinemática é o quociente entre a viscosidade absoluta μ e a massa específica, ρ também definida como tempo de escoamento de um fluido através de um tubo capilar, com dimensões padronizadas, sob ação da força da gravidade. A viscosidade especificada para o óleo diesel é a cinemática, com a unidade em centistokes (cSt = cm^2/s – sistema CGS) ou m^2/s, a 40 °C. Consequências de uma viscosidade inadequada para o óleo diesel são:

A – No motor

Viscosidades altas causam pouca atomização (gotículas grandes) e alta penetração do jato, em função da queda de pressão nos injetores pelo aumento da perda de carga na bomba e linhas. Assim a bomba injetora não será capaz de fornecer combustível suficiente para a câmara de combustão e consequentemente haverá perda de potência da máquina. Esse problema também se torna crítico em baixas temperaturas.

Com viscosidades baixas, a queima se processa muito perto do bico injetor, provocando distorção dos furos dos bicos em decorrência das temperaturas elevadas. Além disto, a lubrificação de todo o sistema de injeção é feita pelo próprio diesel. Em países como a Finlândia, em função de problemas de congelamento, são obrigados a colocar no mercado um diesel extremamente leve (consequentemente tendo baixa viscosidade), mas com aditivos para aumentar a lubricidade.

B – Nas emissões

Altas viscosidades tendem a formar mais fumaça e particulados pelo aumento do tamanho das gotículas. Por outro lado, a viscosidade mais baixa, reduz as emissões.

6.4.5 Lubricidade

A necessidade de reduzir as emissões de SO_x dos gases de escapamento exigiu a redução drástica dos teores de enxofre do diesel por meio de processos de hidrotratamento. Como consequência, há uma significativa redução de compostos polares e aromáticos que dão ao diesel a capacidade de lubrificação adequada. Em alguns casos há a necessidade da introdução de aditivos específicos para adequar aos limites mínimos aceitáveis.

Há dois métodos utilizados para se medir lubricidade: HFRR (*High Frequency Reciproicating Rig*) conforme ASTM D-6079 e SLBOCLE (*scuffing load ball on cylinder lubricity evaluator*) conforme ASTM D-6078, sendo o HFRR mais utilizado para diesel 2100.

O método HFRR consiste em se esfregar uma pequena esfera de aço SAE 52100 temperado (dureza Rockwell-C entre 58 e 66), num curso de 1 mm e numa frequência de 50 Hz, sobre um disco também de aço SAE 52100 temperado (dureza Vickers HV-30 entre 190 e 210), imerso em 2,5 ml de diesel a 60 °C, carregado com uma massa de 200 g, durante 75 minutos.

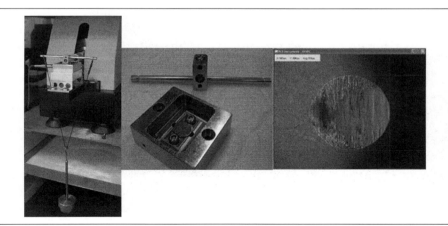

Figura 6.37 – Método HFRR – equipamento e corpo de prova [A].

Após este tempo o braço com a esfera é removido, limpo e colocado em um microscópio para efetuar a medição do desgaste.

Mede-se o diâmetro médio do desgaste e esse valor é a indicação da lubricidade. Por exemplo, a especificação brasileira limita a 460 μm o maior desgaste permitido.

Na Figura 6.37, é mostrado o desgate de um diesel A (sem biodiesel) com 50 ppm de enxofre, com um desgaste de 519 μm.

Uma das propriedades do biodiesel é seu efeito como melhorador de lubricidade. A adição deste no diesel de baixo teor de enxofre consegue adequar a lubricidade dentro dos parâmetros exigidos pela legislação.

6.4.6 Teor de enxofre

O enxofre é um dos componentes do petróleo, podendo ser encontrado em diferentes concentrações, dependendo da sua origem. Consequentemente é um elemento, apesar de indesejável, sempre presente e em praticamente todos os derivados. Durante a sua combustão são formados os óxidos SO_2 (dióxido de enxofre) e SO_3 (trióxido de enxofre), que após a reação com o vapor d'água formam H_2SO_3 (ácido sulfuroso) e H_2SO_4 (ácido sulfúrico) no meio ambiente, favorecendo a ocorrência de chuva ácida ou nos dutos do motor quando há recirculação de gases de escapamento (EGR).

O teor de enxofre tem duas influências básicas. Diretamente, nas emissões de particulados, e indiretamente, por meio da formação de depósitos e ocorrências de corrosão no motor.

6.4.7 Corrosão ao cobre

Este teste detecta a corrosividade em uma lâmina de cobre polida, imersa no óleo diesel a 50 °C durante três horas. Depois é comparada com um padrão, que consiste de lâminas com manchas de diferentes tonalidades. Será atribuído o resultado à que estiver mais próxima da cor do padrão. Essa corrosão à lâmina de cobre é associada à presença de enxofre elementar (S°) e gás sulfídrico (H_2S), compostos presentes em derivados mais leves que o diesel.

6.4.8 Pontos de turbidez, de entupimento e de fluidez

O diesel contém um grande percentual de compostos parafínicos em sua composição. Estes possuem geralmente altos NC, mas o inconveniente de se cristalizarem em temperaturas próximas do ambiente. Assim, ao resfriar o diesel, os compostos parafínicos de cadeia longa tendem a cristalizar em minúsculos cristais, tornando o diesel turvo. Essa temperatura é chamada de Ponto de turbidez (*cloud point, point de trouble*).

Abaixando ainda mais a temperatura, estes cristais começam a crescer, organizando-se em redes que aprisionam o líquido ao redor, impedindo o diesel de escoar, deixando-o com um aspecto de gel. Esta temperatura é chamada de Ponto de fluidez (*pour point, point d'ecoulement*).

Entre esses dois pontos, a fluidez do diesel é suficiente para permitir sua circulação em todo o sistema de injeção, mas a partir de certa temperatura os cristais iniciam o bloqueio parcial ou total dos filtros, caracterizando o chamado Ponto de entupimento (*Cold Filter Plugging Point* – CFPP, *Température Limite de Filtrabilté* – TFL). Este ensaio é padronizado pela ASTM D-6371, consistindo em um filtro com malha metálica padronizada de 45 µm, em que 20 ml de diesel devem demorar no máximo 60 segundos para atravessá-la, com uma depressão de 20 mbar. O teste é repetido a cada –1 °C de temperatura, até que o diesel demore mais que 60 segundos, então a temperatura é registrada.

A perda de filtrabilidade em baixa temperatura depende do tamanho e do tipo de cristais de parafina formados. Essa característica do óleo diesel é especificada em função das estações do ano (verão, inverno etc.), sendo os seus valores mais baixos para o inverno e variáveis conforme a região do país. Por exemplo, se o veículo for abastecido na Bahia e conseguir chegar com combustível em São Paulo num dia bem frio, poderá ter problemas de partida a frio no dia seguinte, pois aquele diesel foi especificado para outro clima. A Tabela 6.12 abaixo mostra os limites máximos da especificação brasileira.

Tabela 6.12 – Temperaturas de fluidez – Brasil.

Estados	jan	fev	mar	abr	mai	jun	jul	ago	set	out	nov	dez
SP, MG, MS	12 °C	7 °C	3 °C	3 °C	3 °C	3 °C	3 °C	3 °C	7 °C	9 °C	12 °C	12 °C
DF, GO, MT, ES, RJ	12 °C	10 °C	5 °C	5 °C	5 °C	8 °C	8 °C	8 °C	10 °C	10 °C	12 °C	12 °C
RS, SC, PR	10 °C	7 °C	0 °C	0 °C	0 °C	0 °C	0 °C	0 °C	0 °C	7 °C	7 °C	10 °C

Em países frios, o problema de cristalização do diesel é preocupante. Na maioria dos casos é necessária a aditivação com depressores de ponto de entupimento para garantir o funcionamento dos veículos.

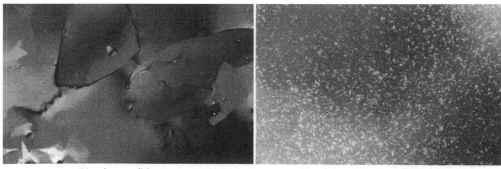

Diesel sem aditivo   Diesel com 400 ppm aditivo depressor

Figura 6.38 – Ação do aditivo depressor de ponto de entupimento.

Esses aditivos nucleiam uma quantidade bem maior de novos cristais, fazendo com que aumentem de quantidade, mas fiquem com pequeno tamanho, permitindo sua passagem pelos filtros. Outros aditivos modificam a forma dos cristais, também facilitando a sua passagem pelos filtros.

6.4.9 Combustão

Algumas características do óleo diesel são indicativas do seu desempenho, durante o processo de combustão nos motores. Entrar em ignição no momento certo é um requisito importante para que se consiga aproveitar o máximo da energia do óleo diesel. É importante proporcionar uma combustão completa, com um mínimo de formação de depósitos orgânicos e inorgânicos, para garantir uma máxima vida útil dos motores. Os ensaios de número de cetano, resíduo de carbono e cinzas avaliam essas características do produto.

6.4.9.1 RESÍDUO DE CARBONO RAMSBOTTOM

O teor de resíduos de carbono é obtido pela evaporação das frações mais leves e decomposição das mais pesadas, quando o produto é submetido ao aquecimento sob condições controladas. Considerando-se o produto sem aditivos, a porcentagem de resíduo de carbono correlaciona-se com a quantidade de depósitos que podem ser deixados pelo óleo diesel na câmara de combustão. Valores altos de resíduo de carbono podem levar à formação de uma quantidade excessiva de resíduos na câmara de combustão, além de provocar maior emissão de fumaça e contaminação do óleo lubrificante por fuligem.

6.4.9.2 TEOR DE CINZAS

O teor de cinza é a quantificação dos resíduos inorgânicos, não combustíveis, apurados após a queima de uma amostra do produto. O seu controle visa garantir que os sais ou óxidos metálicos e sólidos abrasivos, formados após a combustão do produto, não irão gerar depósitos e desgaste nos pistões e câmara de combustão, e que irão contribuir para aumentar os depósitos.

6.4.9.3 ÁGUA E SEDIMENTOS

A ausência de contaminantes é importante para assegurar que o combustível apresente suas características de qualidade preservadas.

Os sólidos tendem a obstruir os filtros de combustível, ou produzir desgastes no sistema de injeção.

A respiração natural dos tanques de combustível nos postos de abastecimento e nos veículos traz para seu interior a umidade do ar. Ao esfriar, esta tente condensar a água, que, por ser mais densa, vai para o fundo do tanque.

Juntamente com o ar entram microorganismos e seus esporos, muitos destes anaeróbicos, se alojando preferencialmente na interface água–diesel, possibilitando sua proliferação.

Esses microrganismos, principalmente fungos e bactérias, se reproduzem em alta velocidade, alimentando-se de óleo diesel e se hospedando na fase água. Caso o diesel tenha em sua composição biodiesel, este é preferido pelos microrganismos, aumentando ainda mais a velocidade de crescimento.

Excretam produtos ácidos e produtos tensoativos (semelhantes a detergentes), que facilitam a mistura água–diesel, ajudando a manter uma emulsão nesta interface.

O aumento da população desses microrganismos gera uma biomassa (borra), deixa a água turva, com mau cheiro e ácida (já foi encontrado pH = 4 em alguns casos).

Como consequência, causa entupimento de filtros, corrosão do sistema de injeção e aumento de emissões.

A água e os sedimentos são os contaminantes mais críticos e indesejáveis. Por isso, são monitorados por meio do teste de laboratório BSW (*bottom sediment and water*), estabelecido pela norma ASTM D 1796.

A drenagem regular do fundo dos reservatórios, tanto dos veículos quanto do posto de abastecimento minimiza muito o risco de contaminação.

Figura 6.39 – Borra microbiológica [A].

Em alguns casos, quando o ataque é muito severo utiliza-se biocidas (há vários no mercado internacional), que necessitam ser solúveis em água e parte no combustível para serem mais efetivos. O maior problema é o desenvolvimento de resistência desses microrganismos ao biocida, de modo que este (biocida) deve ser mudado de tempos em tempos para se manter efetivo.

Outro problema severo é o descarte da água com biocida decantada no fundo dos reservatórios. Os postos de abastecimento descartam as águas de drenagem na rede de esgoto. Caso contenha biocida, torna-se um problema ambiental severo, pois pode desestabilizar facilmente uma estação de tratamento de esgotos.

A turbidez do diesel é normalmente associada à presença de microgotículas de água dispersas no produto, formando geralmente uma emulsão estável.

A turbidez pode também estar relacionada à presença de sólidos suspensos tais como óxidos de ferro provenientes da corrosão de tanques e linhas, SiO_2 (similar a uma "água barrenta") ou parafinas precipitadas em função da composição do diesel.

Figura 6.40 – Turbidez do diesel [A].

Na turbidez associada à presença de gotículas de água, o diâmetro médio das gotículas varia de 5 a 10 µm, dificultando a sua decantação e separação.

Observa-se pela lei de sedimentação de Stokes que a velocidade de decantação dessas partículas será bastante demorada, pois a diferença das massas específicas é pequena, a viscosidade do diesel não é desprezível e o raio das partículas é muito pequeno, e ao quadrado.

$$v_s = \frac{2}{9}\frac{(\rho_p - \rho_f)}{\mu}gR^2$$ Eq. 6.8

Onde:

v_s: velocidade de sedimentação.

ρ_p: massa específica do diesel.

ρ_f: massa específica da água.

μ: viscosidade dinâmica ou absoluta.

g: aceleração da gravidade.

R: raio das partículas de água.

A água se dissolve normalmente nos hidrocarbonetos em pequenas quantidades, apesar de aparentemente não ser solúvel. No processo de produção do diesel parte do vapor d'água utilizado fica dissolvido no diesel, mas a maioria é retirada no sistema de secagem, restando teores abaixo dos 100 ppm de água. Caso o diesel seja armazenado em locais onde tenha contato com água (ex.: reservatórios não drenados), parte desta será absorvida, podendo chegar ao limite de saturação.

Ao esfriar, o limite de saturação cai, fazendo com que parte dessa água se torne insolúvel e se separe sob a forma de microgotículas que irão dispersar a luz incidente como se fossem microlentes, dando o aspecto de um diesel turvo.

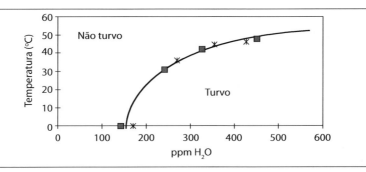

Figura 6.41 – Curva de turvação do diesel.

A solubilidade da água no diesel depende de diversos fatores, entre os quais se destacam:

- Temperatura (mostrada no gráfico (Fig. 6.41)).
- Viscosidade.
- Densidade.
- Características do petróleo de origem.
- Presença de compostos tensoativos.

O tamanho das gotículas formadas pela água insolúvel depende dos fatores citados aqui e da taxa de resfriamento, gerando gotículas menores quanto maior for essa taxa.

6.4.10 Estabilidade química

Até a década de 1970, praticamente todo o diesel produzido no mundo era proveniente de destilação direta, sem levar em consideração os altos teores de enxofre. Após a 1ª crise do petróleo de 1972/73, com o petróleo muito mais caro, houve a necessidade de se introduzir em todo o mundo outras correntes, mais pesadas e mais instáveis, geralmente provenientes de craqueamento catalítico e coqueamento retardado. A partir daí, uma série de aditivos foram desenvolvidos para permitir o uso dessas correntes e manter a qualidade do produto frente aos competidores no mercado internacional.

Desde que o diesel sai da refinaria até ser queimado dentro da câmara de combustão, ele é submetido a uma série de situações que podem causar degradação química, tais como calor proveniente do sol (estocagem) ou dentro do circuito de retorno do injetor, oxigênio e umidade do ar ao retornar ao tanque ou no reservatório do posto de abastecimento.

As reações de oxidação e polimerização, similares às que ocorrem com a gasolina, são geradas por reações ácido–base e por esterificação, resultando num processo bastante complexo de formação de gomas e sedimentos.

Da mesma forma que para a gasolina o cobre é um forte catalisador. Teores da ordem de 10 ppb no diesel, adicionados pelo simples contato com dutos de cobre ou peças em latão ou bronze já aceleram muito essas reações.

Os sedimentos aumentam significativamente o entupimento de filtros e as gomas tendem a formar vernizes no interior dos injetores.

Há diversos ensaios específicos para se prever a estabilidade à oxidação. Em alguns casos, há a necessidade de aditivos, tais como antioxidantes, desativadores de metais, anticorrosivos, dispersantes ou estabilizadores.

6.4.11 Condutividade elétrica

Com a redução do teor de enxofre no diesel por meio do hidrotratamento, há também uma diminuição drástica dos compostos polares, diminuindo a condutividade elétrica. O problema está na geração de cargas estáticas durante o carregamento de caminhões e no abastecimento dos veículos.

Para solucionar o problema, é adicionado um aditivo dissipador de cargas estáticas, que nada mais é que um melhorador da condutividade elétrica, tal como é utilizado no querosene de aviação.

No Brasil já houve problemas de incêndio em carregamentos, apesar do atendimento à especificação de, no mínimo, 25 pS/m (pico Siemens por metro) de condutividade.

6.5 Compostos oxigenados

6.5.1 Breve histórico

O uso de oxigenados como combustível automotivo nasceu nos fins do século XIX, principalmente com o etanol e metanol, em função de sua fácil obtenção. Já nos primeiros dez anos do século XX, seu uso era tanto puro quanto em misturas, funcionando como aditivo antidetonante para as gasolinas da época, provenientes somente de destilação direta (baixíssima octanagem). Durante a I Guerra Mundial, os álcoois se tornaram produtos indispensáveis. Na França, por exemplo, tornou-se um produto estratégico.

No Brasil, misturas com álcool eram comumente disponíveis em diferentes marcas de gasolina, estimuladas pelo fato de que toda a gasolina no Brasil ainda era importada, e que já havia uma grande oferta (real e potencial) de álcool e de matéria-prima para sua fabricação. Em 1919 o governador de Pernambuco ordenou que todos os veículos oficiais operassem a álcool.

Na década de 1920, surgiram no mundo os primeiros usos de éteres como aditivos aumentadores de octanagem. Nessa época, já existiam no Brasil veículos movidos a combustível composto de 75% de álcool e 25% de éter.

Na década de 1930, quase todos os países industrializados tiveram algum tipo de incentivo fiscal ou programa de mistura obrigatória de etanol. O Brasil não era o único. A ideia era criar um sistema de combustível de emergência, bem como para apoiar os agricultores, e reduzir as importações de petróleo e derivados. Em 1937, a produção de álcool no Brasil atingiu 7% do consumo nacional de combustível.

Em muitas nações, o sistema de combustível de emergência provou o seu valor durante a II Guerra Mundial, pois substituía boa parte do combustível de petróleo. Na Europa, além do etanol, utilizava-se também o metanol. No Brasil, níveis de mistura obrigatória chegaram a mais de 50% em 1943.

Quando a guerra terminou, o petróleo importado barato voltou ao mercado, e quase todos os países abandonaram seus programas de etanol. As misturas continuaram de forma esporádica na década de 1950 em diante como uma saída para os excedentes da produção de açúcar.

Em 1973, a 1ª crise do petróleo mudou o rumo da história, elevando o preço do petróleo de US$ 2,91 para US$ 12,45, um aumento de 428%. A 2ª crise, em 1979, piorou a situação. O barril de petróleo chegou aos US$ 88,00. Nesse período, o Brasil importava quase 80% do petróleo cru utilizado. Somente em 1974 é que se descobriria o petróleo na bacia de Campos, no Rio de Janeiro, mas demoraria ainda alguns anos até que a logística de extração e transporte do petróleo estivesse funcionando.

Muitas pesquisas em energias renováveis surgiram nessas épocas de crise, mas de todos os países com forte dependência energética, o Brasil foi o único que saiu com um programa permanente de uso do etanol, e com testes de engenharia já em andamento.

Conhecido como a semente do Programa Nacional do Álcool (Proálcool), o documento intitulado "Fotossíntese como fonte de energia" foi entregue ao Conselho Nacional do Petróleo em março de 1974. O estudo demonstrava as preferências do Instituto do Açúcar e do Álcool pela produção de álcool em destilarias autônomas e da Coopersucar, pelo aproveitamento da capacidade ociosa das destilarias anexas às usinas açucareiras.

Urbano Stumpf, um pesquisador do Centro Técnico Aeroespacial – CTA, acompanhou o então presidente Ernesto Geisel em uma excursão numa instalação onde veículos a álcool estavam sendo testados. Geisel ficou tão impressionado que ordenou uma rápida expansão do programa em nível nacional, o que levou à criação do Proácool.

Na Europa, uma iniciativa da EEC (*European Economic Community*) foi encorajar o uso dos *"gasoline extenders"*, tais como o MTBE (Metil-Terc-Butil-Éter). Era feito com GLP de baixa qualidade, permitindo a produção de gasolina de boa qualidade com o mesmo petróleo.

Nessa mesma época em Nebraska, nos Estados Unidos, uma comissão de novos usos para produtos agrícolas começou a testar misturas de etanol em veículos. No entanto, no nível federal, a resposta ao choque do petróleo de 1973 levou aquele país a expandir a indústria de energia nuclear e carvão para a produção de combustível sintético (síntese de Fischer-Tropsh). Ambos eram tão caros que dependia do preço do petróleo se aproximar US$ 100 o barril para ser viável. Quando os preços do petróleo caíram, em meados dos anos 1970, e novamente em meados da década de 1980, os chamados "combustíveis alternativos" foram esquecidos novamente. Com raras excessões, o Brasil continuou com seu programa alternativo.

A criação do Programa Nacional do Álcool, em 14 de novembro de 1975, visava o desenvolvimento das técnicas e aperfeiçoamento dos insumos para a produção de álcool etílico. Na primeira etapa, de 1975 a 1979, os esforços concentraram-se na produção de álcool etílico anidro para ser acrescentado à gasolina. A partir de 1980, para consolidar o programa, foram concedidos incentivos para a compra e uso de veículos a álcool. Os primeiros carros movidos totalmente a álcool etílico hidratado começaram a circular em 1978, após modificações nos motores originais a gasolina.

Em 1980, para diminuir ainda mais a necessidade de importação de petróleo, o governo brasileiro instituiu a adição de 20% de álcool etílico anidro na gasolina, que logo chegou ao patamar dos 22%. Em 1985 já havia em torno de 540 destilarias no país para atender mais de 85% dos veículos, já movidos a álcool.

Entre os anos de 1989 e 1990 houve falta de etanol no Brasil. Para conseguir abastecer a frota de veículos, o Brasil adotou o MEG – mistura terciária composta de etanol, metanol e gasolina para suprir a demanda.

A mistura tinha como meta aumentar o volume de etanol hidratado ofertado, mantendo ao máximo as características de funcionamento dos motores calibrados para etanol hidratado.

Os teores da mistura deveriam atender às proporções indicadas no gráfico da Figura 6.42, apresentado na portaria nº 02 de 24/09/1990 do antigo Departamento Nacional de Combustíveis.

A consolidação do uso de álcool como combustível se deu em 2002, com a entrada no mercado dos primeiros veículos Flex, que aceitam qualquer teor da mistura de gasolina e etanol.

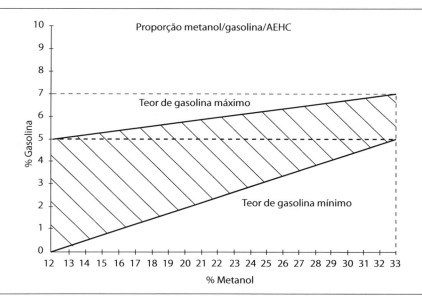

Figura 6.42 – Porcentagem da mistura terciária.

6.5.2 Álcoois

No mundo, para uso automotivo, são aplicados essencialmente os álcoois com cadeias de um a cinco carbonos.

- **Metanol** (CH_3OH), obtido de gás de síntese $CO + H_2$, gás natural (~95% da produção mundial), carvão, ou, como antigamente, a partir de madeira. Como sua solubilidade é baixa em gasolinas, costuma-se utilizá-lo com algum cossolvente como o etanol ou TBA.

- **Etanol** (C_2H_5OH), obtido por meio da fermentação natural de açúcares (álcool de 1ª geração) ou pela hidrólise enzimática da celulose (álcool de 2ª geração). Infelizmente, é o único oxigenado permitido pela legislação brasileira.

- **Álcool terc-butílico – TBA** (C_4H_9OH), obtido como subproduto da síntese do óxido de propileno, produzido nas petroquímicas.

- **Mistura Acetona-Butanol-Etanol (ABE)**, usado na Europa e obtido da fermentação anaeróbica de diversos componentes, tais como raízes, celulose, grãos, tubérculos com alto teor de açúcares etc. Contém entre 60% a 70% de butanol, 25% a 35% de dimetilcetona (CH_3-CO-CH_3) e até 5% de etanol.

- **Outros álcoois** (isopropanol, butanol-1, isobutanol, butanol-2 etc.), ou misturas de um a cinco carbonos, obtidos de várias fontes, principalmente da destilação do óleo fusel (resíduo da destilação do etanol, contendo principalmente álcoois superiores).

6.5.3 Éteres

Suas vantagens sobre os álcoois é sua melhor miscibilidade, em função da maior semelhança molecular com as gasolinas de mercado, e sua dificuldade de se misturar à água. São bons substitutos dos aromáticos para aumento de octanagem, sem piorar as emissões.

- **MTBE – Metil-Terc-Butil-Eter** (C_4H_9-O-CH_3), obtido por meio da reação do metanol com isobuteno, uma olefina retirada da produção do GLP. Bastante utilizado na Europa e nos Estados Unidos, até meados de 2005, quando alguns estados americanos suspenderam seu uso por desconfiarem de causar problemas ambientais. Já foi utilizado no Brasil na década de 1990, durante as crises de desabastecimento de álcool de 1989, 1990 e 1994, em teores de 15% na gasolina.

- **ETBE – Etil-Terc-Butil-Eter** (C_4H_9-O-C_2H_5), de maneira semelhante ao MTBE, mas obtido por meio da reação do etanol com isobuteno. Está sendo considerado como substituto do MTBE, por ter propriedades semelhantes, apesar de ser mais pesado.

- **TAME – Terci-Amil-Metil-Éter** (C_5H_{11}-O-CH_3), obtido de maneira similar ao MTBE e ETBE, mas utilizando C5 olefínico de correntes leves da gasolina ou pesadas de GLP.
- **Outros** – DIPE (di-isopropil-eter), TAEE (terci-amil-etil-eter) etc.

6.5.4 Principais propriedades

Comparando-se com as gasolinas comerciais no mundo, algumas propriedades dos oxigenados são muito diferentes. As mais importantes estão listadas na Tabela 6.13.

Tabela 6.13 – Propriedades dos oxigenados.

Propriedades	Gasolina A	Álcoois				Éteres		
		Metanol	Etanol	IPA	TBA	MTBE	ETBE	TAME
Fórmula química	$C_{6,47}H_{14,28}$ (média)	CH_3OH	C_2H_5OH	C_3H_7OH	C_4H_9OH	$C_5H_{12}O$	$C_6H_{14}O$	$C_6H_{14}O$
Massa específica @15,5°C(kg/m³)	721 a 742	796	794	789	792	745	736	770
Ponto de ebulição (°C)	35 a 220	64,7	78,3	82,2	82,8	55,3	73	86,3
PVR @ 37,8°C (kPa)	45 a 62	32	16	12,4	12	54	17,3	10
Calor de vaporização (kJ/kg)	377	1188	937	695,6	510	338	322,7	310
Razão ar–combustível (kg/kg)	14,7	6,36	8,99	10,3	11,1	11,73	12,14	12,1
PCi (kJ/kg)	44.430 a 44.510	19.937	26.805	30.941	32.560	35.200	36.200	36.500
MON	Mín 82	92	90	93	100	100	103	100
RON	Mín 93	112	106	110	113	117	119	114
Limite pobre de inflamabilidade (% no ar)	1,4	7,3	4,3	2,0	2,4	1,6	1,0	-
Limite rico de inflamabilidade (% no ar)	7,6	36,0	19,0	12,0	8,0	8,4	6,0	-
Ponto de fulgor(°C)	-42,7 a -39	11	12,7	11,7	11,1	-25	-19	-

Apesar do seu baixo poder calorífico, o calor de mistura é alto, pois a pequena relação ar–combustível exige a adição de maior volume de combustível para o mesmo volume de ar aspirado.

Como são utilizados principalmente em misturas com as gasolinas comerciais, deve-se levar em consideração a mudança na relação ar–combustível da mistura. Por exemplo, a gasolina "A" (isenta de etanol) no Brasil recebe 22% de etanol anidro (chamada de gasolina "C"). O teor de etanol pode variar sazonalmente de 18 a 26%), e sua relação ar–combustível (em massa) fica em torno dos 13,3 kg$_{ar}$ para 1 kg$_{combustível}$.

Comparando-se aos hidrocarbonetos, os oxigenados possuem uma banda de inflamabilidade muito maior, melhorando a dispersão cíclica da combustão nos motores. Apesar desse ganho, tornam-se facilmente inflamáveis, mesmo em misturas muito ricas, tornando-se críticos em termos de segurança. O exemplo mais crítico é o metanol, que além disso possui uma chama na faixa do ultravioleta próximo, sendo quase invisível a olho nú.

O alto calor de vaporização permite um maior enchimento dos motores, isto é, durante a dinâmica de vaporização das gotículas no ciclo de admissão do motor, mais calor é retirado do ar. Este esfria mais, aumenta sua massa específica (diminui de volume) e assim maior massa de ar e combustível entra na câmara de combustão, gerando mais energia.

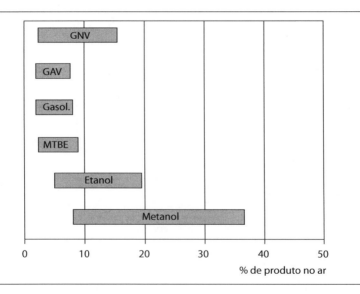

Figura 6.43 – Banda de inflamabilidade de alguns produtos.

6.5.4.1 OCTANAGEM

Como citado aqui, os oxigenados em geral possuem valores altos de octanagem (tanto MON quanto RON), mas quando em misturas com hidrocarbonetos seus valores costumam ser maiores. Como a detonação é função da temperatura da câmara de combustão, o refriamento causado pelo alto calor latente de vaporização diminui essa tendência, fazendo com que a octanagem suba.

A previsão de octanagem de misturas de compostos em geral não é linear. No caso dos hidrocarbonetos, as misturas têm uma tendência quadrática, conforme mostrado por Stewart (1959, p. 135-139), variando os resultados em função da sinergia entre seus componentes. Por exemplo, misturando 50% de um componente com 80 MON e 50% de outro com 90 MON, a mistura ficará com valor acima de 85 MON, dependendo dos teores parafínicos, olefínicos e aromáticos de cada um.

No caso dos oxigenados, essas variações são maiores. Assim, para prever uma mistura utilizam-se as chamadas "octanagens de mistura" ou "fatores de mistura". Por experimentação, mede-se a octanagem de uma mistura usando uma gasolina de referência (média de produção) e um determinado percentual de oxigenado. Supondo uma interpolação linear, calcula-se qual a octanagem que o oxigenado deveria ter para gerar aquela octanagem. O valor encontrado é a octanagem de mistura.

A Tabela 6.14 abaixo, mostra alguns valores de octanagem de mistura para uma faixa de concentração de alguns oxigenados.

Tabela 6.14 – Octanagem dos oxigenados.

Oxigenado	Concentração (%)	Octanagem de mistura (valores médios)	
		MON	RON
Metanol	5 a 15	100 a 105	125 a 135
Etanol	5 a 20	98 a 103	120 a 130
TBA	5 a 15	95 a 100	105 a 110
MTBE	5 a 15	95 a 101	113 a 117
TAME	10 a 20	96 a 100	112 a 114

Além do fator de mistura, os álcoois são higroscópicos, e tem seus valores de octanagem bastante modificados pela presença de água.

No caso do Brasil, são utilizados dois tipos de etanol:

- **Etanol anidro**: adicionado à gasolina, com teor máximo de água de 0,4%v (volume).
- **Etanol hidratado**: para uso direto em veículos a álcool ou flex. O teor de água máximo permitido pela Resolução nº 7, de 9.2.2011 da (Agência Nacional do Petróleo, Gás Natural e Biocombustíveis) (ANP) é de 4,9%v.

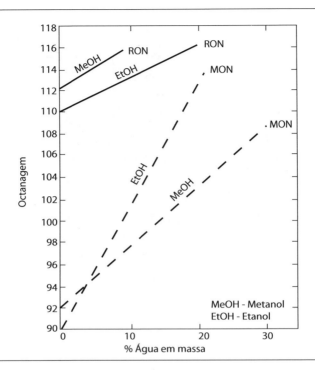

Figura 6.44 – Variação da octanagem com a presença de água.

6.5.4.2 TEOR DE ÁGUA E SOLUBILIDADE

A adição de água em uma mistura hidrocarboneto e álcool pode provocar a separação em duas fases distintas. Este fenômeno ocorre em função dos hidrocarbonetos contidos nas gasolinas, que possuem baixa polaridade, isto é, suas moléculas são bastante simétricas e sem heteroátomos, fazendo com que a distribuição eletrônica seja bem homogênea. No caso dos oxigenados, a presença de um átomo de oxigênio tende a deixar o local onde está mais negativo, desequilibrando eletricamente a molécula, principalmente nos álcoois, onde geralmente está na extremidade.

Assim, como regra química, polar dissolve polar, e apolar dissolve apolar. Como a água é bastante polar, esta tende a se aproximar do oxigenado, e em percentuais maiores, força a precipitação, separando em duas fases.

Como a densidade é mais alta, vai para o fundo uma mistura de água mais oxigenada.

Essa fase separada no fundo do reservatório é problemática, pois possui altos teores de água e oxigenado, imprópria para o funcionamento do motor.

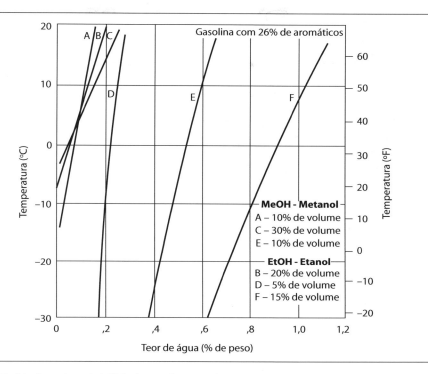

Figura 6.45 – Limites de solubilidade em função da temperatura.

A separação de fases é semelhante à turbidez do diesel, mas quimicamente trata-se de outro fenômeno. Abaixo de uma determinada temperatura, atinge o limite de solubilidade, a mistura fica turva, e a precipitação inicia. Esta temperatura de separação aumenta quanto maior for teor de água e quanto menor for o teor do oxigenado, isto é, o oxigenado funciona como cossolvente para a água. A solubilidade também piora quanto maior for o teor de apolares na gasolina, como os hidrocarbonetos parafínicos (ex.: gasolina de aviação).

Metanol

Mesmo sendo usado totalmente anidro, o metanol não é solúvel em todas as proporções para as gasolinas de mercado. A solubilização é facilitada quando aumenta-se o teor de aromáticos. As olefinas ajudam, mas em caráter bem menor. Como as gasolinas já contêm pequenos teores de água solúvel, da ordem de 50 ppm a 130 ppm, em razão do próprio processo de produção, torna-se mais difícil ainda solubilizar o metanol. Assim, é comum a utilização de um cossolvente como o etanol, TBA ou álcoois superiores, geralmente em proporções de 1:1.

Etanol

No gráfico apresentado na Figura 6.44, observa-se uma tolerância bem maior à água nas misturas etanol/gasolina que nas metanol/gasolina.

O diagrama ternário, apresentado na Figura 6.46, mostra a região de mistura homogênea e a de separação de fases (heterogênea) para as misturas etanol – água – gasolina "A" brasileira (a 20 °C).

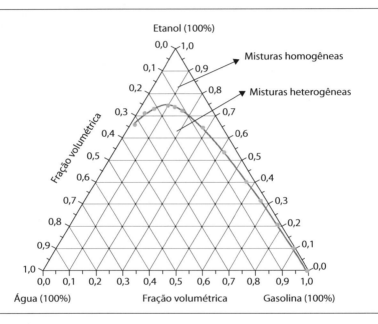

Figura 6.46 – Diagrama de equilíbrio ternário a 20 °C.

Da mesma maneira que para o metanol, o uso de misturas com álcoois superiores (C4 para cima) aumenta a tolerância à água.

Há um risco comum no Brasil, principalmente em locais mais quentes, quando há contaminação com água em pequenas quantidades, entrada de água de chuva pelos bocais de enchimento, ou nos tanques dos veículos, em tanques com bocais mal vedados, por exemplo, essa água poderá ser dissolvida, desaparecendo no combustível.

6.5.4.3   OUTRAS PROPRIEDADES

A – PVR

Como já citado na seção referente a gasolinas, a pressão de vapor muda drasticamente com a adição de oxigenados. Assim, em veículos carburados há uma maior tendência de problemas de tamponamento por vapor das linhas de combustível, comparados a um veículo que utilize somente gasolina "A". Para evitar esses problemas, as gasolinas que forem formuladas para a adição posterior de oxigenados, deverão ter menores teores de C4.

B – Destilação

Há uma distorção na curva de destilação, também citada na seção sobre gasolinas.

C – Densidade – ρ

Em geral, os álcoois possuem densidade mais elevada que os éteres. Mas a variação de densidade final da mistura gasolina *versus* oxigenado será diretamente proporcional aos percentuais dos componentes, sendo o cálculo direto.

6.5.5 Efeitos no desempenho dos motores

As experiências efetuadas em motores mostram que, para um mesmo lambda ($\lambda = \dot{m}_{ar} : \dot{m}_c$), as misturas com pequenos teores de oxigenados modificam muito pouco a eficiência térmica, e até mesmo a potência final. Em teores mais elevados, a diferença da energia gerada por litro de mistura poderá gerar um pouco mais de energia durante a combustão, além do efeito do maior calor latente de vaporização, fazendo mais mistura ar–combustível entrar na câmara.

A potência gerada por um veículo atende à equação:

$$N_e = \dot{m}_c \cdot PCi \cdot \eta_t \cdot \eta_m \qquad \text{Eq. 6.9}$$

Sendo Ne a potência efetiva, PCi o poder calorífico inferior, η_t a eficiência térmica, η_m a eficiência mecânica e $\dot{m}_c$ o consumo em massa. Assim, como o PCi dos oxigenados é bem menor que da gasolina A, é fácil verificar um aumento do consumo do veículo, tanto mássico quanto volumétrico.

Comparando-se os valores para uma mistura estequiométrica, tem-se, gasolina C com aproximadamente 0,128 mL$_{gasoC}$/L$_{ar}$ e o álcool hidratado com 0,191 mL$_{etanol}$/L$_{ar}$, para gerar o mesmo lambda. Para o metanol, seria 0,251 mL$_{metanol}$/L$_{ar}$ (L: litro).

No caso de um veículo carburado (não há correção do lambda), a mistura irá empobrecer, e nesse caso haverá um aumento na eficiência térmica.

Na década de 1980, na Califórnia, permitia-se a adição de até 2,7% em peso de oxigênio na gasolina, pois sendo a maioria dos veículos ainda carburados, o empobrecimento da mistura iria diminuir as emissões de CO e HC. O valor de 2,7% foi escolhido como o limite no qual os veículos não teriam variação perceptível de dirigibilidade. Na Europa, foi escolhido 3,0% em peso. Já no Brasil, a adição de 22% de etanol (e somente etanol) não causou mudanças, pois os veículos novos saíam ajustados para essa mistura, não havendo empobrecimento.

Com a retirada do chumbo tetraetila da maioria das gasolinas do mundo, a adição de oxigenados tornou-se atrativa para os refinadores, pois o aumento da octanagem é substancial, principalmente da RON.

Em função do maior calor latente de vaporização, os transientes necessitam de maior volume de combustível injetado, de modo que uma frente de vapor possa ser formada e não gere uma falha de dirigibilidade. Da mesma forma, a partida a frio é prejudicada. Em veículos a álcool hidratado é comum um sistema auxiliar de partida a frio com gasolina, principalmente a temperaturas abaixo de 12,7 °C (ponto de fulgor do etanol). Em alguns veículos mais modernos há um sistema para preaquecer o álcool na entrada do injetor, de modo que na partida a frio ele seja injetado quente, permitindo uma partida a frio sem injeção de gasolina.

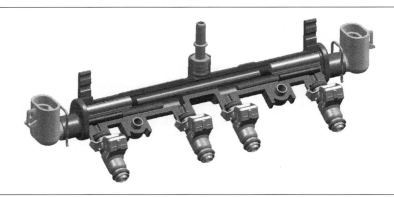

Figura 6.47 – Sistema de partida a frio [B].

Em locais muito frios, em função do baixo ponto de ebulição dos éteres, poderá ocorrer problemas de congelamento de borboletas em veículos carburados ou injetados *"Single-Point"*, pois a redução brusca da temperatura durante a vaporização condensa e congela a umidade do ar. Com os álcoois isso não acontece, pois são higroscópicos. Uma excessão pode ocorrer com o metanol em função do seu altíssimo calor latente de vaporização.

A velocidade de chama dos oxigenados é levemente maior (aproximadamente 10% acima, em média) que para os hidrocarbonetos. Assim, observa-se uma pequena variação para menos do ponto de ignição original para gasolina "A".

Compatibilidade de materiais

Como estão sendo misturados componentes polares e apolares, o poder solvente dessa mistura aumenta bastante. Assim, é comum o ataque a plásticos, resinas e elastômeros em geral.

Quando se utiliza etanol ou metanol, é comum o inchamento de borrachas e perda da resistência à tração. Isto é crítico para bombas e reguladores de pressão em sistemas injetados e mangueiras de combustível. No Brasil, é comum o uso de borracha fluorada (Viton) para resistir à mistura entre o etanol e a gasolina.

Fibra de vidro/resina utilizados em construção de tanques de armazenamento devem ser testados antes, para evitar dissolução e perdas posteriores.

Corrosão em metais como aço, alumínio e ligas, zinco e ligas (Zamak), aço zincado ou estanhado são comuns quando se utilizam combustíveis com álcoois. No caso do aço, a corrosão é acelerada em virtude da maior presença de água solúvel e de ácidos orgânicos presentes nos álcoois comerciais.

Problemas de corrosão sob tensão (CST) têm sido diagnosticados pela API (*American Petroleum Institute*), mesmo com o etanol atendendo à norma ASTM D4806 (*Denatured Fuel Ethanol for Blending with Gasolines for Use as Automotive Spark-Ignition Engine Fuel*). As principais causas detectadas foram:

- Oxigênio dissolvido por aeração é o promotor mais significativo.
- Cloretos e metanol aumentam a susceptibilidade a CST, mas não são essenciais para que a CST ocorra.
- Contato galvânico piora a CST.
- Atualmente alguns aditivos têm sido testados para minimizar os problemas de corrosão, em todos os aspectos.

Depósitos no motor

O álcool misturado à gasolina, ainda na fase líquida, tende a dissolver depósitos formados por polimerização de olefinas (gomas), mas a mistura vaporizada tende a aumentar os depósitos.

É demonstrado em ensaios específicos para a formação de depósitos em motor que há um aumento destes nas válvulas e trechos molhados do duto de admissão ao se usar misturas com oxigenados.

Para alguns éteres é um pouco pior, em virtude da tendência de estes formarem peróxidos, o que não é o caso do MTBE e TAME.

O fato é que o uso de oxigenados aumenta a formação de goma na mistura ainda na fase líquida e, como já citado, mantém mais facilmente estas em solução.

Para manter o sistema isento de depósitos, não há outra solução a não ser a utilização de aditivos, como já citado na seção sobre gasolinas.

Os aditivos – detergentes geralmente utilizados em gasolinas sem oxigenados – são menos efetivos quando utilizados em gasolinas com oxigenados. A causa provável é que sendo os aditivos polares, estes tem a tendência de ficarem em solução, em virtude de os oxigenados aumentarem a polaridade do combustível, e não migrarem para as superfícies. Assim, a dosagem de aditivos para misturas com álcoois deve ser maior que para gasolina "A" sozinha.

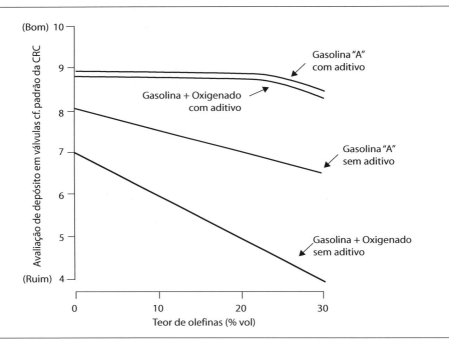

Figura 6.48 – Depósitos.

6.6 Óleos vegetais, gorduras animais, biodiesel e H-Bio

Trata-se de combustíveis alternativos ao óleo diesel utilizado em MIE e compostos, total ou parcialmente, por substâncias provenientes da biomassa e, portanto, renováveis.

Atualmente, pelos reconhecidos benefícios ambientais conseguidos com o uso de biocombustíveis, atribuídos ao fato das plantas que os geram consumirem o CO_2 produzido em suas combustões para realizar fotossíntese, observa-se o crescimento da participação desses combustíveis alternativos nas matrizes energéticas dos países desenvolvidos (ex.: Alemanha) e em desenvolvimento (ex.: Brasil e países do leste europeu).

6.6.1 Óleos vegetais

A estrutura básica dos óleos e gorduras são os triglicerídeos (também chamadas por triacilgliceróis ou triacilglicerídeos), formados por ácidos graxos e glicerol. Dependendo do comprimento da cadeia carbônica do ácido graxo, pode ser líquido (óleo) ou sólido (gordura). Os ácidos graxos também podem ser saturados (quando apresentam somente simples ligações entre os átomos de carbono na cadeia) ou insaturados (quando apresentam duplas ligações na cadeia carbônica). A insaturação está diretamente relacionada com a viscosidade, solubilidade e reatividade química. À medida que aumenta o número de insaturações, o ponto de fusão e a viscosidade diminuem. Óleos saturados, em geral, apresentam maior estabilidade à oxidação, mas têm pontos de fusão mais elevados e baixa liquidez. Em decorrência desta diversidade química estrutural, os óleos vegetais apresentam vantagens e desvantagens para o uso automotivo.

Apesar do óleo de amendoim ter sido usado em MIE já pelo seu idealizador, Rudolf Diesel, no final do século XIX, somente durante a II Guerra Mundial, pelas dificuldades encontradas por alguns países em explorar e refinar petróleo, é que o uso de óleos vegetais se intensificou como combustível para esse tipo de motor.

Os óleos vegetais vêm sendo extraídos de oleaginosas tais como soja, girassol, amendoim, mamona, dendê, coco, babaçu, nabo forrageiro, pinhão manso, colza, canola, linho, algodão, entre outras. Costumam ser utilizados em motores após terem sido esmagados, filtrados, degomados e refinados. Este é o benefício considerado necessário para minimizar os efeitos negativos significativos em motores originalmente construídos para usar óleo diesel.

O uso de óleos vegetais puros ou em misturas com óleo diesel, gera uma variedade de problemas práticos resultantes de sua combustão incompleta (devida, por exemplo, aos seus números de cetano geralmente mais baixos que o do óleo diesel, suas altas massas moleculares, viscosidades e tensões superficiais), a saber:

- Dificuldade de partida a frio.
- Formação de depósitos de coque nos bicos injetores, exigindo limpezas mais frequentes e verificações de seus parâmetros de funcionamento.
- Formação excessiva de depósitos nos cilindros, que dificultam as trocas térmicas e aumentam a participação de hidrocarbonetos não queimados ou parcialmente queimados nos gases de escapamento.
- Diluição do combustível não queimado ao óleo lubrificante, reduzindo o período de troca da carga e de filtros.

- Entupimento dos canais de lubrificação pela formação de polímeros em suas extensões.

Para evitar os problemas de partida a frio, é comum proceder à partida com óleo diesel. Somente depois que o motor foi posto em funcionamento é que o óleo vegetal deve passar a ser consumido.

Motores que dispõem de câmaras dividas ou pré-câmaras mostram-se mais eficientes que os de injeção direta para desenvolver a combustão dos óleos vegetais. Taxas de compressão elevadas também são recomendáveis para recuperar parcialmente a eficiência térmica perdida. Além disso, os menores poderes caloríficos e maiores viscosidades exigem esforços adicionais dos componentes dos sistemas de injeção desenvolvidos para o uso de óleo diesel, principalmente bombas injetoras, reduzindo suas vidas úteis. Para reduzir os efeitos deletérios da viscosidade elevada, costuma-se aquecer o óleo vegetal antes de ele ser bombeado. Para diminuir a formação de depósitos e a ação da acidez dos óleos nas bombas injetoras, linhas de injeção e bicos injetores, é aconselhável o funcionamento do motor com óleo diesel por certo período, antes de, desligar o motor.

A estrutura molecular de um óleo vegetal corresponde à função orgânica éster e se caracteriza por ser uma junção de um triol (álcool com três hidroxilas: glicerol) com três cadeias de ácidos orgânicos. Essa estrutura é também denominada triglicerídeo.

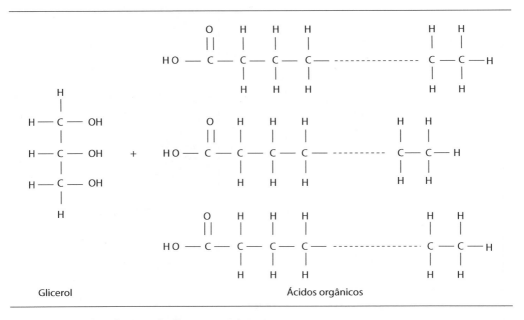

Figura 6.49 – Molécula-tipo de óleo vegetal.

6.6.2 Gorduras animais

Têm estruturas moleculares semelhantes às dos óleos vegetais e, portanto, apresentam as mesmas restrições para uso como combustíveis para motores, com os agravantes de possuírem massas específicas e viscosidades ainda mais altas.

6.6.3 Biodiesel

De acordo com a Agência Nacional do Petróleo, Gás e Biocombustíveis (ANP – Resolução 7/2008), o biodiesel é um combustível composto de monoalquilésteres de ácidos graxos de cadeia longa derivados de óleos vegetais ou de gorduras animais.

O biodiesel é obtido pela alteração da estrutura química das gorduras de origens animal e vegetal, por meio de processo de transesterificação ou pela esterificação direta de seus ácidos graxos, produzindo ésteres de cadeias menores.

A oxidação é um fator importante na avaliação do biodiesel, pois afeta a qualidade do combustível e por isso tem sido objeto de muitas pesquisas. A susceptibilidade à oxidação está relacionada à presença das duplas ligações nas cadeias dos ácidos graxos e, dependendo do número e da posição dessas duplas ligações, a oxidação procederá a diferentes velocidades. O Rancimat é o método mais utilizado para a determinação da estabilidade oxidativa, e se baseia em ensaios de oxidação acelerada.

Um combustível mais adequado é obtido pela alteração da estrutura química do óleo vegetal, obtida por meio de processo de transesterificação das gorduras de origens animal e vegetal (ou de esterificação direta de seus ácidos graxos), produzindo ésteres de cadeias menores.

Os processos de transesterificação e de esterificação ocorrem na presença de álcoois que, por conveniência, costumam ser de cadeias curtas (metanol ou etanol) e de catalisadores (ácidos ou básicos).

A alta viscosidade dos óleos vegetais, que também são ésteres, está intimamente relacionada com a presença do glicerol em sua molécula e a alta massa específica ao tamanho dessa molécula (com aproximadamente 50 átomos de carbono).

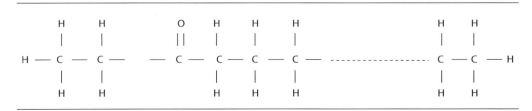

Figura 6.50 – Molécula de um biodiesel (éster) etílico.

A transesterificação retira o glicerol do restante da molécula do óleo vegetal, o que faz reduzir significativamente sua viscosidade, e separa os radicais ácidos, diminuindo o tamanho da cadeia molecular a praticamente um terço daquela característica do óleo vegetal e reduzindo a massa específica.

Tabela 6.15 – Ácidos graxos que compõem alguns óleos vegetais.

Componente	N° Duplas	Fórmula	Babaçu	Palma	Colza	Soja	Girassol
Caprílico	0	$C_7H_{15}COOH$	4 – 7				
Cáprico	0	$C_9H_{19}COOH$	3 – 6				
Láurico	0	$C_{11}H_{23}COOH$	44 – 46				
Mirístico	0	$C_{13}H_{27}COOH$	15 – 20	1 – 3	1	1 – 2	1 – 2
Palmítico	0	$C_{15}H_{31}COOH$	6 – 9	35 – 43	1	6 – 10	4 – 8
Esteárico	0	$C_{17}H_{35}COOH$	3 – 5	3 – 5	1 – 2	2 – 4	4 – 6
Oleico	1	$C_{17}H_{33}COOH$		34 – 56	25 – 30	20 – 30	12 – 16
Linoleico	2	$C_{17}H_{31}COOH$		9 – 11	14 – 15	50 – 58	70 – 78
Linolênico	3	$C_{17}H_{29}COOH$				4 – 9	0 – 1
Erúcico	1	$C_{21}H_{41}COOH$			43 – 57		
ÍNDICE DE IODO			9 – 18	50 – 60	94 – 102	125-140	?

Exemplos:

- Viscosidade cinemática do óleo vegetal de colza (20 °C): ~71,5 cSt.
- Viscosidade cinemática do biodiesel de colza (20 °C): ~7,0 cSt.
- Viscosidade cinemática do óleo diesel (20 °C): ~3,7 cSt.

Os índices de iodo fornecidos na Tabela 6.15, quantificam as insaturações existentes em cada um dos óleos vegetais relacionados.

Quanto maior for o número de insaturações existentes nas moléculas de um determinado óleo vegetal ou gordura animal, maior será a possibilidade de formação de polímeros durante o processo de combustão o que potencializa a produção de substâncias que irão se depositar nos diversos componentes do motor. As gorduras animais costumam ter poucas insaturações.

6.6.3.1 VANTAGENS DO USO DO BIODIESEL EM MOTORES DE COMBUSTÃO INTERNA

Em geral, nenhuma modificação é necessária no motor para usar biodiesel, o menor poder calorífico é compensado pela maior massa específica. Isso permite que em um mesmo volume dosado pelo sistema de injeção do motor esteja associada uma maior massa de combustível e, assim, recuperam-se parcialmente os valores de energia disponibilizada por injeção, e, portanto:

- São perfeitamente miscíveis ao óleo diesel.
- Os números de cetano dos ésteres de óleos vegetais são, em geral, mais elevados que os do óleo diesel comercial.
- Trata-se de um composto oxigenado (~11% em peso) que, portanto, potencializa a redução da produção de CO e de material particulado no escapamento, promovendo facilidades para o uso de catalisadores.
- Os teores de enxofre e de aromáticos praticamente nulos tornam os ésteres muito indicados aos desenvolvimentos recentes de sistemas de pós-tratamento dos gases de escapamento.
- As lubricidades características dos biodieseis são, invariavelmente, mais elevadas que as do óleo diesel, reduzindo desgastes nos componentes de sistemas de injeção.
- O ponto de fulgor é mais elevado que o do óleo diesel, o que lhe atribui a condição de combustível seguro.

6.6.3.2 PRECAUÇÕES DO USO

As precauções quanto ao uso, resumem-se a:
- Alguns tipos de tintas são "atacados" por biodiesel.
- Alguns elastômeros (borrachas e plásticos) não têm afinidade química com o biodiesel.
- É comum observar a formação de depósitos na região da válvula de admissão.
- O óleo lubrificante diluído com biodiesel (temperaturas de ebulição de aproximadamente 360 °C) tem suas capacidades dispersantes e detergentes reduzidas. Pode ocorrer a separação do óleo lubrificante e do material até então solubilizado, gerando a denominada "quebra do óleo" que promove o rápido entupimento do circuito de lubrificação e consequente microsoldagem de materiais metálicos em contato. A evaporação do óleo diesel ocorre, na sua quase totalidade, entre 180 °C e 360 °C.
- O ponto de entupimento (temperatura) é mais alto que o do óleo diesel.
- Alguns tipos são altamente higroscópicos (ex.: biodiesel de mamona).
- O biodiesel se oxida e degrada rapidamente. Isto é bom do ponto de vista ambiental, mas dificulta seu armazenamento. É necessário o uso de aditivos antioxidantes como, por exemplo, a hidroquinona.
- O processo de transesterificação produz grandes quantidades de glicerina (~10% da massa do biodiesel produzido).

6.6.3.3 REDUÇÃO ESPERADA DE POLUENTES COM O USO DO BIODIESEL

- Emissão de CO: redução.
- Emissão de HC: redução significativa.
- Emissão de NO_x: manutenção ou aumento. Eventual redução com alteração do ponto de injeção.
- Fumaça preta: redução.
- Fumaça branca: aumento.
- Eliminação do enxofre e redução da mutagenicidade pela não existência dos compostos aromáticos.

Os óleos vegetais e as gorduras animais também podem ser submetidos a processos de decomposição com o uso de catalisadores ou craqueamento térmico, permitindo que sejam produzidos, inclusive compostos que podem substituir a gasolina (biogasolina).

Tabela 6.16 – Resultados obtidos em ensaios de motores de grande porte usando ensaio transiente, conforme *US-EPA (United States Environmental Protection Agency).*

Emissões específicas (g/HP.h)	Óleo diesel (500 ppm de S)	Éster metílico de soja	Éster metílico de colza*
NOx	4,840	5,787	5,614
HC	0,437	0,116	0,093
CO	1,507	0,873	0,811
Material Particulado	0,227	0,152	0,164
CO_2	758,1	791,3	775,5

* 1.300L/hectare

6.6.4 H-Bio

Trata-se de um processo de obtenção de óleo diesel a partir de óleos de origens vegetal e animal por hidroconversão catalítica em unidades de hidrotratamento – HDT que são empregadas nas refinarias, principalmente para a redução do teor de enxofre e melhoria da qualidade do óleo diesel, ajustando as características do combustível às suas atuais especificações, conforme mostra a Figura 6.51, a seguir.

A mistura de frações de óleo diesel e de óleo de origem renovável em um reator HDT, sob condições controladas de alta temperatura e pressão de hidrogênio, transforma o óleo vegetal em hidrocarbonetos parafínicos lineares, similares aos existentes no óleo diesel de petróleo. Esses compostos contribuem para a melhoria da qualidade do óleo diesel final, destacando o aumento do número de cetano, que garante melhor qualidade de ignição, e a redução da densidade e do teor de enxofre. O benefício na qualidade final do produto é proporcional ao volume de óleo vegetal usado no processo.

Esse processo produz significativas quantidades de CO, CO_2, água, metano e propano (estes dois últimos presentes no GLP). Para cada 100 litros de óleo de soja processados, com rendimento da ordem de 95% v/v são produzidos 96 litros de óleo diesel e 2,2 Nm^3 de propano, sem a geração de resíduos (glicerina).

Misturando com outras correntes que compõem a "formulação" do óleo diesel, é possível incluir óleos vegetais ou animais em teores de até 17%, em volume ao óleo diesel comercial.

A produção de biodiesel puro (B100) pela tradicional rota por transesterificação e a produção de diesel com uso de óleo vegetal em unidade de HDT produzem combustíveis de estruturas moleculares diferentes. O biodiesel puro possui especificação própria legislada pela ANP. Porém, tanto a mistura B5 (5% de biodiesel adicionado ao diesel de petróleo), autorizada para uso no Brasil conforme Lei 11.097/2005 quanto o diesel produzido pelo processo H-Bio, devem atender às Portarias da ANP para suas comercializações como óleo diesel veicular.

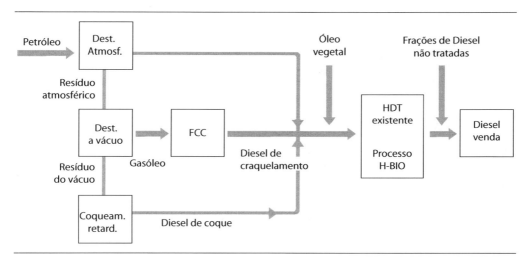

Figura 6.51– Processo H-BIO em esquema típico de refinaria.

6.6.5 Farnesano

Farnesano é o produto da hidrogenação do farneseno. Farneseno é o nome genérico de uma série de sesquiterpenos, portanto pertencente à família dos hidrocarbonetos. A fórmula química do farneseno é $C_{15}H_{24}$ e sua fórmula estrutural está representada na Figura 6.52.

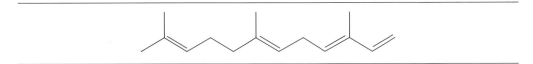

Figura 6.52 – Fórmula do farneseno

A produção de farneseno tem sido direcionada para obtê-lo como precursor para produção de combustíveis renováveis, entretanto, em virtude de seu alto grau de insaturações o produto resulta em baixo número de cetano e baixa estabilidade oxidativa. Sua hidrogenação produz o farnesano, que apresenta número de cetano 58 e viscosidade cinemática a 40 °C de 2,95 mm^2 s^{-1}. Além disso, o poder calorífico do farnesano (46,9 kg^{-1}) é superior ao do diesel de petróleo (45,3 kJ kg^{-1}) e ao do biodiesel (39,7 kJ kg^{-1}). O farnesano, por ser uma molécula de cadeia linear longa, tem desempenho eficiente no motor ciclo Diesel em razão de sua maior tendência à fragmentação e, consequentemente, de sua facilidade de entrar em autoignição sob condições pressurizadas; característica importante para um combustível ser utilizado em motor Diesel.

Dentre os combustíveis disponíveis com características de um combustível diesel, o farnesano apresenta-se como uma única molécula, contrariamente aos alcanos e olefinas, que são misturas de compostos contendo de oito a vinte e dois átomos de carbono. O biodiesel de soja, por exemplo, é composto por ésteres metílicos com cadeias contendo de dezesseis e dezoito átomos de carbono. O diesel de petróleo contém misturas de hidrocarbonetos de cadeias que variam entre dez e dezenove átomos de carbono, incluindo hidrocarbonetos alifáticos, olefínicos e aromáticos. Assim, para se utilizarem novos combustíveis, são necessários estudos relacionados com propriedades da combustão, desempenho e emissões, pois esses fatores estão diretamente relacionados com as diferenças na estrutura molecular do combustível.

No Brasil, o farnesano, cuja aplicação é como combustível renovável, está sendo produzido pela Amyris, por um processo de fermentação do caldo de cana com leveduras geneticamente modificadas em relação àquelas utilizadas na produção do etanol. A Amyris reuniu as propriedades de desempenho do farnesano em relação ao diesel padrão de acordo com a ASTM D 975 e recebeu a certificação da EPA.

EXERCÍCIOS

1) Descreva a aplicação e metodologia usada num motor CFR.

2) Como é obtida a gasolina em uma torre de destilação? Esboçar o processamento de destilação?

3) Defina:
   a) Poder calorífico;
   b) Poder calorífico superior;
   c) Poder calorífico inferior;
   d) Qual interessa aos motores de combustão interna?

4) Qual a importância da massa específica (densidade) dos combustíveis quanto ao funcionamento dos motores.

5) Defina resistência à detonação e número de octanas.

6) Quais as anomalias que a presença elevada de enxofre S, pode causar ao funcionamento do motor, seus componentes e sistemas.

7) Que fato diferencia os diagramas abaixo? [2]

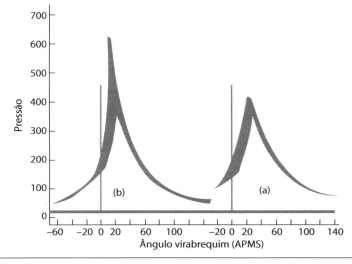

8) Que aditivos são aplicados à gasolina de forma a elevar sua resistência a detonação?

9) Qual a importância da volatilidade da gasolina no funcionamento do motor?

10) Na gasolina nacional, são acrescentados os aditivos abaixo relacionados. Qual a atribuição de cada aditivo e como atuam?
    a) Antidetonantes;
    b) Modificadores de depósitos da combustão;
    c) Antioxidantes;
    d) Inibidores de corrosão;
    e) Anticongelantes;
    f) Detergentes;
    g) Dispersantes;
    h) Corantes.

11) Qual a importância da viscosidade do óleo diesel quanto ao funcionamento dos motores?

12) No óleo diesel nacional, podem ser acrescentados os aditivos abaixo relacionados. Qual a atribuição de cada aditivo e como atuam?
    a) Melhoradores de cetano;
    b) Detergentes;
    c) Inibidores de corrosão;
    d) Anticongelantes;
    e) Corantes;
    f) Biocidas;
    g) Ponto de fluidez;
    h) Aumentadores de lubricidade;
    i) Antiespumantes.

13) Quais as características que permitem aos hidrocarbonetos serem utilizados como combustíveis nos motores de combustão interna.

14) "Batida de pino". Explicar, de forma técnica, esta expressão popularmente difundida entre os mecânicos. Isso ocorre em um motor moderno de injeção eletrônica?

15) Quais as anomalias que a presença elevada de enxofre, pode causar ao funcionamento do motor, seus componentes e sistemas. Explique o que você entende por diesel Metropolitano e diesel tipo B.

16) Qual a importância da volatilidade da gasolina no funcionamento dos motores ciclo Otto.

17) Supondo uma gasolina A com massa específica de 730 kg/m^3, e razão ar/combustível de 14,7:1 (massa), calcule o consumo volumétrico por litro de mistura carburada.

18) Idem para o item anterior, supondo uma mistura com:
    a) 22% de álcool etílico;
    b) 15% de MTBE;
    c) 5% metanol e 5% TBA (cossolvente).

19) Analisando-se a energia gerada em cada uma das misturas acima, estime a diferença de potência que poderia ser gerada por cada combustível, comparando-se a gasolina A.

20) Usando a Termodinâmica, e supondo que o combustível seja todo vaporizado após a injeção, estime a energia gerada em cada combustão para os combustíveis do item 17 e 18.

21) Utilizando-se tolueno e xilenos como combustíveis, qual dos dois geraria uma maior potência no motor? E qual seria mais econômico?

22) Calcule o CO_2 teórico para:
    a) Gasolina de aviação (fórmula reduzida $CH_{1,97}$);
    b) Gasolina Podium (fórmula reduzida $CH_{2,15}O_{0,08}$);
    c) Etanol hidratado;
    d) Diesel, supondo C/H = 5,6 em massa.

23) Calcule a emissão de CO esperada para lambda 0,89 (máxima potência) com gasolina C (fórmula reduzida: $CH_{2,05}O_{0,07}$).

24) Calcule a tonalidade térmica do etanol e compare o valor obtido com a tonalidade térmica da gasolina A ($C_{6,582}H_{14,481}$). Dados:

    PCi do etanol = 26,8 $MJ.kg^{-1}$

    PCi da gasolina A = 44,501 $MJ.kg^{-1}$

    Massa específica do etanol anidro = 789,34 $kg.m^{-3}$ a 20 °C

    Massa específica da gasolina A = 735 $kg.m^{-3}$ a 20 °C

    Faça o cálculo também para a gasolina C com 22% de álcool etílico anidro.

25) Por que no motor Diesel não se pode atingir as mesmas rotações que podem ser atingidas no motor Otto?

26) Em um motor Diesel, ao passar de um combustível de NC = 45 para outro de NC = 60, observa-se uma variação do retardamento de 2,08 ms para 1,66 ms a 2.000 rpm. De quanto deverá ser variado o ângulo de avanço da injeção para manter o mesmo ponto de início da ignição?

27) Sabe-se que o retardamento de certo combustível é 0,8 ms. Quando o motor "gira" a 5.000 rpm, qual deveria ser o avanço da faísca para que a combustão se iniciasse 5° antes do PMS?

28) Quais os sintomas que um motor Diesel deve apresentar ao ser abastecido com um combustível, cujo número de cetano seja maior ou menor que o especificado para o motor?

29) Por que misturas muito pobres produzem o superaquecimento do motor Otto?

30) Qual o efeito do uso de um combustível de maior NO em um motor Otto já comercializado, preservadas todas as outras propriedades do combustível?

31) Como se explica o acontecimento da detonação batida de pino no motor Diesel?

32) As turbulências na câmara de um motor são benéficas ou maléficas? Justificar.

33) Um motor utiliza o combustível C_3H_8O. Na condição econômica $F_r = 0,85$. Sendo o consumo de ar 250 kg/h, qual será o consumo de combustível?

34) Em um motor Diesel, ao passar de um combustível de NC = 45 para outro de NC diferente, observa-se uma variação do retardamento de 2,08 ms para 1,6 ms a 2.000 rpm.
   a) O NC do novo combustível é maior ou menor que o do original? Justifique.
   b) De quanto deverá ser variado o ângulo de avanço da injeção para manter o mesmo ponto de início da combustão?

35) Em um motor Diesel, ao passar de um combustível de NC = 45 para outro de NC = 60, observa-se uma variação do retardamento de 2,08 ms para 1,66 ms a 2.000 rpm. De quanto deverá ser variado o ângulo de avanço da injeção para manter o mesmo ponto de início de injeção?

36) Tem-se um motor a 4T de cilindrada 2 L. Este motor tem a marcha lenta a 900 rpm e sabe-se que na curva característica do motor em relação à mistura, nessa situação, a fração relativa combustível/ar é 1,3.

   O combustível é gasolina de relação estequiométrica 0,07, densidade 0,74 kg/L e PCi = 9.600 kcal/kg.

   Admite-se que em marcha lenta a eficiência volumétrica seja 0,3 e a térmica 0,2 e no local a densidade do ar seja 1,12 kg/m^3.
   a) Qual o consumo de combustível em L/h indicado pelo computador a bordo?
   b) Qual a potência indicada na situação de marcha lenta?

37) Sabe-se que o retardamento de um certo combustível é 0,8 ms. Quando o motor gira a 5.000 rpm, qual deveria ser o avanço da faísca para que a combustão se iniciasse 5° antes do PMS?

38) Quais os sintomas que um motor Diesel deve apresentar ao ser abastecido com um combustível cujo número de cetano seja maior ou menor do que o especificado para o motor?

39) Um motor a gasolina de quatro cilindros, de cilindrada 2 L, tem um raio de manivela do virabrequim de 4,5 cm e uma taxa de compressão 10. Deseja-se transformar o motor para álcool e se alterar a taxa de compressão para 12. Não havendo nenhum problema geométrico, resolve-se fazer isso trocando os pistões por outros mais altos. Quanto deverá ser o aumento da altura dos pistões, em mm, supondo a sua cabeça plana nos dois casos?

40) Um motor utiliza o combustível C_3H_8O. Na condição econômica $F_r = 0,85$. Sendo o consumo de ar 250 kg/h, qual será o consumo de combustível?

Referências bibliográficas

1. HEYWOOD, J. B. *Internal combustion engines fundamentals.* McGraw-Hill, 1988.
2. GUIBET, J. C. *Moteur et carburants.* Editions Technip/IFP, 1987.
3. WEISMANN, J. *Carburants et combustibles pour moteurs a combustion interne.* Editions Technip/IFP, 1968.
4. OWEN, K.; COLEY, T. *Automotive fuels handbook.* SAE, 1990.
5. KUO, K. K. *Principles of combustion.* Jonh Wiley, 2005.
6. SALVATORE, J. R. (Ed.) *Significance of tests for petroleum products.* ASTM – ASTM Manual Series: MNL 1. 7. ed. 2003.
7. TOTTEN, G. E. (Ed.) *Fuels and lubricants handbook:* technology, properties, performance, and testing. ASTM Manual Series: MNL37WCD, 2003.
8. HEYWOOD, J. B.; CHENG, W. *Curso de motores para Petrobras.* MIT, 2010.
9. POUILLE, J. P. *Combustion diesel.* École Nationale du Pétrole et des Moteurs – Formation Industrie – IFT Training, 2006.
10. FUELS and lubricants standards manual. SAE, 1997.
11. NORMAS ABNT e ASTM diversas.
12. ABADIE, E. *Petróleo e seus derivados.* Curso de Formação de Engenheiros de Equipamentos – Petrobras, 1987.
13. CURSO Básico de Processamento (Vários autores). Curso de Formação de Engenheiros de Processamento – Petrobras, 2006.
14. ARCOUMANIS, C.; KAMIMOTO, T. (Eds.) *Flow and combustion in reciprocating engines.* Berlin: Springer, 2009.
15. DALÁVIA, D.; MELLO, C. C. *Curso básico de gasolinas.* Workshop de Gasolinas – Petrobras, 1997.
16. ETHANOL as high-octane additive to automotive gasolines production and use in Russia and abroad. *Chemistry and Technology of Fuels and Oils,* v. 40, n. 4, 2004.

17. METHIL tert-Butyl Ether. *Iarc Monographs*, v. 73, 1999.
18. MTBE. *Resource guide*. EFOA, 2006.
19. ETBE. *Technical Product Bulletin*. EFOA, 2006.
20. ANDRADE, E. T.; CARVALHO, S. R. G.; SOUZA, L. F. Programa do Proálcool e o etanol no Brasil. *Engevista*, v. 11, n. 2. p. 127-136, dez. 2009.
21. GOLDEMBERG, J.; NIGRO, F. E. B.; COELHO, S. T. *Bioenergia no Estado de São Paulo*: situação atual, perspectivas, barreiras e propostas. São Paulo, set. 2008.
22. IDENTIFICATION and mitigation of cracking of steel equipment in fuel ethanol service. *API Bulletin*, 939-E.
23. PAUL, J. K. *Ethyl alcohol production and use as a motor fuel*. Noyes Data Corporation – 1979.
24. FILHO, P. P. Os motores de combustão interna. Belo Horizonte: Editora Lemi S.A., 1983.
25. KNOTHE, G. et al. Manual do Biodiesel, São Paulo, Blucher, 2006.
26. Notas de aula do Professor Dr. Antônio Moreira dos Santos da Universidade de São Paulo – Escola de Engenharia de São Carlos.
27. PASSMAN, F. J. Fuel and fuel system microbiology, fundamentals, diagnosis and contamination control. ASTM manul; ASTM Stock Number: MNL47.
28. WESTFALL, P. J.; GARDNER, T. S. Industrial fermentation of renewable diesel fuels. *Current Opinion in Biotechnology*, v. 22, p. 344-350, 2011.
29. RUDE, M.; SCHIRMER, A. New microbial fuels: a biotech perspective. *Current Opinion in Microbiology*, v. 12, p. 274-281, 2009.
30. ZABETAKIS, M .G. Flamability characteristics of combustible gases and vapors, Washington, U. S. Dept. of the interior, Bureau of Mines, 1965, 121p.
31. CONCONI, C. C.; CRNKOVIC, P. M. Thermal behavior of the renewable diesel from sugar cane, biodiesel, fossil diesel and theire blends. Fuel processing technology, 2013, 114:6-11.

Figuras

Agradecimentos às empresas e publicações:

A. Petrobras.
B. Magneti Marelli.

7

A combustão nos motores alternativos

Atualização:
Celso Argachoy
Clayton Barcelos Zabeu
Mario E. S. Martins
Fernando Luiz Windlin

7.1 A combustão nos motores de ignição por faísca – MIF

7.1.1 Combustão normal

Nos MIF, carburados ou com injeção de combustível nos pórticos de admissão, os cilindros são alimentados durante o tempo de admissão com uma mistura combustível–ar previamente dosada. Nesses tipos de motores, a mistura é comprimida e durante esse processo promove-se a vaporização e homogeneização do combustível com o ar (no caso do combustível líquido). Nos motores com injeção direta de combustível (GDI – *Gasoline Direct Injection*), a adição de combustível é realizada diretamente no interior dos cilindros, e dependendo da estratégia de formação de mistura buscada (mistura homogênea ou estratificada), o evento de injeção pode se dar já no tempo de admissão ou durante o tempo de compressão.

Em quaisquer das versões de motor citado acima, quando o pistão aproxima-se do PMS, ocorre uma faísca entre os eletrodos da vela. Essa faísca provoca o início das reações de oxidação do combustível, que inicialmente ocupam um volume muito pequeno em volta da vela, com um aumento da temperatura muito localizado e um crescimento desprezível da pressão.

A partir desse núcleo inicial, a combustão vai se propagando e, quando os compostos preliminares atingem certa concentração, a liberação de calor já é suficientemente intensa para provocar reações de oxidação em cadeia, isto é, a propagação da chama.

Por essa explicação nota-se que a combustão no cilindro apresenta uma primeira fase, durante a qual não se registra aumento na pressão. Essa fase, necessária ao desenvolvimento de reações preliminares junto à vela, denomina-se "retardamento químico da combustão" ou "atraso de ignição". São os instantes iniciais da formação do núcleo, algumas vezes caracterizados pela duração de queima de 1% a 10% da massa contida no interior do cilindro [1].

O tempo durante o qual acontece o retardamento é um dos responsáveis pela necessidade do avanço da faísca em relação ao PMS.

Uma vez ocorrido o retardamento, a combustão propaga-se na câmara por meio de uma frente de chama, deixando para trás gases queimados e tendo à frente mistura ainda não queimada. A Figura 7.1 mostra esquematicamente a propagação da frente de chama a partir da região da vela de ignição. Essa segunda fase da combustão é denominada de "combustão normal" e termina, basicamente, quando a frente de chama atinge as paredes da câmara de combustão.

Pode ser reconhecida uma terceira fase durante a qual se processa a combustão esparsa de combustível ainda não queimado.

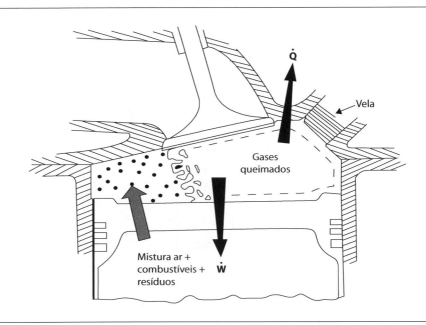

Figura 7.1 – Representação esquemática da combustão normal [1].

A fim de se minimizar trabalho negativo, é desejável que a máxima pressão provocada pela combustão venha a acontecer quando o pistão se encontra no tempo de expansão, ainda muito próximo do PMS. Como a combustão não ocorre instantaneamente, demandando um tempo finito que inclui o atraso de ignição, a propagação da chama (combustão normal) e a extinção desta (combustão esparsa) é essencial que o início da combustão aconteça suficientemente cedo para que o pico de pressão ocorra no ponto ótimo, razão pela qual é necessário o avanço da faísca em relação ao PMS.

O retardamento da combustão e a propagação da chama podem ser visualizados, indiretamente, pela evolução da variação da pressão no diagrama p – α do motor, ampliado na região da combustão, como apresentado na Figura 7.2.

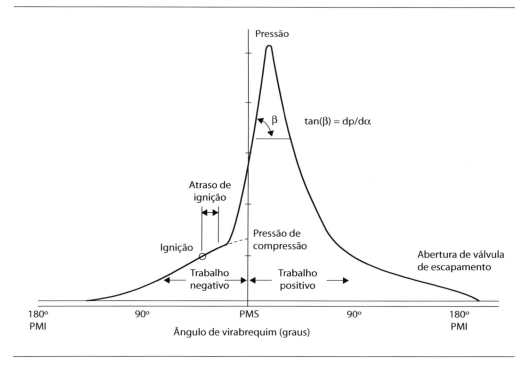

Figura 7.2 – Diagrama p – α para uma combustão normal [5].

A tangente do ângulo de inclinação β, obtido em cada ponto por $\frac{dp}{d\alpha}$ (gradiente da pressão em função da posição α do virabrequim), denomina-se gradiente da pressão e representa indiretamente a velocidade da combustão.

Qualitativamente as áreas desse diagrama representam o trabalho realizado (as áreas correspondentes no diagrama p – V trariam os valores quantitativos), obviamente será negativo durante a compressão, isto é, à esquerda do PMS e positivo durante a compressão, isto é, depois do PMS.

O que se nota é que, em um ciclo sem combustão, o trabalho de compressão e o de expansão, praticamente se compensam, de maneira que o trabalho útil corresponde ao excesso de área, provocado pela combustão.

A variação do avanço da faísca irá influir decisivamente na produção de trabalho líquido do ciclo, como mostra a Figura 7.3.

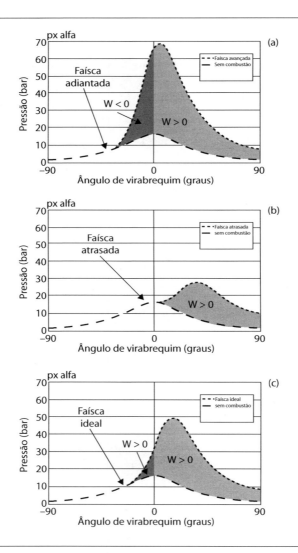

Figura 7.3 – (a) Faísca muito adiantada provocando um trabalho negativo considerável e um gradiente acentuado de pressões; (b) Faísca muito atrasada provocando um pequeno trabalho positivo; (c) Faísca em instante ideal.

O gradiente das pressões que representa basicamente a rapidez da combustão indica a progressividade do aumento da pressão e da liberação de energia.

É claro que, para efeito de desempenho do motor, o ideal é um gradiente elevado próximo ao PMS que permitiria liberar quase toda a energia junto ao PMS quando o pistão estivesse no início de seu curso de expansão, sem trabalho negativo devido à combustão. Entretanto, o crescimento muito brusco provoca altas pressões, ocasionando tensões elevadas em componentes e ruídos altos e indesejáveis no funcionamento do motor. O avanço de ignição que traz o melhor compromisso entre trabalho negativo na compressão e trabalho positivo na expansão é o denominado "mínimo avanço para máximo torque" – em inglês "*Maximum Brake Torque (MTB)*" *spark timing*.

Em uma mistura combustível–ar estagnada (quiescente), a velocidade de propagação da chama é relativamente baixa. Essa velocidade é denominada velocidade laminar de chama e se caracteriza pela propagação da frente de chama em um ambiente em que a turbulência é desprezível. Como exemplo, a velocidade laminar de frente de chama de uma mistura ar–gasolina, a pressão e temperatura iniciais de 1 atm e 300 K, é de no máximo 35 cm/s [1].

Supondo um cilindro de 10 cm de diâmetro, a vela centrada, com a velocidade de propagação mencionada acima, o tempo que a chama levaria da vela até as paredes seria:

$$t = \frac{s}{v} = \frac{5 \cdot 10^{-2} \, m}{0,35 \, m/s} = 0,143 \, s = 143 \, ms$$

Supondo que a combustão se realiza durante 30° de rotação do virabrequim então uma rotação completa do eixo do motor levaria:

143 ms ⟶ 30°

t ⟶ 360°

$$\Rightarrow t = \frac{360 \cdot 143}{30} = 1716 \, ms = 1,7 \, s$$

Logo, se para 1 volta do eixo o motor levasse este tempo, em 60 s, isto é, em 1 min, tem-se:

1 volta ⟶ 1,7 s

n ⟶ 60 s

$$\Rightarrow n = \frac{60}{1,7} = 35,3 \, rpm$$

Esse exemplo extremamente simplificado mostra que a combustão no motor deverá acontecer muito mais rápido que o exposto, sob pena de ele não poder atingir rotações mais elevadas ou sob pena da combustão se estender muito, ao longo da expansão, com grande prejuízo para o desempenho e para a eficiência do motor.

Os fatores que influem de maneira importante na velocidade de propagação da chama são:

a) Turbulência

Aumenta a área efetiva da frente de chama por meio do efeito de "enrugamento" (*flame wrinkling*), o que promove um maior contato entre as partículas em combustão e as que devem reagir na frente da chama, acelerando a reação.

A turbulência cresce com o aumento da rotação, aumentando a velocidade de combustão exatamente quando o tempo disponível diminui.

b) Temperatura e pressão

Temperaturas mais altas também ocasionam aumento na velocidade laminar de frente de chama, o que acarreta maiores velocidades de queima.

c) Relação combustível-ar

As misturas levemente ricas (em até 10% acima do valor estequiométrico) provocam uma maior velocidade de propagação da frente de chama, pois é nesta região em que se encontram os picos de velocidades laminares de frentes de chama.

d) Presença de gases residuais

Tende a desacelerar a combustão, pois acarreta redução na velocidade laminar de frente de chama.

Além desses fatores, o avanço da chama normal provoca o aumento da pressão e temperatura da mistura ainda não queimada. Esta poderá, em alguns pontos, atingir a temperatura de autoignição do combustível, fazendo aparecer chamas secundárias de autoignição, como mostra esquematicamente a Figura 7.4.

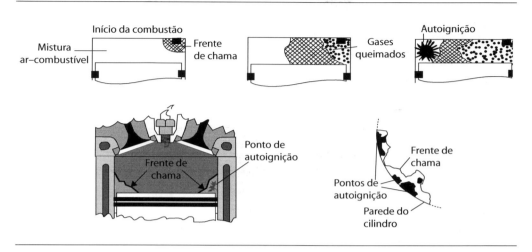

Figura 7.4 – Aparecimento de chamas secundárias de autoignição [6].

A autoignição, quando de uma pequena quantidade de mistura e, portanto, de pequena intensidade, auxilia a combustão normal na realização das reações de oxidação, reduzindo o tempo do processo.

Quando a autoignição atinge uma intensidade muito elevada denomina-se detonação e o seu efeito maléfico no motor faz com que seja evitada.

7.1.2 Detonação no motor de ignição por faísca

A detonação é a autoignição brusca de toda uma grande massa de mistura ainda não queimada na câmara de combustão.

Com o avanço da chama principal a partir da vela, a mistura ainda não queimada à frente da frente de chama sofre um processo de compressão e de aquecimento, podendo alcançar, em alguns pontos, a temperatura de auto-ignição do combustível.

Se a chama principal varrer essa mistura antes que as condições locais de temperatura e pressão promovam a autoignição, então a combustão será normal. Em caso contrário, essa porção de mistura irá entrar em combustão repentinamente, a volume constante, provocando um aumento muito brusco da pressão, com a consequente propagação de ondas de choque.

Esse fenômeno denomina-se detonação e provoca um aumento local das tensões, bem como um ruído característico conhecido popularmente por "batidas de pino" (também conhecida pelo termo *knock* em inglês). Embora não estejam acontecendo "batidas" entre quaisquer componentes no motor, tem-se essa impressão devida ao ruído oriundo da excitação mecânica causada pela propagação e reflexões da onda de choque sônica no interior do(s) cilindro(s).

Quaisquer fatores que aumentem a temperatura e pressão no interior da câmara de combustão tendem a favorecer a ocorrência da detonação. E a razão de compressão é um desses fatores, na medida em que seu incremento traz aumento de temperatura e pressão da mistura ao final da compressão. Por isso a busca por maiores taxas de compressão, visando ao aumento da eficiência térmica, sempre é limitada pela tolerância do motor à detonação.

A detonação pode ser observada no diagrama p – α pelo gradiente muito elevado da pressão e pelo aparecimento de oscilações da pressão no final da combustão conforme apresentado na Figura 7.5.

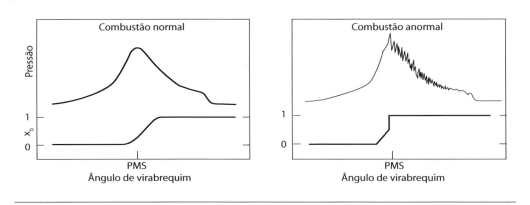

Figura 7.5 – Detecção de detonação no diagrama p – α do motor [1].

Na Figura 7.5 pode-se observar, no lado esquerdo, o diagrama p – α de um ciclo com combustão normal, e no lado direito, um diagrama similar para um ciclo com ocorrência de detonação. Nota-se claramente a oscilação da pressão na fase final da combustão, oscilação esta causada pela propagação de ondas de choque sônicas no interior do cilindro e que se refletem ao encontrarem as paredes da câmara.

Na parte inferior dos gráficos é mostrada a evolução da fração de massa queimada x_b, grandeza que indica a quantidade de massa da mistura ar–combustível que já foi oxidada pela passagem da frente de chama, sendo que 0 indica ausência de massa queimada e 1 indica queima total da mistura. No diagrama que mostra a combustão anormal, pode-se perceber que existe uma queima abrupta da parte final da mistura.

A detonação pode causar uma erosão nas superfícies sólidas com as quais tem contato. A Figura 7.6 mostra exemplos de danos causados pela detonação a um pistão.

Figura 7.6 – Exemplo de danos causados pela detonação [A].

A detonação provoca um aumento do fluxo térmico para as paredes da câmara de combustão, o que ocasiona elevação local da temperatura e uma redução na eficiência do motor devida à maior rejeição térmica para o sistema de arrefecimento [7]. A Figura 7.7 mostra o aumento significativo de temperatura superficial de cabeçote de um motor de aplicação veicular, associado ao aumento do fluxo térmico dos gases para as paredes da câmara de combustão, quando da ocorrência da detonação cerca de 18° após o PMS.

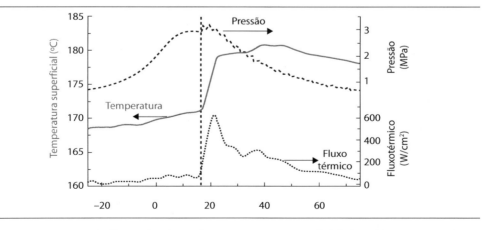

Figura 7.7 – Aumento do fluxo térmico e da temperatura superficial de cabeçote causados pela detonação [7].

Detonações seguidas irão provocar o aparecimento de pontos incandescentes na câmara como, por exemplo, nos eletrodos da vela, em locais carbonizados, nas válvulas de escapamento ou em outros.

Esses pontos poderão provocar a ignição da mistura antes do salto da faísca em ciclos subsequentes, causando um crescimento da pressão antes do pistão atingir o PMS, o que pode, por si, conduzir ao surgimento da detonação da mistura não queimada. Este fenômeno muito perigoso denomina-se pré-ignição.

Em resumo, a pré-ignição pode ser causa ou consequência da detonação. Muitas vezes, os efeitos de um fenômeno realimentam o outro, mas ambos devem ser evitados pelos seus efeitos normalmente catastróficos aos motores. A Figura 7.8 mostra um exemplo de dano muito comum em motores de ignição por faísca quando da ocorrência de pré-ignição: pistão com cabeça danificada.

Figura 7.8 – Exemplo de dano causado a um pistão, devido à pré-ignição [A].

Nota-se, portanto, a necessidade de se evitar a detonação em primeiro lugar pelos seus efeitos intrínsecos, em segundo lugar por ser uma possível causa de pré-ignição.

7.1.3 Fatores que influem na detonação no motor Otto

1) Qualidade antidetonante do combustível

Pelo exposto, os combustíveis adequados à motores Otto devem ter uma elevada temperatura de autoignição.

Como apresentado no Capítulo 6, "Combustíveis", a qualidade destes, aplicados aos MCI é designada pelo Número de Octanas (NO) ou octanagem do combustível. Para isto, designam-se combustíveis padrões de qualidades antidetonantes antagônicas, como a iso-octana à qual atribui-se o valor 100 na escala antidetonante e a heptana à qual atribui-se o valor 0.

O NO pode ser aumentado pela adição ao combustível de aditivos anti-detonantes, como o chumbo tetraetila, ou pela mistura de combustíveis de maior número de octanas como o etanol ou metanol. Atualmente, não é mais permitida a utilização de compostos a base de chumbo, de modo que o Brasil emprega a adição de etanol anidro à gasolina como forma de aumento do NO. Recomenda-se ao leitor, em caso de dúvida, que retorne ao Capítulo 6.

O aumento de NO permite o dimensionamento de câmaras com maior taxa de compressão o que, conforme foi visto anteriormente, gera maior eficiência térmica no motor.

2) Temperatura da mistura na câmara

Quanto menor, menos provável a ocorrência de detonação.

Influem na temperatura:

a) A taxa de compressão.
b) A temperatura da mistura na admissão.
c) A temperatura das paredes, em função do arrefecimento do motor.

3) Pressão da mistura na câmara

Quanto menor, menos provável a ocorrência de detonação.

Influem na pressão:

a) A taxa de compressão.
b) A pressão da mistura na admissão que depende da pressão do ambiente, da abertura da borboleta aceleradora e da existência de sobre-alimentação.

Pelo fato de tanto a temperatura quanto a pressão do ar de admissão exercerem grande influência na ocorrência da detonação em MIF, é usual que tais motores sejam ensaiados em condições extremas de pressão (nível do mar e altitude) e temperatura durante a etapa de desenvolvimento e calibração.

4) Avanço da faísca

Quanto mais avançada, mais provável a ocorrência de detonação.

Uma das formas de se controlar o nível de detonação em motores de ignição por centelha MIF é por meio do monitoramento de vibração do bloco do motor – vibração que é induzida pela excitação gerada pelas ondas de choque na câmara – e, em caso de detecção da detonação, atuação na redução do avanço de ignição (veja o Capítulo 8, "Formação da mistura").

5) Qualidade da mistura

Quanto mais próxima da estequiométrica, mais provável a detonação.

6) Turbulência

Quanto mais intensa, menos provável a detonação, pois reduz a duração da combustão e homogeneíza a mistura e a temperatura da câmara. O aumento da rotação favorece o aumento de turbulência e também reduz a duração de combustão, tornando menos provável a detonação.

7.2 Câmara de combustão

A câmara de combustão, para o bom desempenho dos motores Otto, sem detonação, deve obedecer a três regras básicas [2].

1) Gerar nível adequado de turbulência para uma combustão rápida e eficiente

Lembrar que turbulência excessiva provoca um aumento do coeficiente de convecção e, consequentemente, provoca aumento da perda de calor pelo aumento do fluxo térmico junto às paredes.

A turbulência pode ser criada ou potencializada por um ou mais padrões de escoamento no interior do cilindro:

a) *Swirl* – movimento de corpo rígido do fluxo, ordenado, caracterizado por uma rotação ao longo do eixo do cilindro (Figura 7.9a), muito utilizado em MIF e carga estratificada, bem como amplamente utilizado em motores Diesel. Tende a aumentar a eficiência em carga parcial e prevenir detonação em carga plena.

b) *Tumble* – similar ao *swirl*, porém com rotação perpendicular ao eixo do cilindro (Figura 7.9b), muito utilizado nos motores modernos, de ignição por centelha e em motores de competição. Proporciona alta potência específica.

c) *Squish* – jato provocado pelo esmagamento da mistura ao final da compressão, normalmente direcionado para a vela. Aumenta muito a intensidade da turbulência, acelerando a combustão. Pode ser gerado pelo fluxo da mistura para o interior de recesso no cabeçote ou no pistão (Figura 7.10).

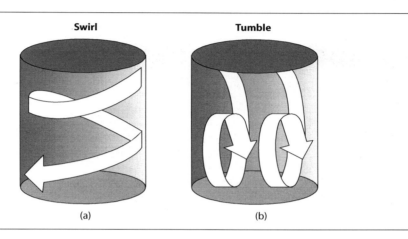

Figura 7.9 – Movimentos de corpo rígido *swirl* e *tumble* [4].

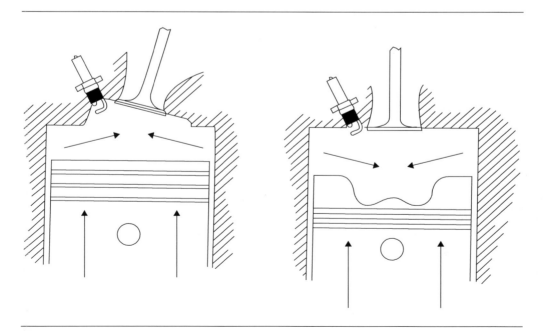

Figura 7.10 – Movimentos tipo *squish* [3].

Esses tipos de escoamentos no interior do cilindro ocasionam o aumento de turbulência quando da quebra das grandes estruturas de fluxo em estruturas menores.

2) Ser compacta

Essa característica reduz o caminho percorrido pela frente de chama, com consequente redução da duração da combustão, reduzindo o tempo de exposição da parte final da mistura ar–combustível aos gases queimados e diminuindo a tendência à ocorrência de detonação. Velas de ignição localizadas no centro do cilindro são ideais para tal. Um exemplo é mostrado na Figura 7.11.

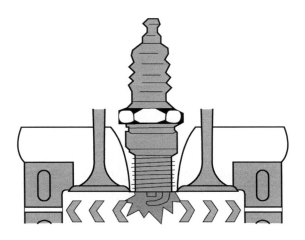

Figura 7.11 – Centralização de vela em relação ao cilindro [B].

3) Ter relação volume–superfície (V–S) grande no início do trajeto da chama e pequena no fim

O exemplo didático apresentado na Figura 7.12 esclarece mais que uma redação.

A câmara da esquerda tem, na região próxima à vela de ignição, uma relação volume–superfície pequena, o que retarda a propagação da frente de chama, principalmente pela presença de paredes próximas ao núcleo da combustão e pela grande troca de calor para as paredes nesta região. Já na região mais afastada da vela – região terminal da combustão – a relação volume–superfície é grande, o que acarreta diminuição do fluxo de calor dos gases para as paredes. Essa porção de mistura estará sujeita a temperaturas mais elevadas e, portanto, a uma maior possibilidade de detonação.

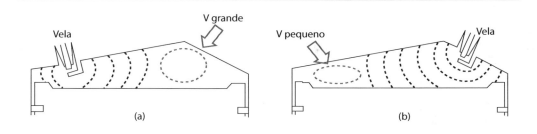

Figura 7.12 – A figura mostra didaticamente uma câmara que favorece a detonação (a) e outra que torna esse fenômeno menos provável (b).

Na câmara da direita (b) – obtida pela simples mudança de posição da vela a propagação de chama é rápida no início, pois as reações acontecem em uma frente ampla com pouca interferência de paredes para o resfriamento. A região terminal tem um volume pequeno, com bastante contato com as paredes, o que torna menos provável se atingir a TAI (temperatura de autoignição).

A Figura 7.13 mostra genericamente uma boa câmara para motores Otto, com vela de ignição centrada, regiões de baixa razão volume–superfície na fase final da combustão.

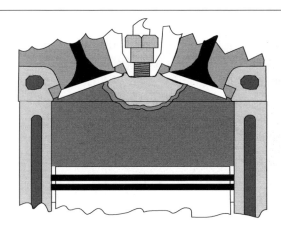

Figura 7.13 – Formato didático adequado para uma câmara de motor Otto [B].

7.3 A combustão nos motores Diesel

Nos motores do ciclo Diesel a ignição ocorre por autoignição – TAI, no contato do combustível injetado com o ar aquecido pela compressão provocada pelo pistão. O combustível é injetado na câmara ligeiramente antes do tempo desejado para a combustão, quando o êmbolo está próximo do final do curso de compressão. O combustível líquido é injetado em alta velocidade na câmara de combustão, em um ou mais jatos, por meio dos pequenos orifícios do injetor, sendo em seguida vaporizado à medida que se mistura com o ar em alta temperatura e alta pressão. Como a temperatura e a pressão do ar estão acima do ponto de ignição do combustível, ele entrará em combustão alguns instantes depois do início da injeção. O tempo entre o instante inicial de injeção e o instante de início de combustão é conhecido como atraso de ignição ou atraso de combustão. Essa combustão inicial pré-misturada determina uma rápida liberação de energia que aumenta a temperatura e a pressão no cilindro. Esse aumento, por sua vez, resulta em redução no atraso de ignição para o restante do combustível injetado, que é queimado a uma taxa controlada pela mistura entre o combustível e o ar.

A Figura 7.14 mostra um gráfico com o comportamento da pressão no interior da câmara, o curso de levantamento da agulha do injetor e a taxa de liberação de calor em relação ao ângulo de movimento da árvore de manivelas, durante um ciclo de um motor Diesel. O ângulo da árvore de manivelas é uma base de tempo muito aplicada na análise da combustão em motores alternativos com êmbolos, por ser uma grandeza que se mantém relativa ao evento de combustão em qualquer rotação. O curso de levantamento da agulha, por sua vez, é um bom indicador do tempo no qual o combustível é injetado na câmara de combustão. A taxa de liberação de calor indica a razão na qual o combustível está sendo consumido. Esta Figura ilustra os diferentes eventos em uma combustão do ciclo Diesel, indicando o tempo no qual eles ocorrem. A primeira região, destacada em cinza–claro, é a de combustão pré-misturada. A característica mais marcante dessa região é a ocorrência do pico na curva de taxa de liberação de calor. A segunda região, marcada em tom mais escuro, é a da combustão controlada pela mistura ar–combustível, com uma queima um pouco mais uniforme do combustível, como mostra a curva de taxa de liberação de calor.

Nota-se que no caso do Diesel, o intervalo de tempo entre o início da injeção e o início da combustão propriamente dita compõe-se de dois processos, um retardamento físico e um retardamento químico, semelhante ao motor Otto. A soma dos dois retardamentos constitui o retardamento total, durante o qual o combustível vai sendo injetado, sem se observar aumento de pressão e temperatura na câmara.

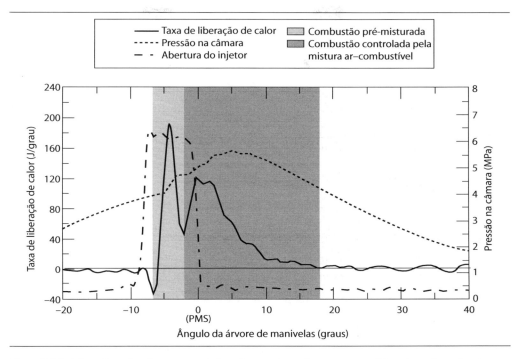

Figura 7.14 – Visualização da característica da combustão no motor Diesel em função do ângulo da árvore de manivelas [8].

Se, por alguma razão, o retardamento se prolongar mais do que o normal, o combustível injetado irá se acumular na câmara e, ao se inflamar, provocará um crescimento muito brusco da pressão, provocando uma "aspereza" muito intensa do motor.

7.4 Fatores que influenciam na autoignição no ciclo Diesel

7.4.1 Qualidade do combustível

É definida tal como no motor ciclo Otto, por comparação de comportamento dos combustíveis comerciais com combustíveis padronizados, em ensaio fixado pela ASTM. A diferença é que este é realizado em motor monocilíndrico *CFR Diesel*. As particularidades desse ensaio foram apresentadas no Capítulo 6 "Combustíveis".

7.4.2 Temperatura e pressão

A temperatura e a pressão do ar de admissão afetam a autoignição por meio das condições da mistura ar–combustível no período de atraso de ignição. Em ambientes com temperaturas da mistura até 1.000 K, quanto maior a pressão menor é o atraso de ignição. Esse efeito da pressão é minimizado à medida que a temperatura aumenta e o atraso diminui. A taxa de compressão é um elemento fundamental. Um aumento na taxa de compressão reduzirá o atraso de ignição melhorando a eficiência indicada, mas comprometendo a eficiência mecânica. Existe, portanto, uma taxa de compressão a partir da qual não mais compensa o aumento, do ponto de vista da eficiência. No motor Diesel a determinação da taxa de compressão deve considerar ainda a necessidade de se dispor de uma partida a frio confiável.

7.4.3 Turbulência

Como já mencionado, o movimento de corpo rígido chamado *swirl* é um criador ou potencializador de turbulência, amplamente utilizado em motores Diesel. Dessa forma, o coeficiente de *swirl* influencia no retardamento físico, isto é, na evaporação do combustível e no processo de mistura do combustível com o ar. Também afeta a taxa de troca de calor junto às paredes durante a compressão e, dessa forma, modifica a temperatura do ar no instante da injeção. O projeto das câmaras de combustão deve considerar o compromisso de redução do atraso de ignição sem elevar demasiadamente as temperaturas atingidas nas fases iniciais da combustão de pré-mistura, na qual é formada grande parte dos óxidos de nitrogênio (NO_X) do ciclo Diesel.

7.5 Tipos básicos de câmaras para motores Diesel

Basicamente, as câmaras para motores Diesel são classificadas em dois grupos fundamentais: câmaras de injeção direta (ou abertas), nas quais o combustível é injetado diretamente, e câmaras de injeção indireta (ou fechadas), que são divididas em duas regiões e o combustível é injetado em uma pré-câmara conectada à câmara principal.

7.5.1 Câmaras de injeção direta ou abertas

Estas são, em geral, construídas na coroa do pistão, como mostra a Figura 7.15 utilizam como mecanismos para a produção de turbulências o *squish*, o *swirl* e a quantidade de movimento do combustível injetado. São câmaras adequadas quando se deseja um comportamento mais quiescente do ar para mistura com o combustível, visando reduzir o gradiente de elevação da temperatura na fase de combustão de pré-mistura, gerando assim menores quantidades de NO_X. As câmaras de injeção direta atuais são, em geral, rasas e centradas na coroa do pistão e funcionam com injetores também centrados de múltiplos orifícios dispostos radialmente na extremidade do injetor.

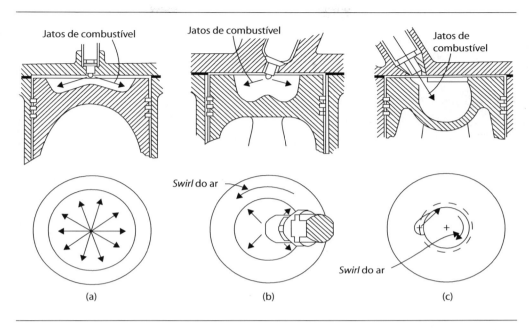

Figura 7.15 – Tipos mais comuns de câmaras de injeção direta em motores Diesel: (a) câmara quiescente, de baixa turbulência com injetor multiorifícios (veículos comerciais), (b) câmara profunda de *swirl* elevado (automóveis), (c) câmara de *swirl* elevado com injetor de apenas um orifício (automóveis) [1].

7.5.2 Câmaras de injeção indireta ou divididas

São construídas no cabeçote, com o objetivo de produzir turbulências muito intensas, muito maiores que nas câmaras abertas, necessárias para promover a mistura rápida do ar com o combustível em motores Diesel de alta rotação, como os utilizados em automóveis.

É claro que, se por um lado, as turbulências elevadas reduzem o retardamento físico e, portanto, permitem produzir uma combustão mais suave e mais rápida, por outro lado produzem uma maior perda de calor, com consequente redução da eficiência térmica. As câmaras de injeção indireta podem ser divididas ainda em pré-câmara turbulenta e pré-câmara de *swirl*, conforme mostra a Figura 7.16.

7.5.2.1 PRÉ-CÂMARA TURBULENTA

Quando o pistão percorre o curso de compressão, o ar é forçado por uma estreita passagem do cabeçote para uma câmara auxiliar logo acima, adquirindo alta velocidade. O combustível é então injetado na câmara auxiliar com uma pressão menor do que aquela utilizada nos sistemas de injeção direta, produzindo a combustão que eleva a pressão e faz com que a frente de chama se propague até a câmara principal através de um canal estreito que gera elevada turbulência.

7.5.2.2 PRÉ-CÂMARA DE *SWIRL*

O combustível é injetado na câmara secundária, onde sofre uma combustão parcial com um aumento considerável da pressão. Por causa disso a mistura em combustão é impelida para a câmara principal (na cabeça do pistão), através de passagens desenhadas para fazer com que o fluxo assuma um movimento rotativo de grande velocidade, induzindo assim o *swirl* na câmara principal na cabeça do pistão, onde se completa a combustão.

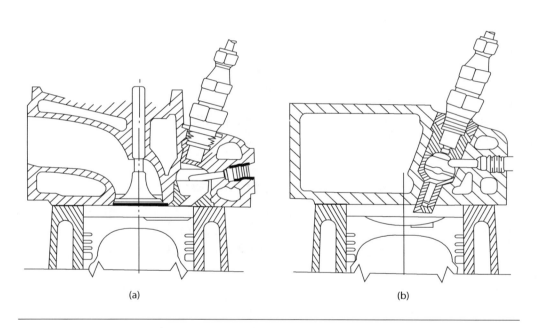

Figura 7.16 – Exemplos de pré-câmaras usadas em pequenos motores Diesel de injeção indireta: (a) pré-câmara de *swirl*, (b) pré-câmara turbulenta [1].

7.5.3 Comparação entre as câmaras divididas e abertas

As câmaras divididas têm o objetivo de reduzir o retardamento da combustão. De uma maneira geral, são mais adequadas para conseguir rotações mais elevadas e um funcionamento mais suave do motor, qualidades tipicamente exigidas em motores de automóveis.

Em razão da baixa relação volume–superfície e/ou da elevada turbulência, produzem uma perda sensível de calor para as paredes, causando uma redução da eficiência térmica e consequente aumento do consumo específico. Essa é a razão principal pela maior difusão das câmaras abertas.

Por outro lado, a perda de calor citada dificulta a partida a frio, exigindo normalmente maiores taxas de compressão e até dispositivos auxiliares de partida. Esses, em geral, constituem-se de um elemento tornado incandescente por energia elétrica como se observa na Figura 7.16 denominado vela incandescente ou, em inglês, *glow plug*.

Em geral, a vela incandescente é ligada somente por ocasião da partida, aquecendo o ar da câmara. Após a partida, ela é desligada e o funcionamento do motor torna-se autônomo pelo calor gerado pela combustão.

É importante salientar que os motores Diesel modernos, dotados de turbocompressores, operando com altas pressões de injeção e controle eletrônico, tornaram, em sua imensa maioria, desnecessárias as câmaras de injeção indireta.

7.6 A combustão por autoignição controlada CAI / HCCI

Dentre os processos avançados de combustão existentes atualmente, um dos mais promissores métodos é a autoignição controlada. Também conhecido por CAI (*Controlled Auto-Ignition*) ou HCCI (*Homogeneous Charge Compression Ignition*), este método de combustão proporciona redução significativa das emissões e, ao mesmo tempo, redução substancial do consumo de combustível. Além disso, é um processo multicombustível por natureza, permitindo a operação com a maioria dos combustíveis atualmente utilizados em motores.

Os primeiros relatos científicos de seu emprego em motores remotam à década de 1970, se devendo a Onishi et al. e Nogushi et al., que evidenciaram a presença de CAI em motores dois tempos, tendo recebido inicialmente a nomenclatura de ATAC (*Active Thermo-Atmosphere Combustion*) ou combustão por atmosfera termoativa. Entretanto, suas origens mais profundas se devem às pesquisas do cientista russo Nikolai Semenov, que estabeleceu as bases dos processos de ignição e a Teoria da Detonação, em 1930.

Em razão das cada vez mais exigentes legislações de controle de emissões, na virada do milênio houve a explosão de pesquisas no assunto e, hoje em dia, a maioria dos fabricantes de motores tem linhas de pesquisa no assunto.

O processo de autoignição controlada ou CAI é um processo que combina características de motores de ignição por centelha e ignição por compressão. Utiliza a compressão juntamente com algum método complementar para elevar a temperatura a fim de promover a autoignição de uma carga ar–combustível pré-misturada. Pelo controle da temperatura e da composição da carga, a autoignição de misturas estequiométricas e até altamente diluídas (muito pobres ou diluídas com EGR – *Exhaust Gas Recirculation*) se torna possível, exibindo baixas temperaturas de combustão, permitindo a redução substancial de emissões de NO_x e contribuindo para o aumento de eficiência pela diminuição da perda de calor para o sistema de arrefecimento.

Pelo fato de essa modalidade de combustão promover o controle de torque pela composição da carga, permite operação em condições não estranguladas ou WOT (*Wide Open Throttle* ou acelerador a pleno), reduzindo drasticamente as perdas por bombeamento e levando à substancial redução do consumo de combustível em regime de carga parcial nos motores ciclo Otto. Nos motores ciclo Diesel, seu benefício mais contundente é a redução de emissões de NO_x e material particulado, uma vez que estes já trabalham em condição não estrangulada.

O que deve ser lembrado, entretanto, é que esse processo de combustão permite a ignição em condições adversas de mistura, o que permite o uso de misturas ultrapobres ou ultradiluídas com EGR.

A principal variável do processo é a temperatura de autoignição. Quando esta é atingida, para as condições de composição e pressão em que a carga se encontra, a autoignição acontece.

O grande problema, no entanto, é viabilizar esse processo em motores automotivos, ciclo Otto, do ponto de vista dos equipamentos necessários e de seu controle. Em laboratório é relativamente fácil sua obtenção, quando espaço e outras restrições não estão impostas. A combustão por autoignição controlada pode ser obtida, principalmente, pelos métodos a seguir:

- Aquecimento do ar de admissão.
- Aumento da razão de compressão.
- Utilização de combustível mais autoignitável.
- Recirculação dos gases queimados.

O aquecimento do ar de admissão é o método mais fácil para se obter CAI em laboratório, mas é muito pouco viável para utilização automotiva, uma vez que demanda a existência de um aquecedor externo. O aumento da razão de compressão, por outro lado, obrigaria a utilização permanente em modo CAI, uma vez que ficaria muito alta para o modo convencional de ignição por centelha, nos motores ciclo Otto – MIF.

Quanto à utilização de combustível mais autoignitável, esta demandaria alterações na fabricação, logística e distribuição de combustíveis, o que, por si, inviabilizaria o processo para uso automotivo. Por último, mas não menos importante, fica a utilização da recirculação dos gases queimados. Esta figura como uma das mais factíveis alternativas para o uso de CAI em motores automotivos. Nesta modalidade, a energia (calor) armazenadao pelos gases queimados é utilizada como uma iniciador de ignição, juntamente com o calor gerado pela compressão.

O uso de EGR para promover CAI possui duas vantagens: a primeira é ser o auxiliar de ignição propriamente dito, fornecendo o calor necessário para atingir a temperatura de autoignição; a segunda é controlar a taxa de liberação de calor para que o aumento de pressão (dp/dα) não evolua para a detonação.

Normalmente, pode-se usar EGR de duas formas:

a) EGR externo: um tubo conecta o coletor de escapamento ao coletor de admissão, permitindo a recirculação dos gases queimados. Tem como desvantagem a perda de calor para o ambiente, o que dificulta um pouco a ocorrência da autoignição. Como vantagem, pode oferecer EGR resfriado, conforme já é realizado em motores ciclo Diesel, para controle de emissões. A vantagem desse método é ampliar a faixa de utilização de CAI em carga elevada, pela expansão do limite de detonação.

b) EGR interno: é obtido por meio da técnica de cruzamento negativo de válvulas (*NVO – Negative Valve Overlap*), que necessita alteração dos perfis dos cames de admissão e escapamento. A grande vantagem deste método é a retenção de grande parcela da energia presente nos gases de escapamento, utilizando-a para dar ignição da carga de ar e combustível, além de oferecer um melhor controle da combustão, embora indireto. Essas características ampliam a utilização do motor em CAI para regiões de baixo torque. Este último modo tem se tornado cada vez mais possível na medida em que sistemas de acionamento de válvulas mais variáveis têm aparecido.

Apesar das grandes vantagens apontadas pelo uso de CAI, este ainda apresenta alguns desafios importantes: a faixa limitada de operação em CAI e o controle da combustão. Pelo fato de se utilizar carga diluída, normalmente, ocorre diminuição da potência do motor, o que limita sua operação no modo CAI a pequenas faixas, em carga parcial, apenas.

As Figuras 7.17, 7.18 e 7.19 mostram a faixa de operação em CAI de um motor quatro cilindros, 1.6 L, a gasolina. Percebe-se que a faixa é bastante limitada, uma vez que o motor original trabalha até um máximo de 11 bar de pressão média efetiva de freio (*BMEP – Brake Mean Effective Pressure*) e rotações até 6.500 rpm. Além disso, é possível ver na Figura 7.17 os valores de consumo específico quando operando em CAI, bem como o que isso representa em termos percentuais em relação ao motor original (Figura 7.17). Na Figura 7.18 é possível visualizar a redução percentual de até 99% nas emissões de NO_x, em comparação ao motor original, enquanto a Figura 7.19 mostra a enorme fração residual ou quantidade de EGR interno tolerado nesse processo de combustão.

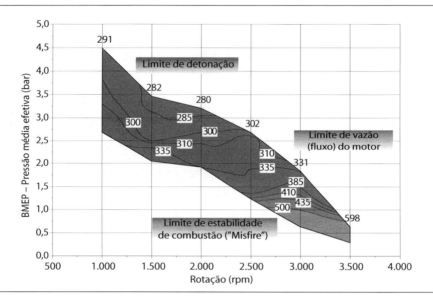

Figura 7.17 – Faixa de operação em CAI de um motor quatro cilindros, 1.6 L, a gasolina. As isolinhas mostram o consumo específico (g/kwh), (*BSFC*) [14].

Diferentemente de um motor ciclo Otto normal, no qual a centelha comanda o início do processo de combustão, na combustão por autoignição controlada não existe um controle direto. O início e a duração da combustão são inteiramente determinados pela cinética química, que depende, entre outros fatores, da temperatura, da pressão e da composição da carga de ar e combustível. Dessa forma, só se pode indiretamente promover esse controle, variando, principalmente, o grau de diluição (fração de EGR ou excesso de ar).

Em motores ciclo Diesel ou de ignição por compressão, conforme já foi mencionado, a principal vantagem da operação em CAI é a redução significativa das emissões de NO_x e material particulado (fumaça preta).

A combustão nos motores alternativos

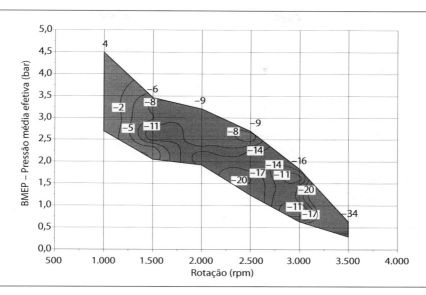

Figura 7.18 – Faixa de operação em CAI de um motor quatro cilindros, 1.6 L, a gasolina. As isolinhas mostram a redução percentual do consumo específico de combustível (*BSFC*) em relação ao motor original na mesma faixa de operação [14].

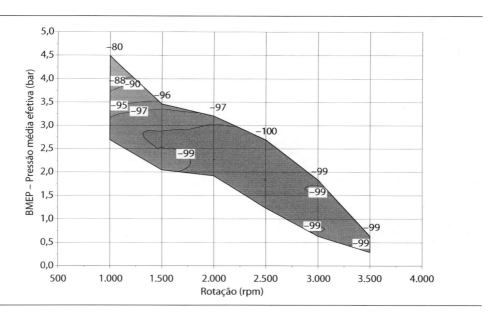

Figura 7.19 – Faixa de operação em CAI de um motor quatro cilindros, 1.6 L, a gasolina. As isolinhas mostram a redução percentual das emissões de NO_x em relação ao motor original na mesma faixa de operação [14].

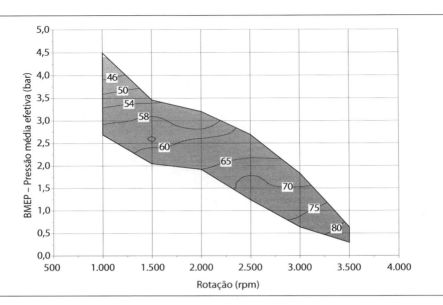

Figura 7.20 – Faixa de operação em CAI de um motor quatro cilindros, 1.6 L, a gasolina. As isolinhas mostram o percentual de EGR interno utilizado, em função da carga (*BMEP*) e rotação [14].

É significativamente mais fácil a obtenção desse modo de combustão nesse tipo de motor – MIE, que, por natureza, já opera com a autoignição. De forma simplificada, pode se afirmar que para obter CAI em motores Diesel basta que o evento de injeção seja suficientemente adiantado para permitir a formação de uma mistura homogênea com o ar de admissão. Ou seja, em vez de a injeção ocorrer no final do evento de compressão, ela deverá acontecer bem antes, podendo se dar desde o início do evento de admissão até estágios intermediários do ciclo de compressão, podendo haver um ou múltiplos eventos de injeção. No entanto, há que se tomar cuidado com as taxas de liberação de calor elevadas, que levam a excessivo ruído de combustão e possível ocorrência detonação.

Da mesma forma que nos motores ciclo Otto, o controle é feito, em geral, pela composição da carga, alterando seus níveis de diluição (com ar, EGR ou ambos) e sua temperatura (resfriamento de EGR etc.). A pequena faixa de utilização em CAI ainda é um problema, tal como nos motores ciclo Otto. Em ambos os tipos de motores, medidas que permitam o aumento desta faixa são extremamente necessárias e condição para que a combustão por autoignição controlada possa ser usada de forma ampla.

Em resumo, pode-se afirmar que CAI, independentemente do ciclo e tipo de combustível utilizado, é um processo extremamente interessante do ponto de vista de emissões e consumo de combustível. Apresenta, porém, vários desafios técnicos a vencer. Não obstante, é seguramente uma das melhores alternativas para aumentar a sobrevida dos MCI num mercado cada vez mais exigente e ambientalmente consciente.

EXERCÍCIOS

1) Qual é a diferença básica entre o processo de ignição em um motor de ignição por faísca MIF e em um motor de ignição espontânea MIE?

2) Por que um motor de ignição por faísca, usando seus combustíveis usuais, não pode ser operado com ignição espontânea ou por compressão?

3) Por qual motivo as razões de compressão em motores de ignição espontânea são consideravelmente maiores dos que aquelas presentes em motores de ignição por faísca? Por que no motor de ignição por centelha, com mistura homogênea, não se utilizam taxas de compressão muito altas?

4) O diagrama abaixo corresponde a um dos cilindros de um motor a 4T, a plena carga. O ponto (A) é o instante da faísca ou início da injeção de combustível e (B) onde se inicia a combustão.

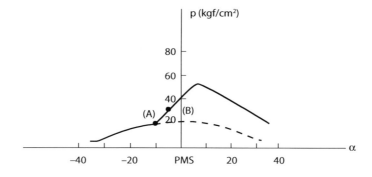

Pede-se:
a) Supõe-se que o motor é de ignição por faísca ou espontânea?
b) Determinar o retardamento em milissegundos, sabendo-se que o motor está a 2.800 rpm.

c) Determinar o máximo gradiente de pressão.

Respostas:

b) 0,6 ms; c) $(\nabla p / \nabla \alpha)_{máx} = 1,6 \text{ kgf/cm}^2$

5) A figura mostra o diagrama $p - \alpha$ de um motor de ignição por faísca a 4T na rotação de 4.000 rpm. Se o avanço da faísca é 35°, pede-se:
   a) O retardamento da combustão.
   b) O gradiente máximo das pressões.
   c) Sendo a cilindrada V = 1.500 cm³ e $r_v = 9$, se a pressão no início da compressão é 0,8 kgf/cm², qual o coeficiente K do processo de compressão?

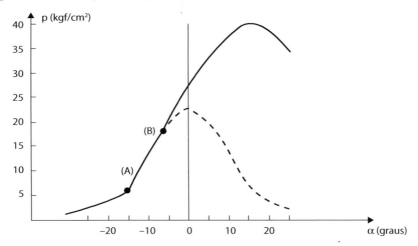

Respostas:

a) 1,04 ms; b) 2,5 kgf/cm²/grau; c) K = 1,46.

6) Por que no motor Diesel não se pode atingir as mesmas rotações que podem ser atingidas no motor Otto?

7) Em um motor Diesel a 4T, a 2.000 rpm, o avanço da injeção é 15°, o ângulo de injeção é 30°, o retardamento é 1 ms e supõe-se que após o início da combustão, o crescimento da pressão seja linear. Supondo que a pressão máxima atinja 2° após o fim da injeção e que o gradiente da pressão seja 3 kgf/cm²/grau, qual a pressão máxima atingida, se no início da combustão a pressão é 30 kgf/cm²?

8) Num motor Diesel, ao passar de um combustível de NC = 45 para outro de NC = 60, observa-se uma variação do retardamento de 2,08 ms para 1,66 ms a 2.000 rpm. De quanto deverá ser variado o ângulo de avanço da injeção para manter o mesmo ponto de início da ignição?

9) Um cilindro de motor Otto a 4T tem 8,6 cm de diâmetro e a vela no centro da câmara. A 5.000 rpm, a velocidade de propagação da chama é, em média, 80 m/s e o retardamento é 0,8 ms. Qual deverá ser o avanço da faísca para que a combustão complete 10° após o PMS?

10) Sabe-se que o retardamento de um certo combustível é 0,8 ms. Quando o motor gira a 5.000 rpm, qual deveria ser o avanço da faísca para que a combustão se iniciasse 5° antes do PMS?

11) Quais os sintomas que um motor Diesel deve apresentar ao ser abastecido com um combustível cujo número de cetano seja maior ou menor que o especificado para o motor?

12) Em um motor de F1 a 15.000 rpm, a plena carga, o avanço da faísca é 40°. O retardamento é 0,4 ms e o diâmetro do cilindro é 80 mm. Estando a vela no centro da câmara de combustão, qual deveria ser a velocidade da propagação da chama em m/s, para que a combustão se complete em 10° após o PMS.

13) Em um motor Diesel de injeção direta (câmara aberta), de seis cilindros, de cilindrada 11 L e curso 17 cm, supõe-se que, quando o pistão estiver no PMS, a folga entre este e o cabeçote seja nula. Qual o volume da cavidade na cabeça do pistão para se obter uma taxa de compressão 17?

14) Em um motor Otto o retardamento da combustão é 1 ms e supõe-se que não varie com a rotação. O avanço inicial (estático) é 10° e a 2.000 rpm, a plena carga, o avanço centrífugo é 8°. O avanço a vácuo pode atingir 20°. Qual deverá ser o avanço provável a 4.000 rpm a plena carga? Justificar.

15) Em um motor Diesel a 4T, a 2.000 rpm, o retardamento é 1,25 ms. O avanço da injeção é 20° e supõe-se que o gradiente de pressões seja $\dfrac{5\,\text{kgf}/\text{cm}^2}{\text{grau}}$. Se ao iniciar a combustão a pressão é 40 kgf/cm², qual será a pressão 5° após o PMS?

16) Por que no motor Diesel não se pode atingir as mesmas rotações que podem ser atingidas no motor Otto?

17) Um cilindro de um motor Otto a 4T tem 8 cm de diâmetro e a vela no centro da câmara. A 5.000 rpm a velocidade de propagação da chama é 60 m/s e o retardamento é 1 ms. Sendo o avanço da faísca 30°, quantos graus, após o PMS, irá completar a combustão?

18) Sabe-se que o retardamento de um certo combustível é 0,8 ms. Quando o motor gira a 5.000 rpm, qual deveria ser o avanço da faísca para que a combustão se iniciasse 5° antes do PMS?

19) Na tecnologia atual os motores Otto a 4T, no ponto de potência máxima, podem atingir uma pressão média efetiva de 9 kgf/cm², uma rotação de 6.000 rpm e um consumo específico, a plena carga, de 0,32 kg/CV.h de etanol (PCi = 5.800 kcal/kg; ρ = 0,8 kg/L).

   a) Qual a cilindrada em cm³ para se obter uma potência de 120 CV?

   b) Se um automóvel nessa condição alcança uma velocidade de 160 km/h, quantos km poderá percorrer com 1L de etanol?

20) O engenheiro deseja projetar um motor de 2 L com quatro cilindros que tenha no ponto de máxima potência a rotação de 6.000 rpm. Baseado nos dados anteriores, vai dimensioná-lo com quatro válvulas por cilindro, duas de admissão e duas de escapamento.

   a) Qual o diâmetro das válvulas de admissão?

   b) Qual a potência máxima esperada do motor?

21) Um motor Diesel de seis cilindros tem uma cilindrada de 7,2 L e uma taxa de compressão 17. A temperatura do ar (k = 1,4; R = 29,3 kgm/kg.K) no PMI, quando começa a compressão, é 30 °C. Sabe-se que a autoignição começa com 350 °C e deseja-se iniciar a injeção do combustível exatamente no

instante em que se atinge essa temperatura. Supondo a compressão isoentrópica, qual o volume, em cm³, compreendido entre a cabeça do pistão e o cabeçote, no instante do início da injeção?

22) Por que misturas muito pobres produzem o superaquecimento do motor Otto?

23) Qual o efeito do uso de um combustível de maior NO num motor Otto já comercializado, preservadas todas as outras propriedades do combustível?

24) Como se explica o acontecimento da detonação no motor Diesel?

25) As turbulências na câmara de um motor são benéficas ou maléficas? Justifique.

26) Em um motor, a mistura de máxima potência tem uma fração combustível/ar 1,15. Em uma certa situação o consumo de ar é 350 kg/h. Sabendo-se que a mistura estequiométrica do combustível utilizado é 0,15, qual o consumo de combustível em kg/h?

27) Por que, ao aumentar a rotação do motor, na mesma carga, é necessário um maior avanço da faísca?

28) Em um motor Diesel, ao passar de um combustível de NC = 45 para outro de NC diferente, observa-se uma variação do retardamento de 2,08 ms para 1,6 ms a 2.000 rpm. O NC do novo combustível é maior ou menor que o do original? Justifique. De quanto deverá ser variado o ângulo de avanço da injeção para manter o mesmo ponto de início da combustão?

29) Explique por que o motor Diesel é mais ruidoso que o motor Otto.

30) Um motor utiliza o combustível C_3H_8O. Na condição econômica $F_r = 0,85$. Sendo o consumo de ar 250 kg/h, qual será o consumo de combustível?

31) Em um motor Otto, o material da válvula de escape não pode ultrapassar 700 °C. Assimilando-se o ciclo real desse motor a um ciclo Otto de taxa de compressão 8, no qual a temperatura de escape seja 700 °C, se a temperatura no início da compressão for de 50 °C, qual a máxima temperatura de combustão?

32) É dado um motor a 4T, de quatro cilindros, de diâmetro 8 cm e curso 8,5 cm. A 5.000 rpm a potência de atrito é 24 CV. Qual a pressão que deveria ser aplicada constantemente ao longo de um curso (do PMS ao PMI), para produzir no eixo uma potência de 96 CV?

33) Sabe-se que o retardamento de um certo combustível é 0,8 ms. Quando o motor gira a 5.000 rpm, qual deveria ser o avanço da faísca para que a combustão se iniciasse 5° antes do PMS?

34) Qual é a diferença básica entre o processo de ignição em um motor de ignição por faísca e em um motor de ignição espontânea? Por que um motor de ignição por faísca, usando seus combustíveis usuais, não pode ser operado com ignição espontânea ou por compressão? E por qual motivo as razões de compressão em motores de ignição espontânea são consideravelmente maiores que aquelas presentes em motores de ignição por faísca?

35) Qual a importância de padrões de fluxo de ar como *Swirl* no processo de combustão de um motor de ignição espontânea ou por compressão?

36) Quais flexibilidades no controle do evento de injeção de combustível sistemas *common rail* proporcionam em relação aos sistemas mecânicos? Dê duas vantagens.

37) Qual evento da combustão causa o ruído tradicional de motores Diesel? Use o gráfico abaixo para explicar.

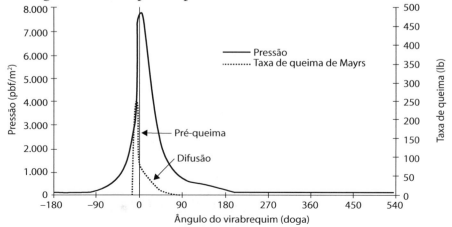

38) Qual tipo de câmara de combustão de motores de ignição espontânea apresenta menor eficiência térmica: câmara para injeção direta de combustível ou para injeção indireta? Por qual motivo?

39) Quais as características desejadas para uma câmara de combustão Otto? Justifique.

40) O diagrama apresentado ao lado corresponde a um dos cilindros de um motor Diesel a 4T. O ponto A é o início da injeção, enquanto o ponto B, onde inicia a combustão.

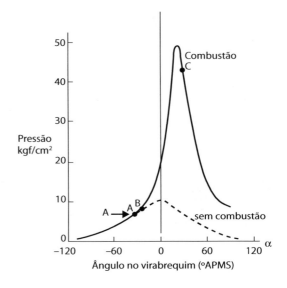

Pede-se:

a) Estando o motor a 2.800 rpm, qual o retardamento da combustão em milissegundos?

b) A situação está propícia a detonação? Justifique.

c) Como ficaria o diagrama usando um combustível de mais baixo índice de cetano?

d) O gradiente máximo de pressões?

41) Explique a detonação no motor Otto e indique a influência dos diferentes parâmetros sobre ela.

42) Qual a influência dos gases residuais na propagação da frente de chama? Como se pode calcular a fração f?

43) Diferencie o fenômeno da detonação para os motores ciclos Otto e Diesel. Indique quais problemas podem causar aos motores nessa condição anormal de funcionamento. Em um motor ciclo Otto, o que você entende por calibração com ciclos detonantes.

44) Supondo um cilindro de 100 mm de diâmetro, com vela centrada e velocidade de propagação da frente de chama de 10 m/s (constante). Determine a rotação desse motor de quatro tempos.

45) Quais as características desejáveis para uma câmara de combustão aplicada aos motores Diesel? Esboce essas câmaras.

46) Descreva a aplicação e a metodologia usada em um motor CFR – Diesel.

47) Defina retardamento químico e retardamento físico em um motor Diesel.

48) Que fatores influem na detonação de um motor Diesel?

49) Como é obtido o óleo Diesel em uma torre de destilação? Esboce o processamento de destilação.

50) Defina as vantagens e aplicações para as câmaras de combustão diretas e indiretas aplicadas aos motores Diesel. Utilize esboços para auxiliar sua resposta.

51) São dadas, abaixo, algumas características dos sistemas de injeção para motores. Identifique a qual sistema pertence cada característica, adotando MIE ou MIF.

[ ] A injeção ocorre diretamente na câmara de combustão;

[ ] A homogeneização da mistura é feita no próprio cilindro durante a admissão e a compressão;

[ ] O controle da potência é feito sobre a vazão de combustível;

[ ] Baixa taxa de compressão devida à inflamabilidade do combustível;

[ ] Injeção ocorre ao final da compressão.

[ ] Definição da potência pela vazão da massa de ar.

52) Esboce dois diferentes tipos de câmaras de combustão para os MIE.

Referências bibliográficas

1. HEYWOOD, J. B. *Internal combustion engine fundamentals*. M.G.H. International Editions, 1988.
2. STONE, R. *Introduction to internal combustion engines*. 3. ed. SAE International, 1999.
3. PULKRABEK W. W. *Engineering fundamentals of the internal combustion engine*.
4. MICHEL, F. The swirl and tumble movement in a piston. Disponível em: <http://commons.wikimedia.org/wiki/File:Swirl_and_Tumble.svg?uselang=fr 2009>. Acesso em: mar. 2011.
5. OBERT, E. F. *Internal combustion engines and air pollution*. New York: Harper and Row, 1973.
6. HOAG, K. *Performance developmente of reciprocating internal combustion engine*. University of Winsconsin-Madison, 2002 – versão em CD.
7. GRANDIN, B.; DENBRATT, I. The effect of knock on heat transfer in SI engines. *SAE paper*, 2002-01-0238, 2002.
8. ESPEY, C.; DEC, J. E. Diesel engine combustion studies in a newly designed optical--access engine using high-speed visualization and 2-D laser imaging. *SAE Technical Paper*, 930971, 1993.
9. ONISHI, S. et al. Active thermo-atmosphere combustion (ATAC) – a new combustion process for internal combustion engines. *SAE Paper*, 790501, 1979.
10. NOGUCHI, M. et al. A study on gasoline engine combustion by observation of intermediate reactive products during combustion. *SAE Paper*, 790840, 1979.
11. YAMAGUCHI, J. Honda readies activated radical combustion twostroke engine for production motorcycle. *Automotive Engineering*, v. 105, n. 1, p. 90-92, jan. 1997.
12. MARTINS, M. E. S. *Investigation of performance and characteristics of a multi-cylinder gasoline engine with controlled auto-ignition combustion in naturally aspirated and boosted operation*. Tese (PhD) – Brunel University, School of Engineering and Design, 2007.
13. ZHAO, H. *HCCI and CAI engines for the automotive industry*. CRC Press LLC, ISBN 978-1-4200-4459-1, Woodhead Publishing Lt., ISBN 978-1-84569-128-8, Cambridge, 2007.

14. MARTINS, M. E. S.; ZHAO, Hua. Turbocharging to extend the controlled auto-ignition combustion range of a gasoline engine. In: VI Congresso Nacional de Engenharia Mecânica. São Paulo, *Anais*: ABCM, 2010. v. 1. p. 1-5.

Figuras

Agradecimentos às empresas:

A. Mahle – Metal Leve – Manual Técnico, 1996.

B. Magneti Marelli.

8

Mistura e injeção em Ciclo Otto

Parte I
FORMAÇÃO DA MISTURA COMBUSTÍVEL–AR NOS MOTORES DO CICLO OTTO

Atualização:
Fernando Luiz Windlin
Fernando Fusco Rovai
Gustavo Hindi
Paulo Sergio Germano Carvalho
José Roberto Coquetto

8.1 Introdução

No Capítulo 7, "A combustão nos motores alternativos", deve ter ficado claro ao leitor que a propagação da chama no motor do ciclo Otto depende de o combustível e o ar manterem certa proporção na mistura. O operador do motor Otto poderá variar a carga e/ou a rotação do motor alternando a posição do acelerador, que por sua vez atua sobre a válvula borboleta na entrada do ar no motor, controlando a vazão. Conhecida a vazão de ar, encontra-se instalado no trajeto um dispositivo automático que deverá dosar a quantidade correta de combustível para a quantidade de ar admitida. A dosagem do combustível será feita por um carburador ou por um sistema injetor.

Este capítulo tem o objetivo de descrever sucintamente o funcionamento desses dosadores de combustível, nas diversas condições de funcionamento do motor.

8.2 Definições

8.2.1 Relação combustível–ar – F

Como descrito anteriormente, é a relação entre a massa, ou vazão em massa de combustível, e a massa de ar, ou a vazão em massa de ar, que formam a mistura.

$$F = \frac{m_c}{m_a} = \frac{\dot{m}_c}{\dot{m}_a}$$ Eq. 8.1

Em muitos textos sobre o assunto e em montadoras de origem norte-americana, utiliza-se a relação inversa ar–combustível:

$$\lambda = \frac{1}{F} = \frac{m_a}{m_c} = \frac{\dot{m}_a}{\dot{m}_c}$$ Eq. 8.2

A Figura 8.1 apresenta de forma esquemática a proporcionalidade usual entre as massas de ar e combustível admitidas pelo motor (no caso um *PFI*). Nota-se que a grande dificuldade do sistema de alimentação é colocar ar no interior do cilindro para posterior combustão. A quantidade de combustível é muito menor.

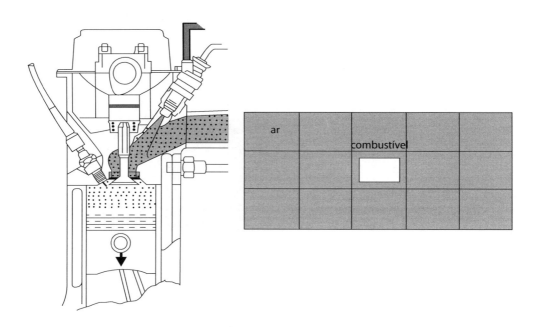

Figura 8.1 – Relação combustível–ar [B].

8.2.2 Relação combustível–ar estequiométrica – F_e

É a relação combustível–ar quimicamente, isto é, supondo uma combustão completa, esse valor servirá como referência. Por exemplo, supondo a gasolina tendo uma composição média C_8H_{18} e o ar tendo em volume, aproximadamente, 21% de oxigênio e 79% de nitrogênio:

$$\underbrace{C_8H_{18}}_{\text{Combustível}} + \underbrace{12,5\left(O_2 + 3,76N_2\right)}_{\text{Ar}} \rightarrow 8CO_2 + 9H_2O + 12,5 \cdot 3,76N_2$$

Lembrando os pesos atômicos:

Elemento	Peso Atômico
C	12
H	1
O	16
N	14

Combustível: $8 \cdot 12 + 18 + 1 = 114$

Ar: $12,5 \cdot 32 + 47,0 \cdot 28 = 1.716$

Logo,

$$F_e = \frac{114}{1.716} = 0,0664$$

ou

$$\lambda_e = \frac{1.716}{114} = 15,0$$

No caso do etanol C_2H_5OH anidro, o desenvolvimento será:

$$C_2H_6 + 3O_2 + 11,3N_2 \rightarrow 2CO_2 + 3H_2O + 11,3N_2$$

Combustível: $2 \cdot 12 + 6 \cdot 1 + 1 \cdot 16 = 412,4$

Ar: $3 \cdot 32 + 11,3 \cdot 28 = 412,4$

Logo,

$$F_e = \frac{44}{412,4} = 0,107$$

$$\lambda_e = 9,4$$

Os valores obtidos nos exemplos serão utilizados como referência daqui para a frente, se bem que a composição da gasolina seja variável e o etanol contenha certa porcentagem de água.

8.2.3 Fração relativa combustível–ar – F_r

É a relação entre certa relação combustível–ar e a relação estequiométrica de um dado combustível.

$$F_r = \frac{F}{F_e} \qquad \text{Eq. 8.3}$$

Quando $F_r < 1$ a mistura denomina-se pobre.

Quando $F_r > 1$ a mistura denomina-se rica.

Quando $F_r = 1$ a mistura denomina-se estequiométrica.

8.3 Tipo de mistura em relação ao comportamento do motor

Do ponto de vista da admissão, a relação combustível–ar é simplesmente o quociente entre a massa de combustível e a massa de ar que entram no motor. Entretanto, do ponto de vista da combustão, o comportamento da mistura não depende apenas da sua composição média, mas principalmente da homogeneização do vapor de combustível no ar. Em certas condições, pode-se ter uma mistura com $F_r > 1$ apresentando comportamento de mistura pobre, por falta de homogeneização. Tem-se, como exemplo, o caso do motor frio, no qual a falta de vaporização causa sinais de pobreza, mesmo que a mistura, em média, esteja extremamente rica.

Nas explicações desta seção não serão consideradas essas anomalias, para facilidade didática.

Quanto ao comportamento do motor, as misturas serão classificadas em quatro tipos fundamentais.

8.3.1 Limite pobre

É mistura mais pobre possível em combustível, que ainda possibilite manter o motor estável o operando em MBT.

A chama, excessivamente lenta, irá manter-se durante grande parte do curso de expansão e possivelmente até o fim do escape, início de admissão.

Esse fenômeno provoca o superaquecimento da câmara e a ignição da mistura admitida, causando retorno de chama (*back fire*). O motor nessa situação torna-se instável, não conseguindo rotação constante, mesmo fixando o acelerador e a carga no eixo.

Obviamente, o limite pobre é uma situação indesejável. A sua apresentação visa a demonstrar que no motor Otto existe um limite inferior de pobreza da mistura, abaixo do qual o motor não poderá funcionar. Em condições normais, de uma forma geral, o limite pobre para motores Otto acontece para misturas com F_r entre 0,7 e 0,85.

8.3.2 Mistura econômica

Em geral, é uma mistura levemente pobre, de forma que o excesso de ar provoque uma combustão completa e adequada do combustível admitido. É a mistura que, na condição desejada para o motor, produz o mínimo consumo específico. Contribui também para a redução da emissão de monóxido de carbono (CO).

8.3.3 Mistura de máxima potência

É uma mistura levemente rica, de forma que o excesso de combustível provoque a combustão completa e adequada do ar que o motor pode admitir. É a mistura que, numa dada rotação e posição do acelerador, produz a máxima potência. Nessa situação, aumenta-se a probabilidade da emissão de monóxido de carbono (CO).

8.3.4 Limite rico

É uma condição na qual o excesso de combustível dificulta a propagação da chama. A vaporização em excesso (consome energia térmica), sem a respectiva combustão (libera energia térmica), por falta de ar, provoca diminuição da temperatura na câmara de combustão, com consequente extinção da chama. Como consequência, há instabilidade (oscilação) na rotação de funcionamento do motor, mesmo sem alterar a posição da borboleta aceleradora e a carga de seu eixo (virabrequim). Ao ultrapassar o limite rico, o motor não funciona (efeito popularmente chamado de motor afogado).

8.4 Curva característica do motor em relação à mistura

Para a determinação da relação ar e combustível, faz-se necessário o uso de ferramentas que auxiliem o dimensionamento do motor e do sistema de alimentação. O dimensionamento do sistema está diretamente relacionado com o comportamento do motor, assim a ferramenta a ser utilizada deve permitir que seja variada a qualidade da mistura para cada condição de rotação (n) e da posição (α) da borboleta aceleradora. Fixada a rotação (n) e a posição (α) da borboleta aceleradora, a ferramenta deve permitir a variação da massa de combustível admitida.

As ferramentas utilizadas são:

- Carburador elementar.
- Sistema de injeção.

8.4.1 Carburador elementar

O carburador elementar foi utilizado durante anos como ferramenta básica para estabelecer a relação combustível–ar para o motor em estudo, sendo que atualmente encontra-se em desuso. Promovia a dosagem da quantidade de combustível desejada, para certa vazão de ar admitida no motor (Figura 8.2).

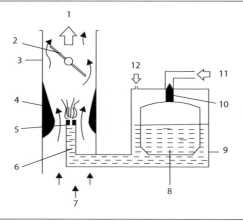

Figura 8.2 – Carburador elementar [1].

Constitui-se de um reservatório denominado cuba (9), no qual o nível do combustível é mantido aproximadamente constante por uma boia (8) que por meio de uma válvula de agulha (10) regula a entrada de combustível enviado por uma bomba (11). A vazão de ar é regulada pela perda de carga estabelecida por uma borboleta aceleradora (2), à qual tem acesso o operador, por meio do acelerador. O ar passa por um Venturi (ou difusor – 4) que na garganta aumenta a velocidade do fluxo, causando depressão e a consequente sucção do combustível da cuba (9).

A vazão do combustível, para uma dada sucção, pode ser dimensionada por uma perda de carga maior ou menor. Esta é estabelecida em função do tamanho do *gicleur* (orifício calibrado – 5) utilizado. Ao aumentar a vazão de ar pelo Venturi (abrindo a borboleta ou aumentando a rotação pela menor carga no eixo do motor), a velocidade na garganta aumenta, com consequente aumento da depressão e, portanto, da sucção do combustível, mantendo uma relação combustível–ar aproximadamente constante.

Essa constância não existe, pois o Venturi sente a vazão em volume do ar e a relação combustível–ar é em massa.

Conforme a velocidade do ar aumenta, sua densidade diminui, produzindo uma vazão em massa menor em relação à que seria produzida se o ar fosse incompressível.

Dessa forma, para vazões cada vez maiores, a mistura tem uma tendência a enriquecer cada vez mais. Nos próximos itens, será demonstrado como essa tendência será corrigida.

8.4.2 Sistema de injeção

De forma análoga ao carburador elementar, uma vez fixada a rotação (n) e a posição da borboleta aceleradora (α), o sistema de injeção proporcionará a variação da massa de combustível admitida para se atingir a relação ar–combustível desejada.

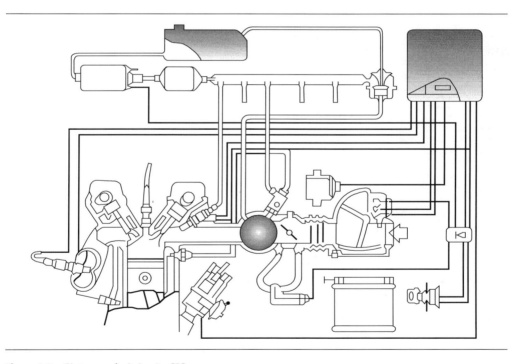

Figura 8.3 – Sistema de injeção [B].

8.4.3 Curva característica

Nesta seção será explicada a obtenção de uma curva para fins didáticos. Para o dimensionamento do sistema de injeção é necessário conhecer o comportamento do motor em cada condição de funcionamento (rotação e posição do acelerador). Para tanto, com o motor instalado em um banco dinamométrico, varia-se a qualidade da mistura para cada par de condições rotação/posição do acelerador.

Fixada a rotação e a posição do acelerador, varia-se a massa de combustível admitida por uma das formas descritas, restabelecendo sempre a mesma rotação, sem agir na abertura da borboleta.

Deverão se observar as medidas correspondentes e o comportamento descrito na Figura 8.4.

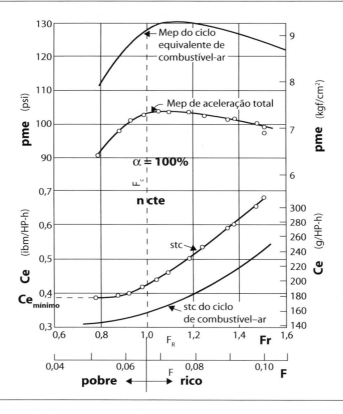

Figura 8.4 – Variação do Consumo específico C_e e da pressão média efetiva (pme) em função da qualidade da mistura, sem mexer no acelerador, mantendo uma rotação constante. Resultado obtido por meio do dinamômetro [6].

Ao repetir este ensaio para diversas aberturas da borboleta, sempre mantendo a rotação, será obtida a família de curvas indicadas na Figura 8.5.

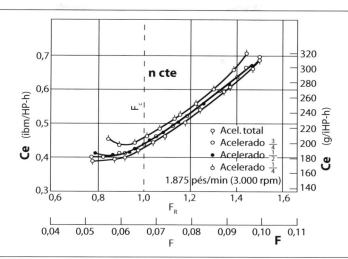

Figura 8.5 – Variação do consumo específico (C_e) em função da qualidade da mistura (Fr), variando a abertura da borboleta aceleradora, mantida a rotação constante. A fração indica a abertura da borboleta em relação à plena abertura (1/1) [6].

A Figura 8.6, repete a curva anterior, mas no eixo Y apresenta a pressão média efetiva (diversas posições (α) da borboleta aceleradora, mantendo a rotação (n) constante).

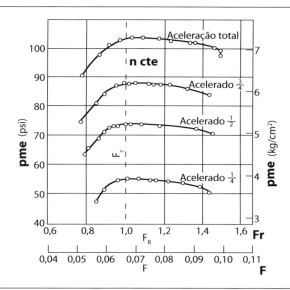

Figura 8.6 – Variação da pressão média efetiva (pme) em função da qualidade da mistura, variando a abertura da borboleta aceleradora, mantida a rotação constante [6].

Por uma mudança de coordenadas, pode-se obter as curvas da Figura 8.7 (curvas de anzol). Cabe lembrar que se tem uma curva destas para cada rotação. Nota-se que o mesmo torque que pode ser obtido na curva (1), poderá ser obtido também na curva (2), com uma maior abertura da borboleta; aliás, poderia ser obtido na evolvente, sempre com a borboleta um pouco mais aberta.

Logo, o mínimo consumo em uma dada rotação, para todas as aberturas da borboleta, é obtido na evolvente dos "anzóis".

Em geral, para efeito de dirigibilidade, no caso de veículos, não se costuma trabalhar com a máxima abertura da borboleta que produz o mesmo torque, e sim numa região mais rica, no entorno da curva de consumo específico mínimo ($C_{e_{mín}}$) ou até de torque máximo ($T_{máx}$).

Supondo que se tenha selecionado a curva de $C_{e_{mín}}$ para o dimensionamento, observa-se que, ao atingir a plena abertura da borboleta, obtém-se o maior torque correspondente ao $C_{e_{mín}}$ que não corresponde ao maior torque que poderia ser atingido na rotação dada.

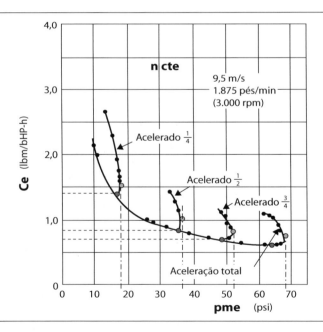

Figura 8.7 – Consumo específico em função da pme para uma rotação, variando a posição da borboleta [6].

Para não perder esta vantagem, ao se aproximar da plena abertura (plena carga), convém sair da curva de $C_{e_{mín}}$ e passar para a de $T_{máx}$, isto é, para todas as rotações, tomam-se as envolventes dos pontos de torque máximo.

Mistura e injeção em Ciclo Otto

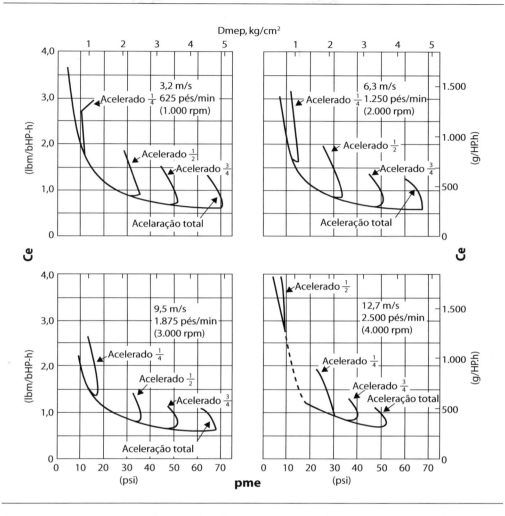

Figura 8.8 – Consumo específico em função do torque para diversas rotações, variando a posição da borboleta [6].

Para cada rotação escolhe-se a curva semelhante a da Figura 8.9 e lança-se no gráfico da Figura 8.10. Obtendo-se o esboço indicado (uma curva para cada rotação).

Define-se carga como uma porcentagem do máximo torque para uma dada rotação. Agora será construído um gráfico no qual $F_r = f(carga)$ independentemente do torque. Ao fazer isso, obtém-se a Figura 8.10, onde as curvas da Figura 8.9 fundem-se numa só, denominada "curva característica do motor em relação à mistura".

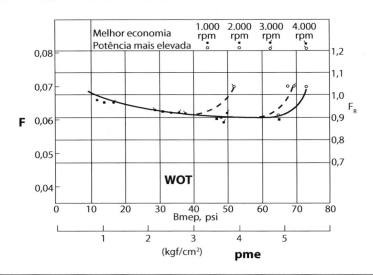

Figura 8.9 – Novas coordenadas da curva indicada na Figura 8.8, uma para cada rotação [6].

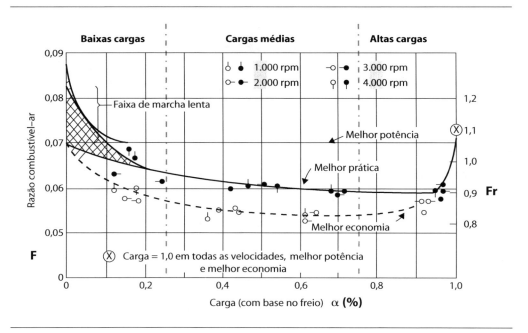

Figura 8.10 – Curva característica do motor em relação à mistura (os valores numéricos são apenas ordem de grandeza para efeitos didáticos) [6].

O que se nota de importante é:

a) A variação da qualidade da mistura adequada para o motor só depende da carga, não depende da rotação. Esse fato não é exatamente verdadeiro, mas tem uma boa aproximação.

b) Em baixas cargas a mistura deve ser muito rica e ir empobrecendo ao caminhar para as cargas médias.

c) Em cargas médias, ao desejar consumo específico mínimo ($C_{e_{mín}}$), a mistura deve ser relativamente pobre e de qualidade aproximadamente constante. Na verdade, a parte central da curva é levemente decrescente ao caminhar para as maiores cargas.

d) Em altas cargas, ao fazer a opção pelo máximo torque ($T_{máx}$) e não pelo consumo específico mínimo ($C_{e_{mín}}$), a mistura deverá ser enriquecida.

É importante esclarecer que a carga do motor tem uma ligação com a abertura da borboleta, se bem que não existe uma relação proporcional direta. O que se pode dizer é que as baixas cargas correspondem à borboleta praticamente fechada e as altas à borboleta muito aberta, mas sem proporcionalidade.

8.5 Carburador

Se for levantada a curva característica de um carburador elementar, será observado que, para a borboleta muito fechada, a vazão de ar é tão baixa na garganta do Venturi que não haverá sucção de combustível, produzindo $F_r = 0$. Ao abrir a borboleta, a mistura irá enriquecendo, assim conclui-se que o carburador elementar não é capaz de atender às misturas desejadas pelo motor, a menos que seja dotado de alguns dispositivos auxiliares que deverão fazer sua curva coincidir com a do motor. A Figura 8.11 apresenta o carburador com todos os sistemas auxiliares que corrigem as ineficiências do elementar.

Basicamente os sistemas auxiliares aplicados num carburador são:

- **Sistema de partida a frio:** composto por uma segunda borboleta que proporciona arraste de combustível por todos os orifícios proporcionando uma mistura bastante rica assegurando facilidade de iniciar o funcionamento (ligar) mesmo a frio.

- **Sistema de marcha lenta e progressão:** garantem uma passagem suave da marcha lenta para as rotações mais altas por meio de furos situados estrategicamente acima da borboleta, introduzindo combustível paulatinamente com a carga.

- **Sistema principal:** constituído de uma saída (ligada a cuba) que fornece o combustível na garganta do Venturi.

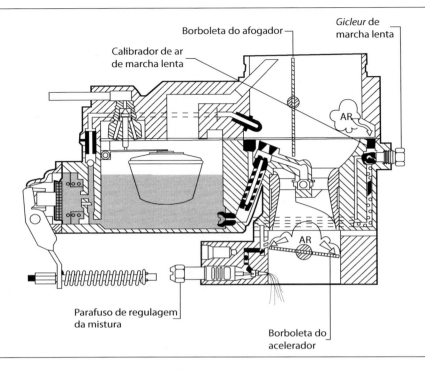

Figura 8.11 – Carburador e sistemas auxiliares [A].

- **Sistema de aceleração rápida:** insere, por meio de bomba de membrana, quantidade adicional de combustível, sempre que há brusca abertura da borboleta aceleradora, compensando assim a entrada de ar adicional.

8.6 Injeção mecânica para motores Otto

O sistema de injeção mecânica é utilizado desde 1925 em motores de avião, pois independe dos efeitos da gravitação, permitindo trabalhar em qualquer posição e apresentar menor sensibilidade ao congelamento. A partir de 1950, começou a ser usado com bombas em linha em veículos de competição.

A Figura 8.12 apresenta o sistema KE-Jetronic da Bosch produzido em série a partir de 1973.

Este sistema:

- Não possui sistema eletrônico de gerenciamento.
- Injeta o combustível continuamente.
- Apresenta controles de partida a frio; marcha lenta; aceleração parcial e aceleração total.

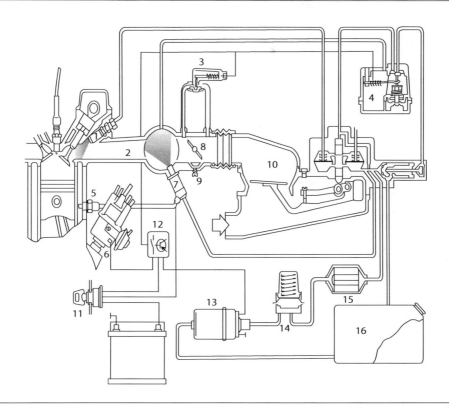

Figura 8.12 – Sistema mecânico de injeção de combustível [B].

Na Figura 8.12, são apresentados os seguintes componentes do sistema: 1. Injetor de combustível; 2. Coletor de admissão; 3. Regulador de ar adicional; 4. Regulador de pressão de comando; 5. Sensor temperatura do motor – NTC; 6. Distribuidor de ignição; 7. Injetor suplementar; 8. Borboleta de aceleração; 9. Parafuso de regulagem da marcha lenta; 10. Regulagem de mistura; 11. Chave de ignição; 12. Relé de comando; 13. Bomba de combustível; 14. Acumulador de combustível; 15. Filtro de combustível e 16. Tanque de combustível.

8.7 Injeção eletrônica para motores Otto

Os requisitos cada vez mais exigentes para as emissões dos gases de escape dos MCI fazem com que se busquem métodos cada vez mais aperfeiçoados e independentes de recursos humanos, para a alimentação de combustível dos motores. Para essa finalidade, utiliza-se o sistema de injeção eletrônica.

A injeção eletrônica de combustível para motores do ciclo Otto é um desenvolvimento antigo que saiu de modelos puramente mecânicos (Seção 8.6), para sistemas atuais que se valem do desenvolvimento e da redução de custos pelos quais passou a eletrônica.

O carburador eletrônico não será descrito aqui, pois se vale dos mesmos recursos da injeção eletrônica, aplicados para a automação de algumas funções do carburador convencional.

É importante não confundir o sistema de injeção para motores do ciclo Otto com o utilizado em motores do ciclo Diesel. Nesses últimos a injeção se realiza diretamente na câmara de combustão, no fim da compressão, pois é a entrada do combustível que comanda o início da combustão por autoignição.

Por causa disso, o sistema de injeção Diesel trabalha com alta pressão, pois além de pulverizar o combustível, deverá injetar a pressões superiores as de compressão e até de combustão, já que a injeção normalmente se prolonga até essa fase.

Já no motor do ciclo Otto quem comanda a ignição é a faísca, sendo a taxa de compressão mais baixa, para que o combustível não se inflame espontaneamente durante a compressão. Nos sistemas mais difundidos atualmente (PFI), o combustível será injetado no sistema de admissão, junto à válvula de admissão ou no próprio coletor de admissão e admitido por sucção, com o fluxo de ar durante a abertura da válvula de admissão. Logo, o sistema injetor para Otto não precisa ser de alta pressão, a homogeneização da mistura é realizada no próprio coletor de admissão e se completa no interior do cilindro durante a admissão e compressão.

O sistema de injeção Diesel controla a quantidade de combustível, independentemente do consumo de ar. No motor do ciclo Diesel, o controle da carga é realizado pela quantidade de combustível injetada em uma certa quantidade de ar.

No motor Otto, a qualidade da mistura deve se manter próxima da estequiométrica para que a propagação da chama seja adequada. Logo, o sistema injetor deve possuir um sensor para a vazão de ar a fim de que possa dosar automaticamente a vazão de combustível.

As vantagens que o sistema injetor tem sobre um sistema de carburação convencional são, em geral:

a) Maior controle da mistura ar–combustível.
b) Maior economia de combustível.
c) Melhor dirigibilidade, principalmente a frio.
d) Controle automático das rotações máxima e mínima.
e) Melhor controle do nível de emissões.

A melhor dosagem do combustível em cada condição de uso do motor é um dos responsáveis pelos menores níveis de emissões de poluentes.

A Figura 8.13 apresenta os sinais de entrada na *Engine Control Unit* (ECU) considerados no cálculo da massa injetada de combustível. Os sinais de entrada são impulsos elétricos provenientes de sensores e interruptores dos subsistemas (ar – combustível – elétrico) que informam as condições instantâneas de funcionamento do motor.

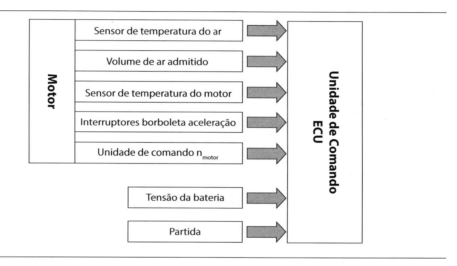

Figura 8.13 – Sinais de entrada da *Engine Control Unit* – ECU.

O subsistema de ar determina a quantidade de ar admitida pelo motor em todos os regimes de funcionamento do motor, por meio dos componentes:

- Filtro de ar.
- Corpo de borboleta.
- Coletor de admissão.
- Sensor de posição de borboleta.
- Sensor de temperatura do ar.
- Sensor de pressão absoluta.
- Sensor de vazão de ar.

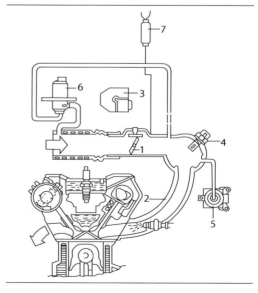

Figura 8.14 – Sistema de ar [C].

A construção do corpo de borboleta para uma dada aplicação é uma solução prática onde são satisfeitos os seguintes compromissos: dirigibilidade, emissões de gases poluentes e consumo de combustível. Acionada via pedal do acelerador pelo motorista, a posição angular da borboleta determina a quantidade de ar admitida pelo MCI.

O acionamento da borboleta pode ser via cabo, conectado mecanicamente ao pedal do acelerador, ou via chicote elétrico, por meio de sinais elétricos comandados pela *Engine Control Unit* (ECU) (Figura 8.15).

Figura 8.15 – Corpo de borboleta eletrônico [C].

Figura 8.16 – Coletor de admissão [C].

Outro elemento importante no subsistema de ar é o coletor de admissão que deve distribuir o ar admitido de forma igualitária a todos os cilindros do motor, com dispersão inferior a 3%. Os coletores atuais são construídos em poliamida de forma a reduzir custos, perda de carga, e transferência de calor do "vão" motor para o ar de admissão.

Encontram-se fixados no coletor, o corpo de borboleta, o sensor de temperatura do ar, os injetores e as tomadas de pressão absoluta, servo freio, regulador de pressão de combustível e entrada de recirculação dos gases do cárter (*blow by*).

O subsistema de combustível fornece a quantidade adequada de combustível, sob pressão, em todos os regimes de trabalho do motor. Quando o motor é desligado o sistema deve manter uma pressão residual, de forma a evitar a formação de bolhas de vapor de combustível, que poderão comprometer a próxima partida. O combustível é pressurizado por uma bomba elétrica (4 da Figura 8.20), inicialmente instalada ao longo da linha de combustível, antes do filtro de combustível (5 da Figura 8.20). Em um segundo momento a bomba de combustível foi instalada no interior do tanque de combustível (2 da Figura 8.20). A vazão da bomba elétrica de combustível pode ser de até 120 L/min.

O tubo distribuidor ou *fuel rail* (6 da Figura 8.20) armazena e distribui o combustível às válvulas injetoras. A quantidade de combustível armazenada é maior que a quantidade necessária ao funcionamento do motor, de forma a evitar oscilações de pressão junto às válvulas injetoras, garantindo pressão igual de combustível para todas as válvulas injetoras. A Figura 8.17 ilustra o tubo distribuidor com o regulador de pressão e as válvulas de injeção.

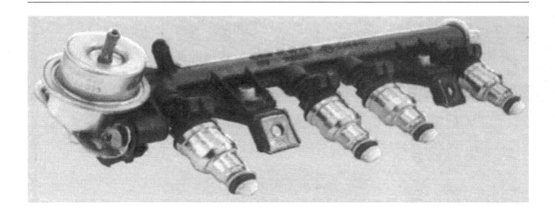

Figura 8.17 – Galeria de combustível.

Também se considera parte do sistema combustível o *canister*, filtro de vapor de combustível (6 da Figura 8.18), cuja finalidade é controlar as emissões evaporativas. Trata-se de um filtro de carvão ativado que acumula os vapores de combustível provenientes do sistema de combustível, mais especificamente do tanque de combustível (8 da Figura 8.18). Os vapores acumulados no *canister* são admitidos pela depressão no coletor de admissão por meio de uma tomada do coletor de admissão. O fluxo desses vapores é controlado pela válvula de purga (4 da Figura 8.18). Essa válvula é comandada pela ECU, e, quando aberta, permite o fluxo de vapores ao coletor de admissão, promovendo assim a limpeza do *canister* de maneira ecológica.

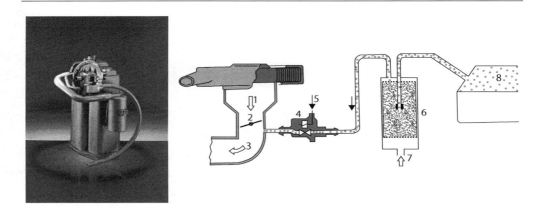

Figura 8.18 – Sistema de controle de emissões evaporativas [A].

O subsistema elétrico tem as seguintes funções:

- Alimentação elétrica de todos os componentes do sistema.
- Detecção e medição das condições de trabalho do motor e geração de sinais correspondentes.
- Interligação de componentes.
- Processamento de sinais elétricos recebidos dos sensores.
- Controle da massa de combustível por meio de pulsos enviados às válvulas injetoras.

Para mais informações, o leitor deverá recorrer às publicações editadas pelos próprios fabricantes de sistemas. Nesta seção, apenas alguns exemplos serão apresentados.

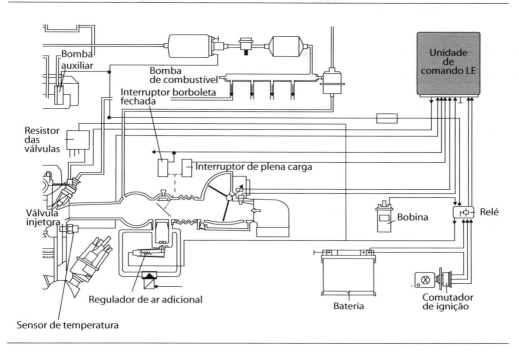

Figura 8.19 – Sistema elétrico [B].

8.7.1 Classificação dos sistemas de injeção eletrônica

Os sistemas de injeção podem ser classificados:

- Quanto à tecnologia: analógica ou digital.
- Quanto ao número de injetores: monoponto (*single point*) ou multiponto (*multipoint*).
- Quanto à sequência de injeção: simultânea (*full group*); semissequencial fasado ou sequencial fasado.
- Quanto à posição do injetor: junto ao corpo de borboleta (CFI – *central fuel injection*), próximo à válvula de admissão (PFI – *port fuel injection*) ou no interior da câmara de combustão (DI – *direct injection*);
- Quanto ao processo de medição da vazão de ar admitido: sensor de palheta, sensor de massa de ar (*mass air flow* – MAF), rotação–densidade (*speed density*) ou alfa – n.
- Quanto ao processo de controle da relação ar–combustível: malha aberta ou malha fechada.

- quanto ao combustível utilizado: sistema dedicado (utiliza um único combustível) ou sistema multicombustível (flex), que utiliza misturas de combustíveis;
- quanto à diagnose embarcada: sistema OBDBr1, sistema OBDBr2 etc.

8.7.2 Sistema analógico de injeção eletrônica

Os primeiros sistemas de injeção eletrônica aplicados no Brasil foram os sistemas analógicos, exemplificado na Figura 8.20. Esses sistemas são PFI (*port fuel*) multiponto, analógicos, com injeção *full group*. O controle do sensor de oxigênio (sonda lambda) é feito em malha aberta e o sistema é dedicado a um único combustível. A medição da massa de ar é feita por meio do sensor de palheta e não há diagnose embarcada.

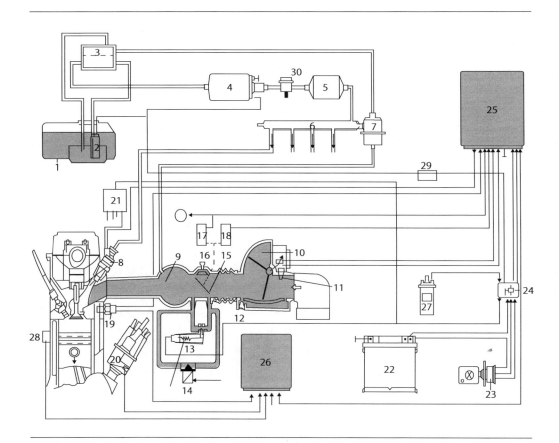

Figura 8.20 – Esquema funcional de um sistema analógico de injeção eletrônica [B].

Em função da vazão de ar no coletor de admissão (função da rotação e da posição da borboleta), o sensor de palheta (11 da Figura 8.20), constituído de duas placas planas e uma mola, gira mais ou menos sobre o eixo. A placa em contato com o fluxo de ar é realmente a sensora e a outra é puramente amortecedora. O eixo deste sistema está ligado a um potenciômetro, que envia o sinal ao microcontrolador (26 da Figura 8.20). Esse sistema de medição da massa de ar por sensor de palheta está ilustrado na Figura 8.21.

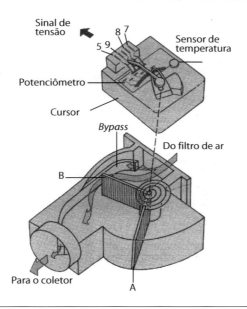

Figura 8.21 – Sensor de vazão de ar de palheta [B].

Como o sensor de ar é volumétrico, o sistema possui também um sensor de pressão ambiente e de temperatura para a determinação da vazão de ar em massa.

Em função do cálculo da massa de ar admitida, o microcontrolador calcula a massa de combustível a ser injetada para se obter a relação ar–combustível desejada.

O cálculo da massa de combustível injetado é determinado pelo tempo de abertura dos injetores (8 da Figura 8.20), sendo os injetores basicamente válvulas solenoides de duas posições, aberta ou fechada. Para que a massa de combustível injetado seja diretamente proporcional ao tempo que o injetor permanece aberto deve-se garantir que a diferença de pressão entre a pressão do combustível (à montante do injetor) e a pressão do coletor de admissão (à jusante do injetor) seja constante. Para isso, se utiliza o regulador de pressão de combustível (7 da Figura 8.20), que é um regulador proporcional à tomada de pressão do coletor de admissão. Ou seja, o delta de pressão de combustível nos injetores se mantém constante para todos os regimes de funcionamento do motor.

A Figura 8.22 exemplifica um sistema *multipoint*. Esses sistemas possuem uma válvula de injeção de combustível para cada cilindro do motor, alojadas no coletor de admissão ou no cabeçote, próximas à válvula de admissão (*PFI*), o que garante maior controle da massa de combustível injetado.

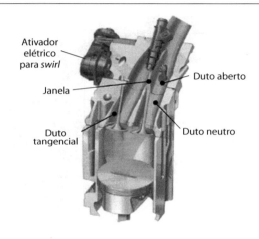

Figura 8.22 – Esquema de um sistema de injeção eletrônica *multipoint*.

Sendo esse sistema um sistema *full group*, os injetores se abrem durante o mesmo período a cada volta do motor. Portanto, apenas a metade da massa, de combustível necessária é injetada a cada abertura do injetor.

O controle automático de marcha lenta tem a função de manter a rotação do motor em uma faixa aceitável para todas as condições de funcionamento. Nos sistemas analógicos, o controle de marcha lenta é feito por uma válvula de marcha lenta (13 da Figura 8.20). Essa válvula controla a passagem adicional de ar durante a partida e a fase de aquecimento do motor. Além dessa passagem, há ainda uma passagem adicional de ar para compensar o torque requerido pelo compressor do condicionador de ar, passagem esta controlada por uma válvula solenoide (14 da Figura 8.20).

Com esses primeiros sistemas de injeção eletrônica de combustível, já era possível interromper a alimentação do motor em manobras de desaceleração com o veículo engrenado (*cut-off*), garantindo menor consumo de combustível e menor emissão de poluentes. Essa estratégia considera a posição do pedal do acelerador, indicada pelos interruptores de posição da borboleta (17 e 18 da Figura 8.20). Esses mesmos interruptores são responsáveis por comandar o enriquecimento de combustível a plena carga.

8.7.3 Sistema digital de injeção eletrônica

Os sistemas digitais foram aplicados num segundo momento da injeção. A eletrônica digital permite a utilização de estratégias de controle de motor mais complexas e eficazes. Esses sistemas são PFI (*port fuel*) multiponto, digitais, com injeção sequencial fasada. O controle do sensor de oxigênio (sonda lambda) é feito em malha fechada e o sistema é flexível a misturas de combustíveis. A medição da massa de ar é feita por meio do sensor de vazão mássica (MAF) ou por meio do sensor de pressão do coletor e há diagnose embarcada (atualmente OBDBr2).

Outra grande vantagem da injeção eletrônica digital sobre a analógica é a flexibilidade de se alterar os parâmetros de controle da lógica (dados de calibração). Esses dados ficam armazenados na memória do microprocessador ao passo que em sistemas analógicos os parâmetros de controle eram definidos por componentes físicos. Ou seja, os módulos digitais permitem sua aplicação em diversos motores, bastando alterar dados de *software*, o que contribuiu significativamente para a redução do custo do componente.

A ECU (*Engine Control Unit*) é um microprocessador cuja função é a de operar o programa de controle, no qual são consideradas as informações que chegam dos sensores e gerados os comandos para os atuadores. Para isso, o sistema conta com dois tipos de memória:

A memória ROM que:

- Armazena o programa que faz funcionar a ECU e nunca se apaga.
- Armazena as características do motor (os mapas de injeção e de ignição).
- Não permite alterações.

A memória RAM que:

- É permanente para leitura/cálculos.
- É volátil, ou seja, se apaga ao desligar a alimentação da ECU.
- Armazena mapas adaptativos de desgaste do motor, modos de dirigir e possíveis falhas do motor.

O processo de injeção sequencial fasado promove a injeção de combustível fasada ao PMS de cada cilindro, juntamente com a centelha de ignição. A Figura 8.23 apresenta a sequência de eventos desse processo. Com isso, obtém-se um controle da quantidade de combustível muito mais preciso e atualizado a cada evento de combustão.

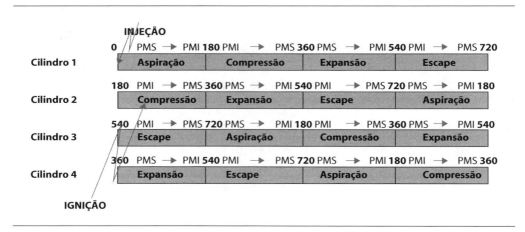

Figura 8.23 – Esquema de um sistema sequencial fasado [C].

A Figura 8.24 apresenta um sensor MAF (*mass air flow*), que se baseia em um sensor de fio quente. Um fio de platina aquecido determina a vazão de ar a partir da variação da tensão para a manutenção da temperatura do fio.

Figura 8.24 – MAF – *mass air flow*.

Quanto maior a massa de ar que passa pelo fio e rouba seu calor, maior a tensão necessária para manter o fio aquecido. Esse sensor apresenta como desvantagens o erro quando em regimes de pulsação elevada no coletor de admissão (*back flow*) e do custo elevado, com a vantagem da menor dificuldade de aplicação ao motor.

Uma alternativa ao MAF é a determinação da massa de ar por meio da tecnologia rotação–densidade (*speed density*). Esse cálculo se baseia na pressão medida no interior do coletor de admissão, na temperatura do ar admitido (a central calcula então a densidade do ar admitido) e na rotação do motor. Com isso, para cada condição de funcionamento tem-se a vazão em massa de ar admitido. Esse sistema apresenta como desvantagem o erro decorrente da variabilidade de produção dos motores e a maior dificuldade de aplicação. Para cada motor, se requer uma calibração da correlação entre pressão do coletor e vazão de ar. A seu favor, tem-se o menor custo além da menor vulnerabilidade a entradas falsas de ar ao longo do subsistema de ar.

Após o cálculo da massa de ar admitido e da injeção da quantidade de combustível, pode-se utilizar a realimentação desse cálculo. Essa realimentação é denominada de controle do sensor de oxigênio (sonda lambda) em malha fechada. A realimentação é feita com o sinal do sensor de concentração de oxigênio dos gases de escapamento (sonda lambda), instalado no coletor de escapamento.

Um exemplo de sistema com controle em malha fechada é apresentado na Figura 8.25. A partir do sinal da sonda lambda, a ECU, se necessário, realiza correções da massa de combustível injetada. Essa funcionalidade apresenta como vantagens a exatidão e a estabilidade do controle da massa de combustível, além de possibilitar a utilização de combustível de diferentes propriedades em um mesmo motor sem a necessidade de mudança de componentes, sendo os motores multicombustível (flex) os maiores exemplos dessa tecnologia.

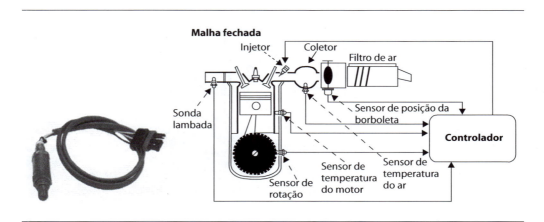

Figura 8.25 – Controle em malha fechada [B].

8.7.4 Métodos numéricos aplicados ao estudo de formação de mistura

Com a evolução dos computadores e das ferramentas numéricas, tais como Dinâmica de Fluidos Computacional – CFD, estas têm sido amplamente utilizadas para estudar fenômenos internos nos motores, e, entre esses assuntos, injeção e formação de mistura recebem grande atenção.

Essa aplicação permite fazer estudos de sensibilidade e definições de componentes antes da necessidade de produção de protótipos. Os benefícios incluem a redução de tempo e custo de desenvolvimento.

A necessidade, porém, de modelos corretamente validados é essencial para que os resultados obtidos representem com precisão a realidade. Isso demanda, do engenheiro responsável pela utilização das ferramentas, bom conhecimento da modelagem utilizada e, principalmente, das limitações de aplicação dos modelos.

A descrição detalhada de modelos numéricos aplicados aos fenômenos do motor não é o foco deste tópico, e pode ser verificada em literatura disponível.

Alguns exemplos incluem formação de filme líquido nas paredes dos dutos de admissão (Figura 8.26), distribuição de razão ar/combustível no cilindro próximo ao instante da centelha (Figura 8.27) e distribuição de razão ar/combustível no cilindro ao longo da injeção direta de combustível (Figura 8.28).

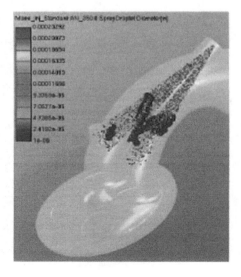

Figura 8.26 – Formação de filme nas paredes dos dutos de admissão [E].

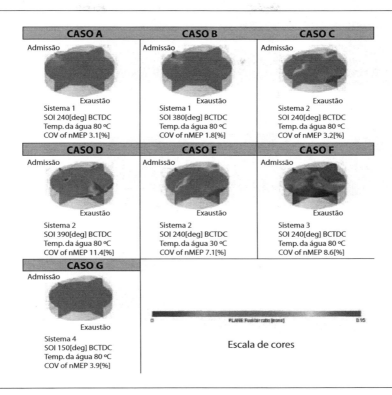

Figura 8.27 – Distribuição de razão ar–combustível no cilindro próximo ao instante da centelha, avaliando diferentes injetores, área de *target* e instante de injeção, e temperatura de *coolant* [F].

Figura 8.28 – Distribuição de razão ar–combustível no cilindro ao longo da injeção direta de combustível [G].

EXERCÍCIOS

1) Identifique os itens enumerados na figura abaixo.

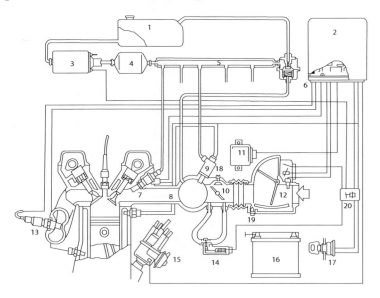

2) Explique o que significa e como é definido o número de octanas – NO.

3) Diferencie um sistema multipontos de injeção eletrônica de um sistema GDI (*Gasoline Direct Injection*). Demonstre (também) por meio de esboços sua resposta.

4) Um combustível tem composição média C_9H_{17}. Qual a relação estequiométrica da mistura, admitindo a composição volumétrica do ar como sendo 21% de oxigênio e 79% de nitrogênio. Considere como pesos atômicos C = 12; H = 1; O = 16; N = 14.

5) Quais as vantagens dos sistemas eletrônicos de injeção sobre o carburador?

6) Trace a curva característica do motor em relação à mistura. Indique os valores notáveis nessa curva. Explique as regiões dessa curva para cada faixa de carga.

7) Enumere os dispositivos auxiliares de um carburador.

8) Identifique o sistema de injeção abaixo e enumere seus componentes e subsistemas.

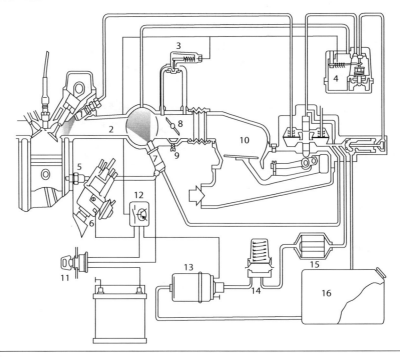

9) Para o carburador abaixo representado, qual dos seus sistemas encontra-se em atuação?

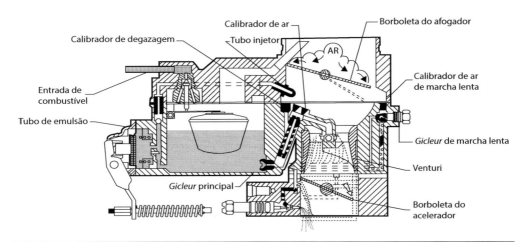

10) Em um sistema carburado, qual a função da bomba de aceleração rápida? Quando essa bomba entra em ação?

11) Qual componente encontra-se representado abaixo? Como atua? Qual a sua função?

12) Qual a aplicação dos sensores ilustrados abaixo? Como atuam? Quais funções desempenham?

13) Para o sensor integrado de medição da temperatura e pressão do ar, Tmap, pede-se:
   a) Qual a necessidade de medir essa temperatura e a pressão do ar?
   b) Onde é instalado esse sensor?
   c) Que tipo de sensores são utilizados internamente?
   d) A informação da temperatura e pressão do ar de admissão serve como parâmetro o cálculo de que grandeza?

14) Que sistema é apresentado abaixo? Qual a sua aplicação e necessidade?

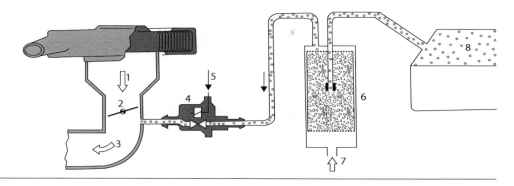

15) A figura a seguir apresenta uma válvula de injeção para motores Otto. O que diferencia essa válvula de um bico para motores Diesel?

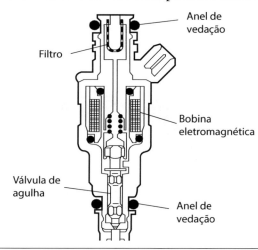

16) O sensor ilustrado a seguir se encontra instalado no bloco do motor em posição estratégica e converte vibrações em sinais elétricos. Pede-se:
   a) Que sensor é esse?
   b) Para onde são enviados os sinais desse sensor?
   c) Que ação é tomada a partir desses sinais?
   d) Tais sinais estão presentes em todas as aplicações?

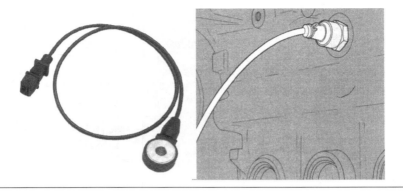

17) Pede-se:
   a) Que sensor encontra-se representado a seguir?
   b) Onde é instalado no sistema?
   c) Para onde são enviados os sinais desse sensor?
   d) Que ação é tomada a partir desses sinais?
   e) Tais sinais estão presentes em todas as aplicações?

18) O etanol tem composição média C_2H_6O. Partindo de tal princípio, qual a relação estequiométrica da mistura, admitindo a composição volumétrica do ar como sendo, aproximadamente, 21% de oxigênio e 79% de nitrogênio. Considere como pesos atômicos C = 12; H = 1; O = 16; N = 14.

19) No teste de um carburador, obteve-se a seguinte tabela:

Abertura da borboleta em graus	10	15	20	25	30
Depressão na garganta do Venturi (kgf/m^2)	−2,37	−4,98	−5,25	−6,80	−7,54

Dados: $p/\gamma + v^2/2g + z = $ cte (fluido sem atrito, incompressível);
$\rho_{comb} = 750$ kg/m³

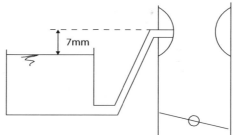

Determine com que abertura da borboleta o sistema principal começará a fornecer combustível ao motor.

20) Um motor a 4T de quatro cilindros de diâmetro 8,9 cm e curso 9,5 cm funciona a gasolina. O carburador foi dimensionado para fornecer, a 3.800 rpm, $\dot{m}_a/\dot{m}_{ar} = 0,4$ e $F_r = 0,9$. O diâmetro do Venturi é 32 mm e o do *gicleur* principal é 1,6 mm. Esse motor deve ser transformado para etanol e deseja-se, como condição fundamental, que seja mantida a mesma potência efetiva na rotação de 3.800 rpm. Estima-se que nessas condições a eficiência mecânica não irá variar e a térmica irá aumentar de 30% para 33%. Para tanto se altera o diâmetro do Venturi para melhorar a pulverização de etanol e altera-se o diâmetro do *gicleur* para manter a mesma fração relativa, e são utilizados Venturi e *gicleur* semelhantes geometricamente aos da gasolina. Sem utilizar $\dot{m}_a/\dot{m}_{ar}$ para determinar $\dot{m}_a$ e dados:

Ambiente: $p_{1a} = 9.500$ kgf/m²; $t_{1a} = 50$ °C;

Gasolina: $F_e = 0,0664$, PCi $= 9.000$ kcal/kg, $\rho = 740$ kg/m³;

Etanol: $F_e = 0,111$, PCi $= 5.900$ kcal/kg, $\rho = 800$ kg/m³;

Venturi: $C_{p_v} = 0,9$.

Pede-se:
a) Qual a eficiência volumétrica com gasolina?
b) Qual a eficiência volumétrica com etanol?
c) Qual a depressão na garganta do Venturi, para etanol, se foi utilizado um Venturi de 27 mm de diâmetro?
d) Qual a máxima vazão de ar que pode passar no Venturi para etanol?
e) Qual o diâmetro do *gicleur* com etanol?
f) Supondo a eficiência volumétrica constante, em que rotação seria atingida a condição de bloqueamento do Venturi com etanol?

Respostas:

a) $\eta_v = 0{,}818$; b) $\eta_v = 0{,}679$; c) $p_{2a} = -523\ \text{kgf/m}$; d) $\dot{m}_{acr} = 386\ \text{kg/h}$;
e) $D_o = 1{,}67\ \text{mm}$; f) $n = 8.016\ \text{rpm}$.

---

21) Um motor tem a curva característica indicada na figura. O carburador possui um sistema de máxima potência (suplementar), como indicado na figura. Estime:

    a) A vazão em massa pelo *gicleur* suplementar;

    b) A relação combustível–ar;

    c) O diâmetro do *gicleur* suplementar.

    Dados: Motor funcionando a 2.800 rpm; cilindrada V = 1.300 cm³; D_v = 25 mm; D_s = 30 mm; T_{1a} = 303 K; p_{1a} = 1 kgf/cm²; D_o = 1,25 mm (*gicleur* principal); C_{Do} = 0,8; ρ_v = 720 kg/m³ (densidade do combustível); R = 29,3 kgm/kgK; η_v = 0,8; $C_{Do\ supl}$ = 0,7

    Suponha o ar incompressível e ideal

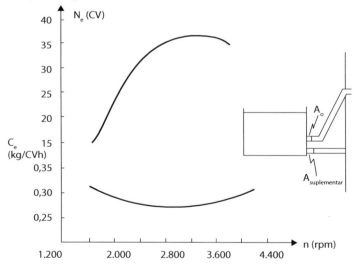

Respostas:

a) $\dot{m}_c$ = 4,45 kg/h; b) F = 0,096; c) D_o = 1,51 mm.

---

22) Um carburador foi dimensionado para gasolina de poder calorífico 10.000 kcal/kg e massa específica 0,72kg/L. O diâmetro do Venturi é 30 mm e do *gicleur* 1,5 mm. Deseja-se dimensionar um novo *gicleur* para utilizar etanol de poder calorífico 6.000 kcal/kg e massa específica 0,8 kg/L. Mantidas

todas as outras dimensões e a potência efetiva na mesma rotação, mas sabendo que com etanol a eficiência global aumenta de 20%, qual o novo diâmetro do *gicleur*?

Resposta:

$D_o = 1{,}72$ mm

23) Um motor de seis cilindros a 4T, tem curso de 10 cm e diâmetro dos cilindros 9 cm. Girando a 2.500 rpm a plena carga, a depressão na garganta do Venturi deve ser 4" de coluna d'água. São dados:

$C_{p_v} = 0{,}9$; $C_{p_o} = 0{,}8$; $\rho_{gas} = 750$ kg/m^3; $\dot{m}_c = 0{,}33$ kg/min

Condições atmosféricas: p = 1 kgf/cm^2; t = 23 °C

$\eta_v = 0{,}8$; $\eta_t = 0{,}3$; PCi = 10.500 kcal/kg; $F_e = 0{,}067$

Pede-se:

a) O diâmetro do *gicleur*;
b) A relação combustível/ar;
c) O diâmetro do Venturi;
d) A potência indicada desenvolvida pelo motor;
e) Se para desenvolver a potência máxima $F_r = 1{,}2$, qual é a vazão de combustível em kg/h que deve ser fornecida pelo sistema suplementar?
f) Qual a área do diagrama p – V indicado desse motor, nas condições do problema, se nesse diagrama usaram-se as seguintes escalas:

$p \to 1$ cm / 10 kgf/cm^2; $V \to 1$ cm / 20 cm^3.

Respostas:

a) $D_o = 2{,}7$ mm; b) F = 0,075; c) $D_v = 46{,}5$ mm; d) $N_i = 98{,}6$ CV;
e) $\dot{m}_c = 1{,}43$ kg/h; f) A = 177,5 cm^2

24) Um motor Otto carburado a gasolina (C$_8$H$_{18}$), em cargas médias, funciona com $F_r = 0{,}85$. Decide-se fazê-lo funcionar com metanol (CH$_4$O) sem alterar o *gicleur* principal. Sabendo que o limite pobre é $F_r = 0{,}75$, calcule se essa operação é possível.

25) Em um sistema de injeção eletrônica *single-point*, na rotação de 4.000 rpm, a plena carga, a fração relativa combustível–ar deve ser 1,15 e a gasolina tem $F_e = 0{,}07$ e $\rho = 0{,}74$ kg/L. O sensor de vazão de ar indica uma vazão em

volume $\dot{V}_{ar} = 200$ m³/h e os sensores de temperatura e pressão indicam respectivamente 30 °C e 0,96 kgf/cm² (R_{ar} = 29,3 kgm/kg.K). Se o injetor injeta em todas as rotações, qual deve ser a massa do combustível injetada por injeção?

26) Qual o sintoma do motor, se o sistema de aceleração rápida de um carburador estiver com defeito?

27) Por que em um carburador há a necessidade de um sistema de marcha lenta?

28) Um motor Otto deve trabalhar a plena carga com F_r = 1,2 utilizando álcool de F_e = 0,11. Em cargas médias, trabalha com F_r = 0,9. Se a plena carga, em certa rotação, o consumo de ar é 300 kg/h, qual a vazão em massa de combustível que passa pelo *gicleur* principal e qual a que passa no *gicleur* suplementar?

29) As curvas da figura foram obtidas em um motor Otto a 4T, a 3.000 rpm e foram utilizadas para o dimensionamento de um bom carburador. Qual o consumo em kg/h, esperado para o motor quando estiver a 3.000 rpm com três quartos de carga?

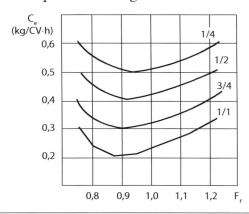
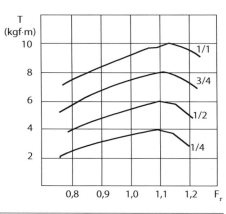

30) Com base nas curvas anteriores, trace a curva característica do motor em relação à mistura.

31) Um motor utiliza o combustível C_3H_8O. Na condição econômica F_r = 0,85. Sendo o consumo de ar 250 kg/h, qual será o consumo de combustível?

32) Um sistema de injeção eletrônica *single-point* de um motor Otto de quatro cilindros a 4T, é projetado para injetar uma vez em cada rotação do motor. A 3.000 rpm, em certa carga, o consumo específico é 0,3 kg/CV.h e a potência é 50 CV. Qual deve ser o volume injetado pelo injetor, em mm^3/injeção, sendo a densidade do combustível 0,74 kg/L?

33) Em um motor Otto o retardamento da combustão é 1 ms e supõe-se que não varie com a rotação. O avanço inicial (estático) é 10° e a 2.000 rpm, a plena carga, o avanço centrífugo é 8°. O avanço a vácuo pode atingir 20°. Qual deverá ser o avanço provável a 4.000 rpm a plena carga? Justifique.

34) Um motor utiliza o combustível $C_3H_{12}O$ com uma fração relativa combustível–ar 0,9. Se numa dada situação o consumo de ar é 300 kg/h, qual será o consumo de combustível em kg/h?

35) Um motor de quatro cilindros a 4T, tem um consumo de 12 kg/h de combustível em certa carga a 2.500 rpm. O sistema é *multi-point* e os injetores injetam combustível em todas as voltas do virabrequim. Qual o volume, em mL, injetado em cada injetor, por volta do virabrequim, se a massa específica do combustível é 0,74 kg/L?

36) Um motor Otto deve trabalhar a plena carga com $F_r = 1,2$, utilizando álcool de $F_e = 0,11$. Em cargas médias trabalha com $F_r = 0,9$. Se a plena carga, em certa rotação, o consumo de ar é 300 kg/h, qual a vazão em massa que passa pelo *gicleur* principal do carburador e qual a que passa no *gicleur* suplementar?

37) Um motor Otto carburado com metanol (CH_4O), em cargas médias, funciona com $F_r = 0,85$. Decide-se fazê-lo funcionar com gasolina (C_8H_{18}) sem alterar o *gicleur* principal. Sabendo que o limite rico acontece com $F_r = 1,4$; verificar se essa operação é possível.

Referências bibliográficas

1. BRUNETTI, F. *Motores de combustão interna*. Apostila, 1992.
2. DOMSCHKE, A. G.; LANDI. *Motores de combustão interna de embolo*. São Paulo: Dpto. de Livros e Publicações do Grêmio Politécnico da USP, 1963.
3. GIACOSA, D. *Motori endotermici*. Ulrico Hoelpi Editores SPA, 1968.

4. JÓVAJ, M. S. et al. *Motores de automóvel*. Editorial Mir, 1982.
5. OBERT, E. F. *Motores de combustão interna*. Porto Alegre: Globo, 1971.
6. TAYLOR, C. F. *Análise dos motores de combustão interna*. São Paulo: Blucher, 1988.
7. HEYWOOD, J. B. *Internal combustion engine fundamentals*. M.G.H. International Editions, 1988.
8. VAN WYLEN, G. J.; SONNTAG, R. E. *Fundamentos da termodinâmica clássica*. São Paulo: Blucher, 1976.
9. ROLLS-ROYCE. *The jet engine*. 1969.
10. WATSON, N.; JANOTA, N. S. *Turbocharging the internal combustion engine*. The Macmillan Press, 1982.
11. AUTOMOTIVE gasoline direct-injection engines. ISBN 0-7680-0882-4.
12. AUTOMOTIVE Engineering International. Várias edições.
13. BOSCH automotive handbook.
14. MANUAL globo do automóvel.
15. SAE 941873.
16. DIESEL engine reference book. ISBN 0-7506-2176-1.
17. SAE 2002-01-1672.
18. STONE, R. Introduction to internal combustion engines. *SAE*, 1992.
19. WEBER. *Curso de sistemas de injeção eletrônica*. 1991.
20. BOSCH. *Sistemas de injeção eletrônica de combustível LE Jetronic*. 1991.
21. BOSCH. *Linha de injeção eletrônica*. 1999.
22. VW. *Sistema de gerenciamento eletrônico do motor – 1AVB*. 1996.
23. VW. *Injeção de combustível LE Jetronic*. 1992.
24. VW. *Gerenciamento eletrônico do motor – motronic MP 9.0*. 1997.
25. MAGNETI MARELLI. *Sistemas de injeção eletrônica IAW – P8*. 1993.
26. MAGNETI MARELLI. *Sistemas de injeção eletrônica G7*. 1992.

Figuras

Agradecimentos às empresas e publicações:

A. MAHLE-METAL LEVE. *Manual técnico*. 1996.
B. BOSCH. *Velas de ignição, instruções de funcionamento e manutenção*.
C. MAGNETI MARELLI-COFAP. *Doutor em motores*. 1990.
D. SCHWITZER. *Manual técnico de turboalimentadores*. Fev., 2002.
E. Universidade de Bolonha.
F. Yamaha Motor Technical Review.
G. Ricardo Engineering Inc.

Parte II
INJEÇÃO DIRETA DE COMBUSTÍVEL EM CICLO OTTO
(*GDI – GASOLINE DIRECT INJECTION*)

Autores:
Fernando Fusco Rovai
Gustavo Hindi

8.8 Introdução

A injeção direta de combustível vem sendo aplicada também nos motores de ciclo Otto, nas últimas duas décadas. Essa configuração já havia mostrado suas vantagens nas aplicações Diesel, o que motivou sua introdução nos motores de ciclo Otto. Historicamente, os motores de ciclo Diesel vêm apresentando eficiência térmica ligeiramente superior aos motores de ciclo Otto. Duas diferenças básicas são responsáveis por essa maior eficiência do Diesel: menores perdas por bombeamento e maiores taxas de compressão. Essas diferenças se devem às propriedades de cada combustível. A Figura 8.29 ilustra, à esquerda, uma típica aplicação com injeção indireta de combustível (PFI: *port fuel injection*) e, à direita, uma típica adoção de injeção direta de combustível (GDI: *gasoline direct injection*) em motores de ciclo Otto.

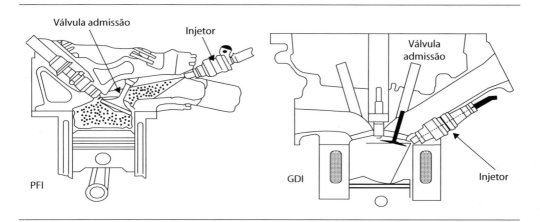

Figura 8.29 – Exemplos de posicionamento do injetor em sistema de injeção indireta (à esquerda) e em sistema de injeção direta (à direita).

As menores perdas por bombeamento se devem à ausência do corpo de borboleta. O ciclo Diesel permite combustão com excesso de ar, o que viabiliza a modulação do torque diretamente pela quantidade de combustível injetado. A eliminação do corpo de borboleta nos motores Otto e a consequente modulação do torque pela quantidade de combustível é um pouco mais complexa. A gasolina, ou os combustíveis líquidos alternativos utilizados no ciclo Otto (principalmente etanol e metanol na mistura), são limitados pela flamabilidade. A nucleação da frente de chama requer mistura próxima da estequiométrica, ao menos próximo aos eletrodos da vela de ignição, onde se faz necessária a adoção da injeção de combustível diretamente no interior da câmara de combustão. A Figura 8.30 indica a redução obtida em consumo específico de combustível (maior eficiência) quando da não utilização de corpo de borboleta.

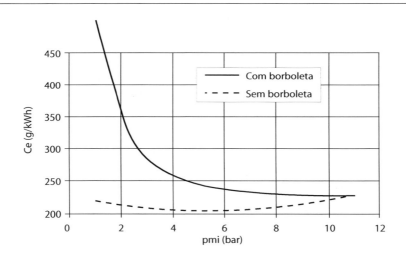

Figura 8.30 – Influência da borboleta nas perdas por bombeamento.

A elevação da taxa de compressão no ciclo Otto para maior eficiência térmica impacta na resistência à detonação do combustível. A adoção da injeção direta permite mais de uma injeção de combustível no mesmo ciclo de combustão o que implica menor temperatura no interior da câmara de combustão e consequente maior resistência à detonação, permitindo-se assim a adoção de taxa de compressão mais elevada e eficiente.

Além da maior eficiência térmica, a injeção direta de combustível (GDI) também possibilita outras vantagens, se comparada aos sistemas de injeção indireta de combustível (PFI). O controle de mistura ar–combustível é mais preciso pelo fato de não haver deposição de combustível nas paredes do coletor de admissão ou nos dutos do cabeçote. Sabe-se que a formação desse filme de combustível nas paredes do coletor de admissão e cabeçote depende da temperatura de operação do motor, sendo uma variável bastante influente na formação de mistura ar–combustível, demandando assim relativo esforço de desenvolvimento. Em operações de variação abrupta de carga (transiente) tem-se também relativa vantagem da injeção direta de combustível, pois a massa de combustível é calculada para a massa de ar já admitida e presente no interior da câmara de combustão. Este melhor controle da relação ar–combustível, minimizando as variações entre cilindros, traz vantagens em dirigibilidade, controle de emissões de poluentes e, é claro, em consumo de combustível.

8.9 Requisitos de combustão e formação de mistura

8.9.1 Mecanismo de atomização do spray

De maneira bem sucinta, o processo de atomização pode ser descrito da seguinte forma: como mostrado na Figura 8.31, o combustível, ao emergir do injetor, seja em formato de jato, seja uma folha líquida, é dotado de uma velocidade proporcional à diferença de pressão entre sistema de injeção e cilindro. Em razão da velocidade relativa entre o filme líquido e o ambiente no interior da câmara, efeitos aerodinâmicos (atrito e pressão) induzem instabilidades ondulatórias na interface gás/líquido. Essas instabilidades aumentam, até que ocorre a desintegração e a consequente formação de gotas. Essas gotas continuam a sofrer quebras por efeitos aerodinâmicos resultando em gotas ainda menores. A tensão superficial tenta manter a gota esférica, resistindo às deformações. Como a tensão superficial depende da curvatura da superfície, para diâmetros de gota menores, maiores serão as tensões superficiais, porém maiores também serão as velocidades relativas, o que leva a deformações instáveis e à nova desintegração. As gotas podem sofrer coalescência em virtude do choque entre si, além de evaporar ao trocar calor com o ambiente.

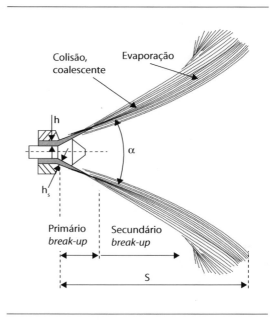

Figura 8.31 – Mecanismo de atomização em injetor do tipo *hollow-cone* [6].

Como mostrado na Figura 8.31, alguns dos parâmetros importantes no spray são: ângulo do cone (α), penetração (S), diâmetros de gota.

8.9.2 Atomização do combustível

Conforme já abordado anteriormente, a formação de mistura ar–combustível é fundamental não apenas para a promoção da combustão como também para sua maior eficiência, o que se traduz em melhor aproveitamento da energia química do combustível.

O ponto de injeção do combustível ao longo do sistema da admissão do motor é fator determinante para a formação de mistura ar–combustível. Da Figura 8.32 tem-se a comparação entre os sistemas de injeção eletrônica indireta (itens a e b) e o sistema de injeção direta (item c). Percebe-se que, da esquerda para a direita, a tendência tem sido aproximar o ponto de injeção de combustível da câmara de combustão para melhor controle de mistura ar–combustível, porém, quanto mais próximo da câmara de combustão menor o tempo disponível para a formação da mistura ar–combustível.

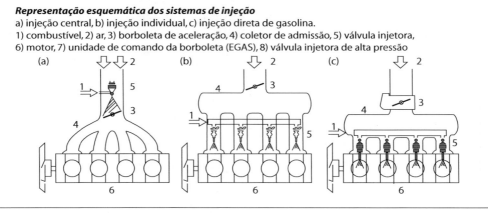

Figura 8.32 – Representação esquemática dos sistemas de injeção de combustível.

O artifício utilizado para compensar o menor tempo de formação de mistura nas aplicações com injeção direta é a melhor atomização do combustível, aumentando-se assim a área superficial do combustível em contato com o ar. A Figura 8.33 exemplifica a melhor atomização de combustível do sistema de injeção direta (à direita) comparado ao sistema de injeção indireta (à esquerda). A melhor atomização do combustível é nítida no sistema de injeção direta de combustível, viabilizada pela maior pressão de injeção de combustível e também pela tecnologia do injetor.

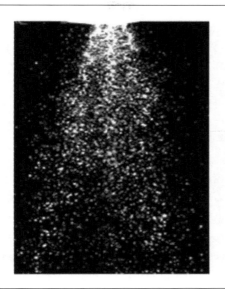 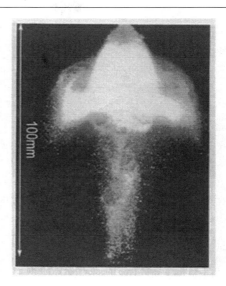

Figura 8.33 – Comparativo de atomização do combustível.

A atomização do combustível é caracterizada principalmente pelo tamanho médio da gota de combustível injetado (SMD – *sauter mean diameter*). O tamanho médio da gota é inversamente proporcional ao delta de pressão de injeção, conforme a Equação 20.1 [1]:

$$SMD \approx \frac{1}{\sqrt{P_{inj} - P_{cyl}}}$$ Eq. 20.1

Onde:

SMD: tamanho médio da gota.

P_{inj}: pressão de combustível à montante do injetor.

P_{cyl}: pressão na câmara de combustão durante a injeção.

A Tabela 8.1 traz uma comparação do tamanho médio da gota entre as aplicações com injeção direta e indireta de gasolina com o sistema de injeção direta de Diesel.

Tabela 8.1 – Pressão de injeção x SMD.

	PFI	GDI	Diesel
Pressão de injeção (bar)	2.5 – 4.5	40 – 130	500 – 2.000
SMD (µm)	85 – 200	14 – 24	8

Isso significa que uma massa de 10 mg de gasolina (massa aproximada para um ciclo de combustão de um motor operando em baixa carga) injetada por um sistema de injeção indireta, operando a 4 bar de pressão à montante do injetor, é dividida em aproximadamente 26.000 partículas de 100 μm de diâmetro médio, totalizando uma área superficial total de 840 mm² de combustível. Essa mesma massa de combustível, se injetada por um sistema de injeção direta operando a 130 bar de pressão à montante do injetor, será dividida em 8.000.000 de partículas de 15 μm de diâmetro médio, totalizando uma área superficial de 5.600 mm² de combustível.

A maior área superficial é benéfica, pois aumenta a transferência de massa da gota por efeitos aerodinâmicos, além de aumentar a área para transferência de calor do meio para a gota, aumentando assim a sua taxa de evaporação.

Ao longo do desenvolvimento dos sistemas de injeção direta de gasolina diversos projetos de injetor foram desenvolvidos e nesse trabalho serão abordados alguns modelos quanto ao método de atomização e ao mecanismo de atuação.

Injetores do tipo *full* cone, onde os do tipo multifuros vêm sendo utilizados mais amplamente, esses injetores têm o mesmo conceito de um injetor DI Diesel. Injetores do tipo *hollow* cone, que podem ser separados principalmente em *pressure-swirl* com abertura para dentro, e do tipo *pintle* com abertura para fora (Figura 8.34).

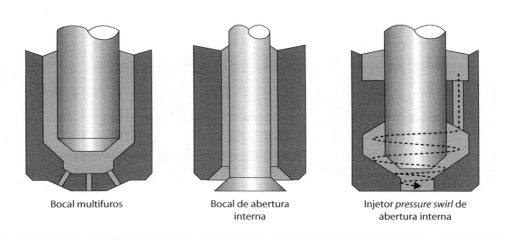

Bocal multifuros — Bocal de abertura interna — Injetor *pressure swirl* de abertura interna

Figura 8.34 – Injetores DI [8].

O comportamento desses injetores em relação à diferença de pressão entre o sistema de injeção e o cilindro pode ser visto na Figura 8.35. Tanto o injetor do tipo *full cone* como o *hollow cone* do tipo *pintle* não apresentam fechamento do ângulo (α) com o aumento da contrapressão no cilindro, enquanto o *hollow cone* do tipo *pressure swirl* apresenta um fechamento considerável. Esse fechamento pode levar a um maior choque entre as gotas, e, consequentemente, levar a coalescência (pior atomização).

No caso do *pressure swirl*, em virtude das baixas velocidades do spray no início da injeção, observa-se um pré-spray não desejável (pior atomização). Esse fato não ocorre com os outros dois injetores comparados.

O injetor *full cone* apresenta menor redução na penetração do spray com o aumento da contrapressão no cilindro.

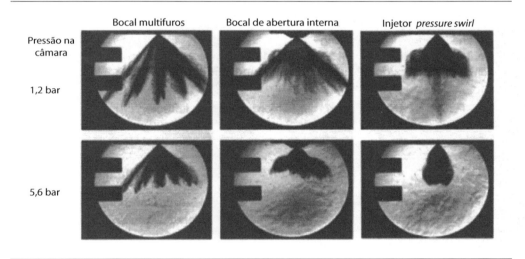

Figura 8.35 – Efeito da pressão de injeção na estrutura do spray. *Prail* = 10 MPa [9].

Outra vantagem do injetor multifuros é que esse injetor permite aplicação lateral à câmara de combustão, assunto que será visto adiante. A Figura 8.36 ilustra um injetor multifuros aplicado lateralmente.

Os três exemplos de injetor comentados anteriormente podem ser acionados por um solenoide convencional (por meio do campo magnético resultante de uma corrente elétrica que circula

Figura 8.36 – Ilustração do injetor multifuros.

através de uma bobina) ou por cristais piezoelétricos. Este último mecanismo de acionamento, já largamente aplicado aos sistemas Diesel *common rail*, se utiliza da variação da pressão de cristais piezoelétricos, empilhados sobre a agulha do injetor, para o seu acionamento, proporcionando a abertura e o fechamento do injetor (Figura 8.37).

Esse sistema, piezoelétrico, tem a vantagem de ser cerca de dez vezes mais rápido do que os sistemas convencionais (válvula solenoide), permitindo mais injeções por ciclo do motor, o que resulta em melhor atomização, além de consumir menos energia elétrica para seu acionamento, sendo assim mais eficiente. No entanto, é um sistema mais dispendioso e que exige componentes de alta precisão na sua construção.

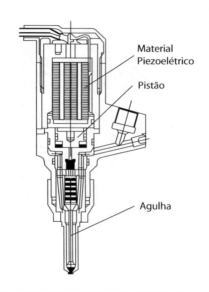

Figura 8.37 – Vista em corte do acionamento piezoelétrico.

Além dos modelos de injetor convencionais já mostrados, deve ser citada a possível viabilização de um projeto ainda considerado inovador. Trata-se do *pulse-pressurized air-assisted injector*. Esse modelo de injetor inova no sentido de utilizar um jato de ar comprimido para atomizar o combustível, muito semelhante a uma pistola de pintura, conforme ilustrado na Figura 8.38. Nesse caso o combustível volta a ser dosado por um injetor convencional, já utilizado em sistemas de injeção indireta, o que elimina a necessidade de uma bomba hidráulica de alta pressão para a pressurização complementar do combustível, conforme será visto adiante. Faz-se necessária, porém, a adoção de um compressor de ar, também acionado pelo motor, ou eletricamente, que alimenta o injetor para a atomização do combustível. Esse projeto de injetor apresenta atomização melhor que os anteriores, convencionais, porém ainda se trata de objeto de pesquisa, e com aplicação restrita. À direita da Figura 8.38, podem-se visualizar dois esboços do leque de combustível resultante do injetor auxiliado por ar comprimido.

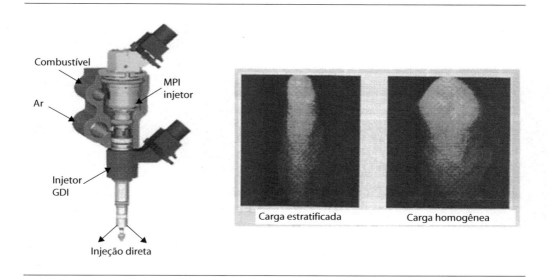

Figura 8.38 – Exemplo de injetor assistido por ar comprimido.

8.9.3 Orientação da combustão

Os sistemas de injeção direta de combustível podem ser divididos em três, segundo a orientação da combustão. Essa divisão considera o posicionamento do injetor, da vela de ignição e também do momento em que ocorre a injeção de combustível.

Essas três classificações estão ilustradas na Figura 8.39.

De acordo com a Figura 8.39, da esquerda para a direita, a combustão pode ser orientada pelo jato de combustível (*spray-guided*), pela cabeça do pistão e paredes do cilindro (*wall-guided*) ou pela massa de ar deslocada no interior da câmara de combustão (*air-guided*).

A combustão orientada pelo jato de combustível tem a vantagem de sofrer menor influência da turbulência no interior da câmara para a formação da mistura. Esse arranjo exige que o injetor esteja localizado o mais próximo

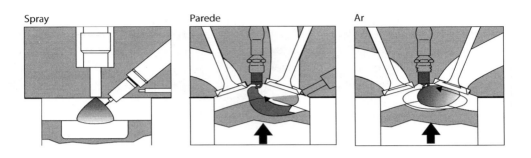

Figura 8.39 – Classificação quanto à orientação da combustão.

possível da vela de ignição. Pela proximidade do jato de combustível em relação à vela de ignição tem-se menor tempo para a formação da mistura, e também maior probabilidade de contaminação ou carbonização dos eletrodos da vela de ignição.

Tanto a orientação pelas paredes quanto a orientação pela massa de ar requerem vela de ignição montada no centro da câmara de combustão e injetor montado lateralmente. Nesses dois casos tem-se a melhor formação de mistura, basicamente pelo maior tempo disponível entre a injeção do combustível e o início da combustão, pois a própria distância entre vela de ignição e injetor exige maior tempo de voo do jato de combustível no interior da câmara de combustão.

Nesses dois últimos casos, depende-se muito da estrutura de fluxo no interior da câmara de combustão, que mantém a nuvem de combustível compacta e a transporta em direção à vela (interação ar–combustível), e da evolução da turbulência durante a compressão, que ajuda na formação da mistura, principalmente próximo aos eletrodos da vela de ignição, para que ocorra a combustão de maneira estável. Esses arranjos dependem bastante da forma da cabeça do pistão, que direcionará a mistura ar–combustível aos eletrodos da vela. A Figura 8.40 mostra um exemplo de desenho da cabeça do pistão para o direcionamento da mistura ar–combustível.

A única diferença entre a orientação pelas paredes do cilindro e pela massa de ar é o momento em que o combustível é injetado.

Figura 8.40 – Detalhe da cabeça do pistão dedicada à formação de mistura.

Na orientação pelas paredes do cilindro pode-se injetar o combustível mais tarde em relação à faísca. Nesse caso, há maior probabilidade de deposição de combustível na cabeça do pistão que pode não ter tempo suficiente para evaporar, e nas paredes do cilindro, o que prejudica as emissões de poluentes, além de impossibilitar dessa forma a potencial redução do consumo de combustível. Na orientação pela massa de ar, o combustível é injetado mais cedo em relação à faísca, o que reduz a deposição de combustível na cabeça do pistão e nas paredes do cilindro. No entanto, pelo fato de a mistura permanecer mais tempo no interior da câmara de combustão antes da faísca, a estabilidade da combustão é bastante dependente da turbulência no interior do cilindro, o que é um fenômeno difícil de se controlar.

8.9.4 Combustão homogênea e estratificada

O sistema de injeção direta de combustível permite a queima estratificada, ou seja, relação ar–combustível global da câmara de combustão extremamente pobre (acima de 20% de excesso de ar). Entretanto a ignição do combustível e a evolução da frente de chama se tornam muito comprometidas em misturas extremamente pobres. Para garantir a ignição e a evolução da frente de chama, é necessário garantir relação ar–combustível próxima da estequiométrica, ao menos no entorno dos eletrodos da vela de ignição.

Nesse caso, como se tem a variação da relação ar–combustível no interior da câmara de combustão, regiões de ricas até sem nenhum combustível, diz-se que a queima é estratificada. A Figura 8.41 ilustra a relação ar–combustível nas proximidades da vela de ignição em uma queima estratificada. Como a ilustração se trata de utilização de gasolina pura, tem-se relação ar–combustível estequiométrica de 14,6:1.

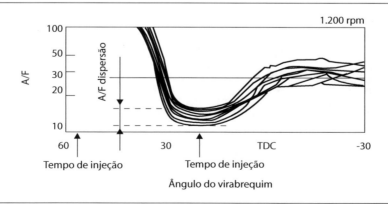

Figura 8.41 – Relação ar–combustível no entorno da vela de ignição em queima estratificada.

Da Figura 8.41 percebe-se que o tempo (ângulo de virabrequim) entre o término da injeção de combustível e a centelha de ignição é bastante curto, nesse caso em torno de 35° de virabrequim. Isso significa que o combustível é injetado entre o final do ciclo de admissão e a metade do ciclo de compressão. Essa proximidade entre final de injeção e lançamento da centelha de ignição visa a reduzir qualquer variação da turbulência no interior do cilindro, bem como utilizar o desenho da cabeça do pistão no direcionamento da mistura à vela de ignição. Esse tempo entre o término da injeção e a centelha é importante, pois é durante esse período que o combustível evapora, garantindo a razão ar–combustível adequada para a combustão estável em virtude de o término de injeção do combustível ocorrer bastante próximo ao lançamento da centelha. Algumas literaturas adotam o termo *late injection* para a combustão estratificada.

Diante do exposto, conclui-se que a queima estratificada de combustível é um processo de combustão de controle altamente complexo, extremamente sensível às características do combustível, ao desenho dos componentes do motor, ao regime de operação do motor e também ao desgaste ou mau funcionamento dos componentes da injeção direta de combustível, além das dificuldades apresentadas no controle de emissões de poluentes, como será abordado adiante. Outro detalhe inerente à estratificação é que, com mistura global pobre, o sistema de pós-tratamento de emissões deve ser corretamente planejado a fim de garantir o efetivo controle do NOx.

8.10 Sistema de injeção direta de combustível

As maiores diferenças em relação aos sistemas de injeção indireta convencionais estão nos injetores de combustível, que agora precisam suportar as condições de pressão e temperatura do interior da câmara de combustão com a devida capacidade de atomização do combustível e na bomba secundária de combustível.

Esses injetores requerem pressão de combustível muito mais elevada (entre 10 e 40 vezes maior) comparativamente aos sistemas de injeção indireta. Essa elevação da pressão é alcançada por meio de uma bomba secundária, mecânica, acionada pelo motor do veículo, que eleva a pressão dos cerca de 4 bar provenientes da bomba elétrica instalada no circuito do tanque de combustível para cerca de 40 a 200 bar, dependendo do sistema.

O tubo de distribuição de combustível, agora também capaz de suportar pressões muito mais elevadas, conta com um sensor de pressão de combustível, o que permite a correção da quantidade injetada dependendo da pressão de combustível à montante dos injetores, pressão essa controlada por uma válvula instalada na saída do tubo. Esse controle da pressão é muito importante, principalmente durante a partida do motor.

Por fim, o módulo de controle eletrônico trabalha agora com injetores que demandam maior potência de operação, exigindo sistema eletrônico de controle adequado a esta nova realidade.

A Figura 8.42 apresenta um exemplo esquemático do sistema de injeção direta de combustível (Bosch MED Motronic).

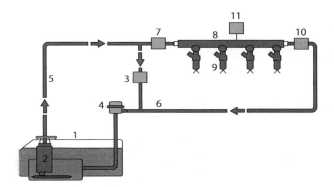

Fornecimento de combustível para um sistema GDI (exemplo com retorno de combustível e regulador de pressão)

Circuito de baixa pressão (primária)
1. Tanque de combustível
2. Bomba elétrica de combustível com limitador de pressão e filtro
3. Válvula de desligamento
4. Regulador de pressão
5. Linha de combustível

Circuito de alta pressão
6. Linha de retorno de combustível
7. Bomba de alta pressão
8. Galeria de combustível
9. Injetor de alta pressão
10. Válvula de controle de pressão
11. Sensor de pressão de combustível

Figura 8.42 – Sistema de combustível do sistema Bosch MED Motronic.

Destaque especial para o sistema de combustível dividido em circuito de baixa pressão (alimentado pela bomba elétrica no circuito do tanque de combustível) e circuito de alta pressão (alimentado pela bomba de alta pressão).

As grandes autopeças já detêm a tecnologia de injeção direta de combustível em motores de ciclo Otto. Como exemplo, duas fabricantes bastante conhecidas no Brasil, Bosch e Delphi.

Na Figura 8.43 tem-se a ilustração de um sistema Delphi de injeção direta e na Figura 8.44 a ilustração de um sistema Bosch.

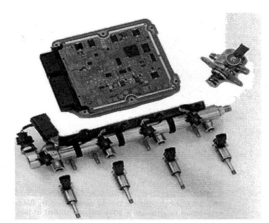

Os módulos de controle dos motores GM Ecotec utilizam processadores 32-bit mais rápidos e sistemas operacionais que trabalham em tempo real

Figura 8.43 – Ilustração de sistema GDI da Delphi.

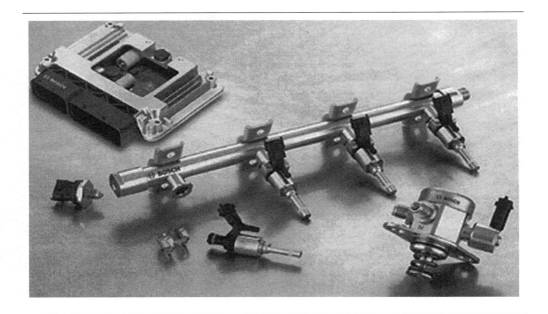

Figura 8.44 – Ilustração de sistema GDI da Bosch.

8.11 Controle da combustão

8.11.1 Mapa característico de combustão

Os sistemas de injeção direta de combustível permitem não somente a operação em combustão com carga estratificada, homogênea, com mistura pobre, estequiométrica, ou rica (similarmente aos sistemas de injeção indireta). O que definirá as regiões em que a queima se dará de forma estratificada ou homogênea será o desenho do motor associado às propriedades do combustível. O exemplo de um mapa típico de combustão em um motor equipado com injeção direta de combustível, operando com gasolina pura (E0), está ilustrado na Figura 8.45.

Neste exemplo observam-se quatro regiões distintas de operação do motor em função de carga (eixo y) e rotação (eixo x).

Logo de início se observa que a operação do motor em combustão estratificada, visando à melhor eficiência energética e, consequentemente, menor consumo de combustível, é viável em uma região caracterizada por baixa carga e baixa rotação (região 1 na Figura 8.45). As dificuldades de formação de mistura de combustível em tempo extremamente reduzido, bem como a dependência do regime de turbulência no interior da câmara de combustão para a estabilidade da combustão, são os fatores limitantes da operação estratificada.

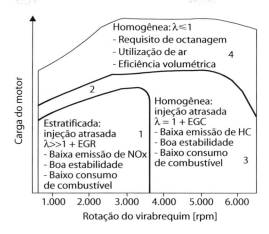

Figura 8.45 – Exemplo de mapa característico de combustão.

Adiante serão abordadas as limitações para o controle de emissões de poluentes na determinação dessas limitações.

As transições entre combustão estratificada e homogênea são definidas pela região de número 2 na Figura 8.45. Essas transições requerem uma estratégia de controle de combustão extremamente complexa e difícil de calibrar, pois o objetivo é eliminar por completo qualquer variação de torque do motor proveniente de instabilidade de combustão, garantindo a satisfação do motorista e o controle de emissões de poluentes.

As quatro etapas da transição de combustão homogênea para estratificada estão ilustradas na Figura 8.46.

A transição ocorre da esquerda para a direita da Figura 8.46. Portanto, no ponto "A" tem-se o início da transição, marcado pelo último ciclo de combustão homogênea, com relação estequiométrica de combustível e torque elevado. Do ponto "A" para "B", a primeira providência para reduzir o torque é o empobrecimento da mistura ar–combustível até o limite de estabilidade da combustão, com o início da abertura da borboleta. Atingido esse limite de evolução da frente de chama no interior da câmara de combustão, aplica-se uma segunda injeção, já estratificada (*late injection*), no ponto "C", a fim de garantir a estabilidade da combustão. É importante salientar que, os pontos "B" e "C" da Figura 8.46, ocorrem no mesmo ciclo de combustão. O terceiro e último ciclo de combustão da transição já é totalmente estratificado (ponto "D"), com a borboleta aberta e a maior relação ar–combustível possível.

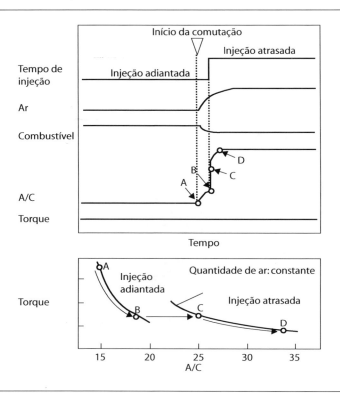

Figura 8.46 – Estratégia de transição entre combustão estratificada e homogênea.

Conclui-se, portanto, que, além da complexidade de controle, são necessários pelo menos três ciclos de combustão, em cilindros distintos, para que ocorra a transição entre combustão estratificada e homogênea. Essa limitação de variações abruptas de carga, transição entre as regiões 1 e 3 da Figura 8.45, resulta em limitação de variação de torque do motor, o que impacta no desempenho do veículo.

A região 3 da Figura 8.45 é definida por rotações mais elevadas e cargas similares as da região 1. Essa elevação de rotação exige o funcionamento em relação estequiométrica pelas dificuldades de estabilidade de combustão estratificada, já abordadas anteriormente.

Finalmente, a região 4 da Figura 8.45 é caracterizada pelas condições de plena carga do motor, em que se deseja o máximo torque. Esse máximo torque é obtido com mistura ligeiramente rica em combustível, a qual é preparada de forma homogênea, priorizando a formação de mistura e a combustão o mais completa possível do combustível.

8.11.2 Injeção em dois estágios

O sistema de injeção direta de combustível permite também a divisão da massa injetada de combustível, para um determinado ciclo, em mais de uma injeção. Geralmente se utilizam, no máximo, duas injeções, pois a atomização do combustível durante a abertura e o fechamento do injetor é muito menos eficiente do que a atomização durante o período em que o injetor está totalmente aberto e, portanto, com vazão máxima.

Uma grande vantagem da utilização da injeção em dois estágios é a maior resistência à detonação. Sabendo-se que a ocorrência de detonação é reduzida pela diminuição da temperatura no interior da câmara de combustão, a adoção da dupla injeção tem exatamente este objetivo: reduzir a temperatura. A primeira injeção visa a absorver calor no interior da câmara de combustão. Essa estratégia implica menor temperatura no ciclo de compressão, reduzindo-se a sensibilidade à detonação. A Figura 8.47 ilustra comparativamente a mesma quantidade de combustível injetada em uma única injeção (à esquerda) ou fracionada em duas injeções com 5 ms de intervalo (à direita).

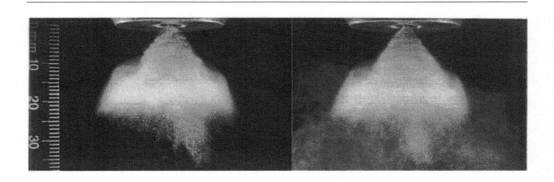

Figura 8.47 – Comparativo de atomização entre uma injeção (à esquerda) ou duas injeções de combustível (à direita).

A divisão da massa de combustível a ser injetada na primeira e na segunda injeção é objeto de estudo. Ao se injetar maior quantidade de combustível na primeira injeção reduz-se significativamente a ocorrência de detonação, porém a menor massa de combustível injetado na segunda injeção pode não ser suficiente para a garantia da estabilidade de combustão. Ao contrário, uma maior quantidade de combustível injetada na segunda etapa não é tão eficaz para o controle da detonação, além de apresentar problemas de evolução da frente de chama nas regiões periféricas da câmara de combustão, regiões em que a mistura ar–combustível é formada principalmente pela escassa massa de combustível injetada na primeira etapa de injeção.

Essa estratégia permite a adoção de taxas de compressão mais elevadas, o que é um dos fatores responsáveis pela maior eficiência térmica dos motores equipados com sistema de injeção direta de combustível.

Outra vantagem do sistema de injeção direta de combustível é a possibilidade de injetar combustível com a válvula de escapamento aberta. Essa estratégia é utilizada durante a fase de aquecimento do conversor catalítico. Essa pós-injeção consiste em injetar uma determinada quantidade de combustível após um ciclo de combustão estratificada, durante o tempo de escape. Nesse caso, parte-se do pressuposto de que a combustão estratificada promove a sobra de oxigênio nos gases de combustão. Essa injeção de combustível suplementar, em atmosfera rica em oxigênio, a temperatura relativamente elevada dos gases de escapamento, é suficiente para oxidar o combustível injetado, gerando assim calor para o aquecimento do sistema de escapamento como um todo, objetivando o conversor catalítico.

8.11.3 Partida a frio

A partida do motor, principalmente a baixa temperatura, é um dos maiores desafios encontrados no universo do desenvolvimento dos motores de combustão interna. O sistema de injeção direta, por sua vez, apresenta algumas singularidades em relação aos sistemas de injeção indireta, já praticamente dominados.

Primeiramente deve-se considerar a condição singular de operação do motor durante a partida, em especial a frio. Como já visto anteriormente, os injetores do sistema de injeção direta de combustível são desenvolvidos para operar com pressão de combustível de modo significativo maior do que a pressão fornecida apenas pela bomba elétrica, instalada próximo ao tanque de combustível. A elevação da pressão de combustível, porém, se dá por uma bomba mecânica, acionada pelo motor de combustão interna. Durante os primeiros ciclos de combustão, imediatamente após a partida, entende-se que a pressão de combustível varia do patamar inferior (fornecido pela bomba elétrica) ao patamar de trabalho (fornecido pela bomba mecânica). Com isso, nos primeiros ciclos de combustão durante a partida, os injetores trabalham com pressão de combustível muito menor que a ideal, o que exige que o injetor seja ao menos capaz de operar com certa precisão diante de pressões tão reduzidas. É claro que, durante esses primeiros ciclos, a atomização do combustível será totalmente prejudicada, aumentando-se assim o risco de deposição de combustível tanto nos eletrodos da vela de ignição quanto nas paredes do cilindro, prejudicando assim a partida e a fase de aquecimento do motor.

A Figura 8.48 mostra a variação da atomização do combustível de acordo com a pressão de combustível à montante do injetor. É nítida a deficiência de atomização para os primeiros ciclos da partida do motor.

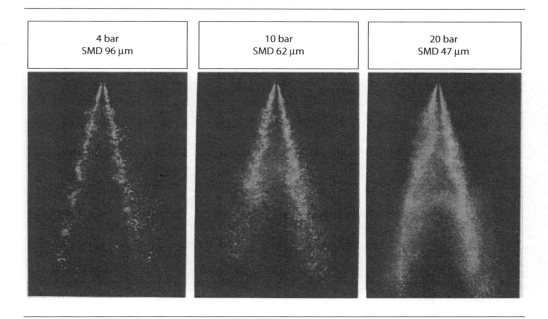

Figura 8.48 – Influência da pressão de injeção na atomização do combustível.

A deficiência da atomização impactará diretamente na formação de mistura, dificultando as primeiras combustões, o que em geral exige maior quantidade de combustível injetado durante a partida.

Essa maior quantidade de combustível injetado é prejudicial não apenas pelas emissões de poluentes, como também pela deposição de combustível nas paredes do cilindro, contaminando assim o óleo lubrificante.

Com todas essas dificuldades, ainda assim observa-se certa vantagem no total da massa de combustível injetada durante a partida nos sistemas de injeção direta de combustível, em relação aos sistemas de injeção indireta.

Observando-se os nove primeiros ciclos de combustão durante uma partida na Figura 8.49, o sistema de injeção direta requer menos massa de combustível para a partida, mesmo nos primeiros ciclos, que ocorrem com pressão de combustível extremamente reduzida. A principal causa da maior quantidade de combustível necessária ao sistema de injeção indireta é a formação do filme de combustível nas paredes do coletor de admissão e cabeçote, combustível este que não participa dos primeiros ciclos de combustão. Já nos sistemas de injeção direta esse combustível extra não é necessário. Contudo, não se pode concluir que a menor massa de combustível injetada diretamente na câmara de combustão não seja impactante à contaminação do lubrificante e às emissões de poluentes, porque, ainda que em menor massa, a pressão de injeção extremamente reduzida nos primeiros ciclos de injeção direta representa atomização bastante prejudicada.

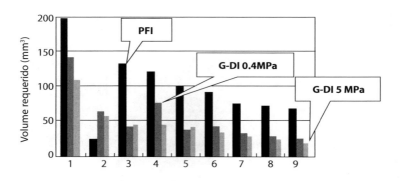

Figura 8.49 – Comparativo da massa de combustível necessária à partida.

8.12 Emissões de poluentes

8.12.1 Formação de poluentes

Os processos de formação de poluentes nos motores de ciclo Otto equipados com sistema de injeção direta de combustível diferem de maneira significativa dos processos já conhecidos em motores com injeção indireta de combustível. Enquanto a variável determinante nos motores com injeção indireta é a relação ar–combustível; nos motores com injeção direta, além da relação ar-combustível, passa a ter fundamental importância a diferença angular (em ângulo de virabrequim) entre a injeção e a centelha de ignição, principalmente em condição de carga estratificada.

A Figura 8.50 ilustra o impacto da diferença angular entre a injeção de combustível e a centelha de ignição nos processos de formação dos três principais poluentes em motores a combustão interna, em combustão estratificada.

Começando pela análise do monóxido de carbono (CO), observa-se que, para deltas menores entre injeção e ignição, tem-se maior emissão de CO. Esse fenômeno se explica pela deficiência de formação de mistura em tempo extremamente reduzido, incorrendo em mistura demasiadamente rica no início da combustão, o que explica a elevação na geração de CO.

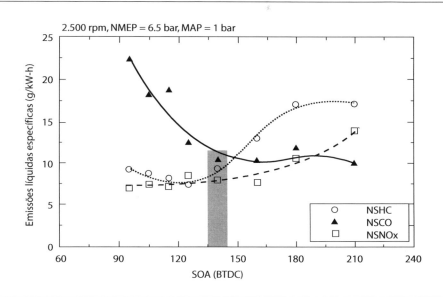

Figura 8.50 – Formação de poluentes em função da fase de injeção.

De maneira antagônica, tanto a emissão de hidrocarbonetos (HC) quanto a emissão de óxido de nitrogênio (NOx) apresentam aumento para deltas elevados entre injeção e centelha. Nesse caso, de injeção extremamente adiantada, ocorre a diluição do combustível e a consequente instabilidade de combustão pela menor velocidade de propagação da frente de chama. Essa instabilidade de combustão implica a geração de HC (combustível não queimado) e, quando se tem combustão, pelo fato de se ter temperatura suficientemente elevada na câmara de combustão, associada ao excesso de oxigênio (combustão estratificada), verifica-se a formação acentuada de NOx.

A maior novidade, em termos de emissões de poluentes, nos motores com injeção direta é a emissão, e a consequente necessidade de preocupação, de material particulado, também conhecido popularmente como fuligem.

Conforme ilustra a Figura 8.51, observa-se o aumento acentuado da emissão de material particulado à medida que se aproxima a injeção de combustível da centelha de ignição. De maneira análoga à formação de CO, a explicação para esse fenômeno também decorre da má-formação de mistura em que se têm condições de início de combustão em mistura extremamente rica.

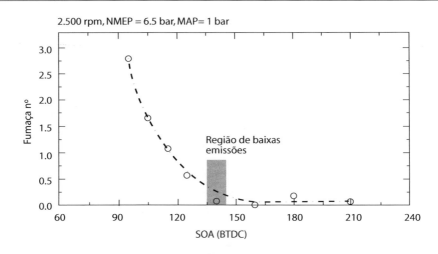

Figura 8.51 – Formação de material particulado em função da fase de injeção.

Além das diferenças já mencionadas em regime permanente, pode-se ainda salientar diferenças significativas em partida a frio e regime transiente (aceleração e desaceleração) na emissão de hidrocarbonetos. Nas acelerações e desacelerações, manobras em regime transiente, a compensação da quantidade de combustível é feita diretamente no interior da câmara de combustão, o que também minimiza erros no controle da quantidade de combustível, garantindo um melhor controle da mistura.

Na partida a frio e durante a fase de aquecimento do motor, com a injeção direta, não há deposição ou condensação de combustível nas paredes do coletor de admissão e nos dutos do cabeçote, o que reduz de maneira significativa a quantidade de combustível necessária ao funcionamento durante essa condição.

Especificamente durante a partida e pós-partida a frio, maior responsável pelas emissões de hidrocarbonetos e monóxido de carbono, a adoção da injeção direta traz ganhos significativos em relação ao sistema de injeção indireta. A Figura 8.52 apresenta um exemplo comparativo de acúmulo de hidrocarbonetos no início de um teste de emissões de poluentes, em que se tem a partida do veículo em temperatura estabilizada em 25 °C seguida de operação em marcha lenta.

Tratando-se de gasolina pura (E0), tem-se a relação estequiométrica em 14,6:1. Nesse caso, percebe-se uma considerável redução da emissão de hidrocarbonetos com a adoção da injeção direta. Ainda que com a baixa pressão de combustível nos primeiros ciclos da partida, a injeção direta permite que a partida ocorra com mistura próxima à estequiométrica, o que explica as vantagens ilustradas na Figura 8.52.

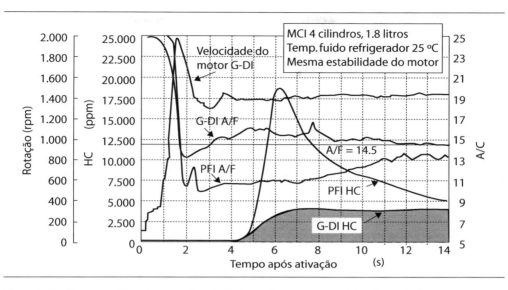

Figura 8.52 – Comparativo de geração de hidrocarbonetos em ciclo de emissões.

Ainda do ponto de vista do NOx, a abordagem se dá principalmente para combustão estratificada. Esse regime de operação aumenta de maneira significativa a emissão de NOx. Uma tecnologia bastante viável a esse abatimento é a adoção da recirculação dos gases de escapamento para a admissão através da válvula EGR (*exhaust gas recirculation*). A recirculação dos gases de escapamento, gás inerte e com baixa concentração de oxigênio, promove a redução do pico de temperatura de combustão na câmara, reduzindo de modo considerável a formação de NOx.

8.12.2 Pós-tratamento de poluentes

A operação do motor em combustão homogênea com injeção direta de combustível, com relação estequiométrica, não apresenta grandes diferenças de tratamento de emissões em relação à adoção da injeção indireta. Para essa condição, a adoção de um simples catalisador de três vias, tecnologia extremamente difundida e dominada, é suficiente para o controle de emissões de poluentes.

Os desafios em maior escala ocorrem quando da adoção da queima estratificada. Nesse caso, a grande diferença é a necessidade de adoção de um sistema específico para tratamento de NOx, além do catalisador de três vias. Podem ser citadas três tecnologias para redução do NOx: o catalisador "DeNox", o "Nox storage" e o "SCR".

A tecnologia do catalisador "DeNox" é a mais simples das três e a menos eficiente. O custo não é tão acessível visto que utiliza platina. A máxima eficiência de conversão está entre 30% e 50%, com a limitação de operação em uma faixa estreita de temperatura, entre 180 °C e 300 °C. A limitação de temperatura máxima de operação impede a instalação do "DeNox" próximo à válvula de escapamento, o que demanda maior tempo de aquecimento do componente e consequente menor eficiência de conversão na fase de aquecimento do motor. A grande vantagem dessa tecnologia é a resistência à contaminação por enxofre, consideravelmente presente no combustível nacional.

Já a tecnologia "NOx storage" apresenta eficiência de conversão da ordem de 90%, com faixa de temperatura entre 200 °C e 550 °C. Isso permite a adoção desse sistema integrado ao catalisador de três vias, ou seja, mais próximo à válvula de escapamento. Ao contrário do "DeNOx", o "NOx storage" é extremamente sensível à contaminação por enxofre. Esse catalisador funciona como um acumulador de NOx durante a operação do motor em regime estratificado. Após um período de utilização, essa capacidade de armazenamento atinge seu limite, exigindo a regeneração do sistema. A regeneração ocorre com a operação do motor em mistura ligeiramente rica, período em que o oxigênio acumulado no "NOx storage" é utilizado pelo catalisador de três vias na oxidação do CO e HC gerados, durante o período de regeneração em mistura rica.

A terceira tecnologia adequada à conversão de NOx aqui apresentada é a utilização do sistema de catálise seletiva à base de ureia (SCR: *selective catalysis reduction*).

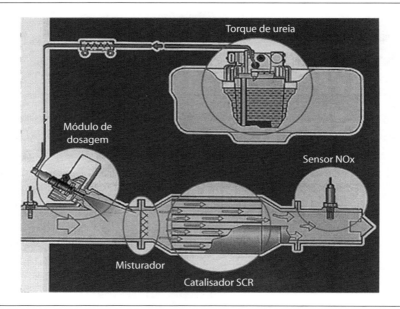

Figura 8.53 – Sistema de conversão de NOx à base de ureia.

Essa tecnologia apresenta eficiência de conversão da ordem de 70%, com faixa de temperatura de operação entre 200 °C e 550 °C. As grandes vantagens desse sistema em relação ao "NOx storage" são a resistência ao enxofre e a não necessidade de regeneração, reduzindo o consumo de combustível. As desvantagens desse sistema estão na maior complexidade do sistema e na necessidade de utilização de um agente redutor (nesse caso, a ureia) que será consumido proporcionalmente ao combustível.

A Figura 8.53 mostra um esquema do sistema "SCR". A ureia é injetada à montante do catalisador, em quantidade definida pelo módulo de controle. À jusante do catalisador, é instalado um sensor de NOx para controle da quantidade de ureia em malha fechada.

8.13 Conclusões

O sistema de injeção direta de combustível em motores ciclo Otto já é uma realidade desde a década de 1990. O objetivo inicial de se atingir eficiência térmica próxima aos motores ciclo Diesel com a adoção da queima estratificada infelizmente não se mostrou viável. As primeiras aplicações com a utilização de queima estratificada apresentaram dificuldades extremas de desenvolvimento, seguidas de custos elevados, tanto em sistemas de tratamento de emissões de poluentes como em durabilidade de componentes pela sensibilidade do sistema à qualidade do combustível e ao envelhecimento dos componentes.

A realidade atual se resume à adoção da injeção direta de combustível apenas com queima homogênea, o que garante cerca de 5% de redução de consumo de combustível em relação à adoção do sistema de injeção indireta. Considerando-se a complexidade do sistema e os custos envolvidos, o consumidor não tem demonstrado tanto interesse nessa tecnologia. Prova dessa realidade é a penetração do sistema de injeção direta de combustível em menos de 25% da produção de veículos movidos a gasolina na Europa na década de 2000.

Uma tendência que vem se instalando mundialmente é o conceito de *downsizing*. Esse conceito, em sua essência, requer a utilização de motores de baixa cilindrada sobrealimentados. Nessa nova escola, a adoção da injeção direta de combustível vem demonstrando grande vantagem em relação aos sistemas de injeção indireta, principalmente pela maior eficiência térmica, além do fato da possibilidade de controle da temperatura de escapamento por meio da pós-injeção no ciclo de escapamento com a válvula de escapamento aberta, o que permite o controle muito mais efetivo do enchimento dos turbocompressores.

No mercado brasileiro, o acesso a essa tecnologia se dá, de uns tempos para cá, em modelos de luxo, importados e adaptados para a utilização da gasolina E22. A utilização da injeção direta de combustível não parece ser realidade em veículos populares, voltados à economia de combustível, num futuro muito próximo. O custo da tecnologia ainda inviabiliza sua utilização em larga escala e, baseando-se no exemplo europeu, muito provavelmente o mercado de carros populares não estará disposto a arcar com esse custo tecnológico.

Outra possibilidade de aplicação dos sistemas de injeção direta de combustível no Brasil vem da dificuldade de partida a frio com etanol, vivida em sistemas de injeção indireta de combustível. A adoção de injetores de maior capacidade de atomização e a eliminação da condensação de combustível nas paredes do motor, fora da câmara de combustão, são potenciais fatores para a melhoria da capacidade de partida a frio com etanol. Não se deve, porém, esquecer que até o momento todas as aplicações de injeção direta de gasolina se concentraram em E0, com algumas aplicações em E22 e raras aplicações flex, nesse caso, entre E0 e E85 com álcool anidro. Dentro da realidade brasileira, que envolve a utilização de E100 hidratado, não se pode negligenciar a maior dificuldade de atomização do etanol, de maior tensão superficial em relação à gasolina. Soma-se ainda a maior probabilidade de se impregnar os eletrodos da vela de ignição com combustível líquido durante a partida a frio com etanol. Além da maior quantidade de combustível necessária pela menor relação estequiométrica, ainda tem-se a pior atomização do combustível na partida, que significa maior tamanho de gota, com maior massa, que atingirá mais facilmente as paredes frias e a vela de ignição no interior da câmara de combustão. Entretanto, com um maior calor latente de vaporização, o que permite, no caso de injeção direta de combustível, obter um maior resfriamento da carga no interior do cilindro, e também pela sua maior resistência a detonação, pode-se levar a condições favoráveis conjuntamente com o *downsizing* para se trabalhar com motores menores com maiores pressões médias efetivas, e menores consumos específicos, com a utilização de etanol.

A única certeza que se tem é que a aplicação de injeção direta de combustível em sistemas flex no Brasil será certamente um divisor de águas tecnológico que, ocorrendo, beneficiará a todos, desde a engenharia até o consumidor, passando, é claro, pelo meio ambiente.

EXERCÍCIOS

1) Explique as potenciais vantagens do sistema de injeção direta de combustível em motores de ciclo Otto para o aumento de eficiência térmica. Correlacione essas vantagens com os motores de ciclo Diesel.

2) Comente as dificuldades de formação de mistura ar–combustível desde os sistemas carburados até os sistemas de injeção direta. Quais as soluções tecnológicas adotadas para a garantia da formação de mistura?

3) Por que os sistemas de injeção direta permitem a combustão estratificada? Quais as vantagens e dificuldades desse tipo de combustão?

4) Esboce as regiões do mapa de operação de um motor de combustão interna de ciclo Otto em que a operação em combustão estratificada e homogênea é adequada.

5) Descreva sucintamente a estratégia de controle de combustão adotada para a transição entre a combustão estratificada e a homogênea. Qual a percepção do motorista desejada durante essa transição? Qual a limitação dessa transição?

6) Para que serve a injeção em dois estágios em sistemas de injeção direta? Descreva duas estratégias que se utilizam dessa possibilidade.

7) Os sistemas de injeção direta de combustível resolverão os problemas de partida a frio, principalmente com etanol? Por quê?

8) O que diferencia o sistema de injeção direta em relação ao sistema de injeção indireta nos processos de formação de poluentes?

9) Cite e compare três tecnologias adotadas ao tratamento de NOx em sistemas de injeção direta de combustível.

10) Admitindo que os sistemas de injeção direta de combustível são mais eficientes, quanto se espera de redução em consumo de combustível em relação aos sistemas de injeção indireta? Quais os fatores responsáveis por essa redução de consumo de combustível?

Referências bibliográficas

1. *Automotive Gasoline Direct-Injection Engines*. ISBN 0-7680-0882-4.
2. Revista *Automotive Engineering International*. Diversas edições.
3. *Bosch Automotive Handbook*.
4. www.bosch.de.
5. Artigo técnico SAE 941873.
6. *Mixture Formation in Internal Combustion Engines*. ISBN-10: 3-540-30835-0
7. *Atomization and Sprays*. ISBN 0-89116-603-3
8. GINDELE, J. *Untersuchung zur Ladungsbewegung und Gemischbildung im Ottomotor mit Direkteinspritzung*. Tese (Ph.D.) – University of Karlsruhe, Germany, Logos- Verlag, Berlin, 2001.
9. HÜBEL, M. et al. *Einspritzventile für die Benzin-Direkteinspritzung* – ein systematischer Vergleich verschiedener Aktorkonzepte Wiener Motorensymposium, 2001.

9

Sistema de ignição e sensores aplicados aos motores

Parte I
SISTEMAS DE IGNIÇÃO

Atualização:
Edson H. Uekita
Fabio Delatore
Fernando Luiz Windlin
Fernando Fusco Rovai
Vagner Eduardo Gavioli
Rodrigo Kraft Florêncio

9.1 Visão geral

O sistema de ignição de um veículo é o sistema responsável pelo fornecimento de uma centelha elétrica (faísca) para cada um dos cilindros, objetivando com isso a geração da combustão da mistura ar–combustível admitida.

Entre os diversos componentes integrantes de um sistema de ignição automotiva, que serão apresentados e discutidos neste capítulo, as velas de ignição são os elementos responsáveis por iniciarem a queima da mistura de ar–combustível admitida pelo motor. Elas são instaladas no cabeçote do motor, na parte superior da câmara de combustão, próxima às válvulas de admissão e escapamento (podendo variar essa posição de motor para motor).

Para a geração da faísca na vela de ignição é necessário uma tensão entre 5 kV a 20 kV, dependendo do motor, do seu estado e da sua condição de funcionamento, sendo esse valor bem superior aos 12 V disponibilizados pela bateria de chumbo ácido existente no veículo.

Ao longo dos anos, diferentes sistemas de ignição foram desenvolvidos. O estudo que será apresentado neste capítulo abordará o princípio de funcionamento do sistema de ignição, usando como referência o primeiro sistema de ignição desenvolvido, baseado na bobina de ignição centralizada, platinado, distribuidor e "cachimbo". Além disso, serão apresentadas as evoluções tecnológicas ocorridas ao longo dos anos, apresentando o sistema de ignição transistorizada (também conhecido como ignição eletrônica) que aposentou o platinado, passando pelo sistema de ignição sem o uso da bobina centralizada, até o uso de bobinas de ignição individualizadas, uma para cada vela, sendo esse sistema de ignição distribuído (individual ou aos pares) o sistema de ignição atual empregado nos veículos.

9.2 Os componentes de um sistema de ignição convencional

Um sistema de ignição deverá ser capaz de realizar três funções distintas e igualmente importantes:

a) Função transformadora: o sistema deverá estar apto a elevar a tensão disponível na bateria para valores de tensão necessária para a geração da faísca.

b) Função distribuidora: o sistema deverá distribuir a faísca nos cilindros na ordem correta de ignição. Por exemplo, no motor a 4T, com quatro cilindros, em linha, a ordem de ignição deverá ser 1-3-4-2.

c) Função avanço/atraso: o sistema deverá, automaticamente, liberar a faísca no instante correto ao cilindro, compatível com o estabelecido no desenvolvimento do motor.

A Figura 9.1, a seguir, ilustra os componentes que formam o sistema de ignição convencional de um veículo, sendo esse sistema utilizado por muitos anos no Brasil.

Conforme mencionado anteriormente, é necessária uma tensão mínima de aproximadamente 5 kV na vela de ignição para a geração da faísca elétrica. Como, porém, a bateria de chumbo ácido dispõe apenas de 12 V, surge a necessidade da inclusão de um segundo elemento a esse sistema, conhecido como bobina de ignição. A bobina de ignição elevará a tensão disponibilizada pela bateria para os níveis de tensão exigidos pelas velas de ignição já apresentados, cujo funcionamento será descrito a seguir, realizando a função transformadora, apontada anteriormente.

A partir da tensão gerada pela bobina de ignição, é necessário fazer com que ela possa ser disponibilizada para cada uma das velas de ignição instaladas no motor, além de executar a sequência de ignição previamente determinada no projeto de funcionamento/operação do motor. Surge então o terceiro elemento

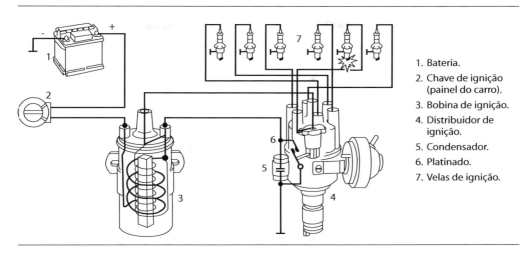

Figura 9.1 – Componentes de um sistema de ignição convencional [A].

do sistema de ignição, conhecido como distribuidor. O distribuidor é acoplado diretamente no comando de válvulas do motor, sendo a alta tensão transmitida para as velas de ignição adequadamente em função da rotação do motor utilizando o cachimbo (quarto elemento do sistema de ignição). Para que as faíscas sejam geradas somente nos instantes de interesse e não de forma contínua, surge a figura do elemento responsável por chavear a alta tensão disponibilizada pela bobina de ignição, a partir da rotação do motor, sendo esse o quinto elemento do sistema de ignição, conhecido como platinado. A combinação de funcionamento entre o distribuidor e o platinado permite que a tensão elevada possa ser transmitida a cada vela de ignição, a partir da rotação do motor e também executando a ordem de ignição necessária.

9.3 Princípio de funcionamento

Conforme comentado nos Itens 9.1 e 9.2, o sistema de ignição irá disponibilizar uma tensão elevada para as velas de ignição, em função da combinação de três fatores: uma alta tensão elétrica (gerada pela bobina de ignição), um chaveamento dessa alta tensão em função da rotação do motor (gerado pelo platinado) e uma distribuição dessa alta tensão para as velas de ignição, satisfazendo a sequência de ignição de projeto do motor.

A bobina de ignição é construída a partir de um núcleo ferromagnético envolto adequadamente por dois enrolamentos, chamados de enrolamentos primário e secundário, conforme ilustrado pela Figura 9.2, com características de funcionamento análogas às de um transformador de tensão convencional.

O transformador de tensão é um elemento de circuito cujo funcionamento é baseado no efeito de indução eletromagnética, a partir da circulação da corrente elétrica por meio de um indutor, considerado como um componente passivo de circuito. Por convenção, adota-se a terminologia de enrolamento primário ao indutor o qual recebe a energia proveniente de uma fonte de tensão externa, tipicamente uma fonte de tensão do tipo alternada. Já o enrolamento secundário é o indutor que receberá a indução eletromagnética gerada no enrolamento primário cuja carga será conectada.

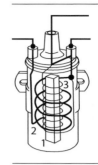

Figura 9.2 – Detalhamento da bobina de ignição [B].

1. Núcleo de ferro.
2. Enrolamento primário.
3. Enrolamento secundário.

Esses dois indutores são dispostos de uma forma adequada para que o fluxo magnético produzido por um deles tenha influência sobre o outro [1], sendo que a relação desses enrolamentos define se a tensão induzida no secundário será maior ou menor que a tensão aplicada no primário, caracterizando um transformador elevador ou abaixador de tensão. A Figura 9.3 ilustra o princípio de indução eletromagnética gerada pelo enrolamento primário para o enrolamento secundário, gerando a tensão induzida de saída.

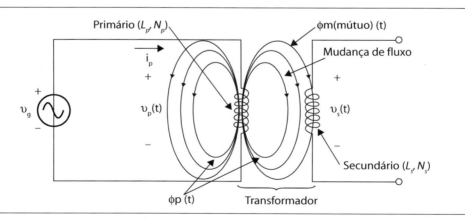

Figura 9.3 – Princípio de funcionamento de um transformador [1].

A partir da análise da Figura 9.3, aplicando a *Lei de Faraday* para o enrolamento do primário, é possível escrever a relação:

$$v_P(t) = N_P \frac{d\phi_P(t)}{dt} \; [v]$$

Eq. 9.1

Onde:

$v_p(t)$: é a tensão aplicada no primário,

N_P: é o número de espiras do primário.

$d\phi_P(t)$: é o fluxo magnético no enrolamento primário.

A parcela de tensão induzida no secundário é definida pela relação:

$$v_S(t) = N_S \frac{d\phi_M(t)}{dt} \; [v]$$ Eq. 9.2

Onde:

$v_s(t)$: é a tensão induzida, obtida no secundário,

N_S: é o número de espiras do secundário,

$d\phi_M(t)$: refere-se à parte do fluxo magnético do primário $d\phi_P(t)$ que é fornecido ao enrolamento secundário, chamado de fluxo magnético mútuo.

Adotando que todo o fluxo do enrolamento primário $d\phi_P(t)$ é transmitido ao enrolamento do secundário sem perdas, é possível reescrever a Equação 9.2 como:

$$v_S(t) = N_S \frac{d\phi_S(t)}{dt} \; [v]$$ Eq. 9.3

definindo assim o *coeficiente de acoplamento – k*, que relaciona o fluxo magnético do primário $d\phi_P(t)$ com o fluxo magnético mútuo $d\phi_M(t)$,

$$k = \frac{\phi_M(t)}{\phi_P(t)}$$ Eq. 9.4

cujo valor nunca será maior que 1, pois o maior valor possível para $d\phi_M(t)$ é justamente o valor de $d\phi_P(t)$.

Quanto maiores forem o coeficiente de acoplamento e a indutância nos enrolamentos, maior será o valor da indutância mútua M, uma vez que a indutância mútua é proporcional à taxa de variação do fluxo magnético dos enrolamentos em função da taxa de variação da corrente no outro enrolamento [1].

Considere que agora, os enrolamentos do primário e do secundário foram acoplados a um núcleo de ferro magnético conforme proposto pela Figura 9.4.

Quando a corrente $i_P(t)$ no primário do transformador for máxima, o valor de $d\phi_M(t)$ também será máximo, ou seja [1].

$$i_P(t) = I_{PICO} sen(\omega t) \rightarrow MAX \rightarrow \therefore \phi_M(t) = \Phi_M sen(\omega t) \; [Wb]$$ Eq. 9.5

Onde:

ω: é a frequência angular da corrente $i_p(t)$.

I_{PICO}: é o máximo valor atingido por $i_p(t)$ em um período de sinal.

ϕ_M: é o máximo valor atingido por $\phi_M(t)$ em um período de sinal.

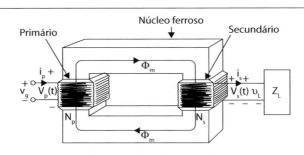

Figura 9.4 – Transformador de núcleo ferro magnético [C].

Relacionando as Equações 9.5 e 9.1, é possível obter o valor da tensão $v_P(t)$ em termos da *Lei de Faraday*,

$$v_P(t) = N_P \frac{d\phi_P(t)}{dt} \rightarrow N_P \frac{d\phi_M(t)}{dt} \rightarrow N_P \frac{d}{dt}\left(\Phi_M \text{sen}(\omega t)\right). \qquad \text{Eq. 9.6}$$

Derivando a Equação 9.6, tem-se finalmente que a tensão $v_p(t)$ pode ser obtida pela relação:

$$v_P(t) = \omega N_P \Phi_M \left(\cos(\omega t)\right) \rightarrow \therefore v_P(t) = \omega N_P \Phi_M \left(\text{sen}(\omega t + 90°)\right) \qquad \text{Eq. 9.7}$$

e de forma análoga para a tensão $v_s(t)$:

$$v_S(t) = \omega N_S \Phi_M \left(\text{sen}(\omega t + 90°)\right) [V]. \qquad \text{Eq. 9.8}$$

Calculando os valores eficazes das Equações 9.7 e 9.9, tem-se que:

$$\text{Valor Eficaz} = \sqrt{\frac{1}{T} \int_0^T f(t)^2 dt} \quad [RMS]$$

Onde:

T: período f(t) e f(t): função periódica

$$v_P(t) = 4,44 f N_P \Phi_M \ [V_{RMS}] \qquad \text{Eq. 9.9}$$

$$v_S(t) = 4,44 f N_S \Phi_M \ [V_{RMS}] \qquad \text{Eq. 9.10}$$

E, dividindo a Equação 9.9 pela Equação 9.10, finalmente chega-se a:

$$\frac{v_P(t)}{v_S(t)} = \frac{N_P}{N_S} = a \qquad \text{Eq. 9.11}$$

que é a principal relação de projeto para um transformador, demonstrando como a tensão induzida no secundário é obtida diretamente a partir do número de espiras do enrolamento primário e do secundário, sendo o fator a conhecido como constante de transformação para valores de a > 1, o transformador em questão é um abaixador de tensão. Já para valores de a < 1, é um elevador de tensão.

A bobina de ignição é, sob o aspecto construtivo, exatamente igual a um transformador de tensão do tipo elevador de tensão, sendo o enrolamento primário (N_P), formado por um fio de bitola maior e com um número relativamente pequeno de espiras e o enrolamento secundário (N_S), constituído por um número maior de espiras e com um fio de bitola de menor diâmetro.

O funcionamento da bobina de ignição, porém, não fica restrito apenas ao efeito de transformação descrito anteriormente, utilizando uma tensão alternada aplicada no enrolamento primário, mas utilizando os efeitos transitórios gerados a partir do chaveamento provocado pelo platinado.

Para facilitar o entendimento, considere que o enrolamento primário da bobina de ignição pode ser eletricamente representado por um circuito do tipo RL série, onde R é a resistência equivalente do enrolamento e L é o indutor propriamente dito.

Sabendo que a relação entre tensão e corrente no indutor é definida por

$$v_L(t) = L\frac{di(t)}{dt} \; [V] \qquad \text{Eq. 9.12}$$

e que a tensão fornecida à bobina de ignição é contínua, proveniente da bateria do veículo, somente existirá tensão sobre o indutor (do primário ou do secundário) se ocorrer uma variação na sua corrente fornecida. Escrevendo a lei de Kirchhoff das malhas para esse circuito equivalente, tem-se que:

$$v(t) = v_R(t) + v_L(t) \; [V] \qquad \text{Eq. 9.13}$$

Sendo:

v(t) a tensão total aplicada a esse circuito RL série equivalente, que na aplicação automotiva será uma tensão contínua $V_{BATERIA}$.

Substituindo a Equação 9.12 na Equação 9.13, lembrando que a tensão sobre um resistor pode ser escrita como:

$$v_R(t) = Ri(t) \; [V] \qquad \text{Eq. 9.14}$$

a corrente $i(t)$ é definida como sendo igual a:

$$i(t) = \frac{V_{BATERIA}}{R}\left(1 - e^{\left(-\frac{R}{L}\right)t}\right) \therefore i(t) = I_{MÁX}\left(1 - e^{\left(-\frac{R}{L}\right)t}\right) [A] \quad \text{Eq. 9.15}$$

As variações de corrente e tensão que ocorrem em um circuito RL, operando em corrente contínua, fazem com que o indutor armazene energia na forma de campo magnético. No instante em que o platinado fecha o circuito do enrolamento primário, o circuito equivalente RL série passa a operar no modo de armazenamento de energia, com um crescimento exponencial da corrente $i(t)$ (Equação 9.15), provocando assim uma indução crescente no campo magnético sobre o indutor [1]. O valor de $i(t)$ cresce inicialmente de uma forma muito rápida, seguida de uma taxa contínua crescente até atingir o seu valor máximo $I_{MÁX}$, conforme apresentado em gráfico pela Figura 9.5, sendo essa taxa de crescimento definida pela relação:

$$\tau = \frac{R}{L} [s] \quad \text{Eq. 9.16}$$

Onde:

τ é chamado de constante de tempo.

Observe que a velocidade de crescimento inicial fica diretamente dependente do número de espiras N_P, pois os termos R e L da Equação 9.16 são os valores da resistência equivalente e da indutância equivalente do enrolamento primário.

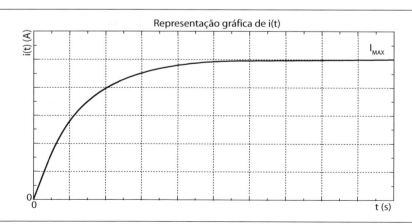

Figura 9.5 – Representação gráfica da Equação 9.15.

Com a abertura do platinado, o circuito equivalente RL série sofre uma brusca variação na intensidade da corrente $i(t)$, passando do seu valor máximo para zero muito rapidamente [1]. Nesse caso, o circuito passa a funcionar no modo de descarga de energia, onde a variação $di(t)/dt$ da Equação 9.12 induzirá uma alta tensão nos terminais do indutor, que será ainda maior no enrolamento secundário em virtude das características construtivas da bobina de ignição, uma vez que o indutor que sofreu a variação $di(t)/dt$ é o enrolamento primário do transformador. Dessa forma, os níveis de tensão de 5 kV a 20 kV comentados no Seção 9.1 podem ser facilmente atingidos, fazendo com que a faísca elétrica nas velas de ignição seja gerada a partir da combinação construtiva (transformador) e transitória (funcionamento do indutor).

Pode ser, porém, que, no instante da abertura do platinado, também apareça uma faísca elétrica nos seus contatos. Para evitar a ocorrência dessa faísca, que diminuirá não só a energia transferida à vela, mas também a vida útil do componente, um capacitor (condensador) conectado em paralelo com os terminais do platinado evita o surgimento dessa faísca, obtendo assim um circuito equivalente RLC série na operação de descarga de energia.

O gráfico da Figura 9.6 ilustra o funcionamento por completo de um sistema de ignição, nas fases de *armazenamento de energia* (no instante em que o platinado é fechado, o circuito equivalente é um circuito do tipo RL série, e de *descarga de energia* (no instante em que o platinado é aberto, o circuito equivalente é um circuito do tipo RLC série, fazendo com que a alta tensão provocada pela rápida variação $di(t)/dt$ no indutor), possibilitando assim a geração da faísca na vela de ignição instalada no cabeçote do motor em cada cilindro.

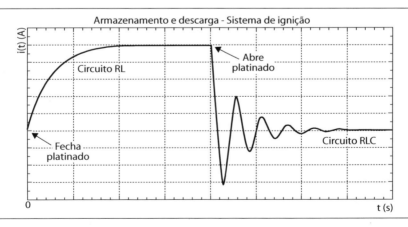

Figura 9.6 – Representação gráfica da Equação 9.15.

O elemento final responsável pela liberação da faísca elétrica, como já comentado, é a vela de ignição. Ela converte toda a energia elétrica armazenada na bobina de ignição (na forma de campo magnético) em uma faísca ou arco elétrico em seus eletrodos (ponta ignífera). A Figura 9.7 apresenta os componentes que formam uma vela de ignição.

Além da eficiência necessária como gerador de arco elétrico, como a vela passa a ser um componente interno da câmara de combustão, é necessário que sua estrutura como um todo seja capaz de suportar as elevadas temperaturas e pressões atingidas no interior da câmara de combustão. Como a ponta ignífera da vela de ignição está projetada para dentro da câmara de combustão, ela estará sempre em contato com um ambiente de elevadas temperaturas e pressões, como é possível de se observar na Figura 9.8.

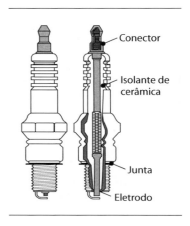

Figura 9.7 – Vela de ignição [C].

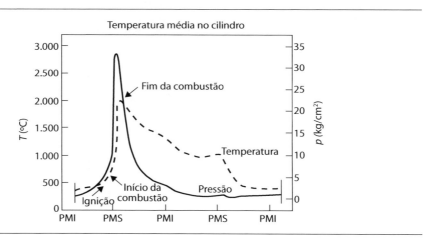

Figura 9.8 – Temperatura e pressão interna na câmara de combustão (2.900 rpm @ WOT) [C].

O ciclo do motor inicia-se com a admissão da mistura ar–combustível, passando para a etapa de compressão, expansão e finalizando com a exaustão dos gases. No momento da combustão da mistura, a temperatura pode chegar a valores entre 2.000 °C a 3.000 °C e uma pressão de aproximadamente 50 kgf/cm^2, conforme apresentado pela Figura 9.8. No instante seguinte, ocorre a exaustão do gás de escape (em alta temperatura), e com a nova mistura injetada a temperatura chega a 60 °C e a pressão reduzida até se equivaler a do ambiente externo.

Além da resistência às elevadas pressões e temperaturas, vale lembrar que a vela de ignição, em particular a ponta ignífera, também deve ser capaz de resistir às vibrações mecânicas do motor, ao ataque químico provocado pelos gases de combustão, à alta temperatura e à pressão do gás de combustão e ainda, às alterações bruscas de temperatura e pressão.

Na Tabela 9.1, são indicados exemplos da temperatura de cada componente da câmara de combustão, mas chama a atenção o fato de que a ponta da vela de ignição é a que apresenta a mais alta temperatura.

Tabela 9.1 – Exemplo de temperatura de cada componente do motor.

Componente	Temperatura máxima (ºC)
Câmara de combustão (Cabeçote do motor e parte do cilindro)	300
Válvula de escapamento	600~800
Assento da válvula de escapamento	300~400
Válvula de injeção	350~400
Parede do cilindro	110~120
Cabeça do pistão (liga)	300~350
Saia do pistão (liga)	130~300
Vela (ponta ignífera)	800
Assento da vela	150

Conforme apresentado pela Figura 9.7, em que a vela de ignição é apresentada em corte, nota-se a existência de um corpo cerâmico para realizar a isolação da alta tensão que é percorrida no eletrodo. A cerâmica é um excelente isolante, mas um péssimo condutor de calor, de modo que o corpo da vela fica muito quente durante o seu ciclo de operação. Para que a ponta da vela mantenha uma temperatura adequada em cada aplicação, a troca e a dissipação de calor com o corpo deverão ser adequadamente projetadas e direcionadas. A Figura 9.9 mostra, o perfil de temperatura ao longo da vela de ignição.

Sendo assim, denomina-se Grau Térmico (GT) a maior ou menor facilidade com que a ponta da vela consegue trocar ou dissipar calor. Quanto maior o valor do GT, mais fria será a vela e quanto menor, mais quente, podendo ocorrer variações de um fabricante para outro.

Alguns motores necessitam de um sistema de vela quente para o seu correto funcionamento. Construtivamente, a vela quente é projetada com uma baixa área de contato entre o inserto cerâmico com a parte metálica que fica alojada no cabeçote do motor, reduzindo assim a dissipação de calor da cerâmica, fazendo com que ela trabalhe mais aquecida. Em contrapartida, as velas frias apresentam uma maior área de contato entre a cerâmica e a parte metálica, funcionando assim, mais frias.

Durante o projeto dos motores, ocorre a seleção da vela com a temperatura adequada. Geralmente, motores de alto desempenho geram muito mais calor, de modo que necessitam de velas mais frias para que não ocorra a queima involuntária da mistura ar–combustível no cilindro somente em função do calor existente no eletrodo/corpo da vela, independentemente da faísca elétrica liberada pelo sistema de ignição.

Quanto à eficiência básica das velas de ignição, é necessário que sejam considerados dois pontos de vista.

- Eficiência como ferramenta de ignição.
- Confiabilidade, em vista de que se trata de um componente da "câmara de combustão".

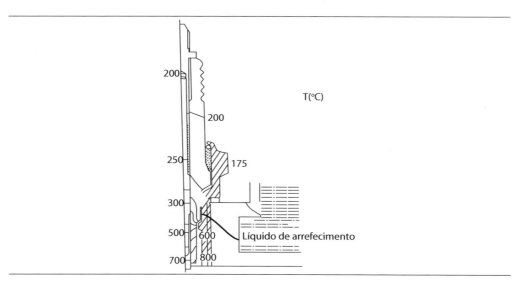

Figura 9.9 – Exemplo de distribuição da temperatura da vela de ignição [C].

Conforme pode ser visto na Figura 9.9, a área em contato da vela com o gás de combustão, possui a mais alta temperatura; não basta, porém, que a vela de ignição resista apenas à alta temperatura, ou seja, deverá possuir eficiência elétrica para fornecer uma "centelha ideal" (uma centelha com energia adequada, capaz de romper o dielétrico da mistura ar/combustível interna a câmara de combustão que ocorre na faixa de 5 a 15 kV).

Por outro lado, com o motor funcionando em marcha lenta ou em baixa velocidade, pode ocorrer uma impregnação de vários depósitos gerados pelo gás de combustão sobre o eletrodo da vela, dessa forma, mesmo conseguindo satisfazer as eficiências elétricas, não conseguirá assegurar uma centelha com energia adequada, se o isolador da ponta ignífera estiver sujo. Por consequência, a vela de ignição também deverá resistir a inúmeros problemas decorrentes da sujeira. Finalizando, o eletrodo deve, além de resistir a mais de "mil centelhas por minuto", ser capaz de suportar a temperatura e a erosão pelo gás da combustão. A temperatura da ponta da vela durante o funcionamento do motor é um fator determinante para o seu comportamento, sendo que a temperatura ideal deve ficar entre 450 °C e 850 °C; para temperaturas abaixo de 450 °C, provocará uma carbonização da ponta ignífera e, para temperaturas acima de 850 °C, a pré-ignição da mistura ar–combustível. Finalizando, designa-se como a temperatura mínima que a vela pode operar sem a carbonização como a de autolimpeza.

Sendo que temperaturas abaixo de 450 °C provocam uma carbonização da ponta, com possíveis falhas na combustão. Já para temperaturas acima de 850 °C a vela provocará pré-ignição.

A temperatura mínima à qual a vela pode trabalhar sem a carbonização da ponta denomina-se temperatura de autolimpeza.

Para que a ponta da vela mantenha uma temperatura adequada em cada aplicação, a troca de calor com o corpo deverá ser direcionada. A Figura 9.10 mostra, lado a lado, uma vela denominada fria e uma denominada quente.

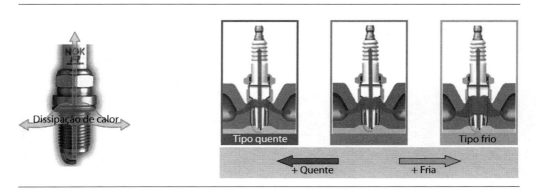

Figura 9.10 – Dissipação de calor nas velas quentes e frias (NGK) [C].

9.4 Cálculo do tempo de ignição

Um ciclo completo de um motor quatro tempos ciclo Otto, é formado pela admissão da mistura ar–combustível, pela compressão dessa mistura, pela expansão (provocando a queima da mistura admitida e comprimida), finalmente, pela expulsão dos gases resultante da queima da mistura. Relacionando o ciclo de funcionamento do motor com o gráfico da Figura 9.6, é possível estimar o valor da tensão para a geração da faísca, em função da quantidade de cilindros do motor e da sua rotação. Em um motor a quatro tempos, para cada volta do eixo do comando de válvulas, cujo sistema de ignição está acoplado, têm-se duas voltas do virabrequim do motor. Sendo assim, o período em segundos, a partir da rotação do motor do eixo do distribuidor do sistema de ignição, poderá ser obtido pela relação:

$$T_{EIXO} = \frac{1}{\left(\dfrac{rpm_{motor}}{120}\right)} \ [s].\qquad\text{Eq. 9.17}$$

Acoplado ao eixo do distribuidor existe um ressalto que realiza a abertura e o fechamento do platinado em função da rotação do motor. Tradicionalmente, o número de ressaltos é igual ao número de cilindros existentes no motor.

Conhecendo-se o número de ressaltos, o período do eixo do rotor (obtido pela Equação 9.17) e o número de cilindros do motor (z), é possível obter o intervalo de tempo em que será realizado o armazenamento de energia na bobina de ignição, sendo definido pela relação:

$$t_{armaz} = \frac{\left(\dfrac{T_{EIXO}}{z}\right)}{\left(t_{platinado}\right)} \ [s],\qquad\text{Eq. 9.18}$$

Onde:

$t_{platinado}$ é o intervalo de tempo em que o platinado permanece fechado.

Pelo que se observa a partir do exposto até o momento, o crescimento da corrente no primário é fundamental para a geração de uma faísca com uma energia consistente. Esse crescimento fica totalmente em função do intervalo de tempo em que o platinado permanece fechado ($t_{platinado}$), sendo possível definir um intervalo angular entre a abertura e o fechamento do platinado a partir do ressalto. Esse intervalo angular recebe o nome de *dwell* ou ângulo de permanência, sendo que essa indicação expressa um valor relativo percentual capaz de indicar o tempo de armazenamento em que o sistema de ignição armazena energia, adequadamente correlacionado com uma variação em graus do eixo do distribuidor.

Conhecendo-se o número de ressaltos (n_{res}) e definindo o tempo de armazenamento em graus como γ_{armaz}, a indicação *dwell* é obtida pela relação:

$$\text{dwell} = \frac{\gamma_{armaz}}{\left(\dfrac{360}{n_{res}}\right)} \cdot 100 \ . \qquad \text{Eq. 9.19}$$

O *dwell* depende do ângulo de fechamento do platinado, conforme apresentado, mas, como a etapa de armazenamento de energia na bobina de ignição é dependente do tempo em que o platinado permanece fechado, quanto maior a rotação, consequentemente menor será o tempo disponível para realizar o armazenamento de energia na bobina de ignição. Em decorrência disso, a faísca gerada na vela de ignição é uma faísca com baixa energia em altas rotações, prejudicando o desempenho dos motores com uma eficiência global e potência bem abaixo da possível, em virtude da queima incompleta da mistura ar–combustível dentro do cilindro.

A partir do problema exposto aqui, surge então a primeira evolução do sistema de ignição que é a substituição do platinado por um circuito transistorizado, conhecido como ignição eletrônica, que será discutido no item 9.6 deste capítulo.

Exemplo:

Um sistema de ignição apresenta $V_{Bateria} = 12V$, $R = 3\Omega$ e $L = 6 \cdot 10^{-3}$ Henries. O motor é a 4T, de quatro cilindros e opera em uma rotação de 3.600 rpm. A característica do circuito de carga e descarga é indicada na figura abaixo. Desprezam-se todas as perdas e a relação do número de espiras (a) entre o secundário e o primário é 100. Qual a tensão induzida no secundário?

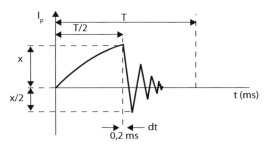

Solução:

Rotação do eixo do distribuidor: $\dfrac{3.600}{2} = 1.800$ rpm $= 30$ rps

Tempo para 1 faísca: $\dfrac{1/30}{4} = \dfrac{1}{120}$ s

Tempo que o platinado fica fechado: $\dfrac{1/120}{2} = \dfrac{1}{240}$ s

Corrente atingida no primário:

$$I_p = \dfrac{12}{3}\left(1 - e^{-\frac{3}{\sigma \times 10^{-3}} \cdot \frac{1}{240}}\right) = 3,5 \text{ A}$$

Variação da corrente: $\Delta I_p = x + \dfrac{x}{2} = \dfrac{3x}{2} = \dfrac{3 \cdot 3,5}{2} = 5,25$ A

Tensão induzida no primário:

$$V_p = L\dfrac{\Delta I_p}{\Delta t} = 6 \cdot 10^{-3} \cdot \dfrac{5,25}{0,2 \cdot 10^{-3}} = 157,5 \text{ V}$$

$$\therefore V_s = V_p \cdot a = 157,5 \cdot 100 = 15,7 \text{ KV}$$

9.5 Avanço ou atraso no tempo de ignição

No estudo dos MIF, verificou-se que existe um retardamento químico no processo de combustão da mistura ar-combustível (ver Capítulo 7, "A combustão nos motores alternativos"), exigindo com isso que a liberação da faísca pelo sistema de ignição ocorra antecipadamente à chegada do pistão, finalizando a etapa de compressão, ao ponto morto superior (PMS). Essa antecipação permite que a combustão se processe por completo, fazendo com que se atinja a máxima pressão no cilindro no instante em que o pistão iniciar a terceira etapa do ciclo, que é a expansão. A Figura 9.11 ilustra o exposto mostrando o ponto ideal da ignição.

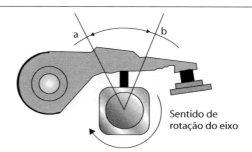

a: ponto de abertura do platinado
b: ponto de fechamento do platinado

Figura 9.11 – Acionamento do platinado a partir do ressalto [D].

A liberação da ignição em um breve instante antes do pistão atingir o PMS provoca a realização de um trabalho negativo (W < 0) e depois um trabalho positivo (W > 0) depois do PMS, o que facilita o deslocamento do eixo do virabrequim na subida (efeito de "sucção" em função do trabalho negativo) e na descida logo após a queima (efeito de empurrar o pistão em função do deslocamento provocado pela expansão dos gases). Esses trabalhos são mostrados qualitativamente pela Figura 9.12, já que as áreas no diagrama não representam realmente esta grandeza. No entanto, para efeitos didáticos, é interessante abordar o estudo quando a faísca liberada pelo sistema de ignição está demasiado adiantada ou atrasada.

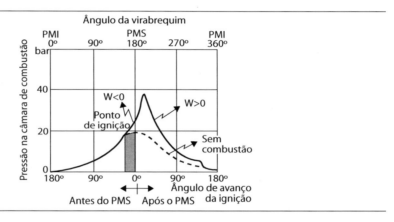

Figura 9.12 – Variação da pressão p em função do ângulo percorrido pelo virabrequim.

A Figura 9.13 tem como objetivo ilustrar o que ocorre no interior da câmara de combustão em virtude de uma ignição muito adiantada (Z_b) ou muito atrasada (Z_c) em relação ao seu ponto ideal (Z_a).

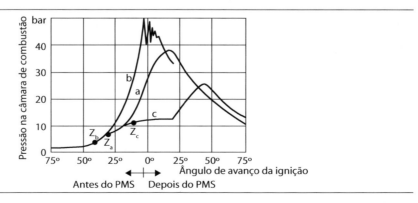

Figura 9.13 – Diagrama de combustão com a ignição demasiado adiantada (Z_b) e atrasada (Z_c), respectivamente.

Da Figura 9.13, observa-se que, se o sistema de ignição liberar a faísca de forma muito atrasada em relação ao ponto ideal, provocará um trabalho positivo muito pequeno. Em contrapartida, se o sistema de ignição se antecipar e liberar a faísca precipitadamente, além de causar um trabalho negativo grande, pode provocar um efeito no interior da câmara de combustão conhecido como detonação. A detonação é uma propagação desorientada da chama no interior da câmara de combustão (veja Capítulo 6, "Combustíveis"). Além disso, o atraso (retardo) é quase independente da rotação e, sendo assim, quanto maior for a rotação, maior será o ângulo do virabrequim que corresponde ao atraso, fato esse exposto pela Figura 9.14, a seguir.

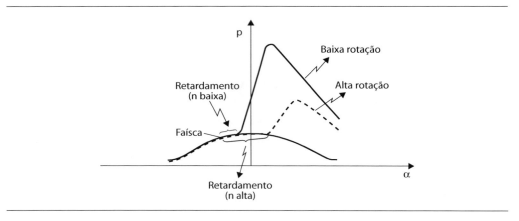

Figura 9.14 – Ângulo do virabrequim α correspondente ao atraso, em baixa e alta rotação, mantido o avanço da ignição.

Com isso, conclui-se que, com o aumento da rotação do motor, torna-se necessário promover o avanço da ignição. Além disso, quando o motor trabalha em regime de mistura pobre (baixa carga do motor), a velocidade de propagação da chama é menor, exigindo-se também um maior avanço da ignição. Sendo assim, o avanço da ignição é função de duas variáveis, a rotação do motor e a carga exigida.

No primeiro sistema de ignição, apresentado pela Figura 9.1, o distribuidor dispõe de dois dispositivos mecânicos para promover o adiantamento da ignição, que é o avanço centrífugo (em função da rotação) e o avanço a vácuo (em função da carga exigida pelo motor). A Figura 9.15 apresenta os dois sistemas mecânicos responsáveis por promover o avanço da ignição a partir das exigências de rotação e de carga do motor, já mencionadas.

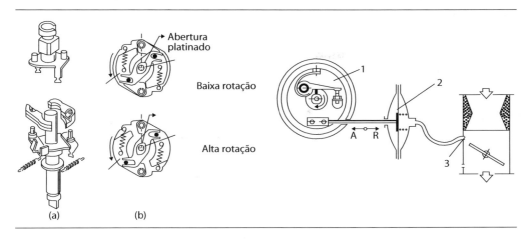

Figura 9.15 – Avanço centrífugo e a vácuo: (a) Vista explodida. (b) Vista em planta. (1) Corpo do distribuidor. (2) Diafragma. (3) Tomada de vácuo na válvula borboleta.

Analisando a Figura 9.15, o adiantamento da ignição pelo avanço centrífugo é provocado a partir do movimento relativo que ocorrerá entre a parte superior do eixo (2) e a inferior (1), em função do aumento/redução da rotação do motor. Já o avanço a vácuo é realizado a partir da movimentação de abertura da válvula borboleta (carburador) que faz com que a depressão existente abaixo dela seja transmitida ao diafragma (2), movimentando a mesa do platinado em sentido inverso à rotação do eixo de ressaltos, causando o efeito desejado de avançar a ignição. Ao caminhar para a plena abertura, a depressão vai tendendo a zero e o avanço deixa de existir, já que a mistura vai enriquecendo. Um detalhe importante é que a tomada de vácuo deve acontecer acima da abertura da válvula borboleta para não provocar alteração na ignição quando a borboleta estiver fechada.

A rotação do motor não é o melhor parâmetro para se analisar o avanço da ignição, pois no caso do avanço a vácuo, ele é praticamente independente da rotação. Entretanto, a Figura 9.14 tem como objetivo esclarecer alguma eventual dúvida nesse processo combinado de avanço da ignição (centrífugo + vácuo).

Para cada ponto de funcionamento do motor, três avanços podem ser somados para cada faixa de trabalho/rotação do motor: o avanço fixo (fixado pela posição do distribuidor, platinado e eixo de ressaltos), o avanço centrífugo (definido em função do aumento/diminuição da rotação) e o avanço a vácuo (definido em função da carga exigida pelo motor a partir da abertura da válvula borboleta). No caso particular da Figura 9.16, é apresentada a soma dos avanços permitidos para o motor, na faixa de rotação igual a 2.000 rpm. O avanço inicial (0 a 8°) do sistema de ignição é fixo pelo próprio distribuidor, conforme já comentado anteriormente, sendo possível atingir mais 20° de avanço, caso ocorra sobreposição, no mesmo instante, do avanço centrífugo (8° a 15°) e do avanço a vácuo (15° a 28°), totalizando uma variação máxima no avanço da ignição de aproximadamente 28°.

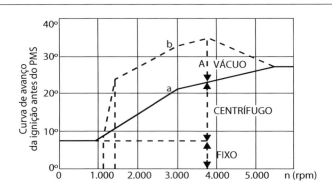

Figura 9.16 – Curvas de avanço (valores apenas para demonstração).

9.6 As evoluções tecnológicas no sistema de ignição

Conforme comentado anteriormente, o aumento da rotação do motor faz com que o armazenamento de energia na bobina de ignição passe a não ocorrer de forma satisfatória, produzindo uma faísca na vela com baixa energia. Como a constante de tempo do circuito RL equivalente é fixa, uma solução é alterar de maneira adequada o valor da resistência R e da indutância L de tal forma a permitir que o crescimento da corrente $i(t)$ ocorra mais rápido, obtendo assim para o mesmo intervalo de tempo de armazenamento, uma quantidade maior de energia na bobina de ignição. Em baixas rotações, porém, o efeito do crescimento mais rápido da corrente $i(t)$ fará com que a corrente de valores muito elevados circule pelo platinado, fato esse que poderá prejudicar a durabilidade do componente. Pelo exposto, nota-se que o gargalo do sistema então passa a ser apenas o elemento que executa a interrupção da corrente, ou seja, o platinado.

Com o avanço da eletrônica de potência baseada em componentes semicondutores, a substituição de sistemas mecânicos/eletromecânicos, capazes de promover a interrupção da circulação da corrente, tem ocorrido com maior frequência. A solução mais empregada para tal é a utilização de um transistor, podendo ele ser do tipo bipolar (Transistor de Junção Bipolar – TJB) ou de efeito de campo (*Field Effect Transistor* – FET), operando como chave digital.

Nesse formato de funcionamento e configuração, o transistor realiza a interrupção da corrente fornecida à carga (grande amplitude) a partir do comando recebido por um sinal externo (baixa amplitude). A Figura 9.17 ilustra o exposto, onde a corrente de alta amplitude circula na resistência R_C e a corrente de baixa amplitude circula na resistência R_B.

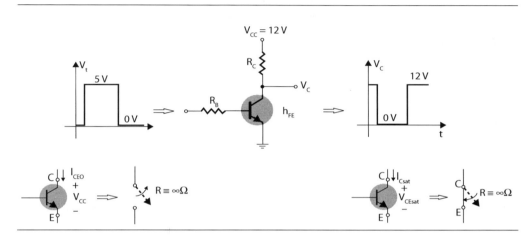

Figura 9.17 – Transistor TJB operando como chave digital [2].

O funcionamento do circuito proposto pela Figura 9.17 é extremamente simples: quando a tensão V_i assume um valor igual a 5 Volts, o transistor estará na condição de "ligado", fazendo com que a resistência associada entre o seu coletor e o seu emissor seja aproximadamente igual a zero. Na prática, existirá uma parcela de perda no transistor, representada pela tensão de saturação $V_{CE\,sat}$. O "desligamento" do transistor ocorre quando a tensão V_i assumir um valor igual a 0 Volt, fazendo com que a resistência associada entre o seu coletor e o seu emissor seja aproximadamente de valor infinito, não permitindo a circulação da corrente de coletor I_C.

Um problema da utilização de transistores TJB como chave surge quando se demanda um valor da corrente de coletor muito elevado. Nessas situações se faz necessário o emprego de TJB's de potência, que geralmente apresentam um valor de h_{FE} baixos. A relação entre a corrente de coletor e de base justamente define o valor do parâmetro h_{FE}, o que se traduzirá na prática em valores elevados para a corrente de base. Principalmente por essa razão, entre outras que não foram contempladas (tais como perda por chaveamento), é que os transistores de efeito de campo são amplamente utilizados para o chaveamento de cargas que apresentam elevadas amplitudes de corrente.

Sendo assim, a primeira evolução no sistema de ignição ocorre na utilização do transistor em substituição ao platinado, interrompendo a circulação da corrente fornecida para o armazenamento de energia na bobina de ignição. Em um primeiro momento, o platinado ainda ganhou uma sobrevida no sistema de ignição apenas com a função de sensor de rotação, sendo substituído completamente depois por um sistema mais moderno baseado em efeito de indução eletromagnética.

9.6.1 Ignição transistorizada com platinado

Conforme comentado anteriormente, o sistema de ignição transistorizada com platinado é a primeira evolução no sistema de ignição automotiva. O transistor foi empregado para que mudanças na bobina de ignição pudessem ser realizadas a fim de proporcionar um maior valor na corrente para a geração da faísca em altas rotações, sendo que o platinado era o gargalo dessa mudança. A Figura 9.18 mostra a ignição transistorizada descrita, onde o TJB é empregado na operação como chave digital e o platinado usado apenas como um sensor de rotação e comando do transistor.

O funcionamento do sistema é análogo ao do sistema de ignição convencional, isto é, quando o platinado se fecha, por ele passa uma pequena corrente que irá fornecer a corrente de base ao transistor TJB, permitindo assim o seu fechamento e consequentemente, o armazenamento de energia na bobina de ignição. Com a abertura do platinado, a corrente de base, responsável pelo fechamento do TJB, deixa de existir e provoca a interrupção da passagem da corrente pela bobina de ignição, provocando os efeitos transitórios descritos anteriormente para a ignição convencional, apresentados pela Figura 9.6.

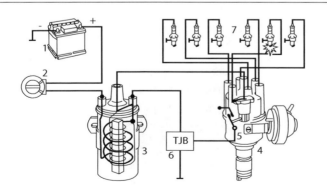

Figura 9.18 – Componentes de um sistema de ignição transistorizada, com platinado.

Dessa forma, o transistor passa a ser responsável pela condução de elevados valores de corrente, permitindo um aumento significativo na corrente de primário e sem problemas de durabilidade como ocorria com o platinado. Além disso eliminam-se as restrições nos limites de circulação de corrente em função da potência e da corrente máxima permitida para o componente e também da temperatura.

9.6.2 Ignição transistorizada sem platinado

O sistema de ignição transistorizada sem platinado utiliza basicamente a mesma estrutura apresentada nas Figuras 9.1 e 9.18, mas sem a utilização do platinado. Com a eliminação do platinado em definitivo, torna-se necessária a introdução de um elemento sensor, capaz de realizar o comando do transistor a partir da rotação do eixo do comando de válvulas, acoplado no distribuidor de ignição em substituição ao platinado e ao eixo de ressaltos. Esse sensor pode ser do tipo efeito eletromagnético ou por efeito hall, com a mesma função elétrica que o platinado executava no comando do chaveamento do transistor. A Figura 9.19 ilustra a alteração ocorrida no distribuidor, de forma simplificada e a Figura 9.20 apresenta os distribuidores que utilizam o platinado e o sensor hall/eletromagnético como sensores de rotação.

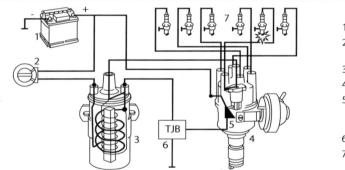

1. Bateria.
2. Chave de ignição (painel do carro).
3. Bobina de ignição.
4. Distribuidor de ignição.
5. Sensor de rotação (eletromagnético ou hall).
6. Transistor TJB.
7. Velas de ignição.

Figura 9.19 – Componentes de um sistema de ignição transistorizada, com sensor de rotação.

(A)   (B)

Figura 9.20 – Distribuidor com sensor de rotação (A) e o tradicional com platinado (B).

9.6.3 Ignição eletrônica mapeada

Os modernos sistemas de gerenciamento eletrônico aplicado aos MIF são capazes de controlar a exata mistura ar e combustível a ser fornecido ao motor e também determinar os instantes nos quais serão fornecidos os sinais de ignição, com o objetivo de atingir o desempenho desejado em termos de torque e de potência, sem deixar de observar os requisitos de consumo e de emissões de poluentes.

A Figura 9.21 apresenta um sistema de gerenciamento eletrônico empregado atualmente. Esse gerenciamento tem como principal característica, o uso do sistema *drive-by-wire* e do gerenciamento de motor baseado em torque, por meio do qual são ajustados os parâmetros e funções do sistema de injeção e ignição. A exigência do motorista é transmitida para o pedal do acelerador e com isso, a ECU – *Engine Control Unit* passa a determinar o torque desejado. Observando o regime de funcionamento do motor pelos diversos sensores presentes e das exigências dos demais sistemas embarcados, a ECU define a melhor estratégia de torque a ser aplicada ao motor, a partir das referências existentes, chamadas de mapas de injeção e ignição. Esses mapas são obtidos pela engenharia da montadora no desenvolvimento do veículo, em um processo conhecido como calibração de motores.

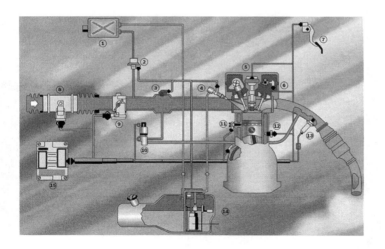

1. Canister.
2. Válvula de purga do canister.
3. Sensor MAP.
4. Bico injetor.
5. Vela de ignição.
6. Sensor de fase (comando de válvulas).
7. Pedal do acelerador.
8. Sensor MAF.
9. Corpo de borboleta.
10. Válvula EGR.
11. Sensor de detonação.
12. Sensor de temperatura.
13. Sonda lambda.
14. Bomba elétrica de. combustível
15. ECU.

Figura 9.21 – Sistema BOSCH Motronic ME7 [3].

O sistema descrito pode ser incrementado e aperfeiçoado com a utilização de sensores de detonação. Os sensores de detonação (item 11 na Figura 9.21) são responsáveis por evitar e identificar o aparecimento do efeito descrito na Seção 9.5. Se houver sinal desse sensor, o sistema de gerenciamento será capaz de atrasar o ponto de ignição individualmente, retardando a liberação da faísca individualmente do cilindro anômalo, mantendo os outros com avanço otimizado a partir do mapa de ignição.

Nos sistemas atuais de ignição mapeada dos MIF, os elevados valores de tensão nas velas continuam sendo obtidos pelo mesmo efeito transitório eletromagnético descrito até o momento. As mudanças no *hardware* concentram-se na eliminação da bobina de ignição centralizada e do distribuidor, onde, nos seus lugares, é instalado um sistema com múltiplas bobinas de ignição (*coils*), conforme apresentado na Figura 9.22 a seguir.

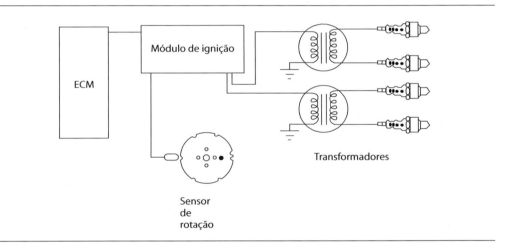

Figura 9.22 – Sistema de ignição mapeada com transformadores de ignição.

Além do sistema apresentado pela Figura 9.22, é possível que em alguns motores existam transformadores individuais para cada vela de ignição, conforme apresentado pela Figura 9.23, em que as parcelas de perda de energia nos cabos de ignição são minimizadas, obtendo uma maior energia para as velas de ignição, melhorando a queima do combustível dentro do cilindro e contribuindo para a redução da emissão de poluentes e para o aumento da potência do motor.

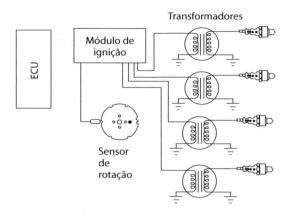

Figura 9.23 – Sistema de ignição moderna, com transformadores individuais para cada vela de ignição.

EXERCÍCIOS

1) Um motor de quatro cilindros, quatro tempos tem uma característica do sistema de ignição de armazenamento e descarga dada pela figura abaixo:

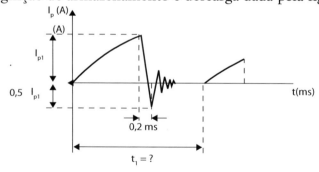

Sendo a tensão V disponível na bateria igual a 12 Volts, a resistência R equivalente da bobina de ignição do enrolamento primário igual a 3 Ω e a indutância L equivalente da bobina de ignição do enrolamento primário igual a 6 mH, e sabendo que o platinado abre e fecha em um mesmo ângulo, pede-se, uma rotação do motor igual a 5.000 rpm:

   a) O valor de armazenamento e descarga t_1;

   b) A tensão V_{SEC} no secundário, sabendo que a relação do número de espiras na bobina de ignição é igual a 90.

Respostas:

a) $t_1 = 6$ ms; b) $V_{SEC} = 12,6$ kV.

2) A figura abaixo mostra a característica do primário de um sistema de ignição por bateria para um motor de quatro cilindros a quatro tempos. O sistema opera com uma tensão de alimentação igual a 12 V, com resistências e indutâncias equivalentes da bobina de ignição iguais a 3 Ω e 6 mH, respectivamente. Sabendo que a relação do número de espiras do primário para o secundário é igual a 90, determine:

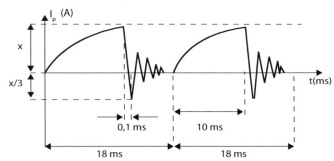

a) Qual a rotação do motor?
b) Quanto é o dwell?
c) Qual a tensão atingida no secundário?

Respostas:

a) 1.667 rpm; b) 50°; c) 25,8 kV

3) Um motor de seis cilindros a quatro tempos apresenta as seguintes características no seu sistema de ignição:

$V_{bateria} = 12$V; $R_{PRIMÁRIO} = 3$ Ω, $L_{PRIMÁRIO} = 6$ mH; relação do número de espiras = 90; ângulo de abertura do platinado = ângulo de fechamento do platinado.

Suponha que o ΔIp ao passar para um circuito RLC seja 1,5 maior em relação ao que se obteria com um simples circuito RL e que o intervalo de tempo de queda da corrente seja 0,1 ms, constante. Trace um gráfico da variação da tensão induzida no secundário em função da rotação e determine o seu valor para uma rotação de 3.000 rpm.

Resposta:

26,3 kV.

Parte II
SENSORES APLICADOS AOS MOTORES

Com o advento do sistema de injeção eletrônica, cada vez mais os motores dos automóveis necessitam ser equipados com sensores para medição de variáveis que indicam as condições de funcionamento do motor, de modo que a unidade de comando e os atuadores possam funcionar adequadamente. Esses sensores funcionam como "orgãos dos sentidos" do motor, registrando o desempenho dessas variáveis, com o objetivo de manter o motor no ponto ótimo de funcionamento, de modo a emitir o mínimo de poluentes e ter a máxima eficiência.

9.7 Sensores de rotação e fase do motor

A unidade de comando do motor necessita saber em qual posição estão os pistões a cada instante e qual é a rotação do motor. Por isto, existem os seguintes sensores:

- Sensor de Rotação: é de extrema importância para o sistema de injeção, pois tem a função de medir o sinal de rotação do motor e fornecer à unidade de comando, sicronizando o motor e o sistema de gerenciamento para atender ao objetivo de correto funcionamento do sistema.

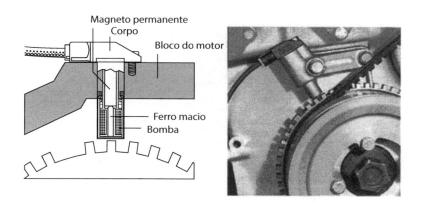

Figura 9.24 – Sensor de rotação com a roda fônica acoplada na extremidade do virabrequim.

Geralmente esse é do tipo indutivo que identifica a passagem dos vários dentes existentes em um disco ligado (roda fônica) ao eixo do motor. Da frequência desse sinal, calcula-se a rotação do motor.

Nas Figuras 9.25 e 9.26, estão os exemplos de baixa e alta rotação:

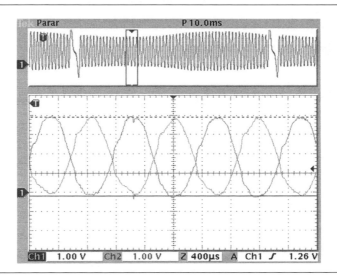

Figura 9.25 – Exemplo de sensor de rotação em baixa rotação.

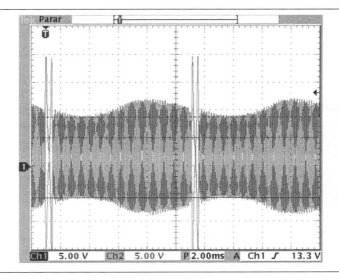

Figura 9.26 – Exemplo de sensor de rotação em alta rotação.

- Sensor de Fase: é um componente que está instalado no cabeçote do motor e tem como função identificar o momento correto de início da ordem de ignição. Com base em seu sinal, a unidade de comando reconhece a fase em que se encontra o cilindro do motor (admissão, compressão, expansão e escape) e estabelece a injeção do combustível de forma sequencial. Normalmente trata-se de um sensor de "efeito Hall", que gera uma onda quandrada em tensão, conforme Figura abaixo.

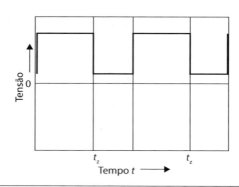

Figura 9.27 – Sinal do sensor de fase (onda quadrada).

9.8 Sensor de pressão e temperatura do coletor de admissão

O sensor de pressão absoluta e temperatura do coletor de admissão (TMAP) disponibiliza informações simultâneas de pressão e temperatura do ar admitido para a unidade de comando. Esses dados são utilizados para determinar a densidade do ar, que por sua vez determina a quantidade de combustível para uma combustão otimizada e no cálculo do avanço do ponto de ignição.

A medição da pressão de ar se baseia na força produzida pelo fluxo de ar aspirado, que atua sobre um diafragma com referência ao vácuo, portanto, trata-se de pressão absoluta. A deformação desse diafragma é transformada em sinal em tensão que é transmitido à unidade de comando.

O sensor de temperatura do ar é um elemento resistivo – NTC, que informa à unidade de comando a temperatura do ar admitido durante a aspiração, para que essa informação também influencie no cálculo da quantidade de combustível a ser injetada.

Durante os quatro ciclos do motor Otto, o sensor TMAP tem solicitações diversas conforme a Figura 9.28:

Sistema de ignição e sensores aplicados aos motores   **539**

- Admissão: Nesse momento o sensor recebe o ar (ambiente ou em alta temperatura) com baixa umidade.
- Compressão, expansão e escape: Nesses momentos o sensor não tem contato com gases (teoricamente). Mas, com o motor desligado, os gases de combustão e/ou gases de combustíveis voltam para o coletor de admissão onde está localizado o sensor TMAP.

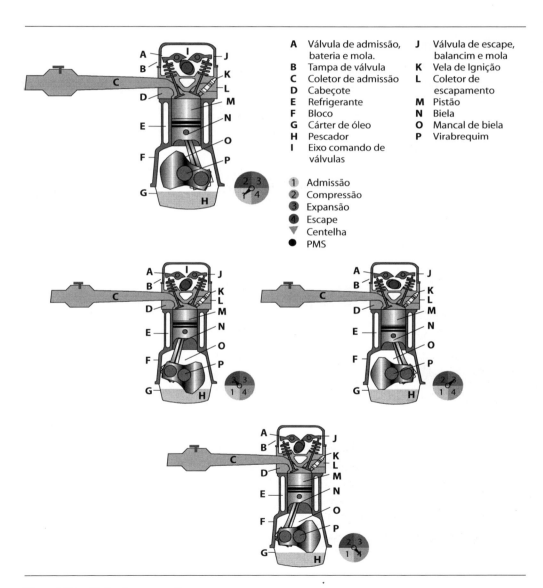

Figura 9.28 – Ciclo do motor Otto.

9.9 Sensor de posição da borboleta

O corpo de borboleta é um componente do sistema de injeção eletrônica que realiza o controle do fluxo do ar que vai na direção do coletor de admissão para a realização da combustão interna juntamente com o combustível, essa mistura ar–combustível é controlada de maneira extremamente precisa pelo sistema. O controle nesse componente se faz necessário pelo motivo de garantir a vazão de ar correta em direção ao coletor de admissão, conforme o requerido pela unidade de comando para garantir a razão estequiométrica da mistura. Atualmente nos veículos utiliza-se o sistema *drive-by-wire*.

Portanto, todo componente controlado, necessita ter a sua variável medida por meio de um sensor, que, nesse caso, é o da posição da borboleta (TPS).

Esse sensor pode ser resistivo (potenciométrico), no qual a sua resistência varia proporcionalmente com o ângulo de abertura da borboleta, caracteriza-se pelo tipo "com contato". A Figura 9.29 mostra o esquemático desse sensor.

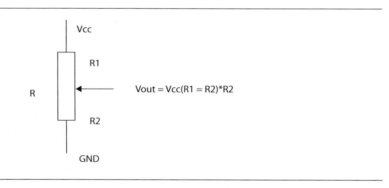

Figura 9.29 – Sensor potenciométrico.

Pode ser também indutivo, que consiste em um estator contendo uma bobina de excitação, bobinas de recepção e uma eletrônica de processamento dos sinais. Mais um rotor com uma bobina em curto circuito (antena). A bobina de excitação é alimentada por uma corrente alternada, gerando um campo magnético alternado. Esse campo magnético gera uma corrente induzida sob a bobina do estator, que por sua vez induz uma tensão (ddp) nas bobinas de recepção de acordo com a posição do rotor, essas tensões da saída então podem ser lidas pela eletrônica, caracteriza-se pelo tipo "sem contato ou *contact less*". A Figura 9.30 ilustra o esquema de funcionamento desse sensor:

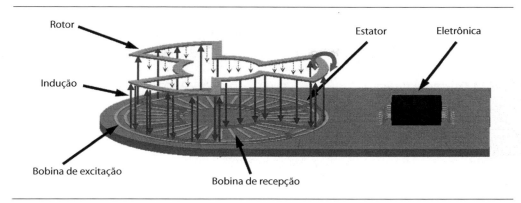

Figura 9.30 – Sensor *contact less*.

9.10 Caudal de ar

A medição direta do caudal (vazão) de ar foi, desde o início do uso de sistemas de injeção em motores de ignição comandada, usada para cálculo do caudal de gasolina. Nos sistemas **K-Jetronic** da Bosch (Figura 9.31a) o sensor consistia num prato que, ao deslocar-se, abria uma maior ou menor passagem para o ar de entrada. Essa posição comandava o caudal de injeção de combustível. Esses sistemas faziam uma medição do caudal volúmico de ar, que era necessário um sensor de pressão ambiente de modo a calcular-se o caudal mássico.

Os sensores de caudal de ar atuais (baseados nos **LH-Jetronic** da Bosch – Figura 9.31b) usam o princípio do **fio quente** (ou filme quente), e medem diretamente o caudal mássico de ar.

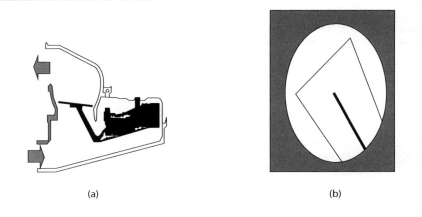

Figura 9.31 – Sistemas de medição do caudal de ar em motores.

Um fio fino (ou película, geralmente de platina) é aquecido pela passagem da corrente elétrica e arrefecido pela passagem do ar no coletor de admissão. Se o sensor for mantido a temperatura constante, a transferência de calor para o ar será proporcional ao seu caudal mássico. Como a resistência elétrica do fio (ou película) condutor aumenta com a temperatura, ele é colocado em um dos braços de uma ponte de Wheatstone, de modo a que a corrente que por ele passa possa variar, mantendo a resistência (temperatura). Essa corrente representa a medição do caudal de ar.

9.11 Concentração de oxigênio (sonda λ)

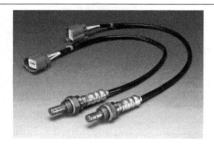

Figura 9.32 – Sonda Lambda.

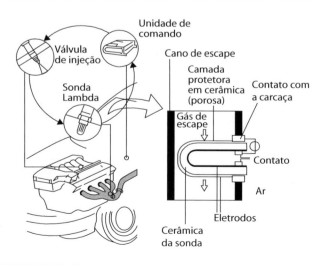

Figura 9.33 – Sensor da sonda.

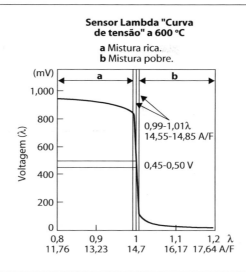

Figura 9.34 – Curva catacterística sonda λ.

A sonda Lambda (Figura 9.32) mede a concentração de oxigênio nos gases de escapamento. Ela é formada por um eletrólito cerâmico de óxido de zircônia (ZrO_2) estabilizado por óxido de ítrio (Y_2O_3), em forma de cadinho, coberto por platina nas superfícies interior e exterior (Figura 9.33). A superfície interior está em contato com o ar e a exterior com os gases de escape, que converte para o seu equilíbrio termodinâmico. A camada exterior de platina é ligada à massa e o sinal da sonda é retirado da camada interior. A altas temperaturas (>300 °C) o eletrólito cerâmico torna-se condutor e gera uma carga galvânica que caracteriza o teor de oxigênio dos gases de escapamento. Existe ainda uma fina camada cerâmica porosa a revestir a eletrodo externo da sonda, de modo a protegê-la externamente da agressão dos gases de escapamento.

Como a temperatura mínima de funcionamento é cerca de 300 °C, alguns sensores são aquecidos (eletricamente), de modo a chegarem à sua temperatura normal de funcionamento rapidamente, em um motor frio. Esses sensores identificam-se por terem mais de um fio (geralmente três ou quatro).

Quando a mistura é rica, há muito pouco oxigênio nos gases de escapamento, pelo que haverá uma grande diferença entre a concentração de oxigênio dos gases do interior e do exterior, o que origina que íons de oxigênio (de carga negativa) viagem pelo eletrólito, criando uma tensão entre os eletrodos. Quando a mistura passa de rica para pobre, o aumento de teor de oxigênio nos gases de escapamento elimina essa diferença de potencial, posto que a tensão elétrica cai para perto de zero (Figura 9.34).

Em geral, a característica de resposta da sonda é a que aparece na Figura 9.34, ou seja, a tensão varia de maneira abrupta entre um máximo e um mínimo. No entanto, existem sensores com uma resposta mais linear, nos quais a tensão varia quase linearmente com a riqueza da mistura. Mesmo esses sensores não dão bons resultados para misturas ricas, pois nesse caso quase não há oxigênio presente nos gases de escape. Esses sensores são usados nos novos motores de injeção direta e de carga estratificada que funcionam em regime de mistura pobre e também nos sensores de riqueza da mistura. Dado funcionarem em **misturas pobres** e muito pobres, são também usados nos modernos motores Diesel.

9.12 Sensor de temperatura

É necessário medir a temperatura em vários locais do motor, tais como a do líquido de arrefecimento e a do ar de admissão, para esta finalidade geralmente são usados termístores (termômetros de resistência). A temperatura do motor (líquido de arrefecimento) serve para identificar o aquecimento do motor (período de enriquecimento) e os sobreaquecimentos. A temperatura de admissão é uma das variáveis usadas no cálculo do avanço da ignição e da injeção e atualmente é conjugado com o sensor de pressão fisicamente em um mesmo sensor, entende-se como TMAP (Seção 9.8). Alguns desses sensores (termostatos – Figura 9.35) somente atuam acima de uma determinada temperatura, ligando (ou desligando) algum sistema.

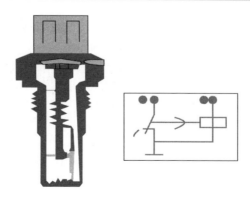

Figura 9.35 – Termostato.

9.13 Sensor de detonação – *Knock*

A principal limitação dos motores de ignição comandada é o aparecimento do *knock* (detonação). Os motores modernos possuem sensores que permitem avaliar a existência desse tipo de combustão destrutiva, geralmente medindo o nível de vibração. Com o aparecimento do *knock* o controlador reduz a avanço em todos os cilindros ou cilindro a cilindro, caso hajam sensores de *knock* em cada câmara de combustão. Trata-se de sensores piezoelétricos especiais que medem as vibrações (5-20 kHz) induzidas por esse tipo de combustão.

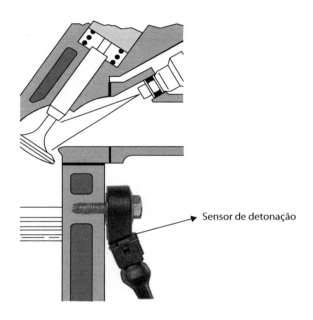

Figura 9.36 – Sensor de detonação (*knock*).

9.14 Outros

Os motores e os veículos possuem muitos outros sensores e atuadores que permitem melhorar e controlar o seu funcionamento. Com o advento dos sistemas **OBD** (*on-board diagnostics* – Seção 9.7), o número e sofisticação dos sensores e atuadores disparou exponencialmente, principalmente os relacionados com os sistemas de eliminação de poluentes. Pode-se citar a dupla sonda (à montante e à jusante do catalisador), válvulas de EGR, bombas de injeção de ar no coletor de escapamento (para queimar o excesso de gasolina resultante da mistura rica em aquecimento), válvulas de passagem para sistemas de "armazenamento" de poluentes (HC ou NO_X) e muitas outras. Nos atuadores pode-se ainda falar dos injetores e das válvulas limitadoras de pressão do combustível.

EXERCÍCIOS

1) Na aplicação do sensor de rotação é necessário a utilização de um roda fônica (roda dentada) composta por n-2 dentes, ou seja, são retirados dois dentes do total, com o objetivo de ser a referência do início/término de sua revolução por meio do sinal elétrico aquisitado. Sabendo disso, indique, na aquisição da figura abaixo, na qual se encontram os dois dentes faltantes.

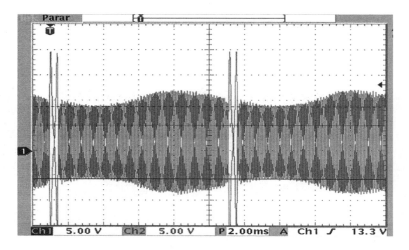

Resposta:

São os picos que sobressaem em todo espectro.

2) Considerando um corpo de borboleta com sensor com contato (potenciômetro), alimentado com 5 V e as resistências R1 = 2 Ω e R2 = 0,5 Ω. Qual o valor de tensão de saída (Vout)? Considerando também que a função de transferência desse sensor é (Vout = 0,0444 . Ângulo borboleta + 0,5), para a tensão de saída (Vout) encontrada, qual é o ângulo que a borboleta desse corpo se encontra?

Resposta:

Vout = 4 V e ângulo borboleta = 78,8°.

Referências bibliográficas

1. BOYLESTAD, R. L. *Introdução à análise de circuitos.* São Paulo: Pearson, 2004.
2. BOYLESTAD, R. L. *Dispositivos eletrônicos e teoria de circuitos.* São Paulo: Pearson, 2011.
3. BOSCH, R. *Manual de injeção eletrônica Bosch.* Campinas: Bosch, 2008.
4. GUIMARÃES, A. A. *Eletrônica embarcada automotiva.* São Paulo: Editora Érica, 2010.
5. HOLLEMBEAK, B. *Automotive electrics and automotive electronics.* Kentucky: Delmar Cengage Learning, 2002.
6. LAGANÁ, A. A. M. *Apostila de sensores automotivos.* Santo André: Fatec Santo André/Poli-USP, 2010.
7. RIBBENS, W. B. *Understanding automotive electronics.* São Paulo: Editora Elsevier, 1998.

Figuras

Agradecimentos às empresas/aos sites:

A. Mecanicaautomotiva.com. Disponível em: <http://www.mecanicaautomotiva.com/70009/forum/elc3a9trica/1135-sistema-de-ignic3a7c3a3o-com-ignic3a7c3a3o--convencional>.

B. Mecanicaautomotiva.com. Disponível em: http://www.mecanicaautomotiva.com/70009/forum/elc3a9trica/1135-sistema-de-ignic3a7c3a3o-com-ignic3a7c3a3o--convencional>.

C. NGK

D. Webmecauto. Disponível em: http://www.webmecauto.com.br/correio/ct006_dwell.asp